21世纪**大学计算机**规划教材

计算机导论

（第2版）

◆ 蔡 平　王志强　李坚强　编著

电子工业出版社
Publishing House of Electronics Industry
北京·BEIJING

内 容 简 介

本书是根据教育部高等学校计算机科学与技术教学指导委员会颁布的《高等学校计算机科学与技术专业发展战略研究报告暨专业规范（试行）》以及教育部高等学校计算机基础课程教学指导委员会颁布的《高等学校计算机基础教学发展战略研究报告暨计算机基础课程教学基本要求》中有关"计算机导论"和"大学计算机基础"课程教学基本要求编写的。

本书是一本学习计算机科学技术的入门教材，主要内容包括：计算机基础知识，计算机硬件系统，计算机软件系统，数据库与信息系统，通信与网络基础，信息安全基础，以及计算机学科相关论题等。本书内容新颖，讲述深入浅出，并配有大量的习题及实验教材《计算机导论实验指导书》。

本书既可作为高等学校计算机专业的计算机导论教材，又可作为非计算机专业的计算机基础教材，也可作为计算机各类社会培训的教材。

未经许可，不得以任何方式复制或抄袭本书之部分或全部内容。
版权所有，侵权必究。

图书在版编目（CIP）数据

计算机导论 / 蔡平，王志强，李坚强编著. —2 版. —北京：电子工业出版社，2011.8
21 世纪大学计算机规划教材
ISBN 978-7-121-13895-9

Ⅰ. ① 计… Ⅱ. ① 蔡…② 王…③ 李… Ⅲ. ① 电子计算机—高等学校—教材 Ⅳ. ① TP3

中国版本图书馆 CIP 数据核字（2011）第 120499 号

策划编辑：章海涛
责任编辑：章海涛　　　　特约编辑：何　雄
印　　刷：涿州市京南印刷厂
装　　订：涿州市桃园装订有限公司
出版发行：电子工业出版社
　　　　　北京市海淀区万寿路 173 信箱　邮编　100036
经　　销：各地新华书店
开　　本：787×1092　1/16　印张：18.75　字数：520 千字　插页：1
印　　次：2011 年 8 月第 1 次印刷
印　　数：4000 册　　定价：35.00 元

第 2 版前言

本书是根据教育部高等学校计算机科学与技术教学指导委员会公布的《高等学校计算机科学与技术专业发展战略研究报告暨专业规范（试行）》以及教育部高等学校计算机基础课程教学指导委员会颁布的《高等学校计算机基础教学发展战略研究报告暨计算机基础课程教学基本要求》中有关"计算机导论"和"大学计算机基础"课程教学基本要求编写的。

本书全面介绍了计算机科学与技术学科各方面知识，做到广度优先，广而不细。计算机专业学生通过对本书的学习，对本专业的各方面知识有一个较全面的了解，对今后专业课程的学习做到心中有数。非计算机专业学生通过对本书的学习，可以对计算机专业各方面知识有一个粗浅的了解，并掌握一些常用软件的使用技能，为今后计算机的应用打下良好的基础。

本书在原版的基础上增加了一些新的内容，更新了部分章节，也删减了一些内容，如多媒体技术基础等。

全书共分 7 章。

第 1 章简要介绍学习计算机所必须具备的基础知识。

第 2 章以微型计算机为例，介绍计算机硬件的组成、各部件之间的关系。

第 3 章讲述计算机软件的基本概念以及操作系统、办公软件、数据结构与算法、程序设计和软件工程。

第 4 章以 Access 为例，介绍数据库系统的相关知识，并概括介绍信息系统的概念和应用。

第 5 章介绍通信的基本概念及通信系统，在此基础上讨论计算机网络基本知识、互联网及其应用。

第 6 章讲述信息安全的基本概念及相关技术。

第 7 章介绍计算机学科相关论题，包括计算学科与计算机学科、计算机学科研究内容和知识结构、计算机职业道德等问题。

本书建议讲课用 42～54 学时，实验用 28～36 学时。本书配套相关教学资源（含电子教案），读者及教师可以从华信教育资源网（http://www.hxedu.com.cn）下载。

本书内容虽多，但容易组合，可适用于不同专业、不同起点的学生学习。因此，本书既可作为高等学校计算机专业的计算机导论教材，又可作为非计算机专业的大学计算机基础（高起点）教材，也可作为计算机各类社会培训的教材。

为了帮助学生学习本书，作者将编写本实验教材《计算机导论实验指导书》，其中提供了 14 个实验项目，以便培养学生的动手实践能力以及独立思考能力。

本书第 1、2、3、6 章由蔡平编写，第 4、5 章由王志强编写，第 7 章由李坚强编写。作者在编写本书的过程中参考了许多书刊和文献资料，在此表示感谢。限于作者学识水平，书中不足和错误之处，恳请读者批评指正。

读者反馈：unicode@phei.com.cn，wangzq@szu.edu.cn，cp@szu.edu.cn。

作　者

目　录

第1章 计算机基础知识

随着计算机科学技术的飞速发展,计算机在经济与社会发展中的地位日趋重要,已经成为现代人类活动中不可缺少的工具。当前,计算机已渗透到社会的各行各业,掌握计算机基础知识和应用技术已成为科学技术人才必须具备的基本素质,计算机知识和应用能力应成为当代大学生知识结构的重要组成部分。

本章将简要介绍学习计算机必须具备的基础知识,内容包括:计算机的内涵、发展、分类、特点和应用领域,常用数制及其相互转换,计算机中数的表示、字符编码和多媒体信息编码,逻辑代数与逻辑电路基础,图灵机与冯·诺依曼机,计算机结构及工作原理,等等。掌握这些基础知识,将为进一步学习计算机科学技术奠定基础。

1.1 计算机概述

1.1.1 什么是计算机

人们通常所说的计算机是指电子计算机,它是一种能对各种信息进行存储和高速处理的工具或电子机器。

对上述定义要强调两点:

① 不要单纯从字面上理解"计算机"一词,要知道它不仅是个计算工具,还应深刻认识到它是一个信息处理机。有了这样的认识,才可能理解计算机为什么能在现代信息社会中掀起一场新技术革命。

② 计算机虽然称为"机",但是与其他机器不同。它具有存储功能,能存储程序,不需人工直接干预,按程序的引导自动存取和处理数据,输出人们所期望的信息。这也是"计算机"与"计算器"的本质区别。

计算机是 20 世纪人类最伟大的科技发明之一。综观历史,人类以往创造的任何工具或机器都是人类体能器官的延伸,用于弥补人类体力劳动的不足。例如,一切交通工具都是人腿的延伸,一切机床或工具都是人手的延伸,望远镜、显微镜和电视是人眼的延伸,电话、手机和卫星通信又是人耳的延伸。而计算机是人类思维器官——大脑的延伸。由于大脑是指挥人体各种器官的中枢,因此计算机的出现极大地提高和扩充了人类脑力劳动的效能,开辟了人类智力解放的新纪元。

1.1.2 计算机发展史

1946 年 2 月,美国宾夕法尼亚大学莫尔学院物理学家莫克利(John W.Mauchly)和工程师埃克特(J.Presper Eckert)领导的科研小组研制了世界上第一台电子计算机 ENIAC(Electronic Numerical Integrator And Calculator,电子数值积分计算机)。

从 ENAIC 诞生到现在已有半个多世纪,计算机获得了突飞猛进的发展。人们依据计算机性能和当时软件和硬件技术（主要根据所使用的电子器件），将计算机的发展阶段分为5个阶段。

1. 第一代计算机（1946—1958 年）

第一代计算机采用的主要元件是电子管，其主要特点如下：

① 采用电子管代替机械齿轮或电磁继电器作为基本电子元件，但仍然比较笨重，而且产生很多热量，容易损坏。

② 程序可以存储，这使通用计算机成为可能。存储设备最初使用水银延迟线或静电存储管，容量很小，后来采用了磁鼓、磁芯，虽有一定改进，但存储空间仍然有限。

③ 采用二进制代替十进制，即所有数据和指令都用"0"和"1"表示，分别对应于电子器件的"接通"和"断开"。输入、输出设备简单，主要采用穿孔纸或卡片，速度很慢。

④ 程序设计语言为机器语言，几乎没有系统软件，主要用于科学计算。

典型的第一代计算机有 ENIAC、EDVAC、UNIVAC-I、IBM 701、IBM 702、IBM 704、IBM 705、IBM 650 等。

2. 第二代计算机（1959—1964 年）

晶体管的发明给计算机技术带来了革命性的变化，第二代计算机采用的主要元件是晶体管，其主要特点如下：

① 采用晶体管代替电子管作为基本电子元件，使计算机结构和性能都发生了飞跃。与电子管相比，晶体管具有体积小、重量轻、发热少、速度快、寿命长等优点。

② 采用磁芯存储器作为主存，使用磁盘和磁带作为辅存，使存储容量增大，可靠性提高，为系统软件的发展创造了条件。

③ 提出了操作系统的概念，开始出现汇编语言，并产生了如 COBOL、FORTRAN 等语言及批处理系统。

④ 计算机应用领域进一步扩大，除科学计算外，还用于数据处理和实时控制等领域。

典型的第二代计算机有 IBM 7040、IBM 7070、IBM 7090、IBM 1401、UNIVAC-LARC、CDC 6600 等。

3. 第三代计算机（1965—1970 年）

20 世纪 60 年代中期，随着半导体工艺的发展，已经能制造出集成电路元件。集成电路可以在几平方毫米的单晶硅片上集成十几个甚至上百个电子元件。计算机开始采用中小规模的集成电路元件，其主要特点如下：

① 采用集成电路取代晶体管作为基本电子元件。与晶体管相比，集成电路体积更小，耗电更省，功能更强，寿命更长。

② 采用半导体存储器，存储容量进一步提高，而体积更小。

③ 操作系统出现，高级语言进一步发展，使计算机功能更强，计算机开始广泛应用于各领域并走向系列化、通用化和标准化。

④ 计算机应用范围扩大到企业管理和辅助设计等领域。

典型的第三代计算机有 IBM 360、PDP-Ⅱ和 NOVA1200 等。

4. 第四代计算机（1971 年至今）

随着 20 世纪 70 年代初集成电路制造技术的飞速发展，大规模集成电路元件的出现，使计算机进入一个新时代，其主要特点如下：

① 采用大规模集成电路和超大规模集成电路作为基本电子元件，这是具有革命性的变革，出现了影响深远的微处理器。

② 第四代计算机是第三代计算机的扩展和延伸，存储容量进一步扩大并引入光盘，输入采用 OCR（字符识别）和条形码，输出采用激光打印机。

③ 在体系结构方面进一步发展并行处理、多机系统、分布式计算机系统和计算机网络系统。微型计算机大量进入家庭，产品更新速度加快。

④ 软件配置丰富，软件系统工程化、理论化，程序设计部分自动化。计算机在办公自动化、数据库管理、图像处理、语音识别和专家系统等领域大显身手。

典型的第四代计算机有 ILLIAC-Ⅳ、VAX-Ⅱ、IBM PC、APPLE 等。

5．第五代计算机

前四代计算机本质的区别在于基本元件的改变，即从电子管、晶体管、集成电路到超大规模集成电路，第五代计算机的创新也可能在基本元件上。有些专家推测有以下三种新概念的计算机可能成为第五代计算机的候选机。

① 生物计算机。生物计算机使用生物芯片，生物芯片是用生物工程技术产生的蛋白质分子制成的。生物芯片存储能力巨大，运算速度比当前的巨型计算机快 10 万倍，能量消耗则为其 10 亿分之一。由于蛋白质分子具有自组织、自调节、自修复和再生能力，使得生物计算机具有生物体的一些特点，如自动修复芯片发生的故障、模仿人脑的思维机制。

② 量子计算机。所谓量子计算机，是指利用处于多种状态的原子进行运算的计算机。量子计算机中的最小信息单元是一个量子比特，量子比特不只是开、关两种状态，而是以多种状态同时出现。这种数据结构对使用并行结构计算机来处理信息是非常有利的。量子计算机具有一些特殊的性质，如信息传输可以不需要时间（超距作用）、信息处理所需能量可以接近于零。

③ 光计算机。光计算机利用光子取代电子进行数据运算、传输和存储。在光计算机中，不同波长的光表示不同的数据，可快速完成复杂的计算工作。与电子计算机相比，光计算机具有超高速的运算速度、强大的并行处理能力、大存储量、非常强的抗干扰能力等优点。据推测，未来光计算机的运算速度可能比今天的超级计算机快 1000 倍以上。

目前，计算机技术的发展趋势是向巨型化、微型化、网络化和智能化等 4 个方向发展。

巨型化是指具有运算速度高、存储容量大、功能更完善的计算机系统。其运算速度一般在每秒百亿次以上，存储容量超过百万兆字节。巨型机主要用于尖端科技和国防系统的研究和开发，如航空航天、军事工业、气象、人工智能等领域，特别是在复杂的大型科学计算领域，其他机种难以与之抗衡。

微型化得益于大规模和超大规模集成电路的飞速发展。微处理器自 1971 年问世以来，发展非常迅速，几乎每隔 2～3 年就会更新换代一次，这也使以微处理器为核心的微型计算机的性能不断提升。现在，除了台式微型机外，还有可随身携带的笔记本计算机，以及可以握在手上的掌上型计算机等。

网络化是指利用通信技术和计算机技术，把分布在不同地点的计算机互连起来，按照网络协议相互通信，以达到所有用户都可共享数据、软件及硬件资源的目的。现在，计算机网络在交通、金融、企业管理、教育、邮电、商业等行业中得到广泛应用。网络技术的意义在于人们在任何地方可以从计算机网络上获得知识，工作及消费的地域得到巨大延伸。

智能化就是要求计算机能模拟人的感觉和思维能力，也是第五代计算机要实现的目标。智能化的研究领域很多，其中最有代表性的领域是机器人和专家系统。目前已研制出的机器人可以代替人从事危险环境的作业，运算速度为每秒约10亿次的"深蓝"计算机在1997年战胜了国际象棋世界冠军卡斯帕罗夫。

1.1.3 计算机的分类

计算机科学技术的发展日新月异，计算机已成为一个庞大的家族。计算机的种类很多，从不同角度对计算机有不同的分类方法。

1. 按处理对象分类

按处理对象的方式，计算机可以分为数字计算机、模拟计算机和混合计算机三种。

① 数字计算机（Digital Computer）。数字计算机是处理非连续变化的数据的，其输入、存储、处理和输出的数据都是数字量，这些数据在时间上是离散的，非数字量的数据（如字符、声音、图像等）必须经过编码后方可处理。数字计算机基本运算部件是数字逻辑电路，其运算精度高、存储量大、通用性强，能胜任科学计算、数据处理、过程控制、智能模拟等方面的工作。

数字计算机还具有三大优点：一是它以数字化形式表示字符、声音、图形等各种信息，而数字形式便于利用各种存储器加以存储，可以做到很大的存储容量；二是它有较大的数值范围，即较高的精度；三是它除了能进行数值计算外还能进行逻辑处理，赋予计算机以思维判断能力。因此，当前数字计算机已成为信息处理装置的主流，除非特别声明，以后所说的计算机一律是指数字电子计算机。

② 模拟计算机（Analog Computer）。模拟计算机是处理连续变化的数据的，其输入、存储、处理和输出的数据都是模拟量（如电压、电流等），这些数据在时间上是连续的。模拟计算机的基本运算部件是由运算放大器构成的微分器、积分器、通用函数运算器等运算电路，其解题速度极快，但精度不高，数据不易存储，通用性差，一般用于解微分方程或自动控制系统设计中的参数模拟。

③ 混合计算机（Hybrid Computer），是综合了上述两种计算机的长处设计出来的，既能处理数字量，又能处理模拟量。但是这种计算机结构复杂，设计困难。

2. 按用途分类

按计算机的用途，计算机可以分为通用计算机和专用计算机两种。

① 通用计算机（General Purpose Computer）：为能解决各种问题、具有较强的通用性而设计的计算机。通用计算机具有一定的运算速度，有一定的存储容量，带有通用的外部设备，配备各种系统软件和应用软件。一般的数字电子计算机多属于通用计算机。

② 专用计算机（Special Purpose Computer）：为解决一个或一类特定问题而设计的计算机。其硬件和软件的配置依据解决特定问题的需要而定，并不求全。专用机功能单一，配有解决特定问题的固定程序，能高速、可靠地解决特定问题。在过程控制中一般使用专用计算机。

3. 按规模和处理能力分类

计算机的规模和处理能力主要是指其字长、运算速度、存储容量、外部设备配置及软件配置等。美国电气和电子工程师学会（IEEE）根据计算机的性能及发展趋势，曾将计算机分为巨型计算机、小巨型计算机、大型计算机、小型计算机、工作站和个人计算机六种。

① 巨型计算机（Super Computer）：又称为超级计算机，是所有计算机类型中价格最贵、功能最强的一种计算机，其浮点运算速度已达每秒万亿次。这种计算机主要用于复杂、尖端的科学计算及军事等专用领域。例如，我国国防科技大学在1983年、1992年、1997年和2000年分别研制的银河Ⅰ（亿次）、银河Ⅱ（十亿次）、银河Ⅲ（百亿次）和银河Ⅳ（万亿次）等系列巨型计算机。

② 小巨型计算机（Minisupers Computer）：20世纪80年代出现的新机种，因巨型计算机价格十分昂贵，在力求保持或略微降低巨型计算机性能的条件下开发出小巨型计算机，使其价格大幅降低，在技术上采用高性能的微处理器组成并行多处理器系统，使巨型计算机小型化。

③ 大型计算机（Mainframe）：国外习惯上将之称为主机，相当于国内常说的大型机和中型机。近年来，大型计算机采用了多处理、并行处理等技术，其内存一般为1GB以上，运行速度可达300～750MIPC（每秒执行3亿至7.5亿条指令）。大型计算机具有很强的管理和处理数据的能力，一般在大企业、银行和科研院所等单位使用。

④ 小型计算机（Minicomputer）：结构简单，价格较低，使用和维护方便，备受中小企业欢迎。20世纪70年代出现小型计算机热，到20世纪80年代其市场份额已超过了大型计算机。那时在我国许多科研院所都配置了16位的PDP-11及32位的VAX-11系列。国产的有DJS-2000及生产批量较大的太极2000等。

⑤ 工作站（Workstation）：一种高档微型计算机系统，具有较高的运算速率，具有大型计算机或小型计算机的多任务、多用户能力，且兼有微型计算机的操作便利和良好的人机界面。其最突出的特点是具有很强的图形交互能力，因此在工程领域特别是计算机辅助设计领域得到迅速应用。典型产品有美国Sun系列工作站。

⑥ 个人计算机（Personal Computer，PC）：国内多数人称其为微型计算机。这是20世纪70年代出现的新机种，以其设计先进（总是率先采用高性能微处理器）、软件丰富、功能齐全、价格便宜等优势而拥有广大的用户，因而大大推动了计算机的普及应用。现在除了台式计算机外，还有便携式计算机，如笔记本电脑和掌上型计算机。

1.1.4 计算机的特点

各种类型的计算机虽然在处理对象、用途、规模和性能等方面有所不同，但都具有以下几个主要特点。

（1）运算速度快

由于计算机采用高速电子器件组成，因此能以极快的速率工作。现在的高性能计算机每秒能进行数万亿次运算，不仅大大提高了工作效率，还使许多过去无法处理的问题都能得以解决。例如，气象预报需要分析大量的资料，若人工计算需十天半月才能完成，会失去预报的意义，现在使用计算机进行运算，十几分钟就能完成一个地区数天气象预报资料的计算工作。

（2）计算精度高

由于计算机采用二进制表示数据，因此其精度主要取决于表示数据的位数，即机器字长。字长越长，其精度越高。计算机的字长从8位、16位增加到32位、64位，甚至更长，从而使计算结果具有很高的精确度。再加上运算技巧，数值计算越来越精确。例如，过去对圆周率的计算，数学家们经过艰苦的努力，只能算到小数点后 500 位，1981 年，一位日本人利用计算机很快计算到小数点后 200 万位。

（3）存储能力强

计算机具有完善的存储系统，可以存储和"记忆"大量信息。例如，一台计算机能将一个中等规模的图书馆的全部图书资料信息存储起来，而且不会"忘却"。当人们需要时，又能准确无误地取出来，使从浩如烟海的文献中查找所需要的信息成为一件容易的事情。存储系统可根据需要无限扩充，从而满足了社会信息量急剧增长的需要。

（4）具有逻辑判断能力

计算机不仅能进行算术运算和逻辑运算，而且能对字符进行判断或比较，进行逻辑推理和定理证明。例如，数学中著名的四色问题，是指任意复杂的地图，要使相邻区域的颜色不同，最多只用 4 种颜色。100 多年来不少数学家一直想去证明它或者推翻它，却一直没有结果。1976 年，美国数学家使用计算机进行了非常复杂的逻辑推理，用了 1200 小时解决了这一世界难题。

（5）具有自动执行能力

计算机是个自动化电子装置，在工作过程中不需人工干预，能自动执行存放在存储器中的程序。程序是通过仔细规划事先安排好的操作步骤，一旦将程序输入计算机并发出运行命令后，它便不知疲劳地干起来。利用这个特点，让计算机去完成那些枯燥乏味的重复性劳动，也可让计算机控制机器深入到人类身体难以胜任的、有毒的、有害的作业场所。

与计算机相比，人类思维不但速率慢、容易发生错误，而且容易疲倦、节奏紊乱，长久记忆容易模糊或遗忘等。计算机正好相反，其工作速率快、不易发生错误，处理数据节奏均匀，记忆永远不会淡漠，而且不知疲倦。尽管如此，人类完全不必自馁。因为人类思维的另一方面，即可以类推、联想、创造能力和学习能力等，为现代计算机望尘莫及。人脑和计算机各有所长，单纯的大量计算或定型处理应尽量让计算机去做，人们可以抽身去从事更高级、更复杂的创造性工作。

1.1.5 计算机的应用领域

计算机在科学技术、国民经济、社会生活等方面都得到了广泛的应用，这些应用正在改变着传统的工作、学习和生活方式，推动着社会的发展与进步。根据计算机应用的性质，大体上可以归纳为以下 6 方面。

（1）科学计算

科学计算又称为数值计算，是利用计算机来完成科学研究和工程技术中提出的数学问题的计算。在科学研究和工程技术中，通常要将实际问题归结为某一数学模型，这些数学模型内容复杂，计算量大，要求精度高，只有以计算机为工具来计算才能快速地取得满意的结果。计算机甚至可以对不同的计算方案进行比较，以便选出最佳方案。例如，火箭运行轨迹、高能物理及地质勘探等许多尖端科技的计算等。计算机仿真则是在此基础上发展起来的应用，可以用计算机仿真原子弹的爆炸，避免过多的实弹试验。

（2）数据处理

数据处理又称为信息处理，是利用计算机对数据进行输入、存储、整理、分类、统计、制表、检索和传播等一系列活动的统称。据统计，80%以上的计算机主要用于数据处理，这类工作量大面宽，决定了计算机应用的主流。

数据处理与科学计算不同，数据处理涉及的数据量大，但计算方法较简单；而科学计算的数据量不大，但计算过程较复杂。在当今的信息时代，要对海量的数据进行管理和有效利用，必须借助计算机这个重要工具，特别是利用网络计算机实现信息资源的共享，如办公自动化系统、信息决策支持系统和股市行情分析等。

（3）过程控制

过程控制又称为实时控制，是利用计算机实时采集检测数据，按最优值，迅速对控制对象进行自动调节或自动控制。采用计算机进行过程控制，不仅可以大大提高控制的自动化水平，而且可以提高控制的实时性和准确性，从而改善劳动条件、提高产品质量及合格率。因此，计算机过程控制已在机械、冶金、石油、化工、纺织、水电、航天等领域得到广泛应用。例如，在汽车工业方面，利用计算机控制机床或整个装配流水线，不仅可以实现精度要求高、形状复杂的零件加工自动化，而且可以使整个车间或工厂实现自动化。

（4）计算机辅助技术

计算机辅助技术主要包括计算机辅助设计、计算机辅助制造和计算机辅助教育等。

① 计算机辅助设计（Computer Aided Design，CAD）：利用计算机系统辅助设计人员进行工程或产品设计，以实现最佳设计效果的一种技术，已广泛地应用于飞机、汽车、机械、电子、建筑和轻工等领域。例如，在建筑设计过程中，可以利用 CAD 技术进行力学计算、结构计算、绘制建筑图纸等，这样不但提高了设计速度，而且可以大大提高设计质量。

② 计算机辅助制造（Computer Aided Manufacturing，CAM）：利用计算机系统进行生产设备的管理、控制和操作的过程。例如，在产品的制造过程中用计算机控制机器的运行，处理生产过程中所需的数据，控制和处理材料的流动，以及对产品进行检测等。CAM 技术可以提高产品质量，降低成本，缩短生产周期，提高生产率和改善劳动条件。

将 CAD 和 CAM 技术集成，实现设计生产自动化，这种技术被称为计算机集成制造系统（CIMS）。

③ 计算机辅助教育（Computer Aided Instruction，CAI）：利用计算机系统，使用课件进行教学。课件可以用多媒体创作工具或高级语言来开发制作，能引导学生循序渐进地学习，使学生轻松自如地从课件中学到所需要的知识。CAI 的主要特色是交互教育、个别指导和因人施教。

（5）人工智能

人工智能是用计算机模拟或部分模拟人的智能活动，诸如感知、判断、理解、学习、问题求解和图像识别等。目前，人工智能的研究已取得不少成果，有些已开始走向实用阶段。例如，应用在医疗工作中的医学专家系统能模拟高水平的医生分析病情，为病人开出药方，提供病情咨询等；在机械制造业中，采用智能机器人，可以完成各种复杂加工，承担有害作业。

（6）通信网络

计算机技术与现代通信技术的结合构成了计算机网络。计算机网络的建立，不仅解决了一个单位、一个地区、一个国家中计算机与计算机之间的通信及各种软件、硬件资源的共享，也大大促进了国家之间的文字、图像、视频和声音等数据的传输和处理。

目前，网络电话、网络实时交谈和 E-mail 已成为人们重要的通信手段。视频点播、网络游戏、网上教学、网上书店、网上购物、网上订票、网上医院、网上电视直播、网上证券交易及电子商务正逐渐走进普通百姓的生活、学习和工作当中。可见，通信网络提供的服务非常广泛。

1.2　计算机运算基础

人们习惯于采用十进制计数。但是由于技术上的原因，计算机内部一律采用二进制表示数据和信息。而在编程中又经常使用十进制，有时为了方便还使用八进制或十六进制。因此，弄清不同进制及其相互转换是重要的。

人们使用计算机是通过键盘与计算机交互，从键盘上输入的各种操作命令及原始数据都是以字符形式出现的，然而计算机只能认识二进制数，这就需要对字符进行编码。人机交互时，输入的各种字符由机器自动转换，以二进制编码形式存入计算机。

1.2.1　数制及其转换

1．数制的概念

什么是数制？数制是用一组固定的数字和一套统一的规则来表示数目的方法。

按照进位方式计数的数制叫做进位计数制。由于日常生活中大都采用十进制计数，因此人们对十进制最习惯。但是其他进制仍有应用领域。例如，十二进制作为商业包装计量单位"一打"的计数方法，十六进制作为中药或金器等采用的计量单位，而计算机中采用的是二进制。

无论使用何种进制，它们都包括两个要素：基数和位权。

① 基数：指各种进位计数制中允许选用基本数码的个数。例如，十进制的数码有 0，1，2，3，4，5，6，7，8 和 9，因此十进制的基数为 10。

② 位权：每个数码所表示的数值等于该数码乘以一个与数码所在位置相关的常数，这个常数叫做位权。位权的大小是以基数为底、数码所在位置的序号为指数的整数次幂。例如，$128.7 = 1 \times 10^2 + 2 \times 10^1 + 8 \times 10^0 + 7 \times 10^{-1}$。

2．常用的数制

（1）十进制（Decimal Notation）

十进制是用 0～9 这 10 个数码表示数值，采用"逢十进一"计数原则的进位计数制。因此十进制数的基数为 10，十进制数中处于不同位置上的数字代表不同的值，与它对应的位权有关，十进制数的位权为 10^i，其中 i 代表数字在十进制数中的序号。例如，十进制数 123.89 可表示为

$$123.89 = 1 \times 10^2 + 2 \times 10^1 + 3 \times 10^0 + 8 \times 10^{-1} + 9 \times 10^{-2}$$

一般地，任意一个 n 位整数和 m 位小数的十进制数 D 可表示为

$$D = d_{n-1} \times 10^{n-1} + d_{n-2} \times 10^{n-2} + \cdots + d_0 \times 10^0 + d_{-1} \times 10^{-1} + \cdots + d_{-m} \times 10^{-m}$$

其中，m，n 为正整数。

（2）二进制（Binary Notation）

与十进制相似，二进制是用 0 和 1 表示数值，采用"逢二进一"计数原则的进位计数制。因此，二进制数的基数为 2，二进制数中处于不同位置上的数字代表不同的值，每个数字的位权由 2 的幂次决定，即 2^i，其中 i 为数字在二进制数中的序号。

例如，二进制数 11011.101 可表示为

$$(11011.101)_2 = 1 \times 2^4 + 1 \times 2^3 + 0 \times 2^2 + 1 \times 2^1 + 1 \times 2^0 + 1 \times 2^{-1} + 0 \times 2^{-2} + 1 \times 2^{-3}$$

一般地，任意一个 n 位整数和 m 位小数的二进制数 B 可表示为

$$B=b_{n-1}\times2^{n-1}+b_{n-2}\times2^{n-2}+\cdots+b_0\times2^0+b_{-1}\times2^{-1}+\cdots+b_{-m}\times2^{-m}$$

其中，m、n 为正整数。

（3）八进制（Octal Notation）

八进制是用 0～7 这 8 个数码表示数值，采用"逢八进一"计数原则的进位计数制。因此八进制数的基数为 8，八进制数中处于不同位置上的数字代表不同的值，每一个数字的位权由 8 的幂次决定，即 8^i，其中 i 为数字在八进制数中的序号。例如，八进制数 437.25 可表示为

$$(437.25)_8=4\times8^2+3\times8^1+7\times8^0+2\times8^{-1}+5\times8^{-2}$$

一般地，任意一个 n 位整数和 m 位小数的八进制数 Q 可表示为

$$Q=q_{n-1}\times8^{n-1}+q_{n-2}\times8^{n-2}+\cdots+q_0\times8^0+q_{-1}\times8^{-1}+\cdots+q_{-m}\times8^{-m}$$

其中，m，n 为正整数。

（4）十六进制（Hexdecimal Notation）

十六进制是用 0～9 和 A～F 这 16 个数码表示数值，采用"逢十六进一"计数原则的进位计数制。因此十六进制数的基数为 16。十六进制数中处于不同位置上的数字代表不同的值，每位数字的位权由 16 的幂次决定，即 16^i，其中 i 为数字在十六进制数中的序号。例如，十六进制数 6BA.E7 可表示为

$$(6BA.E7)_{16}=6\times16^2+B\times16^1+A\times16^0+E\times16^{-1}+7\times16^{-2}$$

一般地，任意一个 n 位整数和 m 位小数的十六进制数 H 可表示为

$$H=h_{n-1}\times16^{n-1}+h_{n-2}\times16^{n-2}+\cdots+h_0\times16^0+h_{-1}\times16^{-1}+\cdots+h_{-m}\times16^{-m}$$

其中，m，n 为正整数。

（5）几种进制数间的对应关系

各种进位计数制的基本原理是相同的，只是在日常生活中不经常用到二进制、八进制和十六进制，对它们不十分熟悉而已。但它们之间存在内在的联系，可以相互转换。表 1-1 列出了几种进制数间的对应关系。

表 1-1 各种进制数间的对应关系

十进制	二进制	八进制	十六进制
0	0	0	0
1	1	1	1
2	10	2	2
3	11	3	3
4	100	4	4
5	101	5	5
6	110	6	6
7	111	7	7
8	1000	10	8
9	1001	11	9
10	1010	12	A
11	1011	13	B
12	1100	14	C
13	1101	15	D
14	1110	16	E
15	1111	17	F
16	10000	20	10
⋮	⋮	⋮	⋮

3．不同进制数的相互转换

（1）二进制数与十进制数的互换

计算机内部使用二进制数，但人们习惯于十进制，要把它输入到计算机中参加运算，必须将其转换成二进制数。计算机运算的结果输出时，又要把二进制数转换为十进制数来显示或打印。这种不同进制之间的相互转换过程在计算机内部频繁地进行着。当然，有专门的程序自动完成这些转换工作，但我们仍有必要了解数制转换的基本步骤。

① 二进制数转换成十进制数。这种转换比较简便，只要将待转换的二进制数按权展开，然后相加即可得到相应的十进制数。例如：

$$(101.1)_2 = 1 \times 2^2 + 0 \times 2^1 + 1 \times 2^0 + 1 \times 2^{-1} = (5.5)_{10}$$

② 十进制数转换成二进制数。十进制数有整数和小数两部分，转换时整数部分采用除 2 取余法，小数部分采用乘 2 取整法，然后通过小数点将转换后的二进制数连接起来即可。例如，将$(105.625)_{10}$转换成二进制数：

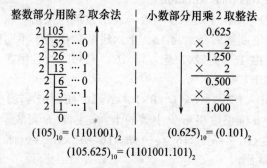

$$(105)_{10} = (1101001)_2 \quad | \quad (0.625)_{10} = (0.101)_2$$
$$(105.625)_{10} = (1101001.101)_2$$

弄清二进制数与十进制数的相互转换方法，可以将其推广到其他进制与十进制数的相互转换，不同之处是应该考虑具体进制的基数，转换算法则是完全一样的。

（2）二进制数与八进制数的互换

因为二进制数基数是 2，八进制数基数是 8。又由于 $2^3 = 8$，$8^1 = 8$，可见 3 位二进制数对应于 1 位八进制数，所以二进制与八进制的互换是十分简便的。

① 二进制数转换成八进制数。二进制数转换为八进制数可概括为"3 位并 1 位"，即以小数点为基准，整数部分从右到左，每 3 位一组，最高位不足 3 位时，添 0 补足 3 位；小数部分从左到右，每 3 位一组，最低有效位不足 3 位时，添 0 补足 3 位。然后将各组的 3 位二进制数按权展开后相加，得到 1 位八进制数，再按权的顺序连接起来即得到相应的八进制数。例如，将$(1011100.00111)_2$转换为八进制数：

$$(001,011,100.001,110)_2 = (134.16)_8$$
$$1 \quad 3 \quad 4 . 1 \quad 6$$

② 八进制数转换成二进制数。八进制数转换成二进制数可概括为"1 位拆 3 位"，即把 1 位八进制数写成对应的 3 位二进制数，然后按权的顺序连接即可得到相应的二进制数。例如，将$(163.54)_8$转换成二进制数：

$$(\quad 1 \quad\quad 6 \quad 3 . 5 \quad\quad 4\ )_8 = (1110011.1011)_2$$
$$001 \quad 110 \ 011 \ 101 \ 100$$

（3）二进制数与十六进制数的互换

二进制数与十六进制数之间也存在着二进制数与八进制数之间相似的关系。由于 $2^4 = 16$，$16^1 = 16$，即 4 位二进制数对应于 1 位十六进制数。

① 二进制数转换成十六进制数。二进制数转换为十六进制数可概括为"4 位并 1 位"，即以小数点为基准，整数部分从右到左，小数部分从左至右，每 4 位一组，不足 4 位添 0 补足。然后将每组的 4 位二进制数按权展开后相加，得到 1 位十六进制数，再按权的顺序连接起来即得到相应的十六进制数。例如，将 $(1011100.00111)_2$ 转换为十六进制数：

$$(0101,1100.0011,1000)_2 = (5C.38)_{16}$$

$$5 \quad C \ . \ 3 \quad 8$$

② 十六进制数转换成二进制数。十六进制数转换成二进制数可概括为"1 位拆 4 位"，即把 1 位十六进制数写成对应的 4 位二进制数，然后按权的顺序连接即可得到相应的二进制数。例如，将 $(16E.5F)_{16}$ 转换成二进制数：

$$(1 \quad 6 \quad E \ . \ 5 \quad F)_{16} = (101101110.01011111)_2$$

$$0001,0110,1110 \ . \ 0101,1111$$

在程序设计中，为了区分不同进制数，常在数字后加一个英文字母作后缀以示区别。

十进制数：在数字后加字母 D 或不加字母，如 105D 或 105。

二进制数：在数字后面加字母 B，如 101B。

八进制数：在数字后面加字母 Q，如 163Q。

十六进制数：在数字后加字母 H，如 16EH。

4. 计算机为什么采用二进制

二进制并不符合人们的习惯，但是计算机内部仍采用二进制表示数值和信息，其主要原因有以下几点：

① 电路简单。计算机是由逻辑电路组成的，而逻辑电路通常只有两个状态。例如，晶体管的导通与截止、开关的接通与断开、电平的高与低等，这两种状态正好用来表示二进制数的两个数码 0 和 1。

② 可靠性高。两种状态表示二进制两个数码，数字传输和处理不容易出错。因此，电路工作可靠，抗干扰能力强。

③ 运算简单。二进制运算法则简单，如加法法则只有 3 个，乘法法则也只有 3 个，从而简化了计算机内部器件的线路，提高了机器的运算速度。

④ 逻辑性强。计算机工作原理是建立在逻辑运算基础上的，逻辑代数是逻辑运算的理论依据。二进制只有两个数码，正好代表逻辑代数中的"真"和"假"。

1.2.2 存储单位及地址

数据必须首先在计算机内表示，然后才能被计算机处理。计算机表示数据的部件主要是存储设备，而存储数据的具体单位是存储单元。

（1）位

位（bit，b）是计算机存储数据的最小单位。一个二进制位只能表示 $2^1 = 2$ 种状态，要想表示更多的数据，就得把多个位组合起来作为一个整体，每增加 1 位，所能表示的信息量就增加 1 倍。例如，ASCII 码用 7 位二进制组合编码，能表示 $2^7 = 128$ 个不同字符。

（2）字节

字节（byte，B）是数据处理的基本单位，即以字节为单位存储和解释信息。字节是由相邻 8 位组成的信息存储单位，即 1B = 8bit。通常，1 字节可存放一个 ASCII 码，2 字节可存放一个汉字国标码，整数用 2 字节组织存储，单精度实数用 4 字节组织成浮点形式，而双精度实数利用 8 字节组织成浮点形式，等等。

存储器容量大小以字节数来度量，经常使用三种度量单位：KB、MB 和 GB。

1KB$=2^{10}=1\ 024\ B$ （K 读"千"）

1MB$=2^{10}\times2^{10}=1024\times1024=1\ 048\ 576\ B$ （M 读"兆"）

1GB$=2^{10}\times2^{10}\times2^{10}=1024\times1024\times1024=1\ 073\ 741\ 824\ B$ （G 读"吉"）

1TB$=2^{10}\times2^{10}\times2^{10}\times2^{10}=1024\times1024\times1024\times1024=1\ 099\ 511\ 627\ 776\ B$ （T 读"太"）

注意：位和字节是有区别的。位是计算机中最小数据单位，字节是计算机中基本信息单位。

在计算机中，1 字节被称为存储器的一个存储单元。一个存储单元可以存储一定的内容，如数字、字符等。为了便于找到每个存储单元，计算机对其进行了连续编号，这种编号就是地址。这样就可以按地址来存取存储单元中的内容，如图 1-1 所示。

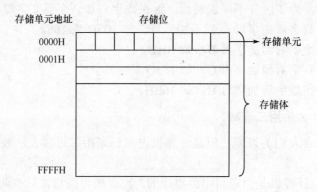

图 1-1　存储体结构

（3）字

计算机处理数据时，CPU 通过数据总线一次存取、加工和传送的数据长度称为字（word，W）。一个字通常由 1 字节和若干字节组成。由于字长是计算机一次所能处理的实际位数长度，所以字长是衡量计算机性能的一个重要标志，字长越长，性能越强。

不同的计算机字长是不相同的，常用的字长有 8 位、16 位、32 位、64 位不等。

计算机处理的数据分为数值型和非数值型两种。数值型数据是指数学中的代数值，具有量的含义，且有正负之分、整数和小数之分；非数值型数据是指输入到计算机中的所有信息，没有量的含义，如英文字母、数字符号 0～9、汉字、声音、图像和视频等。由于计算机采用二进制，也就是说，计算机只识别 0 和 1，所以输入到计算机中任何数值型和非数值型数据都必须转换为二进制数码。

1.2.3　数值型数据表示

1. 机器数与真值

在计算机中，数值型数据是用二进制数来表示的。数值型数据有正、负之分，通常人们在数字前面冠以"+"或"−"来表示数的正负，在计算机内部"+"和"−"也需要数码化，用 1 位二进制表示。一般规定：用"0"表示"+"，用"1"表示"−"。因此，数值型数据的最高位用来表示数值的正负，这一位称为符号位。在计算机内部，数字和正负号都用二进制数码表示，两者结合在一起构成数值型数据的机内表示形式。

把这种连同数字和符号组合在一起的二进制数称为机器数，由机器数所表示的实际值称为真值。例如：

$$(00101101)_2 = (+45)_{10}$$;二进制数 00101101 代表十进制数+45

$$(10101101)_2 = (-45)_{10}$$;二进制数 10101101 代表十进制数−45

又如，要求十进制数+105 和−105 的机器数，十进制数 105 的二进制数是 1101001，则

$$(+105)_{机器数} = 01101001 \qquad (-105)_{机器数} = 11101001$$

在计算机中，机器数可以用不同的码制来表示。常用的码制有原码表示法、反码表示法和补码表示法。为了简单起见，下面只以整数为例介绍原码、反码和补码。

2．原码、反码和补码

（1）原码

原码表示法规定：用符号位和数值位两部分表示一个带符号数，设字长为 n 位，最高位为符号位，正数的符号位用 0 表示，负数的符号位用 1 表示，其余 $n-1$ 位数值部分用二进制形式表示。数 X 的原码记为$[X]_原$。

例如，若机器字长为 8 位，二进制数+1011101 和−1011101 的原码分别表示为 01011101 和 11011101。

在原码表示中，零有两种表示形式，即$[+0]_原 = 00000000$，$[-0]_原 = 10000000$。

原码所能表示的数的范围与二进制数的位数（即机器字长）有关。如果用 8 位二进制数表示时，最高位为符号位，整数原码表示的范围为−127～+127，即最大数是 01111111，最小数是 11111111。同理，用 16 位二进制数表示整数原码时的范围为−32767～+32767。

【例 1-1】 假设字长为 8，求十进制数+78 和−78 的原码。

因为$(78)_{10} = (1001110)_2$，所以$[+78]_原 = 01001110$，$[-78]_原 = 11001110$。

用原码表示一个数，简单且直观，与真值之间转换方便。这种表示法对乘法和除法的符号判别是很方便的，在做乘法或除法时，把数的符号位按位相加后，就得到结果的符号位。但这种表示法对加、减法来说运算比较复杂，不能用它直接对两个同号数相减或两个异号数相加。

例如，将十进制数"35"与"−65"的两个原码直接相加，因为$[+35]_原 = 00100011$，$[-65]_原 = 11000001$，所以 00100011+11000001=11100100，其结果符号位为"1"表示是负数，真值为"1100100"，即等于十进制数"−100"，这显然是错误的。

又如，将十进制数"35"与"65"的两个原码直接相减。因为$[+35]_原 = 00100011$，$[+65]_原 = 01000001$，所以 00100011−01000001=11100010，其结果符号位为"1"表示是负数，真值为"1100010"，即等于十进制数"−98"，这显然也是不对的。

因此，为了计算机中方便进行加减法而引入了反码和补码。

（2）反码

反码表示法规定：正数的反码与原码相同，负数的反码是对该数的原码除符号位外各位取反，即 0 变 1，1 变 0。数 X 的反码记为$[X]_反$。例如，若机器字长为 8 位，二进制数+1011101 和−1011101 的反码分别表示为 01011101 和 10100010。

零的反码表示有两种，即

$$[+0]_反 = 00000000 \qquad [-0]_反 = 11111111$$

可以验证，任何一个数的反码的反码即是原码本身。通常反码作为求补过程的中间形式。

（3）补码

补码表示法规定：正数的补码与原码相同，负数的补码是对该数的原码除符号位外各位取反，最末位加 1，即求反加 1。数 X 的补码记为 $[X]_\text{补}$。例如，若机器字长为 8 位，二进制数 +1011101 和 –1011101 的补码分别表示为 01011101 和 10100011。

零的补码表示是唯一的，即

$$[+0]_\text{补} = 00000000 \qquad\qquad [-0]_\text{补} = 00000000$$

补码所能表示的数的范围也与二进制数的位数（即机器字长）有关。如果用 8 位二进制数表示时，最高位为符号位，整数补码表示的范围为 –128～+127。用 16 位二进制数表示整数补码时的范围为 –32768～+32767。

【例 1-2】　假设字长为 8，求十进制数 +78 和 –78 的补码。

因为 $(78)_{10} = (1001110)_2$，所以 $[+78]_\text{原} = 01001110$，$[+78]_\text{补} = 01001110$，$[-78]_\text{原} = 11001110$，$[-78]_\text{补} = 10110010$。

可以验证，任何一个数的补码的补码即是原码本身。

引入补码后，加减法运算都可以用加法来实现，也就是说，减法变为加法来运算，并且两数"和"的补码等于两数的补码之"和"。即

$$[X+Y]_\text{补} = [X]_\text{补} + [Y]_\text{补}$$
$$[X-Y]_\text{补} = [X+(-Y)]_\text{补} = [X]_\text{补} + [-Y]_\text{补}$$

【例 1-3】　利用补码计算十进制数 "35" 与 "65" 之差，即 35 – 65 = ？

因为 $[+35]_\text{原} = 00100011$，$[+35]_\text{补} = 00100011$，$[-65]_\text{原} = 11000001$，$[-65]_\text{补} = 10111111$，所以

$$(35)_{10} - (65)_{10} = [+35]_\text{补} + [-65]_\text{补}$$

$$
\begin{array}{r}
00100011 \\
+)\quad 10111111 \\
\hline
11100010
\end{array}
$$

其结果 11100010 为补码，对它再进行一次求补运算，就得到结果的原码表示形式，即 $[11100010]_\text{补} = 10011110$，则 $[10011110]_\text{原} = -0011110 = (-30)_{10}$，所以结果正确。

由此可以看出，在计算机中加减法运算都可以统一化成补码的加法运算，其符号位也参与运算，这是十分方便的。目前，计算机中的加减运算基本上采用补码进行运算。

3．定点数与浮点数

在计算机中，参与运算的数据会既有整数又有小数。当处理的数值含有小数部分时，计算机并不采用某个二进制位来表示小数点，而是用隐含规定小数点的位置来表示。按照小数点的位置是否固定，一般分为定点数和浮点数。

（1）定点数

在计算机中，小数点位置固定的数称为定点数。定点数根据小数点隐含固定位置不同，又分为定点小数和定点整数。定点数的运算规则比较简单，但不适宜对数值范围变化大的数据进行运算。

① 定点小数：指小数点隐含固定在最高数值位的左边，符号位右边，参与运算的数是纯小数，其绝对值小于 1。定点小数在计算机中表示的格式如图 1-2 所示。

② 定点整数：指小数点隐含固定在整个数值的最右端，符号位右边所有的位数表示的是一个纯整数。定点整数在计算机中表示的格式如图 1-3 所示。

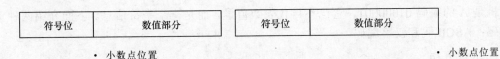

符号位	数值部分

· 小数点位置

符号位	数值部分

· 小数点位置

图 1-2　定点小数的格式　　　图 1-3　定点整数的格式

无论是定点小数或定点整数，由于小数点都固定在一个位置，所以计算机在运算时不必对位，可以直接进行加减运算。实现这种运算方法的电路都比较简单，但表示数的范围受到限制。为了防止"溢出"，需要选择合适的比例因子，对运算前后的数据按比例因子进行折算，使用起来不方便。为了解决上述问题，可以采用浮点表示法。

（2）浮点数

浮点数是指小数点位置不固定，根据需要而浮动的数，既有整数部分又有小数部分。定点数所能表示的范围非常有限，在许多场合下不够用，浮点数表示法可以扩大数据的表示范围。

在计算机中，通常把浮点数分成阶码和尾数两部分来表示。阶码一般用补码定点整数表示，用于表示该数的小数点位置。尾数一般用补码或原码定点小数表示，用于表示数据的有效位数。

浮点数的格式多种多样。在设计时，阶码和尾数占用的位数可以灵活设定。由于阶码确定数的表示范围，而尾数确定数的精度，所以当字长一定时，分配给阶码的位数越多，则表示数的范围越大，但分配给尾数的位数将减少，从而降低了表示数的精度。反之，分配阶码的位数减少，则数的表示范围将变小，但尾数的位数增加，从而使精度得到提高。

某计算机字长为 32 位，用 4 字节表示浮点数，阶码部分为 8 位补码定点整数，尾数部分为 24 位补码定点小数，如图 1-4 所示。

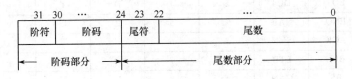

图 1-4　浮点数格式

为了提高精度，通常其尾数的最高位必须是非零的有效位，这称为浮点数的规格化形式。由于其阶码为 8 位，由阶码最大值为 $2^7-1=(127)_{10}$，阶码最小值为 $-2^7=(-128)_{10}$，这样所表示数的范围为 $-1\times2^{127}\sim(1-2^{-23})\times2^{127}$。

由此可见，浮点数的表示范围要比定点数大得多，但也不是无限的。当计算机中参与运算的数超出了浮点数的表示范围时称为溢出。如果一个数的阶码大于计算机所能表示的最大阶码，则称为上溢；若小于最小阶码，则称为下溢。上溢时，计算机将停止运算，转溢出中断处理程序进行溢出处理。下溢时，计算机将该数作为机器零来处理，即把该浮点数的阶码和尾数全置成零，但仍能进行运算。

1.2.4　字符型数据编码

人们使用计算机，基本手段是通过键盘与计算机打交道。从键盘上输入的命令和数据实际表现为一个个英文字母、标点符号和数字，都是非数值数据。计算机只能存储二进制，这就需要用二进制数 0 和 1 对各种字符进行编码。例如，在键盘上输入英文字母 A，存入计算机是 A 的编码 01000001，它已不再代表数值量，而是一个字符信息。下面介绍两种重要编码：ASCII 码和汉字编码。

1. ASCII 码

西文是由拉丁字母、数字、标点符号及一些特殊符号组成的，它们统称为字符，所有字符的集合叫做字符集。字符集中每个字符各有一个二进制表示的编码，它们互相区别，构成了该字符集的编码表。

字符集有多种，每种字符集的编码方法也多种多样。目前计算机中使用得最广泛的西文字符集及其编码是 ASCII 码，即美国标准信息交换代码（American Standard Code for Information Interchange），它已被国际标准化组织批准为国际标准 ISO-646，适用于所有拉丁文字字母，已在全世界通用。我国相应的国家标准是 GB 1988，称为信息处理交换用的 7 位编码字符集标准。

ASCII 码用七位二进制表示一个字符，由于从 0000000 到 1111111 共有 128 种编码，可用来表示 128 个不同的字符，其中包括 10 个数字、26 个小写字母、26 个大写字母、运算符号、标点符号以及控制符号等。ASCII 字符编码表如表 1-2 所示。

表 1-2　7 位 ASCII 码表

$b_3 b_2 b_1 b_0$	$b_6 b_5 b_4$							
	000	001	010	011	100	101	110	111
0000	NUL	DLE	SP	0	@	P	、	p
0001	SOH	DC1	!	1	A	Q	a	q
0010	STX	DC2	"	2	B	R	b	r
0011	ETX	DC3	#	3	C	S	c	s
0100	EOT	DC4	$	4	D	T	d	t
0101	ENQ	NAK	%	5	E	U	e	u
0110	ACK	SYN	&	6	F	V	f	v
0111	BEL	ETB	'	7	G	W	g	w
1000	BS	CAN	(	8	H	X	h	x
1001	HT	EM	)	9	I	Y	i	y
1010	LF	SUB	*	:	J	Z	j	z
1011	VT	ESC	+	;	K	[	k	{
1100	FF	FS	,	<	L	\	l		
1101	CR	GS	-	=	M	]	m	}
1110	SO	RS	.	>	N	^	n	~
1111	SI	US	/	?	O	_	o	DEL

在表 1-2 中，第 000 列和第 001 列共 32 个字符，称为控制字符，它们在传输、打印或显示输出时起控制作用。第 010 列到第 111 列（共 6 列）共 94 个字符，称为图形字符。这些字符有确定的结构形状，可在显示器或打印机等输出设备上输出。它们在计算机键盘上能找到相应的键，按键后就可将对应字符的二进制编码送入计算机中。此外，在图形字符集的首尾还有 2 个字符也可归入控制字符，即 SP（空格字符）和 DEL（删除字符）。

虽然 ASCII 码是 7 位编码，但由于字节是计算机的基本处理单元，故一般仍以一字节来存放一个 ASCII 码字符。每个字节中多余出来的一位（最高位），在计算机内部一般保持为 0 或在编码传输中用作奇偶校验位，如图 1-5 所示。

2．汉字编码

计算机在处理汉字信息时，要将其转化为二进制代码，这就需要对汉字进行编码。由于汉字比西文字符量多且复杂，因此给计算机处理带来许多困难。汉字处理技术首先要解决的是汉字输入、输出及计算机内部的编码问题。根据汉字处理过程中的不同要求，编码形式有多种，主要分为汉字输入码、汉字交换码、汉字机内码和汉字字型码 4 类，如图 1-6 所示。

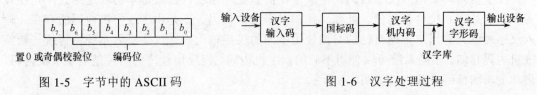

图 1-5　字节中的 ASCII 码　　　　　　图 1-6　汉字处理过程

（1）汉字输入码

汉字输入码的作用是让用户能直接使用西文键盘输入汉字。好的汉字输入码编码方案应具备的特点是：编码规则简单易学，重码率低，同时击键次数少。事实上，重码率与其易学性是相互牵制的。目前，各种各样的输入法有几十种，但是很难找到既容易掌握又重笔码率低的输入法。例如，五笔字型输入法的重码率很低，但是要掌握五笔字型字根并不是简单的事情。拼音输入法，几乎有一定拼音基础的人都能迅速掌握，但是由于同音字很多，所以重码率很高。

不管何种汉字输入法，它们的编码方案都可以归纳为数字、字音、字形和混合 4 种。

① 数字编码：按照汉字的排列次序，给每个汉字赋予一组唯一的数字编号，只要通过键盘输入一组数字编码，就可以完成汉字的输入。虽然这个编码不产生重码，但是难以记忆。有代表性的输入法有区位码、电报码等。

② 字音编码：主要以拼音为基础。这种输入法对有拼音基础的人很快就能掌握，但是重码率高，影响输入速度。常见的字音输入法有全拼码、双拼码等。

③ 字形编码：以汉字形状确定编码的方案。根据汉字字形特征分解归纳汉字的基本构字部件，如分解成字根、部首、偏旁笔形、笔画等。每种构字部件与键盘上的一个键对应，该键的编码就是这个部件的编码。字形输入法重码率低，但要掌握输入法规则需要接受专门训练。常见的字形输入法有王码、郑码等。

④ 混合编码：利用了拼音、部首、笔画、声调等汉字信息而编制的一种输入法，如表形码、智能 ABC 等。

目前，我国推出的汉字输入码已有数百种，受到用户欢迎的也有数十种，用户可以根据自己的喜好选择使用某一种汉字输入码。

（2）汉字交换码

汉字交换码是指在汉字信息处理系统之间或者信息处理系统与通信系统之间进行汉字信息交换时所使用的编码。设计汉字交换码编码体系应该考虑如下几点：被编码的汉字个数尽量多，编码的长度尽可能短，编码具有唯一性，码制的转换要方便。

国标 GB2312—1980《信息交换用汉字编码字符集——基本集》制定了汉字交换码的标准。该标准规定了信息交换用的 6763 个汉字和 682 个非汉字图形字符编码。根据汉字使用频率的高低、构词能力的强弱、实际用途的大小，划分为两级汉字，一级汉字 3755 个，二级汉字 3008 个，使用覆盖率可达 99.99%以上，能够满足绝大部分用户的使用要求。按 GB2312—1980 编码的汉字交换码又称为国标码。国标码字符集中的任何一个汉字或图形符号都用 2 个 7 位二进制数表示，在计算机中用 2 字节表示，每字节的最高位为 0，剩余 7 位为 GB2312—1980 二进制编码，其格式如图 1-7 所示。

在国标码中，一级汉字按汉语拼音字母顺序排列，同音汉字按笔画顺序排列；二级汉字按部首顺序排列。

（3）汉字机内码

汉字机内码又称为汉字内码，是汉字在信息处理系统内部最基本的表达形式，是在设备和信息处理系统内部存储、处理、传输汉字用的代码。正是由于汉字机内码的存在，输入汉字时就允许用户根据自己的习惯使用不同的汉字输入码，汉字进入系统后再统一转换成机内码存储。不同系统可以使用不同的汉字机内码，但应用较广的一种是双字节机内码，俗称变形国标码，其格式如图 1-8 所示。

b_7	b_6	b_5	b_4	b_3	b_2	b_1	b_0	b_7	b_6	b_5	b_4	b_3	b_2	b_1	b_0
0	×	×	×	×	×	×	×	0	×	×	×	×	×	×	×

b_7	b_6	b_5	b_4	b_3	b_2	b_1	b_0	b_7	b_6	b_5	b_4	b_3	b_2	b_1	b_0
1	×	×	×	×	×	×	×	1	×	×	×	×	×	×	×

图 1-7　国标码格式　　　　　　图 1-8　机内码格式

这种格式的机内码是将 GB2312—1980 交换码的 2 字节最高位分别置 1 得到的。其最大优点是机内码表示简单，与交换码之间有明显的对应关系，即机内码＝国标码＋8080H。

（4）汉字字形码

汉字字形码是指在汉字字库中存储的汉字字形的数字化信息码，主要用于汉字输出（打印、显示等）时产生的汉字字形。有两种显示字形的方法：矢量字符和点阵字符。一个汉字系统所允许使用的全部汉字的汉字字形编码称为"汉字库"。

在通用汉字系统中，广泛以点阵的方式形成汉字，这时的汉字字形码是汉字点阵字形的代码，以点阵形式组成的汉字字形码。不论汉字的笔画多少，都可以在同样大小的方块中书写，从而把方块分割为许多小方块，组成一个点阵，每个小方块就是点阵中的一个点，即二进制的一个位。每个点由"0"和"1"表示"白"和"黑"两种颜色。这样就得到了字模点阵的汉字字形码，如图 1-9 所示。

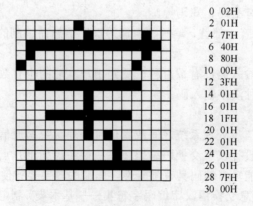

0	02H	1	00H
2	01H	3	04H
4	7FH	5	FEH
6	40H	7	04H
8	80H	9	08H
10	00H	11	00H
12	3FH	13	F8H
14	01H	15	00H
16	01H	17	00H
18	1FH	19	F0H
20	01H	21	00H
22	01H	23	40H
24	01H	25	20H
26	01H	27	20H
28	7FH	29	FCH
30	00H	31	00H

图 1-9　汉字字形编码

目前，计算机上显示使用的汉字字形大多采用 16×16 点阵，这样每个汉字的汉字字形码就要占 32 字节（16×16/8），书写时常用十六进制数来表示。而打印使用的汉字字形大多为 24×24 点阵，即一个汉字占用 72 字节，更精确的汉字字形还有 32×32 点阵、48×48 点阵等。显然，点阵的密度越大，汉字输出的质量就越好。

有了汉字字形码，计算机就能够将输入的汉字编码在统一成汉字内码存储后，在输出时将它还原成汉字。

1.2.5　多媒体信息编码

多媒体的实质是将自然形式存在的声音、图像和视频等媒体数字化，然后利用计算机对这些数字信息进行处理，以一种友好的方式提供给用户使用。因此，多媒体是一个丰富多彩的感知世界，它能使人的眼睛、耳和手指特别是大脑兴奋起来。

1. 声音数字化

声音是通过一定介质（如空气、水等）传播的一种连续的波，在物理学中称为声波。声音的强弱体现在声波的振幅上，音调的高低体现在声波的周期或频率上，如图 1-10 所示。

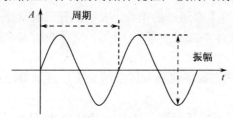

图 1-10　声音的波形

声波是随时间连续变化的模拟量，有 3 个重要指标。① 振幅：声波的振幅通常是指音量，是声波波形的高低幅度，表示声音信号的强弱程度。② 周期：声音信号的周期是指两个相邻声波之间的时间长度，即重复出现的时间间隔，以秒（s）为单位。③ 频率：声音信号的频率是指信号每秒钟变化的次数，即为周期的倒数，以赫兹（Hz）为单位。

声音是一种具有一定振幅和频率且随时间变化的声波，通过话筒等转化装置，可将其变成相应的电信号，但这种电信号是一种模拟信号，不能由计算机直接处理，必须先对其进行数字化，即将模拟的声音信号经过模数转换器 ADC 变换成计算机所能处理的数字声音信号，然后利用计算机进行存储、编辑或处理。现在几乎所有的专业化声音录制、编辑都是数字的。在数字声音回放时，由数模转换器 DAC 将数字声音信号转换为实际的声波信号，经放大由扬声器播出。

把模拟声音信号转变为数字声音信号的过程称为声音的数字化，是通过对声音信号进行采样、量化和编码来实现的，如图 1-11 所示。

图 1-11　声音的数字化

仅从声音数字化的角度考虑，影响声音质量主要有以下 3 个因素。

① 采样频率：又称为取样频率，是将模拟声音波形转换为数字音频时，每秒钟所抽取声波幅度样本的次数。采样频率越高，则经过离散数字化的声波越接近于其原始的波形，

也就意味着声音的保真度越高，声音的质量越好。当然，所需要的信息存储量也越多。目前，通用的采样频率有3个：11.025kHz、22.05kHz 和 44.1kHz。

② 量化位数：又称为取样大小，是每个采样点能够表示的数据范围。量化位数的大小决定了声音的动态范围，即被记录和重放的声音最高与最低之间的差值。当然，量化位数越高，声音还原的层次就越丰富，表现力越强，音质越好，数据量也越大。例如，16 位量化位数则可表示 2^{16} 即 65536 个不同的量化值。

图 1-12 是声波（正弦波）的数字化过程示意图，可以帮助读者理解音频信号数字化过程中各阶段的具体情况。

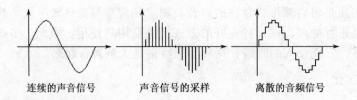

连续的声音信号　　　　　声音信号的采样　　　　　离散的音频信号

图 1-12　声音数字化过程示意图

③ 声道数：指所使用的声音通道的个数，表明声音记录只产生一个波形（即单音或单声道）还是两个波形（即立体声或双声道）。当然，立体声听起来要比单音丰满优美，但需要两倍于单音的存储空间。

通过对上述 3 个影响声音数字化质量因素的分析，可以得出声音数字化数据量的计算公式：

声音数字化的数据量＝采样频率（Hz）×量化位数（bit）×声道数/8（B/s）

声音数字化后的音频数据都是以文件的形式保存在计算机中。音频的文件格式主要有 WAV、MP3、WMA 等，专业数字音乐工作者一般使用非压缩的 WAV 格式进行操作，而普通用户更乐于接受压缩编码高、文件容量相对较小的 MP3 或 WMA 格式。

2．图像数字化

自然景物成像后的图像无论以何种记录介质保存都是连续信号。从空间上看，一幅图像在二维空间上都是连续分布的，从空间的某一位置的亮度来看，亮度值也是连续分布的。图像数字化就是把连续的空间位置和亮度离散，包括两方面的内容：空间位置的离散和数字化，亮度值的离散和数字化。采样的图像亮度值在采样的连续空间上仍然是连续值。把亮度分成 k 个区间，某个区间对应相同的亮度值，有 k 个不同的亮度值，这个过程称为量化。通常将实现量化的过程称为模数变换，相反，把数字信号恢复到模拟信号的过程称为数模变换，它们分别由 A/D 和 D/A 变换器实现。经过模数变换得到的数字数据可以进一步压缩编码，以减少数据量。

影响图像数字化质量的主要参数有图像分辨率、颜色深度等，在采集和处理图像时，必须正确理解和运用这些参数。

① 图像分辨率。分辨率是影响图像质量的重要参数，图像分辨率是指数字图像的实际尺寸，反映了图像的水平和垂直方向的大小。例如，某图像的分辨率为 400×300，其像素点为 120000。图像分辨率越高，像素就越多，图像所需要的存储空间就越大。

② 颜色深度。颜色深度是指记录每个像素所使用的二进制位数。对于彩色图像来说，颜色深度决定了该图像可以使用的最多颜色数目；对于灰度图像来说，颜色深度决定了该

图像可以使用的亮度级别数目。颜色深度值越大，显示的图像色彩越丰富，画面越自然、逼真，但数据量也随之激增。在实际应用中，彩色图像或灰度图像的颜色分别用 1 位、4 位、8 位、16 位、24 位和 32 位等二进制数表示。

数字图像的大小是指在磁盘上存储整幅图像所需的字节数，其计算公式为

图像数字化的数据量＝图像分辨率×颜色深度/8 (Byte)

例如，一幅 640×480 的真彩色图像（24bit），它未压缩的原始数据量为

640×480×24/8＝921600B＝900KB

显然，数字图像所需要的存储空间较大。在制作多媒体软件中，要考虑图像的大小，考虑图像的宽、高和颜色深度。

常用的图像文件格式有 BMP、GIF、JPEG 和 PNG 等，由于历史的原因，以及应用领域的不同，数字图像文件的格式还有很多。大多数图像软件都可以支持多种格式的图像文件，以适应不同的应用环境。

3. 视频数字化

所谓视频，就是指连续地随时间变化的一组图像，有时将视频称为活动图像或运动图像。在视频中，一幅单独的图像称为帧，而每秒钟连续播放的帧数称为帧率，单位是 f/s（帧每秒）。典型的帧率是 24f/s、25f/s 和 30f/s，这样的视频图像看起来才能达到流畅和连续的视觉效果。

视频数字化是指在一段时间内，以一定的速度对视频信号进行捕获，并加以采样后，形成数字化数据的处理过程。各种制式的普通电视信号都是模拟信号，而计算机只能处理数字信号，因此必须将模拟信号的视频转变为数字信号的视频。数字视频是由一系列的帧组成，每帧可以用位图文件形式表示。数字视频可以用图 1-13 表示。

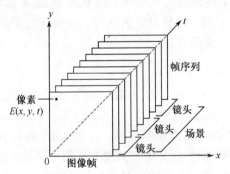

图 1-13　数字视频示意图

由图 1-13 可见，数字视频是由一幅幅连续的图像序列构成。其中 x 轴和 y 轴表示水平和垂直方向的空间坐标，而 t 轴表示时间坐标。沿时间轴若一幅图像保持一个时间段 Δt，利用人眼的视觉暂留作用，可形成连续运动图像的感觉。

数字视频文件的使用一般与标准有关，如 AVI 与 Video for Windows 有关，MOV 与 QuickTime 有关，而 MPEG 和 VCD 则使用自己专有的格式。

一般而言，声音、图像和视频数字化的信息量非常大。以数字视频为例，画面大小为 640×480 的 256 色动态图像（30f/s），一秒钟视频需要的存储空间约 9MB。2 小时电影的存储空间超过 60GB，即 13 张普通 DVD 光盘的容量，这是无法接受的。因此，声音、图像和视频信息存储的另一个关键技术是多媒体压缩技术。目前常用的数据压缩技术有：声码

器编码，脉冲编码调制（PCM、DPCM、ADPCM），静止图像压缩编码（JPEG），动态图像压缩编码（MPEG）等。

1.3　逻辑代数与逻辑电路

计算机之所以具有逻辑处理能力，是因为计算机中采用了实现各种逻辑功能的电路，这些逻辑电路是由能够实现与、或、非等逻辑运算的基本电路组成的。而逻辑代数是进行逻辑电路设计的数学基础。

1.3.1　逻辑代数基础

逻辑代数是 1847 年英国数学家乔治·布尔（George Boole）首先创立的，又称为布尔代数。逻辑代数与普通代数有着不同的概念，逻辑代数表示的不是数量大小之间的关系，而是逻辑关系，是分析和设计逻辑电路的有力工具。

1. 逻辑变量和逻辑函数

一个逻辑电路如图 1-14 所示，A、B 为输入，F 为输出，输出和输入之间的逻辑关系可

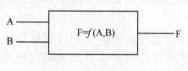

图 1-14　逻辑电路

表示为 F＝f(A,B)。这种具有逻辑属性的变量称为逻辑变量，A、B 称为逻辑自变量，F 是逻辑因变量。当 A、B 的逻辑取值确定后，则 F 的逻辑值也就唯一地被确定下来，就称 F 是 A、B 的逻辑函数，所以逻辑因变量 F 又称为逻辑函数，F＝f(A,B)称为逻辑函数表达式。

逻辑变量和逻辑函数的逻辑取值只取两个值 0 和 1，通常称为逻辑 0 和逻辑 1，以区别于数值 0 和 1。逻辑 0 或 1 表示两种对立的状态，如表示电平的高或低、电路的截止或导通、开关的断开或接通、真或假等。

2. 基本逻辑运算

逻辑代数的基本运算有与、或、非 3 种。为了便于理解它们的含义，先看一个简单的例子。

图 1-15 中给出了 3 个指示灯的控制电路。在图 1-15（a）中，只有当两个开关同时闭合时，指示灯才会亮；在图 1-15（b）中，只要有任何一个开关闭合，指示灯就亮；而在图 1-15（c）中，开关断开时灯亮，开关闭合时灯反而不亮。

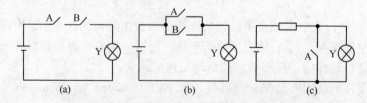

图 1-15　用于说明与、或、非定义的电路

如果把开关闭合作为条件（或导致事物结果的原因），把灯亮作为结果，那么图 1-15 中的 3 个电路代表了 3 种因果关系。

图 1-15（a）的例子表明，只有决定事物结果的全部条件同时具备时，结果才发生。这

种因果关系叫做逻辑与，也叫逻辑相乘。

图 1-15（b）的例子表明，在决定事物结果的诸条件中只要有任何一个满足，结果就会发生。这种因果关系叫做逻辑或，也叫逻辑相加。

图 1-15（c）的例子表明，只要条件具备了，结果便不会发生；而条件不具备时，结果一定发生。这种因果关系叫做逻辑非，也叫逻辑求反。

若以 A、B 表示开关的状态，并以 1 表示开关闭合，以 0 表示开关断开；以 Y 表示指示灯的状态，并以 1 表示灯亮，以 0 表示灯不亮，则可以列出以 0、1 表示的与、或、非逻辑关系的图表，如表 1-3～表 1-5 所示。这种图表叫做逻辑真值表。

表 1-3　与真值表

A	B	Y
0	0	0
0	1	0
1	0	0
1	1	1

表 1-4　或真值表

A	B	Y
0	0	0
0	1	1
1	0	1
1	1	1

表 1-5　非真值表

A	Y
0	1
1	0

在逻辑代数中，把与、或、非看做逻辑变量 A、B 之间的三种最基本的逻辑运算，并以"·"表示与运算，以"＋"表示或运算，以变量上边的"‾"表示非运算。

A 和 B 进行与运算时可写成　　　$Y = A \cdot B$

A 和 B 进行或运算时可写成　　　$Y = A + B$

对 A 进行非逻辑运算时可写成　　$\overline{Y} = A$

3．逻辑代数的基本定律

0-1 律：	$A \cdot 0 = 0$	$A + 1 = 1$
自等律：	$A \cdot 1 = A$	$A + 0 = A$
重叠律：	$A \cdot A = A$	$A + A = A$
互补律：	$A \cdot \overline{A} = 0$	$A + \overline{A} = 1$
交换律：	$A \cdot B = B \cdot A$	$A + B = B + A$
结合律：	$A \cdot (B \cdot C) = (A \cdot B) \cdot C$	$A + (B + C) = (A + B) + C$
分配律：	$A \cdot (B + C) = A \cdot B + A \cdot C$	$A + B \cdot C = (A + B) \cdot (A + C)$
吸收律：	$A \cdot (A + B) = A$	$A + A \cdot B = A$

1.3.2　逻辑电路基础

能实现与、或、非等运算及逻辑函数功能的电路称为逻辑门电路，简称门电路。在此规定：高电平表示逻辑 1，低电平表示逻辑 0，这种表示方法称为正逻辑；反过来，如高电平表示逻辑 0，低电平表示逻辑 1，这种表示方法为负逻辑。

（1）与门电路

实现与运算的单元电路叫与门电路。它有两个或更多个输入端和一个输出端，以两个输入端的与门为例，其逻辑函数表达式为 $F = A \cdot B$。仅当所有输入端为 1 时，输出端为 1；其他输入情况时，输出端均为 0。与门电路的逻辑符号如图 1-16 所示。

（2）或门电路

实现或运算的单元电路叫或门电路。它有两个或更多个输入端和一个输出端，以两个输入端的或门为例，其逻辑函数表达式为 $F = A + B$。当任何一个输入端为 1 时，输出端为 1；

仅当所有输入端均为 0 时，输出端才为 0。或门的逻辑符号如图 1-17 所示。

（3）非门电路

实现非运算的单元电路叫非门电路，又称为反向器，只有一个输入端和一个输出端，其逻辑函数表达式为 $F=\overline{A}$。当输入端为 1 时，输出端为 0；当输入端为 0 时，输出端为 1。非门的逻辑符号如图 1-18 所示。

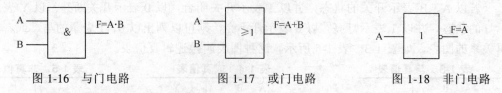

图 1-16 与门电路   图 1-17 或门电路   图 1-18 非门电路

（4）与非门电路

与非门电路是由与门和非门两个单元电路组合而成的逻辑电路，用于实现与非运算。具有两个输入端的与非门的逻辑函数表达式为 $F=\overline{A \cdot B}$，其逻辑符号如图 1-19 所示。对于给定的输入 A 和 B，该电路先完成 A、B 的与运算，得到 A·B，再完成非运算，得到输出 $F=\overline{A \cdot B}$。

（5）或非门电路

或非门电路是由或门和非门两个单元电路组合而成的逻辑电路，用于实现或非运算。具有两个输入端的或非门的逻辑表达式为 $F=\overline{A+B}$，其逻辑符号如图 1-20 所示。对于给定的输入 A 和 B，该电路先完成 A、B 的或运算，得到 A+B，再完成非运算，得到输出 $F=\overline{A+B}$。

（6）异或门电路

异或门电路是由与门、或门、非门逻辑组合而成的逻辑电路，用于实现异或运算。具有两个输入端的异或门是由两个非门、两个与门和一个或门组合而成的。其逻辑函数表达式为 $F=A \oplus B=A \cdot \overline{B}+\overline{A} \cdot B$，异或门的逻辑符号如图 1-21 所示。

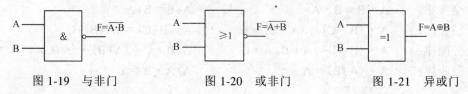

图 1-19 与非门   图 1-20 或非门   图 1-21 异或门

1.3.3 组合逻辑电路举例

根据逻辑功能的不同特点，逻辑电路可以分成两大类，一类叫做组合逻辑电路，简称组合电路；另一类叫做时序逻辑电路，简称时序电路。

在组合逻辑电路中，任意时刻的输出仅仅取决于该时刻的输入，与电路原来的状态无关。这就是组合逻辑电路在逻辑功能上的共同特点。

【例 1-4】 试分析图 1-22 所示电路的逻辑功能，要求写出逻辑表达式，并列出真值表。

解：

（1）其逻辑表达式分别为

$$F_0=\overline{A} \cdot \overline{B} \cdot \overline{C}$$
$$F_1=\overline{A} \cdot \overline{B} \cdot C$$
$$F_2=\overline{A} \cdot B \cdot \overline{C}$$

$$F_3 = \overline{A} \cdot B \cdot C$$

$$F_4 = A \cdot \overline{B} \cdot \overline{C}$$

$$F_5 = A \cdot \overline{B} \cdot C$$

$$F_6 = A \cdot B \cdot \overline{C}$$

$$F_7 = A \cdot B \cdot C$$

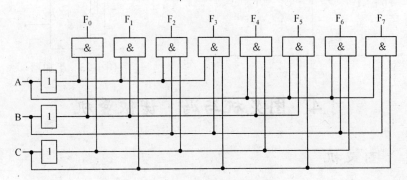

图 1-22　逻辑电路

（2）根据逻辑表达式列出其真值表如表 1-6 所示。

表 1-6　真值表

A	B	C	F_0	F_1	F_2	F_3	F_4	F_5	F_6	F_7
0	0	0	1	0	0	0	0	0	0	0
0	0	1	0	1	0	0	0	0	0	0
0	1	0	0	0	1	0	0	0	0	0
0	1	1	0	0	0	1	0	0	0	0
1	0	0	0	0	0	0	1	0	0	0
1	0	1	0	0	0	0	0	1	0	0
1	1	0	0	0	0	0	0	0	1	0
1	1	1	0	0	0	0	0	0	0	1

（3）由表 1-6 可以看出，ABC = 000 时，$F_0 = 1$，其他输出均为 0；ABC = 001 时，$F_1 = 1$，其他输出均为 0；ABC = 111 时，$F_7 = 1$，其他输出均为 0。观察输出状态便知道输入代码值，这种逻辑电路实际上是一种译码器。其功能是将给定的输入码组进行翻译，变成对应的输出信息或另一种形式的代码，如数制转换、数字显示、地址译码等。

【例 1-5】　根据逻辑电路设计步骤，给出计算机中半加器逻辑电路的设计过程。半加器是实现两个 1 位二进制数加法的逻辑电路，该电路将两个二进制数相加，产生和及进位，但不考虑从低位来的进位。

解：半加器设计过程如下。

<1> 描述半加器的逻辑功能。输入 A_i 和 B_i 为一位二进制数，输出和 S_i 及进位 C_i。

<2> 画出真值表。根据半加器的逻辑功能，可构造真值表如表 1-7 所示。

<3> 写出逻辑函数表达式。

$$S_i = \overline{A_i}B_i + A_i\overline{B_i}$$

$$C_i = A_iB_i$$

<4> 根据逻辑函数表达式画出逻辑电路图，如图 1-23 所示。

表 1-7　真值表

A_i	B_i	S_i	C_i
0	0	0	0
0	1	1	0
1	0	1	0
1	1	0	1

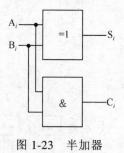

图 1-23　半加器

1.4　图灵机与冯·诺依曼机

1.4.1　图灵机

George Boole 在出版的《布尔代数》一书中用**与**、**或**、**非**三种逻辑运算和**真**、**假**两种逻辑值成功地把形式逻辑归结为一种代数。这样，逻辑中的任意命题即可用数学符号表示出来，并能按照一定的规则推导出结论。以布尔代数为基础，能否将推理过程由一种通用机器来完成？

1936 年，英国科学家阿兰·图灵（Alan Turing）发表的"论可计算数及其在判定问题中的应用"一文中，就此问题进行了探索。这篇论文被誉为现代计算机原理开山之作，他提出了一种十分简单但运算能力很强的理想计算装置，并描述了一种假想的可实现通用计算的机器，这就是计算机史上著名的"图灵机"。

1. 图灵机模型

直观地看，图灵机是由一条两端可无限延长的带子、一个读写头和一组控制读写头工作的命令组成，如图 1-24 所示。

图 1-24　图灵机

图灵机的带子被划分为一系列均匀的方格，读写头可以沿带子方向左右移动，并可以在每个方格上进行读写。

写在带子上的符号是一个有穷字母表：$\{S_0,S_1,S_2,\cdots,S_p\}$。通常，可以认为这个有穷字母表仅有 S_0、S_1 两个字符，其中 S_0 可以看做 0，S_1 看做 1，它们只是形式化的两个符号。机器的控制状态表为：$\{q_1,q_2,\cdots,q_m\}$。通常，将一个图灵机的初始状态设为 q_1，同时还需要确定一个具体的结束状态为 q_w。

一个给定机器的程序认为是机器内的五元组$(q_i, S_j, S_k, R(或 L、N), q_l)$形式的指令集，五元组定义了机器在一个特定状态下读入一个特定字符时所采取的动作，五个元素的含义如下：

- q_i 表示机器当前所处的状态。
- S_j 表示机器从方格中读入的符号。
- S_k 表示机器用来代替 S_j 写入方格中的符号。
- R、L、N 分别表示向右移一格、向左移一格、不移动。
- q_l 表示下一步机器的状态。

2. 图灵机的工作原理

机器从给定带子上的某起始点出发，它的动作完全由其初始状态及机内五元组来决定。一个机器计算的结果是从机器停止时带子上的信息得到的。容易看出，$q_1S_2S_2Rq_3$ 指令和 $q_3S_3S_3Lq_1$ 指令如果同时出现在机器中，当机器处于状态 q_1，第一条指令读入的是 S_2，第二条指令读入的是 S_3，那么机器会在两个方块之间无休止地工作。另外，如果 $q_3S_2S_2Rq_4$ 指令和 $q_3S_2S_4Lq_6$ 指令同时出现在机器中，当机器处于状态 q_3 并在带子上扫描到符号 S_2 时，就产生了二义性的问题，机器就无法判定。

例如，设 b 表示空格，q_1 表示机器的初始状态，q_4 表示机器的结束状态。如果带子上的输入信息为 10100010，读写头对准最右边第一个为 0 的方格，状态为初始状态 q_1。按照以下规则执行后，输出正确的计算结果。

计算规则如下：

q_101Lq_2	q_110Lq_3	q_1bbNq_4
q_200Lq_2	q_211Lq_2	q_2bbNq_4
q_301Lq_2	q_310Lq_3	q_3bbNq_4

计算过程如下：

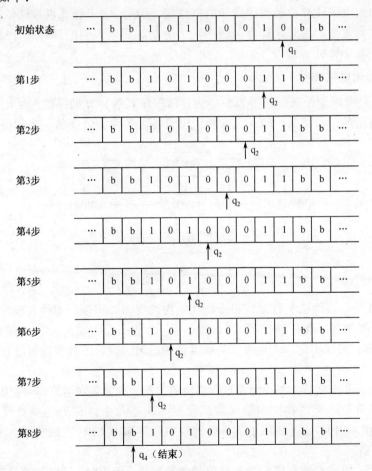

显然，最后的结果是 10100011，即对给定的数加 1。其实，以上命令计算的是这样一个函数：$S(x)=x+1$。

图灵机不仅可以计算后继函数 $S(x)=x+1$，还可以计算零函数 $N(x)=0$、投影函数 $U_i^{(n)}(x_1, x_2, \cdots, x_n)=x_i$（$1 \leqslant i \leqslant n$）以及这三个函数的任意组合。这三个函数都属于初始递归函数，而任何原始递归函数都从这三个初始递归函数经有限次的复合、递归和极小化操作得到。因此，每个原始递归函数都是图灵机可计算的。

尽管图灵机具有可模拟现代计算机的计算能力，并且蕴含了现代存储程序的思想。但是在实际计算机的研制中，还需要有具体的实现方法和实现技术。在图灵机提出后不到十年，世界上第一台存储程序式通用数字电子计算机就诞生了。由于阿兰·图灵对计算机科学的杰出贡献，美国计算机协会（ACM）决定设立"图灵奖"，从1966年开始颁发给在计算机科学技术领域做出杰出贡献的科学家。

1.4.2　冯·诺依曼机

ENIAC是第一台采用电子线路研制成功的通用电子数字计算机，虽然它采用了当时先进的电子技术，但是在结构上还是根据机电系统设计的，因此存在重大的线路结构等问题。在图灵机的影响下，美国数学家冯·诺依曼（John von Neumann）等人发表了关于"电子计算装置逻辑结构设计"的报告，被认为是现代电子计算机发展的里程碑式文献。该报告具体介绍了制造电子计算机和程序设计的新思想，明确给出了计算机系统结构和实现方法，提出了两个极其重要的思想，即存储程序和二进制。后来人们把具有这种结构的机器统称为冯·诺依曼型计算机。

1. 冯·诺依曼机模型

冯·诺依曼机模型是以运算器为中心的存储程序式的计算机模型，由五大部分所组成，即运算器、控制器、存储器、输入设备和输出设备，各部分之间的关系如图1-25所示。

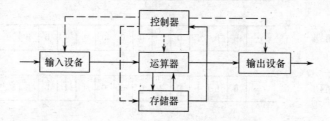

图1-25　冯·诺依曼机模型图

在图1-25中，实线代表数据或指令，在机内表现为二进制；虚线代表控制信号，在机内呈现高低电平形式，起控制作用。

① 运算器：用来实现算术运算、关系运算和逻辑运算，还含有能暂时存放数据和结果的寄存器。

② 控制器：用来实现对整个运算过程的协调控制。控制器和运算器一起组成了计算机核心。现代计算机的运算器和控制器通常都做在一块芯片中，称为中央处理单元（Central Processing Unit，CPU）。计算机中的各种控制和运算都由CPU完成，因此人们把CPU称为计算机的心脏。

③ 存储器：用来存放程序和参与运算的各种数据。使用时，可以从存储器中取出信息，不破坏原有的内容，这种操作称为存储器的读操作；也可以把信息写入存储器，原来的内容被抹掉，这种操作称为存储器的写操作。存储器包括内存储器和外存储器两种。

④ 输入设备：用于程序和原始数据的输入。

⑤ 输出设备：实现计算结果的输出。

通常把运算器、控制器和内存储器一起称为主机，而输入设备、输出设备和外存储器合称为外部设备。外部设备与主机之间的信息交换是通过外部设备输入/输出接口实现的，不同的外部设备有各自不同的输入、输出接口。

2．冯·诺依曼机工作原理

冯·诺依曼机的主要思想是存储程序和程序控制，其工作原理是：程序由指令组成，并与数据一起存放在存储器中，计算机一经启动，就能按照程序指定的逻辑顺序把指令从存储器中读取并逐条执行，自动完成指令规定的操作。

例如，利用计算机解算一个题目时，先确定分解的算法，编制计算的步骤，选取能实现相应操作的指令，并构成相应的程序。如果把程序和解算问题时所需的一些数据都以计算机能识别和接受的二进制代码形式预先按一定顺序存放到计算机的存储器中，计算机运行时就可从存储器中取出一条指令，实现一个基本操作。以后自动地逐条取出指令，执行所指的操作，最终便完成一个复杂的运算。这个原理就是存储程序的基本思想。

根据存储程序的原理，计算机的解题过程就是不断引用存储在计算机中的指令和数据的过程。只要事先存入不同的程序，计算机就可以实现不同的任务，解决不同的问题。可见，存储程序与 ENIAC 烦琐的外部接线法截然不同，它使计算机的编程发生了质的变化，大大方便了计算机的使用。

3．冯·诺依曼机的特点

经过半个多世纪的发展，计算机的系统结构和制造技术发生了很大的变化，但是就其基本的原理而言，大都沿用冯·诺依曼机结构。概括起来，冯·诺依曼机有以下特点：

① 机器以运算器为中心，输入、输出设备与存储器之间的数据传送都要经过运算器。

② 采用存储程序原理。所谓存储程序，就是将程序和数据事先存放在存储器中，运行时顺序取出指令并逐条执行，而指令和数据可以不加区别地送到运算器中运算。

③ 存储器是按地址访问的线性编址空间，每个存储单元的位数是固定的。

④ 指令由操作码和地址码组成。操作码指明指令的操作类型及要完成的功能，地址码指明操作数的存放地址。

⑤ 数据以二进制表示，并采用二进制进行运算。

⑥ 硬件与软件完全分开，硬件在结构和功能上是不变的，完全靠编制软件米适合不同的应用需要。

冯·诺依曼机系统结构的最大局限就是存储器和中央处理单元之间的通路太狭窄，每次执行一条指令，所需的指令和数据都必须经过这条通路。由于这条狭窄通路的阻碍，单纯地扩大存储器容量和提高中央处理单元速度的努力意义不大，因此人们将这种现象叫做"冯·诺依曼瓶颈"。

1.5　计算机的工作原理

现代计算机都是冯·诺伊曼结构的计算机，其基本原理是存储程序和程序控制，也就是说，利用计算机完成一项任务时，首先要把任务转换成程序，然后将程序存储在计算机中，并命令计算机从程序的开始位置（某条指令）开始工作，计算机的工作路线必须按照程序设计的路线进行，自动地执行并完成任务，直到结束指令执行为止。

在此过程中，需要解决以下几个问题：

① 需要一种工具来描述任务的执行过程，这个工具就是计算机语言。计算机语言既要使人能理解和使用，又要使计算机能理解和使用。

② 需要一种方法来有效地将任务转换成程序，这就是程序设计。程序设计需要理论、技术、方法和工具，这就是程序设计方法学。

③ 需要将程序合理地存储在计算机中，并有效地对它进行管理和控制，这就是操作控制或现代操作系统软件的职能。

1.5.1　指令和指令系统

（1）指令及其格式

指令是能被计算机识别并执行的二进制代码，规定了计算机能完成的某种操作。如加、减、乘、除、存数和取数等都是一个基本操作，分别可以用一条指令来实现。一台计算机所能执行的所有指令的集合称为该台计算机的指令系统。指令系统是依赖于计算机的，即不同类型计算机的指令系统不同，某种类型计算机的指令系统中的指令，都具有规定的编码格式。一般地，一条指令由操作码和地址码两部分。其中，操作码规定了该指令进行的操作种类，如加、减、存数和取数等；地址码给出了操作数、结果以及下一条指令的地址。指令的一般格式如图1-26所示。

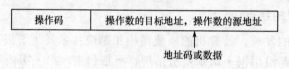

图1-26　指令格式

（2）指令的分类与功能

指令系统中的指令条数因计算机的不同类型而异，少则几十条，多则数百条。无论哪种类型的计算机一般都具有以下功能的指令。

① 数据传送类指令。其功能是将数据在存储器之间、寄存器之间以及存储器与寄存器之间进行传送。例如，取数指令将存储器某一存储单元中的数据取入寄存器，存数指令将寄存器中的数据存入某一存储单元。

② 数据处理类指令。其功能是对数据进行运算和变换。例如，加、减、乘、除等算术运算指令，与、或、非等逻辑运算指令，大于、等于、小于等比较运算指令等。

③ 控制转移类指令。其功能是控制程序中指令的执行顺序，如无条件转移指令、条件转移指令和子程序调用指令等。

④ 输入输出类指令。其功能是实现外部设备与主机之间传输信息操作的指令。

⑤ 其他类指令，如执行停机、空操作和等待等操作的指令。

指令系统的功能是否强大，种类是否丰富，决定了计算机的能力，也影响着计算机的结构。指令的不同组合方式可以构成完成不同任务的程序。因此，一台计算机的指令种类是有限的，但通过人们的精心设计，可以编制出无限个实现各种任务的处理程序。

1.5.2 计算机程序设计

为了把一个处理任务提交给计算机自动运算或处理，首先要根据计算机的指令要求将任务分解成一系列简单的、有序的操作步骤。其中，每个操作步骤都能用一条计算机指令表示，从而形成一个有序的操作步骤序列，这就是程序，具体来说就是机器语言程序。因此，所谓程序，就是为完成一个处理任务而设计的一系列指令的有序集合。

例如，在计算机中计算 7+2=? 这样一个简单的题目，先必须编制出完成这一题目的计算步骤，如表 1-8 所示。

表 1-8 文字描述的计算程序

计算步骤	解题命令
1	从存储器中取出 7 到运算器的 0 寄存器中
2	从存储器中取出 2 到运算器的 1 寄存器中
3	在运算器中将 0 号和 1 号寄存器中的数据相加，得和 9
4	将结果 9 存入存储器中
5	从输出设备将结果 9 打印
6	停机

表中的每个计算步骤完成一个基本操作（如取数、加法、存数、打印等），如同向计算机下达一条完成某种操作的指令。分析表 1-8 中的每条指令可知，每条指令都必须向计算机提供两个信息：一是执行什么操作，二是参与这一操作的数据是什么。例如，第 1 条指令向计算机表明，该指令要执行的操作是"取数"，从存储器中取数到运算器的数据是"7"，按此原理，可将表 1-8 所示的文字描述的计算程序简化为表 1-9 所示的形式。

表 1-9 表 1-8 的简写形式

指令顺序	指令内容	
	操作码	操作数
1	取数	7
2	取数	2
3	加法	7，2
4	存数	9
5	打印	9
6	停机	

在计算机中，所有操作都是用二进制代码进行编码的，若假定前述 5 种基本操作的编码如表 1-10 所示。

表 1-10 指令操作码表

操作名称	操作码	操作名称	操作码
取数	0100	打印	1000
加法	0101	停机	1111
存数	1010		

在计算机中，数据是以二进制代码表示的，并存放在存储器的预定地址的存储单元中。假定本题的原始数据 $7=(0111)_2$、$2=(0010)_2$ 及计算结果存放在第 1～3 号存储单元中，如

表 1-11 表示。

表 1-11 操作数的存放单元

数的操作地址	存放的数
0001	0111（7）
0010	0010（2）
0011	计算结果

根据表 1-10 和表 1-11 的设置，可将表 1-9 所示的计算程序改写成表 1-12。

表 1-12 用二进制表示的计算程序

指令地址	指令内容		所完成的操作
	操作码	地址码	（用符号表示）
0101	0100	0001	R0←(D1)
0110	0100	0010	R1←(D2)
0111	0101	0001	R0←(R0)+(R1)
1000	1010	0011	D3←(R0)
1001	1000	0011	打印机←(D3)
1010	1111		停机

存储单元地址	存储单元内容	
0001	0000 0111	7
0010	0000 0010	2
0011		计算结果
0100		
0101	0100 0001	取数指令
0110	0100 0010	取数指令
0111	0101 0001	加法指令
1000	1010 0011	存数指令
1001	1000 0011	打印指令
1010	1111	停机指令
1011	⋮	

图 1-27 存储器的布局

假定 6 条指令分别存放在第 5～10 号存储单元中，且每条指令的内容由操作码和地址码组成，其中地址码包含存储单元地址（用 D_i 表示）及运算器中寄存器编号（用 R_i 表示）。表 1-12 给出了计算 7+2 的真正计算程序，其含义与表 1-8 给出的文字描述的计算程序完全一样，但是它能为计算机所存储、识别和执行。根据上述对数据和指令在存储器中存放地址的假定，可以得到图 1-27 所示的存储器布局。

由图 1-27 可知，地址为 0001～0011 的存储单元中存放数据（假定用 8 位二进制代码表示），地址为 0101～1010 的存储单元中存放各种指令，地址为 0100 的存储单元为空。

1.5.3 计算机程序执行

下面简要说明计算机程序的执行过程：

① 根据给定的题目（如 7+2=？），编制计算程序，并分配计算程序及数据在存储器中的存放地址（见表 1-11 和表 1-12）。

② 用输入设备将计算程序和原始数据输入到存储器的指定地址的存储单元中。

③ 从计算程序的首地址（0101）启动计算机工作，在控制器的操纵下完成如下操作：

● 从地址为 0101 的存储单元中，取出第 1 条指令（01000001）送入控制器，控制器识别该指令的操作码（0100），确认它为取数指令。

- 控制器根据第 1 条指令中给出的地址码（0001），发出读命令，便从地址为 0001（D1）的存储单元中取出数据 （00000111）送入运算器的 R0 寄存器中。

至此，第 1 条指令执行完毕，控制器自动形成下一条指令在存储器中的存放地址，并按此地址从存储器中取出第 2 条指令，在控制器中分析该条指令要执行的是什么操作，并发出执行该操作所需要的控制信号，直到完成所规定的操作。以此类推，直至计算程序中的全部指令执行完毕。

综上所述，计算机的工作原理可概括如下：

① 计算机的自动处理过程就是执行一段预先编制好的计算程序的过程。

② 计算程序是指令的有序集合。因此，执行计算程序的过程实际上是逐条执行指令的过程。

③ 指令的逐条执行是由计算机的硬件实现的，可顺序完成取指令、分析指令、执行指令所规定的操作，并为取下一条指令准备好指令地址。如此重复操作，直至执行到停机指令为止，如图 1-28 所示。

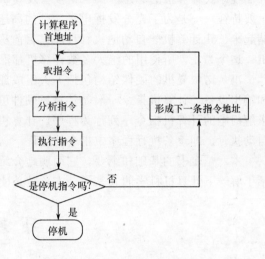

图 1-28 计算机自动计算的工作原理

现代计算机系统提供了大量的、强有力的系统软件，计算机的使用者不需再用指令的二进制代码进行编程，计算程序在存储器中的存放位置也是由计算机操作系统自动安排的。

本章小结

计算机是一种现代化的信息处理工具，它对信息进行处理并提供所需结果，其结果（输出）取决于所接收的信息（输入）及相应的处理算法。计算机运算基础要理解各种进制及其互换、数的表示和字符编码三方面的知识。各种进制互换要掌握：二进制、八进制、十六进制转换为十进制数的方法，十进制数转换为二进制、八进制、十六进制数的方法，以及二进制数转换为八进制、十六进制的简便方法。

任何信息都可以转换成 0 和 1 的数字序列，即数字化信息。数字信息交换方便，各种信息都可以以数字方式编码组合，从一个系统传送到另一个系统。计算机可以直接处理数字化信息，使传送和处理信息合为一体。为了使电子器件实现方便，计算机内部的数均采用二进制，字符、汉字和多媒体信息等也使用二进制编码表示。

逻辑代数与普通代数的主要区别是普通代数的变量可取连续值，其表达式的运算结果也可以是连续值。逻辑代数的变量只能取 0 或 1，表达式的运算结果也只能是 0 或 1。0 或 1 仅代表两种对立的状态。在一个物理系统中，使用的元器件越多，可能由于某种元器件的故障造成整个系统出现故障的概率就越高，成本也就越高，因此设计系统一般都遵守简约原则。利用逻辑代数运算规则可设计、验证和简化逻辑电路。

与、或、非门是构成数字电子计算机的基本逻辑电路，利用这些电路可设计具有特定功能的逻辑部件，包括组合逻辑电路和时序逻辑电路。一个逻辑部件的设计是先按任务要求，建立真值表，给出逻辑功能描述，然后进行逻辑化简，最后完成逻辑电路的设计。编码器、译码器、加法器和寄存器等都是计算机常用的基本逻辑部件。

对计算及计算理论的产生与发展做出杰出贡献的科学家是英国的阿兰·图灵和美国的冯·诺依曼。图灵为了解决纯数学的一个基础理论问题，发表了著名的"理想计算机"一文，该文提出了现代通用数字计算机的数学模型，后人把它称为图灵机。根据图灵提出的存储程序式计算机的思想，冯·诺依曼及其研究小组起草了 EDVAC 方案，该方案有两个重要特征：一是为了充分发挥电子元件的高速性能而采用二进制；二是把指令和数据都存储起来，让计算机能自动地执行程序。目前称有这两个特征的计算机为冯·诺依曼型计算机。迄今为止，所使用的绝大多数计算机都沿用这种体系结构。

冯·诺依曼机的硬件结构包括五大组成部分，即运算器、控制器、存储器、输入设备和输出设备。计算机指令一般是计算机硬件可执行的、完成一个基本操作所发出的命令，求解问题的计算机指令序列称为程序。计算机的基本工作原理就是根据预先编制好的程序自动执行，即逐条执行程序中指令的过程。

本章是全书的基础和纲要，它简明地介绍了计算机的基础知识。对于初学者和只想概括了解一下计算机科学的人来说，本章是必读的。

习 题 1

一、选择题（注意：4 个答案的为单选题，6 个答案的为多选题）：

1. 能够准确反映计算机的主要功能是_____。
   A. 计算机可以实现高速运算　　　　　　B. 计算机是一种信息处理机
   C. 计算机可以存储大量信息　　　　　　D. 计算机可以代替人脑工作

2. 第三代计算机采用的主要元件是_____。
   A. 电子管　　　　B. 晶体管　　　　C. 集成电路　　　　D. 大规模集成电路

3. 目前计算机技术的发展趋势是向_____等几个方向发展。
   A. 巨型化　　　　B. 微型化　　　　C. 光计算机　　　　D. 智能化
   E. 网络化　　　　F. 生物计算机

4. 按照计算机的规模和处理能力分类，可将计算机分为_____。
   A. 巨型化　　　　B. 大型机　　　　C. 小型机　　　　D. 个人计算机
   E. 工作站　　　　F. 小巨型机

5. 飞机、火车订票系统属于_____。
   A. 科学计算方面的计算机应用　　　　　B. 数据处理方面的计算机应用
   C. 过程控制方面的计算机应用　　　　　D. 人工智能方面的计算机应用

6. 已知 $3 \times 4 = 14$，则 $5 \times 6 =$ _____。
   A. 27　　　　B. 30　　　　C. 32　　　　D. 36

7. 在以下不同进制的 4 个数中，最小的一个是_____。
   A. $(11000110)_2$　　B. $(307)_8$　　C. $(200)_{10}$　　D. $(B6)_{16}$

8. 对于正数，其原码、反码和补码是_____。
   A. 一致的　　　　B. 不一致的　　　　C. 互为相反的　　　　D. 互为相补的

9. 已知 8 位机器码是 10110100，若其为补码时，表示的十进制真值是_____。
   A. −76　　　　B. −74　　　　C. 74　　　　D. 76

10. 已知"A"的 ASCII 码是 65，则码值为 1010000 的字符是_____。

    A. "a"   B. "N"   C. "P"   D. "R"

11. GB2312—1980 汉字编码字符集中，使用频度较高的是二级汉字，它是按_____顺序排列的。

    A. 笔画   B. 偏旁部首   C. 拼音   D. 四角号码

12. 汉字"汽"的区位码是 3891，其机内码是_____。

    A. 70C3H   B. 467BH   C. C6FB   D. FBC6

13. 存储 400 个 24×24 点阵汉字的字模所需的存储容量是_____。

    A. 28.125KB   B. 28.8KB   C. 72KB   D. 400KB

14. 假设：真值表如下

A	B	F
0	0	0
0	1	1
1	0	1
1	1	0

则 F=f(A,B) 的逻辑关系是_____。

    A. 与运算   B. 或运算   C. 与非运算   D.异或运算

15. 图灵机的五元组（q_i,S_j,S_k,R(或 LN),q_l）定义了机器在一个特定状态下读入一个特定字符时所采取的动作，其含义是_____。

    A. q_i 表示机器当前所处的状态

    B. S_j 表示机器从方格中读入的符号

    C. S_k 表示机器用来代替 S_j 写入方格中的符号

    D. R 表示向右移动一格

    E. N 表示循环移动

    F. q_l 表示下一步机器的状态

16. 如果 $q_1S_2S_1Rq_3$ 指令和 $q_1S_2S_3Lq_2$ 指令同时出现在图灵机五元组中，当机器处于状态 q_3 并在带子上扫描到符号 S_2 时，就会产生_____。

    A. 死循环   B. 二义性   C. 单调性   D. 分支性

17. 计算机中的运算器能进行_____。

    A. 加法和减法运算   B. 算术运算和逻辑运算

    C. 加、减、乘、除运算   D. 字符处理运算

18. 计算机工作时，内存储器用来存储_____。

    A. 程序和指令   B. 程序与数据

    C. 数据和信号   D. ASCII 码和汉字编码

19. 计算机的指令格式是_____。

    A. 操作码、地址码或数据   B. 操作码、操作数的源地址

    C. 操作码、操作数的目标地址   D. 地址码、操作数

20. 计算机的 CPU 每执行一个_____，就完成一步基本运算或判断。

    A. 语句   B. 指令   C. 程序   D. 软件

二、问答题：

1. 将十进制数$(124)_{10}$转换为二进制、八进制及十六进制数。

2. 将十六进制数$(A5.4E)_{16}$转换为二进制及八进制数。

3. 假设某计算机的机器数为 8 位，试写出十进制数 –38 的原码、反码和补码。

4. 请查字符 "A"、"a"、"e"、"5" 和空格的 ASCII 码值。

5. 试解释国标码和机内码的异同点。

6. 布尔代数与普通代数的主要区别是什么？

7. 能够认为逻辑值 1 比逻辑值 0 大吗？为什么？

8. 图灵对现代计算机的主要贡献有哪些？

9. 冯·诺依曼型计算机是由哪些基本部件组成？它们的关系如何？

10. 简述计算机的基本工作原理。

第2章 计算机硬件系统

计算机系统是由计算机硬件系统和计算机软件系统组成的。计算机硬件系统由看得见、摸得着的各种电子元器件以及各类光、电、机设备的实体组成，是计算机系统的物质基础。计算机软件性能的发挥，必须依托硬件的支撑。计算机硬件需要完成输入、处理、存储以及输出数据和信息等功能。

微型计算机是最为常见且发展最快的一种计算机。本章以微型计算机为例介绍计算机硬件的组成，讲解计算机各组成部分及其功能以及各部分之间的联系。

2.1 计算机硬件概述

2.1.1 计算机硬件的组成

计算机硬件系统是计算机系统中由电子、机械和光电元器件等组成的各种计算机部件和设备，其主要功能是：存入控制计算机运行的程序和数据，对信息进行加工或处理，实现与外界的信息交换。这些部件和设备依据计算机系统结构的要求构成的有机整体称为计算机硬件系统。

计算机可以在程序的控制下接收数据（输入），并且处理数据，使之成为有用信息（输出），数据和信息被持久地存储在辅助存储器上，以便重复使用。将输入处理为输出的过程是由软件直接完成的，由硬件执行的。

计算机硬件系统是由中央处理器（Central Processing Unit，CPU）、存储器、输入设备、输出设备和通信设备等部分组成，如图 2-1 所示。

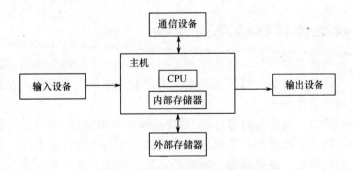

图 2-1　计算机硬件的组成

① 中央处理器。CPU 是计算机中执行处理数据指令的器件。CPU 从内部存储器中接收数据和指令，并处理这些指令，且将处理结果再送回内存中，结果可以显示或存储起来。

② 存储器。存储器是由内部存储器和外部存储器组成。当数据和程序正在被 CPU 处理时，内部存储器是可以暂时保存数据和程序指令的电子器件，而外部存储器是作为内部存储器的补充，可以长久地保存数据和程序。通常，外部存储器包括硬盘驱动器、软盘驱

动器和光盘驱动器等。

③ 输入设备。输入设备可以接收数据和命令，将其转化成计算机能识别的形式。常用的输入设备包括键盘、鼠标、麦克风、扫描仪和数码相机等。

④ 输出设备。输出设备是以人们可以理解的形式显示处理后有用的数据。常用的输出设备包括显示器、打印机和扬声器等。

⑤ 通信设备。通信设备提供计算机和通信网络之间的连接，使计算机用户能够与其他计算机通信，以交换数据和程序。常用的通信设备包括网卡、调制解调器等。通信设备通过电缆、光缆和无线介质来传输数据。

2.1.2　微型计算机的硬件结构

微型计算机是计算机中应用最普及、最广泛的一类，由微处理器、存储器、总线、输入/输出接口及其相应设备组成，也属于冯·诺依曼型计算机，其基本结构框图如图 2-2 所示。

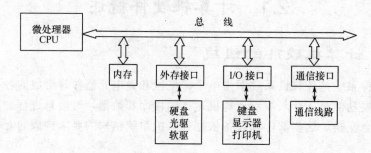

图 2-2　微型计算机的结构框图

由图 2-2 可以看出，在计算机内部，各部件通过总线连接。对于外部设备，通过总线连接相应的接口电路，再与各自设备相连。目前，普通微型计算机使用的外部存储器有硬盘、优盘、软盘和光盘，输入设备是键盘、鼠标和扫描仪等，输出设备是显示器、打印机和绘图仪等，通过通信接口，连接通信线路，以便进行信息的传输。

2.1.3　微型计算机的总线结构

现代计算机系统的复杂结构，使各部件之间需要有一个能够有效高速传输各种信息的通道，这就是总线。总线是由一组导线和相关的控制、驱动电路组成。在计算机系统中，总线被视为一个独立部件。

微型计算机的总线一般分为内部总线、系统总线和外部总线。内部总线是用于连接 CPU中各个组成部件，位于芯片内部；系统总线连接微机中各大部件的总线；外部总线则是微机和外部设备之间的总线，微机作为一种设备，通过外部总线与其他设备进行信息与数据交换。

如果按通信方式分类，总线可分为并行总线和串行总线。并行通信速度快、实时性好，但由于占用的口线多，不适于小型化产品；而串行通信速率虽低，但在数据通信吞吐量不是很大的微处理器中则显得更加简单、灵活。

1. 内部总线

内部总线就是微处理器级总线，也叫前端总线，包括数据总线、地址总线和控制总线。

数据总线通常是双向的，用于总线上的设备间传送数据；地址总线则决定了计算机内存空间的范围，即 CPU 能管辖的内存数量；控制总线用于实现对设备的控制和监视，一般都是单向的，有的从 CPU 发送出去，有的从设备发送出去。

微型计算机采用开放体系结构，由多个模块构成一个系统。一个模块往往就是一块电路板，在系统主板上装有多个扩展槽，扩展槽与板上的系统总线相连，任何插入扩展槽的电路板（如显示卡、声卡）都可以通过总线与 CPU 连接，这为用户组合可选设备提供了方便。微处理器、系统总线、存储器、接口电路和外部设备的逻辑关系如图 2-3 所示。

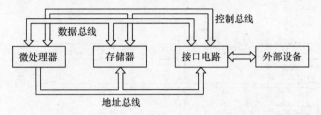

图 2-3　微处理器、存储器、接口电路和外部设备的逻辑关系

2. 系统总线

系统总线也称为 I/O 通道总线，同样包括数据总线、地址总线和控制总线，用于 CPU 与接口电路的连接。为了使各种接口电路能够在各种系统中实现"即插即用"，系统总线的设计要求与具体的 CPU 型号无关，而有自己统一的标准，以便按照这种标准设计各种适配卡。常见的总线标准有 ISA 总线、PCI 总线、AGP 总线等。

① ISA 总线。ISA 总线是工业标准结构总线，ISA 的数据传送宽度是 16 位，工作频率为 8MHz，数据传输率最高可达 8MB/s，寻址空间为 1MB。ISA 在 80286 至 80486 时代应用非常广泛，以致现在 Pentium 机中还保留有 ISA 总线插槽。

② PCI 总线。PCI 总线是 1991 年由 Intel 公司推出的，用于解决外部设备接口的总线。PCI 总线主板插槽的体积比原 ISA 总线插槽要小，其功能却比 ISA 总线有很大的改善，PCI 总线传送数据宽度为 32 位，可以扩展到 64 位，工作频率为 33MHz，数据传输率可达 133MB/s。PCI 总线是基于 Pentium 等新一代微处理器而发展的总线。

③ AGP 总线。AGP 总线是 Intel 公司配合 Pentium 处理器开发的总线标准，是一种可自由扩展的图形总线结构，能增大图形控制器的可用带宽，并为图形控制器提供必要的性能，以便在系统内存内直接进行纹理处理。AGP 总线宽度为 32 位，时钟频率有 66MHz 和 133MHz 两种，最大数据传输速率分别高达 266MB/s 和 533MB/s。

AGP 以主存为帧缓冲，可将纹理数据存储在其中，从而减少了显存的消耗，实现了高速存取，有效地解决了三维图形处理的瓶颈问题。

3. 外部总线

外部总线是指计算机主机与外部设备接口的总线，实际上是一种外设的接口标准。当前微型计算机上常用的接口标准有 IDE、SCSI、USB 和 IEEE 1394 等。

1994 年，Intel、Compaq 和 Microsoft 等公司联合推出通用串行总线 USB。当前 Pentium 各代微型计算机广泛应用 USB 1.1 版、1.5MB/s 传输率的低速模式，用于连接 USB 接口的鼠标和键盘等；12MB/s 传输率的全速模式，用于连接 USB 接口的调制解调器（modem）、打印机和扫描仪等；2000 年推出的 USB 2.0 在兼容原版本的基础上又具有 480MB/s 的高速模式，主要用于连接高速外设，如数字摄像设备、高速存储设备和新一代扫描仪等。USB

使用集线器（hub）经电缆分层形成树形结构，理论上最多可以连接 127 个外设。USB 设备具有即插即用功能，支持带电热插拔，用户可以方便地连接、扩展外设。

IEEE 1394 是一种连接外部设备的按串行方式通信的总线，允许把计算机、计算机外部设备（如键盘、打印机、扫描仪）、各种家电（如数码相机、DVD 播放机、视频电话等）非常简单地连接在一起。

微型计算机中的多总线结构示意图如图 2-4 所示，图中的"北桥"、"南桥"是控制芯片组的两个部分。

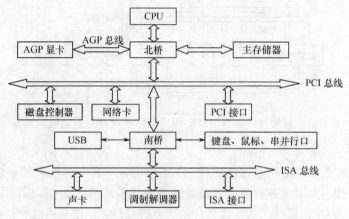

图 2-4　微机中的多总线结构

北桥芯片（North Bridge）主要用来承担高数据传输速率设备的连接；负责与 CPU 的联系，并控制内存、PCI 中的数据在北桥芯片内部的传输；提供 CPU 的类型以及主频、系统的前端总线频率、内存的类型和最大容量、PCI 插槽、ECC 纠错等的支持，因此，北桥芯片又称为内存控制中心（Memory Controller Hub，MCH）。由于北桥芯片的集成度高、数据处理量大，而且是距离 CPU 插槽最近的芯片，发热量大，温度较高，因此现在的北桥芯片上都覆盖着散热片来为其散热。部分主板的北桥芯片上甚至使用了散热风扇来强制散热。

南桥芯片（South Bridge）主要负责 I/O 总线之间的通信，如 PCI 总线、USB、LAN、SATA、ATA、音频控制器、键盘控制器、高级电源管理、实时时钟控制器等。在不同的芯片组中，南桥芯片可能是一样的，不同的只是北桥芯片。由于南桥芯片主要负责低速设备和输入、输出设备，因此也被称为输入/输出控制中心（Input/Output Controller Hub，ICH）。

2.2　中央处理器

中央处理器（Central Processing Unit，CPU）又称为微处理器，微型计算机的核心部分，担负着计算机的运算及控制功能。CPU 集成在一块超大规模集成电路芯片上，人们常以它的类型和型号来概括和衡量微机系统的性能。

2.2.1　CPU 的内部结构

从原理来看，CPU 的内部结构由控制器、算术逻辑单元和寄存器三大部分组成，分别负责计算机系统指令的执行、数学与逻辑的运算、数据的存储与传送，以及对内对外输入和输出的控制，如图 2-5 所示。

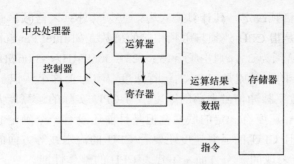

图 2-5 CPU 的结构及其与内存的关系

1. 算术逻辑单元

算术逻辑单元（Arithmetic Logic Unit，ALU）是计算机的运算器，完成算术运算和逻辑运算两种操作。

逻辑运算是通过比较来完成的，即两个数据进行比较，判断是否等于、小于或大于等。算术运算包括加、减、乘、除等运算，实际上，算术逻辑单元使用一个或多个加法器来完成加、减、乘、除等运算。

2. 寄存器

寄存器是微处理器作算术运算和逻辑运算时，用来临时寄存中间数据和地址的存储位置。它们的硬件组成类似于内存的存储单元，只是存取速度比内存更快，容量更小。寄存器通常放在 CPU 内部，并由控制器控制。

许多计算机包括专用寄存器和通用寄存器。专用寄存器是计算机用于某一特殊目的的寄存器，如指令寄存器、地址寄存器。通用寄存器则是计算机或程序在多种状态下使用的寄存器，如暂存数据的寄存器。

3. 控制器

控制器是协调和控制出现在中央处理器中的所有操作。控制器并不输入、输出、处理或存储数据，而是启动和控制这些操作的顺序。此外，为了启动在存储器和输入输出设备之间进行数据或指令传送，控制器必须与输入/输出设备进行通信。

当计算机执行存放在内存中的用户程序时，控制器按照它们的执行顺序来获取、解释指令，输出命令或信号来指挥系统的其他部件。

2.2.2 CPU 的性能指标

CPU 始终围绕着速度与兼容两个目标进行设计。CPU 的技术指标很多，如各种性能参数、电气参数、工艺参数和兼容指标等。不过，普通用户只需关注主频、缓存、工作电压、制作工艺和插座类型等几个主要参数即可。

1. 主频、外频和倍频

主频（CPU clock speed）是 CPU 工作的时钟频率，单位是兆赫兹（MHz）或吉赫兹（GHz）。CPU 的工作是周期性的，不断地执行取指令、执行指令等操作。这些操作需要精确定时，按照精确的节拍工作，因此 CPU 需要一个时钟电路产生标准节拍，一旦机器加电，时钟便连续不断地发出节拍，就像乐队的指挥一样控制 CPU 有节奏地工作，这个节拍的频率就是主频。

主频是由外频和倍频决定，其计算公式为：主频＝外频×倍频。而外频就是系统总线的工作频率，倍频则是指 CPU 外频与主频相差的倍数。如 Intel Pentium 4/3.06GHz 处理器的外频为 133MHz，倍频为 23，则主频＝133×23＝3059MHz≈3.06GHz。

很多人以为 CPU 的主频就是 CPU 的运行速度，实际上这个认识是片面的。CPU 的主频表示在 CPU 内部数字脉冲信号振荡的速度，与 CPU 实际的运算能力没有直接关系。当然，主频与实际的运算速度有一定的联系，但是目前还没有一个确定的公式能够实现两者之间的数值关系，而且 CPU 的运算速度还要看 CPU 的流水线等方面的性能指标。因此，主频仅仅是 CPU 性能表现的一个方面，不代表 CPU 的整体性能。

2. 缓存

在微型计算机中，从 80486 开始采用缓存（Cache）技术来改善 CPU 的性能。在 CPU 中内置高速缓存，可以提高 CPU 的运行效率，缓存容量越来越高，结构也从一级发展到三级，速度基本与 CPU 同步，因此缓存已经成为评价 CPU 的一个重要性能指标。CPU 工作时往往需要重复读取同样的数据块，而缓存容量的增大，可以大幅度提升 CPU 内部读取数据的命中率，不用再到内存或者硬盘上寻找，以此提高系统性能。

L1 Cache（一级缓存）是 CPU 第一层高速缓存，分为数据缓存和指令缓存。内置的 L1 高速缓存的容量和结构对 CPU 的性能影响较大，不过高速缓冲存储器均由静态 RAM 组成，结构较复杂，在 CPU 芯片面积不能太大的情况下，L1 级高速缓存的容量不可能做得很大。

L2 Cache（二级缓存）是 CPU 的第二层高速缓存，分为内部和外部两种芯片。内部的芯片二级缓存运行速度与主频相同，外部的二级缓存则只有主频的一半。L2 高速缓存容量也会影响 CPU 的性能，原则是越大越好。

L3 Cache（三级缓存）分为两种，早期是外置的，现在都是内置的。L3 缓存的应用可以进一步降低内存延迟，同时提升大数据量计算时处理器的性能。降低内存延迟和提升大数据量计算能力对游戏都很有帮助。不过，L3 缓存对处理器的性能提高并不明显。

3. CPU 扩展指令集

CPU 依靠指令来自计算和控制系统，每种 CPU 在设计时就规定了一系列与其硬件电路相配合的指令系统。指令的强弱也是 CPU 的重要指标，指令集是提高微处理器效率的最有效工具之一。

从现阶段的主流体系结构讲，指令集可分为复杂指令集（CISC）和精简指令集（RISC）两部分。而从具体运用看，如 Intel 的 MMX、SSE、SSE2、SSE3、SSE4 系列和 AMD 的 3DNow 等都是 CPU 的扩展指令集，分别增强了 CPU 的多媒体、图形图像和 Internet 等的处理能力。

4. 工作电压

CPU 的工作电压是指 CPU 核心正常工作所需的电压。早期 286 到 486 CPU 的工作电压一般为 5V，那时的制作工艺相对落后，以致于 CPU 的发热量较大，使用寿命较短。从 586 CPU 开始，CPU 的工作电压分为内核电压和 I/O 电压两种，通常 CPU 的核心电压小于等于 I/O 电压。内核电压的大小根据 CPU 生产工艺而定，一般制作工艺越精致，内核工作电压越低；I/O 电压一般都在 1.6～5V。

随着 CPU 的制作工艺的发展和主频的提高，近年来各种 CPU 的工作电压有逐步下降的趋势，以解决 CPU 的发热问题。提高 CPU 工作电压可以提高 CPU 的工作频率，但是容易烧坏 CPU。降低 CPU 电压不会对 CPU 造成物理的损坏，但是会影响 CPU 工作的稳定性，因为 CPU 工作在低压状态时，CPU 内的信号会变弱，从而造成运行混乱。

5. 制造工艺

制造工艺是指在硅材料上生产 CPU 时内部各元器件的连接线宽度，一般用纳米（nm）表示。线宽数值越小，生产制作工艺越先进，集成的晶体管就越多，CPU 内部功耗和发热量就越小。目前，CPU 的制作工艺已经全面进入 32nm 时代。

2.2.3　CPU 的发展历程

CPU 的发展是从 1971 年 Intel 公司推出的世界上第一块通用微处理器 4004 开始，至今已有 30 多年的历史了。按照其处理信息的字长，CPU 可以分为 4 位、8 位、16 位、32 位、64 位微处理器，CPU 一直是决定微型计算机性能的重要因素。因此，可以狭义地说，微型计算机的发展史就是 CPU 的发展史。

1971 年，Intel 公司推出 MCS-4 微型计算机系统，包括 4001 ROM 芯片、4002 RAM 芯片、4003 移位寄存器芯片和 4004 微处理器等。其中，4004 微处理器包含 2300 个晶体管，如图 2-6 所示，计算性能远远超过当年的 ENIAC。

1978 年，Intel 公司推出 4.77MHz 的 8086 微处理器，它采用 16 位寄存器、16 位数据总线和 29000 个 3μm 技术的晶体管。8086 的诞生标志着 x86 的开端，具有划时代意义。一年之后，Intel 推出准 16 位微处理器 8088，它在内部以 16 位运行，但支持 8 位数据总线，采用 8 位设备控制芯片，可访问 1MB 内存空间，速度为 0.33MIPS。1981 年，美国 IBM 公司采用 8088 微处理器推出了个人计算机（Personal Computer，PC），即人们熟悉的 IBM PC 和 IBM PC/XT，如图 2-7 所示，PC 的概念开始在全世界范围内发展起来。

图 2-6　4004 微处理器　　　　　　　　　　图 2-7　IBM PC

1982 年，Intel 公司在 8086 的基础上研制出了 80286 微处理器，俗称 286。该微处理器芯片集成了 130000 只晶体管，最大主频为 20MHz，内部、外部数据传输均为 16 位，使用 24 位内存储器的寻址，内存寻址能力为 16MB。IBM 公司将 286 微处理器用在 AT 机中，经过数年的销售，具有 286 的 AT 机超过了 1500 万台。

1985 年，Intel 公司开发出了 32 位微处理器 80386，它是第一个可以同时处理多个任务的微处理器，由于它的数据宽度扩充到了 32 位，运算处理速度大为提高，超过 6MIPS；同时，它的集成度也比 80286 翻了一番，达到 27.5 万只晶体管/片，工作频率也达到 33MHz，这些性能的提高都依赖于超大规模集成电路技术工艺的进步。由于 32 位微处理器的强大运算能力，PC 的应用扩展到许多的领域，如商业办公和计算、工程设计和计算、数据中心、个人娱乐等。

　　1989 年，Intel 公司发布了功能更强劲的 80486 处理器芯片，集成了 120 万个晶体管，时钟频率提升到最高 100MHz，这样的性能在当时是相当喜人的。正是由于微处理器性能的不断提高，个人计算机才真正走进了平民百姓家庭。相对以前直接焊在主板上的处理器，486 首次采用处理器插座与处理器插针接触的 Socket 处理器架构。自此，计算机的 CPU 可以更换升级了，微型计算机 DIY 也开始一步步变成现实。

　　1993 年，Intel 公司发布了新一代的微处理器 Pentium（奔腾），集成了 310 多万个晶体管，时钟频率最早为 60MHz，后来提升到 200MHz 以上。Pentium MMX 是在 Pentium 内核基础上改进的，其最大特点是增加了 57 条 MMX 扩展指令集，这些指令专门用来处理音视频相关的计算，目的是提高 CPU 处理多媒体数据的效率。Pentium Pro 是 Intel 首个专门为 32 位服务器、工作站设计的微处理器，可以应用在辅助设计、科学计算等领域。

　　1997 年，Intel 公司发布了 Pentium Ⅱ微处理器，集成了 750 万个晶体管，主频最高达 450MHz。同时，Pentium Ⅱ一改过去的封装形式，采用具有专利权保护的 Slot 1 接口标准和 SECC（单边接触盒）封装技术。

　　1999 年，Intel 公司发布了 Pentium Ⅲ微处理器，集成了 950 万个晶体管，新增了能够增强音频、视频和三维图形效果的 SSE（Streaming SIMD Extensions，数据流单指令多数据扩展）指令集，共 70 条新指令，Pentium Ⅲ的起始主频速度为 450MHz。

　　2000 年，Intel 公司发布了代号为 Itanium 的 Pentium 4，采用新的 Socket 423 构架，其主频达到 1.3GHz 以上。由于 Pentium 4 的地址总线达到 64 位，使系统总线速度提高了 4 倍，并采用超级流水线和 SSE2 等新技术，大大增强了处理器的性能及三维处理能力。

　　2005 年，Intel 发布了第一颗双核处理器 Pentium D 840EE，这宣告了桌面处理器双核时代的到来。为了实现更好的运算能力，双核或多核处理器已经走上了桌面处理器的舞台，更先进的 65nm 及以下工艺将使晶体管的发热持续减少，运行速率更高，也为多核技术的进一步发展提供了坚强的保障。可以预见，在这两方面技术的共同推动下，未来的处理器技术将有可能继续沿着摩尔定律所设定的路线前进。

　　2008 年，Intel 公司发布了新一代 CPU Core i7，它是一款 45nm 原生四核处理器，主频可达 3.2GHz，拥有 8MB 三级缓存，支持三通道 DDR3 内存和超线程技术。处理器采用 LGA 1366 针脚设计，支持第二代超线程技术，并且新增了深层休眠技术、加强型 Intel 动态加速技术和加强型虚拟技术。

2.3　存储系统

　　20 世纪 50 年代初期，计算机采用威廉斯管（一种特殊的阴极射线管）作为内部存储器，1953 年开始采用磁心存储器。到 20 世纪 70 年代初，计算机采用半导体存储器作为内部存储器，并一直在高速缓冲存储器和内部存储器中占有垄断地位。在外部存储器方面，20 世纪 50 年代初期，计算机采用磁鼓和磁带存储器，后来磁鼓逐步被磁盘存储器所取代，到 20 世纪 90 年代，光盘存储器迅速崛起。因此，磁盘、磁带和光盘存储器是外部存储器的主要构成。

2.3.1 存储器概述

1. 存储器的基本概念

存储器是由一些能表示二进制数 0 和 1 的物理器件组成的，这种器件称为记忆元件或存储介质。常用的存储介质有半导体器件和磁性材料。例如，一个双稳态半导体电路、磁性材料中的存储元件等都可以存储 1 位二进制代码信息。位是存储器中存储信息的最小单位，称为存储位。由若干个存储位组成一个存储单元，一个存储单元可以存放一字节，也可以存放一个字。

存储器中存储单元的总数称为该存储器的存储容量。计算机中存储器容量越大，存储的信息就越多，计算机的处理能力也就越强。存储容量的单位一般用字节或字来表示，例如，128KB 表示 128 千字节，64KW 表示 64 千字。目前，一般的微型计算机内部存储器，其存储容量在 64MB～256MB 之间或更大。

存储器的两个基本操作是读出数据和写入数据，即取数和存数。存储器从接到读出命令到指定地址的数据被读出，并稳定在数据总线上为止的时间称为取数时间。反之，将数据总线上的数据写入存储器的时间称为存数时间。在连续两次访问存储器时，从第一次开始访问到下一次开始访问所需的最短时间称为存储周期，它表示存储器的工作速度。存储周期越短，存储器的工作速度越快。

2. 存储器的分类

由于信息载体和电子元器件的不断发展，存储器的功能和结构都发生了很大变化，相继出现了各种类型的存储器，以适合计算机系统的需要。下面从不同角度介绍存储器的分类情况。

（1）按存取方式分类

按存取方式可将存储器分为以下几种。

① 随机存储器（RAM）。随机存储器是指通过指令可以随机地存取任一单元的内容，且存取时间基本固定，即与存储数据的地址无关的存储器。早期使用的磁芯存储器和当前大量使用的半导体存储器都是随机存储器。

② 顺序存储器（SAM）。如果存储器中只能按某种顺序来存取数据，也就是说，存取时间与存储单元的物理位置有关，就称它为顺序存储器，如磁带存储器和磁盘存储器。通常，顺序存储器的存储周期比随机存储器的要长。

③ 只读存储器（ROM）。随机存储器是既能读出又能写入数据的存储器，故又称为读写存储器。而有些存储器中的内容不允许随意改变，只能读出其中的内容，这种存储器称为只读存储器。

（2）按功能和存取速度分类

按功能和存取速度，存储器可分为以下几种。

① 寄存器型存储器。寄存器型存储器是由多个寄存器组成的存储器，如当前许多 CPU 内部的寄存器组。它可以由几个或几十个寄存器组成，其字长与机器字长相同，主要用来存放地址、数据及运算的中间结果，速度可与 CPU 匹配，但容量很小。

② 高速缓冲存储器。高速缓冲存储器是计算机中的一个高速小容量存储器，其中存放的是 CPU 近期要执行的指令和数据。一般采用双极型半导体存储器作为高速缓冲存储器。由于它存取速度高，因此在中高档微型机中用来提高系统的处理速度。

③ 主存储器。计算机系统中的主要存储器称为主存储器，被用来存储计算机运行期间较常用的大量数据和程序。由于主存储器是计算机主机内部的存储器，故又称为内存。主存一般由半导体 MOS 存储器组成。

④ 外部存储器。计算机主机以外的存储器称为外部存储器，也叫辅助存储器。它的容量很大，但存取速度较低，主要由磁表面存储器组成，如目前广泛使用的磁盘存储器和光盘存储器，用来存放当前暂不参加运算的程序和数据。

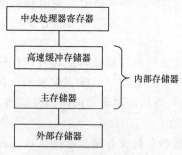

图 2-8　存储系统的层次结构

现代计算机对存储系统有 3 个基本要求，即存取时间短、存储容量大和价格低（每一位的平均价格）。这 3 个要求是互相制约的，存储器的存取时间越短，每一位的价格就越高；存储器的容量越大，存取时间就越长。根据当前所能达到的技术水平，仅用一种工艺技术做成的存储系统不可能同时满足这 3 个基本要求。因此，存储系统采用由小容量的高速缓冲存储器、主存储器和大容量的低速外存储器组成的层次结构，具有这种层次结构的存储系统如图 2-8 所示。

在图 2-8 中，从上往下，存取时间和容量依次增加，每位价格依次减少，即高速缓冲存储器的存取时间最短，容量最小，每位价格最贵。外部存储器的存取时间最长，容量最大，每位价格最便宜。在这种存储系统中，高速缓冲存储器的高速可以弥补主存储器在速度方面的不足，而外部存储器的大容量可以弥补主存储器在容量方面的不足。

如果计算机系统中没有高速缓冲存储器，CPU 直接访问主存储器。一旦有了高速缓冲存储器，CPU 当前要使用的指令和数据都是先通过访问高速缓冲存储器获取，如果高速缓存中没有，才会访问主存储器。另外，CPU 不能直接访问外部存储器，当需要用到外部存储器上的程序和数据时，先要将它们从外部存储器调入主存储器，再从主存储器调入高速缓存后为 CPU 所使用。

3. 存储器的性能指标

各种存储器的性能可以用存储容量、存取时间和数据传输率 3 个基本指标来表示。

① 存储容量。存储容量表示存储器可以容纳的信息量，通常用 KB、MB、GB 表示。例如，半导体存储器是每片 32MB～256MB，硬盘容量是 30GB～160GB。

② 存取时间。存取时间是指存储器从接到读或写的命令起，到读写操作完成为止所需要的时间。

③ 数据传输率。这个指标大多用于外部存储器，衡量它与内存交换数据的能力。目前，硬盘的数据传输率为 100～160MB/s。

2.3.2　半导体存储器

半导体存储器是用半导体大规模集成存储器芯片作为存储媒体的，能对数字信息进行随机存取的存储设备。

1. 半导体存储器的分类

（1）按工作性质分类

按工作性质，半导体存储器可分为以下几种。

① 高速缓冲存储器。高速缓冲存储器是一种容量较小、速度很高的存储器，是为了克

服主存储器与 CPU 在数据传输速度上的不匹配而设置的,通常采用双极型半导体存储器芯片来制作。

② 主存储器。主存储器具有速度高、存储容量不大的特点,用来存放 CPU 当前使用的程序和数据。通常,主存储器由随机存取方式和只读方式两种半导体存储器组成。

③ 辅助存储器。辅助存储器具有速度慢、存储容量大的特点,用来存放 CPU 暂时不用的程序和数据。当前,磁盘和光盘是辅助存储器的主流,但半导体盘(固态盘)已能实现磁盘的功能,并在一些应用领域中取代了磁盘。从功能上看,半导体盘可由电荷耦合器件(CCD)存储器实现,但从容量、速度和成本等因素综合考虑,则宜采用由 MOS 动态存储器(DRAM)或快可擦编程只读存储器(Flash EPROM)构成。

(2)按制造工艺分类

按制造工艺,半导体存储器可分为以下几种。

① 双极型半导体存储器。双极型半导体存储器以双极型触发器作为存储单元。采用晶体管—晶体管逻辑存储单元的称为 TTL 型存储器,采用射极耦合逻辑存储单元的称为 ECL 型存储器。ECL 型存储器工作速度快,主要用于高速缓冲存储器和要求工作速度高的主存储器。

② MOS 存储器。MOS 存储器是以金属—氧化物—半导体场效应晶体管作为存储单元,按工作方式不同,分为静态随机存取存储器(SRAM)和动态随机存取存储器(DRAM)。MOS 存储器的特点是集成度高,工作速度较快,适用于容量较大的主存储器。

(3)按存取方式分类

按存取方式,半导体存储器可分为随机存取存储器和只读存储器两大类。

2. 随机存取存储器

随机存取存储器(Random Access Memory,RAM)是可随机地对存储单元进行读出和写入操作的半导体存储器芯片,存储在存储单元中的数据在断电后可能丢失。

根据数据存储方式,RAM 可分为动态随机存取存储器和静态随机存取存储器两种。

动态随机存取存储器(Dynamic RAM,DRAM)是最常用的一种 RAM,常说的内存就是指 DRAM。DRAM 由动态的 MOS 管构成,具有集成度高、存储容量大、价格相对便宜等优点。因此,DRAM 用于大容量、快速存取数据的场合,如计算机系统的主存储器、视频图像显示控制卡的显示存储器等。

DRAM 中的每个存储单元由一个不完全的 MOS 管构成,只有栅极,无源漏区,靠栅极和衬底之间形成的电容来保存信息。由于 MOS 管栅极上的电荷会因漏电而释放,所以存储单元中的信息只能保存若干毫秒,这样就需要在 1~3ms 内周期性地刷新栅极电容上的存储电荷,故称其为动态随机存取存储器。由于刷新期间不能存取数据,所以会影响 DRAM 的读取速度,而 DRAM 本身也不能定时刷新,必须靠附加的刷新电路,因此采用了哪一款芯片组,也就决定其能支持的内存类型。

静态随机存取存储器(Static RAM,SRAM)是由静态的 MOS 管组成,其每个存储单元都是由 6 个 MOS 管构成的触发器,只要不断电,触发器可永久地保存信息。SRAM 不需要定时刷新,故称静态随机存储器。

与 DRAM 相比,SRAM 的缺点是体积大、集成度较低,其原因是其每个存储单元均由 6 个 MOS 管构成。单位容量的存储成本比 DRAM 高得多,但因其无须定时刷新,所以运行速度较快。在现代 PC 中,采用 SRAM 作为高速缓存。Cache 的容量较内存小,一般只有内存的几百分之一甚至千分之一，但速率较内存快一个量级以上。

3. 只读存储器

只读存储器（Read Only Memory，ROM）的基本特征是在正常运行中只能随机读取预先存入的信息而不能写入新的内容，亦即信息一旦写入就不能更改。即使在断电情况下，ROM 仍能长期保存信息内容不变，所以它是一种永久存储器。

随着大规模集成电路技术的发展，出现了多种大规模集成电路 ROM 芯片，其中掩膜只读存储器（mask ROM）结构简单，存储信息稳定，可靠性高，能够永久性保存信息。可编程只读存储器（PROM）是由半导体厂家制作"空白"存储阵列出售，用户根据需要可以实现现场编程序写入，但只能实现一次编程。可擦编程只读存储器（EPROM）、电可擦编程只读存储器（EEPROM）和快可擦编程只读存储器（Flash EPROM）等不仅可以现场编程，还可以擦除原存储的信息内容，写入新的信息。

2.3.3 磁表面存储器

1. 存储原理

从存储原理上看，硬盘、软盘、磁带等均属于磁表面存储器，利用一层微米量级的表面磁介质作为记录信息的媒体，以磁介质的两种不同剩磁状态或不同剩磁方向变化的规律来表示二进制信息。

磁表面存储器的信息记录和读出过程都是电、磁信息转换的过程，是通过磁头和运动着的磁介质来实现的，如图 2-9 所示。

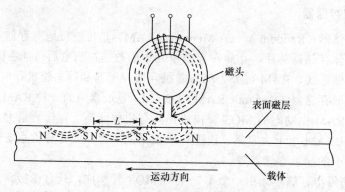

图 2-9 磁表面存储原理

所谓磁表面，是在带状或圆片状的载体上涂敷薄薄的一层磁性材料而形成的，其厚度一般在 0.2～0.5μm 之间。记录和读取信息是靠磁头，磁头用铁磁性材料作磁芯，上面绕有读写线圈。工作时，磁头位于贴近磁表面的上方，载体相对磁头做匀速运动。磁头上开有一条很窄的缝隙，称为头隙或前隙。若给磁头线圈通以一定方向的脉冲电流，磁头中将产生磁场。在磁头前隙处，磁力线通过载体表面磁层形成一个闭合回路。这样，磁表面被脉冲电流对应的磁场所磁化，当脉冲电流撤销后，其剩磁形成了磁化小区域 L，把电信号变成磁信号，这就是写入操作。

读出操作时，由于磁介质和磁头间的相对运动，事先被磁化的区域掠过磁头前隙时，磁力线穿过磁头并被切割，磁头中的磁通发生变化，在读写线圈中产生了感应电动势。感应电动势的大小与磁头中磁通随时间的变化成正比，极性与磁通变化的极性相反。当磁通由零正向增大时，在磁头线圈中产生一个负的感应电动势；当磁通再由大到小变化时，则产生一个正的感应电动势，形成一负一正两个脉冲，把磁信号变成电信号。电脉冲信号再经过放大、限幅、整形和选通后，获得符合要求的数字信号。

　　数据写入和读出的变换原理如图 2-10 所示。写入时，数据经编码电路，产生相应的电流变化，当数据位为 1 时，电流有极性变化，数据位为 0 时，电流极性不变。这样的电流信号送到磁头线圈，在磁介质表面上形成与数据相对应的磁化区域。读出时，转换成磁头中的感应信号，再把它还原成数据信号。

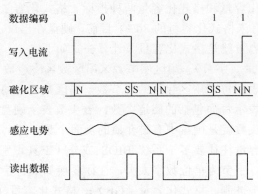

图 2-10　数据写入和读出的变换原理

2. 硬盘存储器

　　硬盘存储器简称硬盘，英文名称是 Hard Disk，它是计算机系统的主要外部存储器。硬盘技术于 1956 年由 IBM 公司首先发明，当时第一块硬盘容量只有 5MB。1968 年，IBM 公司又提出了温彻斯特（Winchester）技术，其精髓是密封、固定并高速旋转镀磁盘片，磁头沿盘片径向移动，现在使用的硬盘大多是这种技术的延伸。

　　（1）硬盘的工作原理

　　硬盘的数据读写是靠磁头和盘片来实现的，盘片是在圆形盘基表面上涂有一层磁介质而制成，工作时盘片在主轴电机驱动下匀速旋转，读写磁头浮动在盘片上。数据是按磁道分布的。盘片上的磁道从外边向圆心，按 0～N 顺序编号，如图 2-11 所示。

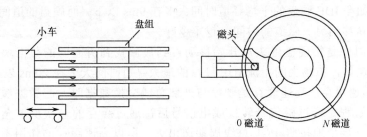

图 2-11　硬盘工作原理图

　　磁头通过磁头臂安装在滑动小车上，在驱动和定位机构控制下，磁头沿盘片径向做进、退运动，访问相应磁道。一般盘片的两面都有读写磁头。多片盘的情况，各片盘上相同编号的磁道组成一个柱面，柱面的编号与磁道号相同。

　　硬盘的工作过程是：若从查找操作开始，驱动机构根据柱面地址把磁头向目标磁道移动，并定位在目标磁道上，等待有关信息区段旋转到磁头下，然后进行读写操作。若是写操作，则把要写入的二进制数码经编码电路变换成相应的电流信号，送到磁头线圈，磁化盘片的表面磁介质，在磁道上形成一串微小的磁化单元。读出时，磁道上事先记录的磁化单元高速掠过磁头，在磁头线圈中感应出电压信号，再经放大、鉴别和整形电路后，还原成数字信息。

（2）硬盘的技术指标

① 存储容量：存储容量是指磁盘驱动器所能存储的数据字节总数。通常，磁盘驱动器由多个硬盘碟片组成，每个碟片的容量称为单碟容量。因为硬盘体积有限，所以提高单碟容量几乎成了提高整体容量的唯一途径。

存储容量有未格式化容量和格式化容量两种指标。格式化容量指的是经过低级格式化后的硬盘容量，通常只有未格式化容量的 80%。目前，硬盘在出厂前都要进行低级格式化，因此制造商报告的硬盘容量就是格式化容量。计算公式如下：

格式化容量（字节）=扇区字节数×扇区数×磁道数×磁头数

其中：扇区字节数表示每个扇区包括的字节数，扇区数表示每个磁道包括的扇区数，磁道数又称为柱面数，表示每面包括的磁道个数，磁头数表示硬盘的磁头个数，因为每面对应一个磁头，所以磁头数就是硬盘中有磁介质的盘面个数。

制造商报告的硬盘容量往往要多于系统 BIOS 或分区工具识别出的容量，这是由于换算公式不同。硬盘容量以字节为单位数字太大，往往要换算成吉字节（GB）。

工厂容量换算使用十进制。格式化容量（GB）= 格式化容量（B）÷ 1000^3。

系统显示的容量换算使用二进制。格式化容量（GB）= 格式化容量（B）÷ 1024^3。

很明显，系统显示的容量低于工厂容量。

② 数据传输率：硬盘的数据传输率是指硬盘读写数据的速度，单位为 MB/s。硬盘数据传输率又包括内部数据传输率和外部数据传输率。

内部传输率又称为持续传输率，是指磁头到硬盘缓存间的最大数据传输率，反映了硬盘缓冲区未用时的性能。内部传输率主要依赖于硬盘的旋转速度。

外部传输率也称为接口传输率，是系统总线与硬盘缓冲区之间的数据传输率，外部数据传输率与硬盘接口类型及硬盘缓存的大小有关。ATA 66/100/133 接口的传输率可达 66～133MB/s。

③ 平均寻道时间：平均寻道时间是指磁头移动到数据所在磁道时所用的时间，这个数值越小越好，如今 IDE 硬盘的平均寻道时间大多在 9ms 以下。而硬盘的道间寻道时间是指磁头从一磁道转移到另一磁道的时间，越短越好。

最大寻道时间是指硬盘磁头从开始移动直到最后找到所需要的数据块所用的全部时间，也是越小越好，市场上的主流 IDE 硬盘的最大寻道时间大多在 20ms 以内。

④ 硬盘高速缓存：高速缓存是硬盘与外部总线交换数据时，起数据缓冲作用的存储器。硬盘的读过程是经过磁信号转换成电信号后，通过缓存的一次次填充与清空、再填充与再清空才一步步地按照 PCI 总线周期送出去，所以高速缓存的作用不容小视，缓存的容量与速度直接关系到硬盘的传输速度。

通常，缓存为静态存储器，无须定期刷新，其容量有 2～16MB。从理论上讲，高速缓存是越快越好，并非越大越好。

⑤ 硬盘主轴转速：主轴转速是指硬盘主轴的转动速度，单位为 rpm（转/分）。较高的转速可缩短硬盘的平均寻道时间和实际读写时间，从而提高硬盘的运行速度。也就是说，主轴转速的快慢在很大程度上决定了硬盘的速度，硬盘的转速越快，硬盘寻找文件的速度就越快。目前，市场上常见的硬盘转速有 5400rpm、7200rpm 和 10000rpm。理论上，转速

越快越好，但转速越快其发热量就越大，主轴磨损也大，工作噪音也会增大。

（3）硬盘的外部结构

硬盘的外部尺寸有 5.25、3.5、2.5、1.8 英寸等几种，其中前两种主要用于台式机，后两种常用于各种笔记本电脑。5.25 英寸硬盘早已被淘汰，目前台式机中主要使用 3.5 英寸的硬盘，简称 3 英寸盘，如图 2-12 所示。

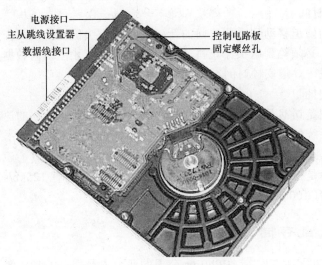

图 2-12　硬盘的外部结构

从外观上看，硬盘有电源接口、跳线设置器、数据线接口、控制电路板、固定盖板和固定螺丝孔等部分。

3. 软盘驱动器

软盘驱动器简称软驱，它是计算机标准外部存储设备之一。软盘于 1972 年问世，并在随后的时间里迅速发展。软驱不仅被微型计算机所广泛使用，而且在中大型的计算机中代替了早期的卡片和纸带设备。通常，软驱有两种：5.25 英寸和 3.5 英寸软驱。由于软盘体积大、容量小、保存性较差，因此在价格优势丧失后，逐渐退出了历史舞台。

（1）软驱的工作原理

软盘驱动器主要由控制电路板、电机、磁头定位器和磁头等组成。磁头其实是很小的，上下各有一个。软驱的工作过程是：电机带动盘片转动，转速大约是每分钟 300 转，磁头定位器是一个很小的步进电机，负责把磁头移动到正确的磁道，由磁头完成对软盘的读写操作。

软盘是软驱的核心，是记录数据的载体。软盘由一种塑料物体构成，外面涂着一层由铁氧化物构成的磁性材料。软驱旋转软盘并通过磁头来读写盘片上的信息，写的过程是以电脉冲将磁头下方磁道上那一点磁化，而读的过程则将磁头下方磁道上那一点的磁化信息转化为电信号，并通过电信号的强弱来判断是 0 还是 1。

软盘在使用之前必须进行格式化，完成这一过程后，磁盘被分成若干个磁道，每个磁道又分为若干个扇区，每个扇区存储 512 字节。磁道是一组同心圆，一个磁道大约有零点几个毫米的宽度，数据就存储在这些磁道上，如图 2-13 所示。

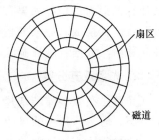

图 2-13　软盘结构

例如，一个 1.44MB/3.5 英寸的软盘，有 80 个磁道，每个磁道有 18 个扇区，两面都可以存储数据。因此，其存储容量的计算公式是：$80 \times 18 \times 2 \times 512B \approx 1.44MB$。

（2）软驱的性能指标

① 道—道查询时间

道—道查询时间是指磁头从一个磁道移动到相邻磁道所需要的时间。

② 寻道安顿时间

磁头刚从别的磁道移动到需要访问的新磁道时，磁头仍在抖动而未完全定位，还不可能立即读写数据，必须等到磁头停止抖动，安顿下来后，才能访问数据，这段时间称为寻道安顿时间。一般，寻道安顿时间小于或等于 $15\mu s$。

③ 平均访问时间

平均访问时间是访问数据所花费的时间，其值越小，访问数据的速度越快，平均访问时间是评价磁盘系统的一个重要的指标。

④ 数据传输速率

数据传输速率是指单位时间内所传送的数据位数，常见的有 125kb/s、250kb/s、300kb/s、500kb/s 几种，亦有 1000kb/s。

2.3.4 光盘存储设备

早在 20 世纪 70 年代初，荷兰 Philips 公司的研究人员便开始使用激光束来记录和存放信息。1972 年 9 月，Philips 公司向国际新闻界展示了第一张激光视盘和光盘系统 LV（Laser Vision），第一次实现了信息存储技术由磁记录方式向光记录形式的转变，进而造就了一个新兴产业——光盘存储设备生产制造业。

随着光盘价格的不断下降，光盘已成为价格最低的计算机数据存储介质。特别是 2003 年国际蓝光光盘标准的统一，单盘存储量可达 50GB，越来越多的政府机构以及公司的资料室在线查询等都将信息（书刊、数据、计算机程序）用光盘形式存储发行。

1. 光盘存储原理

无论是 CD 光盘还是 DVD 光盘，其存储方式与磁盘一样，都是以二进制数据的形式来存储信息。要在这些光盘上存储数据，需要借助激光把二进制数据刻在扁平、具有反射能力的盘片上。为了识别数据，定义激光刻出的小坑就代表二进制的"1"，空白处则代表二进制的"0"。DVD 的记录凹坑比 CD 小，螺旋存储凹坑之间的距离也更小。

CD 光驱或 DVD 光驱的主要部分就是激光发生器和光监测器。激光发生器实际上就是一个激光二极管，可以产生对应波长的激光光束，然后经过一系列的处理后照到光盘上。经由光监测器捕捉反射信号而识别实际的数据。若光盘不反射激光则代表有一个小坑，那么计算机记为"1"；如果有激光反射回来，计算机记为"0"。然后计算机就可以将这些二进制代码转换成为原来的数据或程序。光盘在光驱中高速旋转，激光头在电机的控制下做径向移动，数据就这样源源不断地读取出来。

2. 光盘及其分类

光盘是在聚碳酸酯基片上覆以极薄铝膜制作而成，薄膜层之外还有一层起保护作用的塑料层。通常，基片的尺寸是直径 12cm 或 8cm，厚 1mm。

（1）CD（Compact Disk）

CD 光盘有 CD-ROM、CD-R、CD-RW 三种基本类型。

CD-ROM 表示的是只读 CD，只能读取光盘上已经记录的信息，不能修改或写入新的内容，如电子图书光盘、视频录像光盘以及数字式音响光盘等。

CD-R 表示可写 CD，用户只可以写一次，多次读出，适用于对长期保存用的数据作不可擦除的一次性写入，如文档、图像的存储和检索等。

CD-RW 表示的是可重复读写 CD，读取次数没有限制。

（2）DVD（Digital Video Disk）

DVD 的含义是数字视频光盘，从本质上说，它是一种超级的高密度光盘。与 CD-ROM 相比，DVD 使用波长更短的红色激光，可读取更小的凹坑和更密的光道。因此，同样大小的光盘，CD-ROM 可存储 680MB 的数据，而 DVD 可存储 4.7GB 的数据，相当于 7 张 CD-ROM 盘的总容量。

DVD 的基本类型有 DVD-ROM、DVD-R、DVD-RAM 和 DVD-RW 等。

DVD-ROM 表示只读 DVD，有 4 种容量：4.7GB、8.5GB、9.4GB 和 17GB。

DVD-R 表示用户可以写一次，此后就只能读取，读取次数没有限制。

DVD-RAM 为一种可重复读写数字信息的 DVD 规格。

DVD-RW 为另一种可重复读写数字信息的 DVD 规格。DVD-RW 与 DVD-RAM 擦写方式不同，应用的领域也不相同。DVD-RAM 的记录格式也是采用 CD-R 中常见的相变技术。但是 DVD-RW 不能与 DVD-ROM 兼容。

根据容量的不同，DVD 可分成 4 种规格：DVD-5、DVD-9、DVD-10 与 DVD-18。表 2-1 为 CD-ROM 与 DVD 四种规格盘片容量的比较。

表 2-1　CD-ROM 与 DVD 四种规格盘片容量的比较

盘片类型	直径/cm	面数/层数	容量
CD-ROM	12	单面	680MB
DVD-5	12	单面单层	4.7GB
DVD-9	12	单面双层	8.5GB
DVD-10	12	双面单层	9.4GB
DVD-18	12	双面双层	17GB

3. 光盘驱动器

读光盘的设备称为光盘驱动器，简称光驱。按照光驱在计算机上的安装方式，光驱可分为内置式光驱和外置式光驱。内置式光驱安装在主机箱中，用 IDE 数据线连接到主板的 IDE 接口上。外置式光驱都有专门的保护外壳，不用安装到机箱内，一般通过 USB 电缆连接到主机上。

（1）光驱的基本结构

光驱通常由激光头、主轴电机、伺服电机、系统控制器等几部分组成。

激光头由一组透镜和一个发光二极管组成，它发出的激光经过聚集后照在凹凸不平的盘片上，并通过反射光的强度来读取信号。

主轴电机负责为光盘运行提供动力，并在读取盘数据时提供快速的数据定位功能。伺服电机是一个小型的由计算机控制的电机，用来移动和定位激光头到正确的位置读取数据。系统控制器主要协调各部分的工作，是光驱的控制中心。

（2）光驱的技术指标

① 数据传输率

早期的 CD-ROM 驱动器的数据传输率是 150KB/s，一般把这种速率称为 1 倍速，记为

1X。数据传输率为 300KB/s 的 CD-ROM 驱动器称为 2 倍速光驱，记为 2X，以此类推。常见的光驱有 48X、52X 等。DVD 的 1 倍速为 1350KB/s，所以 16 倍速 DVD 光驱的数据传输率为 21600KB/s。另外，带有刻录功能的光驱还有擦写速度和刻录速度。

一般情况下，速度越快的光驱性能越好。随着光驱速度的提高，容错能力、噪声和震动越严重，在刻录时最好使用低倍速，以便提高刻录的成功率。

② CPU 占用率

CPU 占用率是指光驱在保持一定的转速和数据传输率时所占用 CPU 的比率，该指标是衡量光驱性能的一个重要指标。CPU 占用率越低，系统整体性能的发挥就越好。一般光驱在使用质量比较好的盘片时，CPU 占用率差别不大，当使用磨损非常严重的光盘时，CPU 占用率会有很大的差异。

③ 缓存容量

光驱都带有缓存，这些缓存是实际的存储芯片安装在驱动器的电路板上，它在发送数据给 PC 之前可能准备或存储更多的数据。CD/DVD 典型的缓存容量大小为 128KB，可刻录 CD/DVD 驱动器一般具有 2～4MB 以上的大容量缓存，用于防止缓存欠载错误，同时可以使刻录工作平稳地写入。一般来说，驱动器越快，就需要更多的缓存，以处理更高的数据传输速率。

④ 接口类型

光驱的接口是驱动器与系统主机的物理链接，是从驱动器到计算机的数据传输途径，不同的接口也决定着驱动器与系统间数据传输速率。连接光驱与系统接口的类型有 IDE、SATA、USB、SCSI、IEEE 1394 等接口。

（3）光驱的主要产品

光驱是计算机必不可少的设备，从 CD-ROM、DVD-ROM 到现在的 COMBO、DVD 刻录机都得到广泛的应用和普及。

① CD-ROM 光驱

CD-ROM 是一种只读光盘存储器，能读取 CD、VCD、CD-R、CD-RW 格式的光盘，但无法读取 DVD 格式的光盘。CD-ROM 光驱具有较好的兼容性，较快地读取速度，目前最高可达到 52 倍速的读取速度，是在计算机中应用和普及最早的光驱产品。

② COMBO 光驱

COMBO 驱动器就是把 CD-RW 刻录机和 DVD 光驱结合在一起的驱动器，即 COMBO 是集 CD-ROM、DVD-ROM、CD-RW 三位一体的一种光存储设备。

③ DVD 刻录机

DVD 刻录机是可以对 DVD 可刻录光盘进行 DVD 数据格式刻录的新型光存储驱动器。在其发展过程中，一共出现了 DVD-RAM、DVD-RW 及 DVD＋RW 等几种不同规格。

④ 蓝光光驱

蓝光光驱用来读写蓝光光盘，因为蓝光光盘的英文为 Blue-ray Disc，缩写为 BD，因此蓝光光驱又称 BD 光驱。

蓝光光驱同样分为 BD-ROM（只读光驱）、BD-RW（刻录机）和 BD-COMBO。蓝光光驱向下兼容 DVD，因此 BD-ROM 具有 DVD-ROM 光驱的全部功能，而且能够读取蓝光光盘。蓝光刻录机不仅具有 DVD-RW 刻录机和 BD-ROM 的全部功能，还有蓝光刻录功能，可以刻录蓝光光盘。

2.3.5　USB 闪存盘

USB 闪存盘（USB flash disk），俗称 U 盘或优盘。它是一个具有 USB 接口的不需物理驱动器的微型高容量移动存储设备，用于存储照片、影像和资料等。通过 USB 接口与主机相连，可以像使用软盘、硬盘一样在 U 盘上读写和传送文件。

1. U 盘的工作原理

U 盘的电路主要包括主控芯片、供电电路、USB 接口电路、时钟电路、闪存、写保护电路及指示灯电路等，如图 2-14 所示。

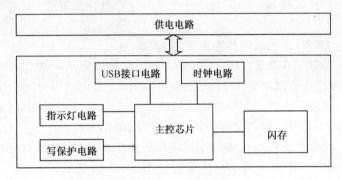

图 2-14　U 盘电路框图

U 盘的工作过程是：当 U 盘连接到计算机 USB 接口中，计算机 USB 接口的 5V 电压通过 U 盘的 USB 接口的供电针脚为 U 盘供电电路提供供电，产生 Vcc 电压；接着 USB 接口电路中的 USB 插座的数据输入针脚为高电平，而数据输出引脚为低电平；当计算机主板中的 USB 模块检测到数据线上的一高一低电平信号后，就认为 USB 设备连接好，向 USB 设备发出准备好信号。U 盘的主控芯片调取存储器中的基本信息及文件信息，通过 USB 接口发送给计算机 USB 总线，计算机接收数据后，就会提示发现新硬件，并开始安装 U 盘的驱动程序。驱动程序安装完成后，用户就可看见 U 盘存储器中的文件。

用户向 U 盘中存储数据文件时，主控芯片首先检测其写保护端口的电平信号。若写保护端口为高电平信号，则主控芯片接着向闪存芯片发送一个读写信号，闪存将数据存入其中；若写保护端口为低电平信号，则主控芯片向闪存芯片发送一个写保护信号，闪存将拒绝数据的存储。

2. U 盘的性能指标

U 盘的性能指标有存储容量、数据传输率、接口类型、外形尺寸、工作环境、功能特点等。

① 存储容量，指 U 盘最大所能存储的数据量，是便携存储设备最为关键的参数。一般的 U 盘容量有 1GB、2GB、4GB、8GB、16GB、32GB 等。

② 数据传输率。目前的 U 盘基本都采用 USB 接口与计算机相连，其接口规范就决定着其与系统传输的速度。其中，USB 1.1 接口能提供 12Mbps，USB 2.0 接口能提供 480Mbps 的数据传输率。但这些都是该接口理想状态下所能达到的最大数据传输率，在实际应用中会因为某些客观的原因减慢了在应用中的传输速率。

③ 工作环境。一般工作在带有 USB 接口的硬件机器上，并且支持一般的操作系统，

如 Windows、MacOS 和 Linux。

④ 功能特点，部分 USB 具有加密、杀毒等功能。

此外，U 盘还有其他性能指标，如数据保存时间、工作环境温度、存放温度、写保护开关、抗震性、耐高低温、防潮和防磁等。

3. U 盘的发展简史

自 1998 年至 2000 年，有很多公司声称自己是第一个发明了 USB 闪存盘，包括中国朗科科技、以色列 M-Systems、新加坡 Trek 公司。真正获得 U 盘基础性发明专利的却是中国朗科公司。2002 年 7 月，朗科公司"用于数据处理系统的快闪电子式外存储方法及其装置"获得国家知识产权局正式授权。该专利填补了中国计算机存储领域 20 年来发明专利的空白。

第一代 U 盘：USB 1.1 的最高传输速率为 12Mbps。

第二代 U 盘：USB 2.0 高速（High-Speed）理论传输速率是 480Mbps，即 60MB/s。全速（Full-Speed）理论传输速率是 12Mbps，即 1.5MB/s。然而，因为 NAND 闪存技术上的限制，它们的读写速度还无法达到标准所支持的最高传输速度 480MB/s。目前，最高的传输速率为 20～40MB/s，而一般的文件传输速度约为 10MB/s。

新一代 U 盘：理论上能达到 4.8Gbps，比现在的 480Mbps 的 High Speed USB（USB 2.0）快 10 倍。近日，Super Talent 发布了全球首款 USB 3.0 接口 U 盘。

2.4 输入设备

2.4.1 输入设备概述

输入通常是指将预备进行处理的数据送入计算机的过程。为了使计算机能够正确发挥其强大的功能，必须尽量采用新技术来研制新型的输入设备和方法。

输入设备是把程序和原始数据等转换为计算机能识别的信息存放到存储器中。不同的应用目的，要求有不同的输入设备。目前，可以把输入设备分为以下几类。

① 字符输入类：当前常用的一种输入设备，通过用户敲键盘来输入数据。

② 指点输入类：包括鼠标器、触摸屏和光笔等。例如，当移动鼠标时，屏幕上的光标跟着移动，它配合图形界面，可以做到光标指到哪里，就能处理哪里的程序，使选择窗口和菜单都变得十分容易。

③ 扫描输入类：包括条形码扫描设备、扫描仪等。例如，图书馆管理员办理借还书时，用扫描设备扫描借书证上的条形码，即能把证件输入计算机。再扫描贴在图书上的条形码，就能登录所借的书或注销还的书。

④ 语音输入类：通过计算机识别语音，将人类的语言直接输入计算机的一种输入方式。例如，IBM ViaVoice 语音识别系统。

2.4.2 键盘

键盘（Keyboard）是计算机系统最早使用的输入设备，也是最基本的输入设备。尽管在图形界面中失去了往日的主导地位，但其在文字录入方面的无可替代性还是使键盘在计算机系统中占有极其重要的一席之地。

1. 键盘的结构

计算机键盘从结构上看，可以分为电路板、按键和外壳三大部分。

电路板是整个键盘的核心，主要由逻辑电路和控制电路组成。逻辑电路排列成矩阵形状，每个按键都安装在矩阵的一个交叉点上。控制电路由按键识别扫描电路、编码电路和接口电路组成。在一些电路板的正面可以看到由某些集成电路或其他一些电子元件组成的键盘控制电路，反面可以看到焊点和由铜箔形成的导电网络。

按键是用户使用键盘的区域。一般情况下，不同型号的键盘提供的按键数目也不尽相同。因此可以根据按键数目，把计算机键盘划分为 81 键盘、93 键盘、101 键盘、102 键盘、107 键盘和 108 键盘等。对计算机键盘而言，尽管按键数目有所差异，但按键布局基本相同，共分为 4 个区域，即打字机键区、功能键区、编辑键区和数字键区。

键盘外壳主要用来支撑和保护电路板以及给用户一个方便的工作环境。多数键盘外壳上都有可以调节键盘与工作台面角度的装置，通过这个装置，可以使键盘的角度改变，使用户舒适地操作键盘。同时，键盘外壳上还有一些指示灯，用来指示某些按键的功能状态。

2. 键盘的工作原理

计算机键盘的功能就是及时发现被按下的键，并将该键的信息送入计算机。键盘中有发现按下键位置的键扫描电路，产生被按下键代码的编码电路，将产生代码送入计算机的接口电路，这些电路统称为键盘控制电路。依据键盘工作原理，计算机键盘可以分为编码键盘和非编码键盘两类。

编码键盘是指键盘控制电路的功能完全依靠硬件自动完成，能自动将按下键的编码信息送入计算机。编码键盘响应速度快，但它以复杂的硬件结构为代价，而且其复杂性随着按键功能的增加而增加。

非编码键盘是指键盘控制电路的功能依靠硬件和软件共同完成。与编码键盘不同，非编码键盘并不直接提供按键的编码信息，而是用较为简单的硬件和一套专用程序来识别按键的位置。这种键盘响应速度不如编码键盘快，但可以通过软件为键盘的某些按键重新定义，为扩充键盘功能提供了很大的方便，因此得到广泛的使用。

3. 键盘的种类

键盘的种类五花八门，如果根据键盘的内部构造分类，有机械式键盘、薄膜式键盘和无线键盘等。

机械式键盘上的每个键都是独立的微动开关，每个微动开关控制着不同的信号，按哪个键，哪个键就响应。这类键盘的特点在于每键都是独立的，哪个键坏了就直接换掉它。

薄膜式键盘内部是一片双层胶膜，胶膜中间夹有一条条的银粉线，胶膜与按键对应的位置会有一碳芯接触，按某个键，碳芯接触特定的几条银粉线，就产生不同的信号，表示不同的输入。这种键盘的特点是噪音低，每个按键下面的弹性胶可做防水处理。

无线键盘是利用红外线或无线电取代传统的信号线。如果使用红外线方式，发射器和接收器必须限制在一定的范围内，中间有障碍就会影响信号传播。而无线电传输不容易受到这种影响，无线键盘见图 2-15 所示。

图 2-15 无线键盘

4. 键盘的接口

早期的键盘接口是 AT 键盘口，是一个较大的圆形接口，俗称"大口"键盘。后来 ATX 规格的计算机改用 PS/2 作为鼠标专用接口，也提供了一个键盘的专用 PS/2 接口，俗称"小口"键盘。需要注意的是，虽然键盘和鼠标使用的都是 PS/2 接口，但它们两者之间不能互换。

随着 USB 接口的广泛应用，很多厂商相继推出了 USB 接口的键盘，但是从实际应用来看，USB 接口的键盘并没有表现出更多的优势。

2.4.3 鼠标器

鼠标器是一种手持式屏幕定位装置，在图形界面中，大多数操作都可用鼠标器来完成。鼠标的外形通常是一个不规则小盒子，通过一根连线与主机连接，由于其细长连线好像老鼠的尾巴，其外形也有几分相像，所以其英文名称是 Mouse（老鼠）。

根据鼠标测量位移部件的类型，鼠标可分为机械式鼠标和光电式鼠标两种。

（1）机械式鼠标

机械式鼠标的工作原理是：在机械式鼠标底部有一个可以自由滚动的小球，在球的前方及右方装置着两支呈 90°的内部编码器滚轴。移动鼠标时小球随之滚动，带动旁边的编码器滚轴，前方的滚轴代表前后移动，右边的滚轴代表左右移动，两轴一起移动则代表垂直及水平的移动。编码器由此识别鼠标移动的距离和方位，产生相应的电信号传给计算机，以确定光标在屏幕上的正确位置。若按下鼠标按键，则会将按下的次数及按下时的光标的位置传给计算机，计算机及软件接收到此信号后，可依此进行处理。

机械式鼠标价格便宜、易于维护，但其寿命短、定位不准确。

（2）光电式鼠标

光电式鼠标的工作原理是：利用一块特制的光栅板作位移检测元件，光栅板上方格之间的距离为 0.5mm。鼠标器内部有一个发光元件和两个聚焦透镜，发射光在栅板上移动时，由于光栅板上有明暗相间的条纹使反射光有强弱变化，鼠标器内部将强弱变化的反射光变成电脉冲，对电脉冲进行计数即可测出鼠标器移动的距离。目前，鼠标厂商已对传统的光电式鼠标进行了改进，推出了不需要特制反射板的新型光电鼠标，可以在除了玻璃以外的任何平面上使用。

光电式鼠标价格较高，但定位准确、寿命长，基本不需要拆开维护，只需注意平常保持激光头清洁即可。

2.5 输出设备

2.5.1 输出设备概述

输出通常是指将计算机处理的数据转换为用户需要的形式，或者传给某种存储设备保存起来，以便待用。输出的作用和目的是通过输出设备来实现的。

输出设备是把计算机的处理结果以人们或现场所接受的形式表达出来的设备。不同的应用，需要有不同的输出设备。目前，输出设备可分为以下 4 大类。

① 显示设备：利用视频显示技术研制而成的一种常用的输出设备。由于它显示的信息具有瞬时性，因此又称为软拷贝（soft copy）。目前有用阴极射线管制成的 CRT 显示器，用

液晶显示材料制成的 LCD 显示器。

②　打印机：以纸为介质，用光机电技术制成的打印输出设备。由于它保存的信息有长久性，因而又称为硬拷贝（hard copy）。

③　绘图仪：可以在计算机的控制下绘出直线、曲线甚至复杂的图形和字符，是一种图形硬拷贝的输出设备。

④　语音输出系统：主要指用合成来产生声音，包括语音输出和音乐输出两大类。

2.5.2　显示设备

显示设备是计算机系统实现人机交互的实时监视的外部设备，是计算机不可缺少的重要输出设备。显示设备主要是由显示器和显示卡组成，显示设备与主机的关系及其连接方式如图 2-16 所示。

图 2-16　显示设备与主机的连接方式

1. 显示卡

显示卡又称为显示适配器或显示接口卡，是显示器与主机通信的控制电路和接口，用于将主机中的数字信号转换成图像信号并在显示器上显示出来。

（1）显示卡的基本结构

无论何种类型的显示卡，都有着大致相同的结构。显示卡由显示芯片、显示内存、RAM DAC、VGA BIOS、总线接口等部件组成，此外还有一些连接插座和插针。

显示卡的工作过程大致是：首先由 CPU 向图形处理部件发出命令，显示卡将图形处理完成后送到显示内存，显示内存进行数据读取，然后将其送到 RAM DAC 中。最后 RAM DAC 将数字信号转化为模拟信号输出显示。

（2）显示卡的分类

显示卡根据不同的分类标准可分为不同的类型。如按照图形处理的不同原理可分为普通显示卡、2D 加速卡和 3D 加速卡。按照总线类型的不同可分为 ISA 显示卡、EISA 显示卡、VESA 显示卡、PCI 显示卡和 AGP 显示卡。目前市场上可以看到的主要有 PCI 显示卡和 AGP 显示卡两种，而且以 AGP 显示卡为主流。

（3）显示卡的性能指标

当前市场上的显示卡种类繁多，不同种类的显示卡都有其特定的性能指标。但无论哪种显示卡，都有三项最基本的指标，即分辨率、颜色数和刷新频率。

①　分辨率

分辨率又称为解析度，它是指在显示器屏幕上所能描绘的像素点数量，通常用水平像素点数×垂直像素点数来表示。由于现在的绝大多数显示器屏幕横纵比是 4:3，所以标准分辨率也是 4:3 的比例，如 640×480、800×600、1024×768、1600×1200 等。显示器分辨率的大小取决于显示卡的分辨率，由于显示器的屏幕大小不变，所以分辨率越高，可显示的内容就越多，当然在屏幕上显示的单个字符或图像会按比例缩小。

②　颜色数

颜色数又称为颜色深度，是指显示卡在当前分辨率下能同屏显示的色彩数量，一般以多少色或多少位色来表示。颜色数和颜色深度的关系为：颜色数=$2^{颜色深度}$。比如，标准 VGA 显示卡在 640×480 分辨率下的颜色为 8 位色，则可以在屏幕上显示出 256 种颜色。颜色位数一般设定为 8 位、16 位、24 位或 32 位不等。

当然，颜色数的位数越高，用户所能看到的颜色就越多，屏幕上的图像质量就越好。但是当颜色数增加时，也增大了显示卡所要处理的数据量，随之而来的问题是速度的降低和屏幕刷新频率的降低。

③ 刷新频率

刷新频率是指图像在显示器上更新的速度，即屏幕每秒重新显示的次数。实际上，刷新频率是 RAM DAC 向显示器传送的显示信号，使其每秒重绘屏幕的次数，它的单位是赫兹(Hz)。刷新频率越高，屏幕上图像闪烁感越小，图像的稳定性越高。过低的刷新频率会使用户感到屏幕严重的闪烁，时间一长就会使眼睛感到疲劳，所以刷新频率应大于 75Hz。

2. CRT 显示器

（1）显示器的工作原理

显示器的作用是将主机发出的信号经一系列处理后转换成光信号，最终将文字和图形显示出来。现在使用的显示器基本上都是 CRT（Cathode Ray Tube，阴极射线管），下面就以 CRT 为例介绍显示器的工作原理。

CRT 是由电子枪、偏转电压、荧光粉层、阴极和玻璃外壳五部分组成。当显示器加电后，在电子枪和荧光粉层之间形成一个高达几万伏的直流电压加速场，当电子枪射出的电子束经过聚焦和加速后，在偏转线圈产生的磁场作用下，按所需要的方向偏转，通过阴罩上的小孔射在荧光屏上，荧光屏被激活就会产生彩色。当图像被显示在屏幕上时，它由许多小点组成，这些小点称为像素。每个像素都有自己的颜色，正是由各个像素的颜色构成一幅完整的彩色图画。

（2）显示器的分类。显示器可按以下几种方式分类。

① 显示器按显示颜色可以分为以下两种。

- 单色显示器：只能显示一种颜色。
- 彩色显示器：可以显示高达 1677 万种颜色。

② 显示器按显示器件材料可以分为以下几种。

- 阴极射线管显示器（CRT）：采用阴极射线管作为光电转换材料，是目前的主流显示器。
- 液晶显示器（LCD）：最近这种显示器逐渐流行起来，是利用液晶的分子排列对外界的环境变化（如温度、电磁场的变化）十分敏感，当液晶的分子排列发生变化时，其光学性质也随之改变，因而可以显示各种图形。
- 等离子体显示器（PDP）：其工作方式与液晶显示器类似，但是在两块玻璃之间夹着的材料不是液晶，而是一层气体，它将气体和电流结合起来激发像素，虽然分辨率较低，但图像明亮且成本比有源阵列 LCD 低，适合商业演示使用。
- 发光二极管显示器（LED）：主要采用 LED 作为显示阵列，在一些大型的户外广告牌上经常使用。

（3）显示器的性能指标

一台显示器有许多指标，这些指标中有的是电器性能，决定了显示器的档次，有些指标则是附加功能，从小的方面体现厂家的技术力量。下面是显示器的主要性能指标。

① 屏幕尺寸

屏幕尺寸是衡量显示器屏幕大小的技术指标，是用显像管对角线的距离来表示，单位一般用英寸（in，1in=25.4mm），目前常见的显示器有 14in、15in、17in 和 21in 等。实际上，显示器的可视范围要比屏幕尺寸小一些，如 15in 显示器的可视对角尺寸为 13.8in。

② 点距

点距是指显示器荧光屏上两个相邻的相同颜色磷光点之间的距离。点距越小，显示出来的图像越细腻。点距的单位为毫米（mm），用显示区域的宽和高分别除以点距，即得到显示器在水平和垂直方向最高可以显示的像素点。以点距为 0.28mm 的 14 英寸显示器为例，它在水平方向最多可以显示 1024 个像素点，在垂直方向最多可显示 768 个像素点，因此其极限分辨率为 1024×768。目前，高清晰大屏幕显示器通常采用 0.28mm、0.27mm、0.26mm、0.25mm 的点距，有的产品甚至达到 0.21mm。

③ 分辨率

分辨率是指屏幕上可以容纳像素的个数。分辨率越高，屏幕上能显示的像素数就越多，图像也就越细腻，显示的内容就越多。通常分辨率用水平方向像素的个数与垂直方向像素的个数的乘积来表示，例如，800×600 表示在水平方向有 800 个像素点，在垂直方向有 600 个像素点。显示器的分辨率受到点距和屏幕尺寸的限制，也与显示卡的性能有关。

④ 刷新频率

刷新频率是指每秒刷新屏幕的次数，可分为垂直刷新频率和水平刷新频率。垂直刷新频率又称为场频，是指屏幕图像每秒从上到下刷新的次数，单位是 Hz。垂直刷新频率越高，图像越稳定，闪烁感越小。显示器使用的垂直刷新频率在 60～90Hz 之间，一般垂直刷新频率在 72Hz 以上。水平刷新频率又称行频，它指电子束每秒在屏幕上水平扫描的次数，单位为千赫兹（kHz）。行频的范围越宽，可支持的分辨率越高。如 15in 彩色显示器的行频范围在 30~70kHz 之间。

⑤ 扫描方式

扫描方式可分为有两种：隔行扫描和逐行扫描。隔行扫描是电子枪先扫描奇数行，后扫描偶数行，因为一帧图像分两次扫描，所以容易产生闪烁现象。逐行扫描是指逐行一次性扫描完并组成一帧图像。现在的显示器一般都采用逐行扫描方式，逐行扫描在垂直刷新频率低时也会感到闪烁。国际 VESA 协会认为，逐行扫描方式的垂直刷新频率达到 75Hz 才能实现无闪烁，最近又提出了逐行扫描的最佳无闪烁标准是垂直刷新频率为 85Hz。

⑥ 辐射和环保

长时间在显示器前工作，会受到显示器的辐射，它直接影响到用户的视力及身体健康。国际上关于显示器电磁辐射量的标准有两个：瑞典的 MPR-Ⅱ标准和更高要求的 TCO 标准。目前达到 MPR-Ⅱ标准的显示器较多，达到 TCO 标准的显示器在市场上较少，只有一些名牌产品才有 TCO 的认证标志。

显示器带有 EPA（能源之星）标志的具有绿色功能，在计算机处于空闲状态时，自动关闭显示器内部部分电路，使显示器降低电能消耗，以节约能源和延长显示器的使用寿命。

3. 液晶显示器

液晶显示器（Liquid Crystal Display，LCD）是一种数字显示技术，可以通过液晶和彩色过滤器过滤光源，在平面面板上产生图像，如图 2-17 所示。随着液晶显示技术的不断进步，LCD 显示器

图 2-17 液晶显示器

在笔记本电脑市场占据多年的领先地位后，开始逐步地进入台式机系统。与传统的 CRT 显示器相比，LCD 显示器具有占用空间小、重量轻、低功耗、低辐射和无闪烁等优点。

（1）液晶显示器的工作原理

液晶显示器是以液晶材料作为主要部件的一种显示器。液晶是一种具有透光特性的物质，同时具备固体与液体的某些特征。从形状和外观看液晶是一种液体，但它的水晶式分子结构又表现出固体的形态，光线穿透液晶的路径由构成它的分子排列决定，这是固体的一种特征。在研究过程中，人们发现给液晶加电时，液晶分子会改变它的方向。液晶显示器的原理是利用液晶的物理特性，给液晶加电时让光线通过，不加电时则阻止光线通过，从而在屏幕上显示出黑白的图像和文字。

彩色液晶显示器是在液晶材料与光源之间加入 RGB 三色滤光片，当文字和图像信号经过显示卡进入显示器时，经过一系列过程将文字和图像信号变成控制信号，通过显示器内的发光管发出的光线通过偏光板射向液晶，当每颗液晶单元受到不同的电压大小时，其分子排列方式就会发生改变，使得液晶单元产生不同的透光度，当不同的透光经过 RGB 三色滤光片时，屏幕就会因为不同的透光程度形成各种色彩的文字和图像信号。

（2）液晶显示器的性能指标

液晶显示器的性能指标有以下几个。

① 屏幕尺寸

如前所述，显示器的屏幕尺寸就是显示屏对角线的长度，以英寸为度量单位。对于液晶显示器也是采用同样的测量标准。目前，常见的液晶显示器的主要尺寸有 12.1 英寸、13.3 英寸、14.1 英寸、15 英寸等。

② 可视角度

可视角度分为水平可视角度和垂直可视角度。现在的 LCD 显示器，140°以上的水平可视角度和 120°以上的垂直可视角度已成为基本指标。可视角度可以通过从不同角度观察来衡量，当画面强度或亮度变暗、颜色改变、文字模糊等现象出现时，说明超过了它的可视角度范围。通常 LCD 显示器的可视角度达 120°就可以满足一般要求，当然可视角度越大，看起来会更轻松一些。

③ 响应时间

响应时间是指液晶显示器各像素点对输入信号反应的速度，即像素由亮转暗或由暗转亮所需的时间。响应时间越小，则使用者在看运动画面时不会出现拖影的现象。而当响应时间较大时，在纯白全屏幕下快速移动鼠标时会有残影的现象，这是因为 LCD 反应太慢，来不及改变亮度的关系。

④ 亮度

亮度是一台 LCD 显示器中较重要的指标，其单位为 cd/m^2，也就是每平方米的烛光数量。高亮度值的 LCD 显示器画面更亮丽，不会朦朦胧胧。而一台液晶显示器最好拥有 $200cd/m^2$ 以上的亮度值，才能显示出合适的画面。目前，市场上的 LCD 液晶显示器的亮度值一般在 $150 \sim 350cd/m^2$ 之间。

⑤ 对比度

对比度是直接体现该液晶显示器能否体现丰富色阶的参数，对比度越高，还原的画面层次感就越好。目前市场上的 LCD 液晶显示器的对比度普遍在 150:1～400:1，一般 200:1 的产品就可以满足普通用户的要求。

⑥ 显示颜色

LCD 的色度层次比较丰富，但 TFT-LCD 和 DSTN-LCD 有较大差别。TFT-LCD 一般有 16 位 64K 种色彩和 24 位 16M 色彩，由于亮度和对比度高，彩色十分鲜艳。而 DSTN-LCD 只有 256 种色彩，不但亮度和对比度较差，彩色也不够艳丽。

经过几十年的发展，CRT 显示器技术已经相当成熟，由于显示效果好，色彩鲜艳，所以仍是目前主流显示器之一。不过它也存在一些致命的缺陷，如体积庞大且笨重、功耗大、辐射大等。新一代的 LCD 液晶显示器则凭借其轻、薄、低辐射等特点受到了用户的欢迎，由于它的发展时间短，有些技术不是很成熟。下面对 LCD 液晶显示器和 CRT 显示器作一简单比较，如表 2-2 所示。

表 2-2　LCD 与 CRT 显示器比较

类型	LCD 显示器	CRT 显示器
优 缺 点	体积小、重量轻	外形庞大、笨重
	辐射极低	辐射较高
	功耗低、发热量小	功耗大、发热量大
	不存在聚焦、高压稳定性问题	存在聚焦、高压稳定性问题
	信号反应速度慢	信号反应速度快
	色彩表现力一般	色彩表现力强
	可视角度一般	不受可视角度限制

2.5.3　打印机

打印机是由微型计算机、精密机械和电气装置构成的机电一体化的高科技产品，它是各种类型的计算机系统中能实现硬拷贝的输出设备，广泛应用于科学研究、办公自动化以及家庭等社会生活领域的各个方面。

1. 打印机的分类

（1）按实现方法分类

按打印的实现方法分类，打印机可分为击打式打印机和非击打式打印机。

① 击打式打印机利用机械作用，击打活字载体上的字符，使之与色带和纸相撞击而打印出字符。或者是利用打印针撞击色带和打印纸，打印出由点阵构成的字符或图形。这种打印机的速度慢、噪音大。

② 非击打式打印机不是依靠机械的击打动作，而是利用物理的光、电、磁等效应或化学反应的方法印刷字符或图形。这种打印机的速度快、噪音小。

（2）按输出方式分类

按打印的输出方式分类，打印机可分为字符式、行式和页式三类打印机。

① 字符式打印机是逐个字符打印，以每分钟打印多少个字符来衡量其打印速度，所以又称串行打印机。串行打印机的速度较慢，但优点是体积小、重量轻、价格低廉。

② 行式打印机是逐行打印，以每分钟打印多少行计算其打印速度，其速度比字符式高，通常是落地式，适合用于系统输出打印机。

③ 页式打印机以页为单位进行打印，速度有高、低之分。高速页式打印机的打印速度最快，一般在大型计算机系统中使用。

（3）按工作原理分类

按打印机的工作原理分类，打印机可分为机电式、激光式、喷墨式、热感应式和静电式等打印机。其中，机电式打印机噪音较大，激光式打印机都是使用普通纸。热敏式和静电式打印机要求使用各自特殊的打印纸。

（4）按打印颜色分类

按打印的硬拷贝颜色分类，打印机可分为单色和彩色两大类。

2. 喷墨打印机

喷墨打印机是利用 Rayleigh 等提出的"连续射流分解成滴"理论，从细小的喷嘴中喷出墨水滴，在强电场的作用下形成高速墨水粒子，喷在纸上形成点阵字符或图像。其特点是价格便宜、体积小、无噪音、打印质量高，但打印质量与打印速度有关，因墨滴喷到纸面上有浸润现象。

目前，彩色喷墨打印机已达到能在普通纸上打印的实用程度，在涂层纸或胶片上质量效果更好。彩色喷墨技术所用打印头仍是以压电式和气泡式为主，并以 HP 和 Canon 两公司的产品种类最多。

3. 激光打印机

激光打印机（Laser Printer）是 20 世纪 60 年代 Xerox 公司发明的，是一种非击打类型的页式打印机，采用电子照相技术。该技术利用激光束扫描光鼓，通过控制激光束的开或关，使感光鼓吸或不吸墨粉，而感光鼓再把吸附的墨粉转印到纸上形成打印结果。

与针式打印机和喷墨打印机相比，激光打印机有非常明显的优点。

（1）高密度：激光打印机的打印分辨率最低为 300dpi，还有 600dpi、1200dpi 到 2400dpi，达到了照相机的水平。

（2）高速度：激光打印机的打印速度以页/分钟（p/min）为单位，最低为 4p/min，一般为 12p/min、16p/min 到 24p/min，有些激光打印机的打印速度可达 33p/min。

（3）噪音低：一般在 53dB 以下，非常适合在安静的办公场所使用。

（4）处理能力强：激光打印机的控制器中有 CPU 和内存，控制器相当于计算机的主板，所以可以进行复杂的文字和图像处理，这是针式打印机和喷墨打印机所不能完成的。

本章小结

计算机硬件是构成计算机系统的所有元器件、部件、设备以及相应的工作原理与设计、制造、检测等技术的总称。计算机系统的部件和设备包括运算器、控制器、存储器、输入设备和输出设备等，元器件包括集成电路、印制电路板及其他磁性元件、电子元件等。

总线是数据的高速公路系统，在微处理器、内存和其他部件或设备之间传送数据。主机板是微机的主要电路板，总线的一部分是由主机板正反两面上很多印刷电路组成的复杂体，但是很难指出主机板上的哪一部分是总线，总线还包括一组芯片和插槽，可以将扩充电路板或适配器插入插槽。

计算机硬件系统包括中央处理器、存储器、输入设备、输出设备以及通信设备等。中央处理器是计算机的核心部件，担负着计算机的运算及控制功能，人们常以它的类型和型号来概括和衡量微机系统的性能。存储器用来储存程序所需的数据和指令信息，根据不同的功能、结构和工作原理，存储器可分为半导体存储器、磁表面存储器、光盘存储设备和

USB 闪存盘等。

　　输入/输出设备是计算机和用户的交互接口部件。输入设备有批式输入设备（如纸带输入机、磁盘输入机等）、交互式输入设备（如键盘、鼠标器、触摸屏等）以及语音、文字、图形输入设备等。输出设备有显示设备、打印机、语音输出设备和绘图仪等。通信设备提供计算机和网络之间的连接，使计算机用户能够与其他计算机通信，以便交换数据和程序。

习 题 2

一、选择题（注意：4 个答案的为单选题，6 个答案的为多选题）：

1. 计算机与通信网络之间的常用通信设备有_____。
   A. 主存　　　　　　　B. 网卡　　　　　　　C. 移动硬盘　　　　　D. U 盘
   E. 光缆　　　　　　　F. 调制解调器

2. 微处理器级总线由_____组成。
   A. 内部总线、系统总线和外部总线　　　　B. IDE、USB 和 IEEE 1394
   C. 数据总线、地址总线和控制总线　　　　D. ISA 总线、PCI 总线和 AGP 总线

3. 人们常以_____的类型和型号来概括和衡量微机系统的性能。
   A. 运算器　　　　　B. 内存储器　　　　　C. 微处理器　　　　D. 光盘存储器

4. 36 位地址总线能使用的最大内存容量是_____。
   A. 4GB　　　　　　B. 16GB　　　　　　C. 32GB　　　　　　D. 64GB

5. 使用高速缓冲存储器可以大幅提高_____。
   A. 内存的总容量　　　　　　　　　　B. CPU 从内存取得数据的速度
   C. 硬盘数据的传送速度　　　　　　　D. 软盘数据的传送速度

6. 从硬盘上把数据传回微处理器，称为_____。
   A. 显示　　　　　　B. 读盘　　　　　　C. 写盘　　　　　　D. 输出

7. 存储周期最短的存储器是_____。
   A. 内存　　　　　　B. 光盘　　　　　　C. 硬盘　　　　　　D. 软盘

8. 断电会使存储数据丢失的存储器是_____。
   A. 硬盘　　　　　　B. 软盘　　　　　　C. RAM　　　　　　D. ROM

9. DVD-9 的存储容量是_____。
   A. 680MB　　　　　B. 4.7GB　　　　　C. 8.5GB　　　　　D. 17GB

10. 微型计算机使用的外部存储器有_____。
   A. 硬盘　　　　　　B. 软盘　　　　　　C. 移动硬盘　　　　D. U 盘
   E. 主存　　　　　　F. 光盘

11. 软盘的每面包含许多同心圆，我们称之为_____。
   A. 扇区　　　　　　B. 扇面　　　　　　C. 磁道　　　　　　D. 存储区

12. 键盘的按键布局大致分为_____。
   A. 打字机键区　　　B. 功能键区　　　　C. 81 键区　　　　D. 编辑键区
   E. 操作键区　　　　F. 数字键区

13. 光电式鼠标具有_____等特点。
   A. 定位准确、寿命长　　　　　　　　B. 定位不准确、寿命长
   C. 定位准确、寿命短　　　　　　　　D. 定位不准确、寿命短

14. 与 CRT 显示器相比，液晶显示器具有_____的特点。

    A. 功耗低、色彩表现力强　　　　　　　B. 功耗低、色彩表现力一般

    C. 功耗高、色彩表现力强　　　　　　　D. 功耗高、色彩表现力一般

15. 在计算机中，常用的打印设备有针式打印机、_____等。

    A. 中文打印机和英文打印机　　　　　　B. 喷墨打印机和激光打印机

    C. 绘图仪和扫描仪　　　　　　　　　　D. 传真机和复印机

二、问答题：

1. 计算机硬件系统包括哪些部件？其功能如何？

2. 试简述总线结构的分类及其优缺点。

3. 中央处理器的主要功能部件及基本工作过程是什么？

4. 简述存储器读出操作和写入操作的工作过程。

5. 寄存器、高速缓存、主存储器都是存储器，它们各有什么特点。

6. 主存储器和辅助存储器比较有何特点？

7. 输入设备按功能可分成哪几类？常用的输入设备有哪些？

8. 简述键盘的结构及其工作原理。

9. 什么是显示适配器？它有哪些性能指标？

10. 各种类型的打印机分别适用于什么场合？

第 3 章　计算机软件系统

计算机硬件系统奠定了计算机系统功能的物质基础，而计算机软件系统最终决定一台计算机能做什么，能提供什么服务。因此，计算机软件是计算机系统的重要组成部分，是由计算机程序和程序设计的概念发展演化而来的，是程序和程序设计发展到规模化和商品化后所逐渐形成的概念。软件是程序以及程序实现和维护时所需的文档的总称。

通过本章的学习，学生应该掌握计算机软件的主要内容，包括软件的内涵和分类，软件与硬件的关系，操作系统的基本概念、功能、分类及常用的操作系统的主要特征，办公软件，数据结构与算法，程序设计的概念、方法和程序设计语言以及软件工程的概念以及软件开发模型等。

3.1　计算机软件概述

3.1.1　什么是计算机软件

计算机软件是计算机系统中的程序及其文档。程序是计算任务的处理对象和处理规则的描述；文档是为了便于了解程序所需的阐明性资料。程序必须装入机器内部才能工作，文档一般是给人看的，不一定装入机器。

软件一词具有 3 层含义：

① 个体含义，指计算机系统中的程序及其文档。

② 整体含义，指在特定计算机系统中所有上述个体含义下的软件的总体。

③ 学科含义，指在研究、开发、维护以及使用前述含义下的软件所涉及的理论、原则、方法和技术所构成的学科。在这种含义下，软件宜称为软件学，但一般仍称为软件。

软件是用户与硬件之间的接口界面，用户主要通过软件与计算机进行交互。软件是计算机系统设计的重要依据。为了方便用户，为了使计算机系统具有较高的总体效用，在设计计算机系统时，必须通盘考虑软件与硬件的结合，以及用户的要求和软件的要求。软件在计算机系统中起指挥、管理作用。计算机系统工作与否，做什么以及如何做，都是听命于软件。

软件与硬件之间有着极为密切的关系：硬件是软件运行的基础，软件是对硬件功能的扩充和完善，软件的运行最终都被转换为对硬件设备的操作。发展计算机科学技术，软件和硬件都是不可缺少的重要方面，两者既有分工，又有配合。

虽然计算机的硬件与软件各有分工，但是在很多情况下，软件、硬件之间的界限并不是固定不变的。例如，早期的硬件没有乘除法器，乘除法功能要借助软件来实现，但后来就可以直接由硬件实现了。又如，早年用计算机观看 VCD 影碟时需要安装解压卡，现在解压的功能则可以完全由软件来代替了。

因此，软件和硬件是计算机系统不可分割的两部分，就像人的躯体和灵魂一样，缺一不可。无论从实际应用还是从计算机技术的发展看，计算机的硬件与软件之间都是相互依赖、相互影响、相互促进的。硬件技术的发展会对软件提出新的要求，促进软件的发展；反之，软件发展又会对硬件提出新的课题。

3.1.2 计算机软件的发展

计算机软件的发展受到应用和硬件发展的推动和制约，其发展过程大致可分为三个阶段，如表 3-1 所示。

表 3-1 计算机软件的发展过程

第 1 阶段（1946—1956）	第 2 阶段（1956—1968）	第 3 阶段（1968 以后）
从第一台计算机上程序的出现到实用的高级程序设计语言出现以前	从实用的高级程序设计语言出现以后到软件工程出现以前	软件工程出现以后迄今
设计和编制程序采用个体工作方式，强调编程技巧。当时人们对和程序有关的文档的重要性尚认识不足，尚未出现软件一词	人们逐渐认识到与程序有关的文档的重要性，出现软件一词，它是融程序及其有关的文档为一体。20 世纪 60 年代中期出现软件危机，设计与编制程序的工作方式逐步转向合作方式	对于大型软件的开发，采用个体或合作方式不仅效率低，而且很难完成，只有采用工程方法才能适应。1968 年的大西洋公约学术会议上提出了软件工程

30 多年来，软件领域工作的主要特点如下：

① 随着微型计算机的出现，分布式应用和分布式软件得到发展。为了适应计算机网络的需要，出现了网络软件。随着应用领域的不断拓展，出现了嵌入式应用，其特点是受制于它所嵌入的宿主系统，而不只是受制于其功能要求。

② 开发方式逐步由个体、合作方式转向工程方式，软件工程发展迅速，尤其出现了计算机辅助软件工程。除了开发各类工具与环境，用以支撑软件的开发与维护外，还出现了一些实验性的软件自动化系统。

③ 致力研究软件开发过程本身，研究各种软件开发风范与模型，例如，功能分解风范与模型，面向对象风范与模型。研究软件体系结构、基于构件的软件以及中间件等。

④ 除了软件传统技术继续发展外，人们着重研究以智能化、自动化、集成化、并行化以及自然化等为标志的软件开发新技术。注意研究软件理论，特别是软件开发过程的本质。

3.1.3 计算机软件的分类

计算机软件一般可分为系统软件、支撑软件和应用软件三类。

（1）系统软件

系统软件是计算机系统中最靠近硬件一层的软件，其他软件一般都通过系统软件发挥作用。系统软件与具体的应用领域无关，如编译程序和操作系统等。编译程序把程序人员用高级语言书写的程序翻译成与之等价的、可执行的低级语言程序；操作系统则负责管理系统的各种资源、控制程序的执行。在任何计算机系统的设计中，系统软件都要给予优先考虑。

（2）支撑软件

支撑软件是支持软件的开发、维护与运行的软件。随着计算机技术的发展，软件的开发、维护与运行的代价在整个计算机系统中所占的比重很大，远远超过硬件。因此，支撑软件的研究具有重要意义，直接促进软件的发展。当然，数据库管理系统、网络软件等也可算作支撑软件。但是，20 世纪 70 年代中后期发展起来的软件开发环境以及后来开发的中间件则可看成现代支撑软件的代表，软件开发环境主要包括环境数据库、各种接口软件和工具组等。

（3）应用软件

应用软件是指特定应用领域专用的软件。例如，财务管理软件、火车订票系统、人口普查用软件等都是应用软件。对于具体的应用领域，应用软件的质量往往成为影响实际效果的决定性因素。

3.1.4　计算机系统的组成

计算机系统是由计算机硬件系统和软件系统组成，图 3-1 表示了该组成的主要部分，其中硬件与软件的层次关系，即计算机系统的层次结构如图 3-2 所示。

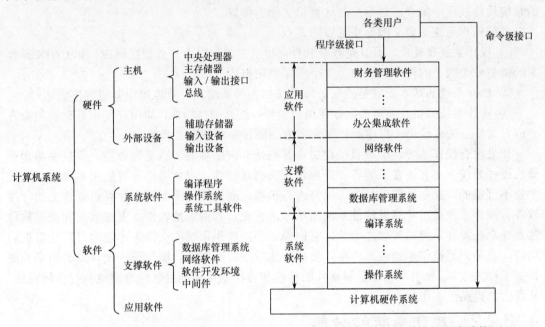

图 3-1　计算机系统的组成　　　　　　图 3-2　计算机系统的层次结构

图 3-2 是一般的计算机系统的层次结构。最下面是计算机硬件系统，是进行信息处理的实际物理装置，最上面是使用计算机的各种各样的用户。各类用户与硬件系统之间是软件系统，大致可分为系统软件、支撑软件和应用软件三层。

在现代计算机系统中，用户用高级语言或汇编语言编制应用程序（见图中程序级接口），并用操作系统提供的命令来使用计算机（见图中命令级接口）。这就是说，计算机的系统软件扩展了硬件的功能，使用户摆脱了计算机硬件的束缚。通常，把计算机的硬件称为裸机，它所实现的是计算机的指令系统。当硬件配备了操作系统及其他系统软件后，便形成不同层次的虚拟机器，不仅方便了用户的使用，而且扩充了计算机的功能，提高了计算机系统的工作效率。

3.2　操作系统

随着计算机技术的发展，计算机系统的硬件和软件也愈来愈丰富。为了提高这些资源的利用率和增强系统的处理能力，最初出现的用户与计算机之间的接口是监督程序，即用户通过监督程序来使用计算机。到 20 世纪 60 年代中期，监督程序进一步发展，形成了操作系统。操作系统是计算机软件系统中最基本、最重要的软件。

3.2.1　什么是操作系统

操作系统是管理硬件资源、控制程序运行、改善人机界面和为应用软件提供支持的一种系统软件。操作系统通常是最靠近计算机硬件的一层软件，它把硬件裸机改造成为功能更加完善的一台虚机器，使得计算机系统的使用和管理更加方便，计算机资源的利用效率更高，上层的应用程序可以获得比硬件所能提供的更多的功能上的支持。

操作系统是控制和管理计算机系统内各种硬件和软件资源、有效地组织多道程序运行的系统软件或程序集合，是用户与计算机之间的接口。

理解操作系统的定义需要注意以下几点：

① 操作系统是软件，而且是系统软件。也就是说，它由一套程序组成，如 UNIX 操作系统就是一个很大的程序，它由上千个程序模块组成。

② 操作系统的基本职能是控制管理系统内各种资源，有效地组织多道程序的运行。

③ 操作系统提供众多服务，方便用户使用，扩充硬件功能，如用户使用其提供的命令完成对文件、输入输出、程序运行等许多方面的控制和管理工作等。

如果没有操作系统，用户直接使用计算机是非常困难的。这是因为用户不仅要熟悉计算机硬件系统，而且还要了解各种外部设备的物理特性，对普通的计算机用户来说，这几乎是不可能的。操作系统就是为了填补人与机器之间的鸿沟而配置在计算机硬件上的一种软件。操作系统是对计算机硬件系统的第一次扩充，其他系统软件、支撑软件和应用软件都是建立在操作系统的基础之上的，它们都必须在操作系统的支持下才能运行。计算机启动后，总是先把操作系统装入内存，然后才能运行其他软件。操作系统使计算机用户界面得到了极大改善，使用户不必了解硬件的结构和特性就可以利用软件方便地执行各种操作，从而大大提高了工作效率。

3.2.2　操作系统的功能

操作系统的功能特性可以分别从资源管理和用户使用两个角度进行考虑。从资源管理的角度来看，操作系统具有处理机管理、存储管理、设备管理和文件管理的功能；从用户使用的角度来看，操作系统对用户提供访问计算机资源的接口。下面从资源管理和用户接口的观点分五方面来说明操作系统的基本功能。

1. 处理机管理

处理机管理的主要任务就是对处理机进行分配，并对其运行进行有效的控制和管理。在多道程序环境下，处理机的分配和运行都是以进程为基本单元，因此对处理机的管理可归结为进程的管理。

什么是进程？简单地说，进程就是程序的一次执行过程。进程与程序不同，进程是动态的、暂时的，进程在运行前被创建，在运行后被撤销。而程序是计算机指令的集合，当程序没进入内存且还未同它所需要的数据相关联时，程序本身还没有运行的含义，因此程序是静态的。一个程序可以由多个进程加以执行。

处理机管理程序的主要任务就是合理地管理和控制进程对处理机的要求，对处理机的分配、调度进行有效的管理，使处理机资源得到充分的利用。

任何一个程序都必须被装入内存并且占有处理机后才能运行。程序运行时通常要请求调用外部设备。如果程序只能顺序执行，则不能发挥处理机与外部设备并行工作的能力。如果把一个程序分成若干个可并行执行的部分，且每一部分都有独立运行所需要的处理机，这样就能利用处理机与外部设备并行工作的能力，提高处理机的效率。

如果采用多道程序技术，让若干个程序同时装入内存，那么，当一个程序在运行中启动了外部设备而等待外部设备传输信息时，处理机就可以为其他程序服务。这样尽可能使处理机处于忙碌状态，从而提高处理机的利用率。

进程在执行过程中有三种基本状态：挂起状态、就绪状态和运行状态。挂起状态是指进程正在等待系统为其分配所需资源而暂未运行；就绪状态是指进程已获得所需资源并被调入内存，它具备了执行的条件但仍在等待获得处理机资源，以便投入运行；运行状态是指进程占有处理机且正在运行的状态。

在运行期间，进程不断地从一个状态转换到另一个状态。处于执行状态的进程，因时间片用完就会转换为就绪状态，因为需要访问某个资源，而该资源被别的进程占用，则由执行状态转换为挂起状态。处于挂起状态的进程因发生了某个事件后（需要的资源满足了）就转换为就绪状态。处于就绪状态的进程被分配了 CPU 后就转换为执行状态，如图 3-3 所示。

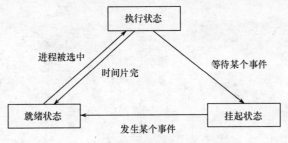

图 3-3　进程的状态及其转换

一个程序被加载到内存，系统就创建了一个进程，程序执行结束后，该进程也就消亡了。当一个程序同时被执行多次时，系统创建了多个进程。一个程序可以被多个进程执行，一个进程也可以同时执行一个或几个程序。在 Windows 操作系统中，用户按 Ctrl＋Alt＋Del 组合键就可以查看到当前正在执行的进程，如图 3-4 所示。

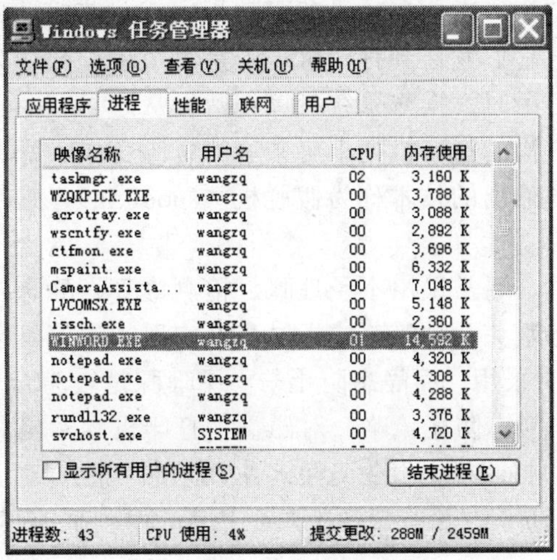

图 3-4　Windows 任务管理器

　　操作系统的一个重要任务就是将机器的各种资源分配给系统中的各个进程，在资源分配中可能发生的一个问题是死锁（deadlock）。在死锁状态下，两个或多个进程被阻塞不能执行，因为它们中的每一个都在等待已分配给另一个的资源。例如，一个进程可能已有对打印机的访问权，同时它还在等待访问 CD 播放机，而另一个进程有 CD 播放机的访问权，却在等待访问打印机。另一个例子出现在允许进程创建新的进程来完成子任务的系统中，如果调度程序因为进程表没有空间而无法创建新的进程，同时系统中的每个进程又都必须创建额外的进程才能完成任务，那么没有一个进程可以继续，这种情况下严重降低了系统的性能。

　　现实生活中的交通堵塞就是死锁的一个很好的例子。图 3-5 是大量的汽车争夺行路权，因司机互不相让而造成交通阻塞。在这种情况下，所有的车都停下来，谁也无法前行，这就是死锁。死锁的发生，归根到底是因为对资源的竞争。因为大家都想要某种资源，但又不能很容易地得到所有资源，在争夺的僵局中，导致任何人都无法继续前进。

图 3-5　交通死锁

　　如何避免死锁问题？将不可共享的资源转变为可共享的资源是解决死锁问题的方法之一。例如，假定出问题的资源是打印机，各种进程都请求使用它。每当一个进程请求打印机时，操作系统都批准这个请求。但是，操作系统不是把这个进程连接到打印机的设备驱动程序上，而是连接到一个"虚构"的设备驱动程序上，该驱动程序将要打印的信息存放在海量存储器中，而不把它们发送到打印机。于是每个进程都认为它访问了打印机，所以能正常工作。当打印机可用时，操作系统可以把数据从海量存储器传送到打印机。这样，操作系统通过建立多个虚构的打印机把不可共享的资源变成了好像是可共享的。这种保存数据供以后在合适的时候输出的技术称为假脱机（spooling），它在各种规模的机器里都很流行。

　　在应对死锁的策略上，通常采用不予理睬、检测修复、静态防止和动态避免四种。总体说来，检测修复与动态避免两种策略成本过高（实现的程序复杂性成本和运行时的时间成本），很难在实际系统中采用。而静态防止与不予理睬是较为合理的策略。例如，通过对 CPU、内存实施可抢占的静态防止策略，对磁盘、打印机等实施假脱机的共享，有效防止了在 CPU、内存、磁盘和打印机上发生竞争产生死锁的可能。对于一些软件资源，则实施按照规定顺序请求，从而防止在这些资源上发生死锁，而剩下的其他资源竞争造成的死锁，就不予理睬。

现代操作系统发生死锁的频率相对人们的期望值来说还是比较高的。例如，用过 Windows 和 Linux 操作系统的用户几乎没有不遇上死锁的经历。解决死锁的办法也很简单：重新启动系统或者停止部分进程，至于重启或停止进程所造成的不良后果则由用户自己承担。

2. 存储管理

存储器资源是计算机系统中重要的资源之一。存储器的容量总是有限的，存储管理的主要目的就是合理高效地管理和使用存储空间，为程序的运行提供安全可靠的运行环境，使内存的有限空间能满足各种作业的需求。

存储管理就是对计算机内存的分配、保护和扩充进行协调和管理，随时掌握内存的使用情况，根据用户的不同请求，按照一定的策略进行存储资源的分配和回收，同时保证内存中不同程序和数据之间彼此隔离，互不干扰，并保证数据不被破坏和丢失。

存储管理主要包括内存分配、地址映射、内存保护和内存扩充。

（1）内存分配

内存分配的主要任务是为每道正在处理的程序或数据分配内存空间。为此，操作系统必须记录整个内存的使用情况，处理用户或程序提出的申请，按照某种策略实施分配，接收系统或用户释放的内存空间。

（2）地址映射

当程序员使用高级语言编程时，没有必要也无法知道程序将存放在内存中什么位置，因此，一般用符号来代表地址。编译程序将源程序编译成目标程序时将符号地址转换为逻辑地址，而逻辑地址也不是真正的内存地址。在程序进入内存时，由操作系统把程序中的逻辑地址转换为真正的内存地址，这就是物理地址。这种把逻辑地址转换为物理地址的过程称为地址映射。

（3）内存保护

不同用户的程序都放在内存中，因此必须保证它们在各自的内存空间活动，不能相互干扰，不能侵犯操作系统的空间。为此，需要建立内存保护机制，即设置两个界限寄存器，分别存放正在执行的程序在内存中的上界地址值和下界地址值。当程序运行时，要对所产生的访问内存的地址进行合法性检查。就是说该地址必须大于或等于下界寄存器的值，并且小于上界寄存器的值，否则，属于地址越界，将被拒绝访问，引起程序中断并进行相应处理。

（4）内存扩充

由于系统内存容量有限，而用户程序对内存的需求越来越大，这样就出现各用户对内存的要求超过实际内存容量。由于物理上扩充内存受到某些限制，就采用逻辑上扩充内存的方法，即虚拟内存技术。虚拟内存技术使外存空间成为内存空间的延伸，增加了运行程序可用的存储容量，使计算机系统似乎有一个比实际内存容量大得多的内存空间。

虚拟内存的最大容量与 CPU 的寻址能力有关。如果 CPU 的地址线是 20 位的，因此虚拟内存最多是 1MB，而 Pentium 芯片的地址线是 32 位的，所以虚拟内存可达 4GB。

Windows 在安装时就创建了虚拟内存页面文件（pagefile.sys），默认大于计算机上 RAM 容量的 1.5 倍，以后会根据实际情况自动调整。图 3-6 是某台计算机 Windows XP 系统中虚拟内存的情况，它把 C 盘的一部分硬盘空间模拟成内存，初始大小是 1536MB，最大可达 3072MB。

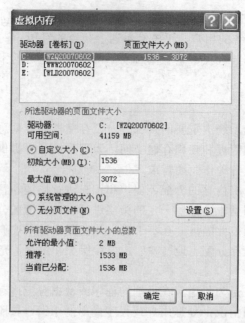

图 3-6　Windows XP 系统中的虚拟内存

3. 设备管理

计算机系统中大都配置有许多外部设备，如显示器、键盘、鼠标、硬盘、光盘驱动器、网卡、打印机等。这些外部设备的性能、工作原理和操作方式都不一样，因此对它们的使用也有很大差异。这就要求操作系统提供良好的设备管理功能。

设备管理主要包括缓冲区管理、设备分配、设备驱动和设备无关性。

（1）缓冲区管理

缓冲区管理的目的是解决 CPU 与外设之间速度不匹配的矛盾。在计算机系统中，CPU 的速度最快，而外设的处理速度相对缓慢，因而不得不时时中断 CPU 的运行。这就大大降低了 CPU 的使用效率，进而影响到整个计算机系统的运行效率。为了解决这个问题，以提高外设与 CPU 之间的并行性，从而提高整个系统性能，常采用缓冲技术对缓冲区进行管理。

（2）设备分配

有时多道作业对设备的需要量会超过系统的实际设备拥有量，因此设备管理必须合理地分配外设，不仅要提高外设的利用率，而且要有利于提高整个计算机系统的工作效率。设备管理根据用户的 I/O 请求和相应的分配策略，为用户分配外部设备以及通道、控制器等。

（3）设备驱动

实现 CPU 与通道和外设之间的通信。操作系统依据设备驱动程序来进行计算机中各设备之间的通信。设备驱动程序是一个很小的程序，它直接与硬件设备打交道，告诉系统如何与设备进行通信，完成具体的输入输出任务。计算机中诸如键盘、鼠标、显示器及打印机等设备都有自己专门的命令集，因而需要自己的驱动程序。如果没有正确的驱动程序，设备就无法工作。

（4）设备无关性

设备无关性又称为设备独立性，即用户编写的程序与实际使用的物理设备无关，由操作系统把用户程序中使用的逻辑设备映射到物理设备。

4. 文件管理

文件是按一定格式建立在存储设备上的一组相关信息的有序集合。在计算机系统中，所有程序和数据都以文件的形式存放在计算机的外存储器上，供所有的或指定的用户使用。为此，在操作系统中必须配置文件管理机构。文件管理的主要任务是对用户文件和系统文件进行管理，以方便用户使用，并保证文件的安全性。因此，文件管理应具有对文件存储空间的管理、目录管理、文件的读写管理以及文件的共享与保护等功能。

下面将从用户的角度介绍文件系统的重要内容，即文件、磁盘分区及目录结构。

在计算机系统中，任何一个文件都有文件名。文件名是存取文件的依据，即按名存取。一般来说，文件名分为文件主名和扩展名两个部分。文件主名应该用有意义的词组或数字命名，以便用户识别。例如，Windows 系统中的 IE 浏览器的文件名是 Iexplore.exe。

文件的扩展名表示文件的类型，不同类型文件的处理是不同的。常见的文件扩展名及其表示的意义见表 3-2 所示。

表 3-2　文件扩展名及其意义

文件类型	扩展名	说明
批处理文件	bat	将一批系统操作命令存储在一起，可供用户连续执行
可执行文件	exe, com	可执行程序文件
源程序文件	c, cpp, bas, asm	程序设计语言的源程序文件
Office 文件	doc, xls, ppt	Office 中 Word、Excel、PowerPoint 创建的文档
网页文件	htm, asp	前者是静态的，后者是动态的
音频文件	wav, mp3, mid	声音文件，不同的扩展名表示不同格式的音频文件
图像文件	bmp, jpg, gif	图像文件，不同的扩展名表示不同格式的图像文件
压缩文件	zip, rar	压缩文件

一个文件中所存储的可能是数据，也可能是程序的代码，不同格式的文件通常会有不同的应用和操作。文件的常用操作有建立文件、打开文件、写入文件、删除文件、属性更改等。

一个新硬盘安装到计算机后，用户往往要将磁盘划分成几个分区，即把一个磁盘驱动器划分成几个逻辑上独立的驱动器，这些分区被称为卷。如果磁盘不分区，则整个磁盘就是一个卷。对磁盘进行分区的目的有两点：一是磁盘容量很大，为便于管理；二是安装不同的系统，如 Windows 和 Linux 等。

在 Windows 系统中，一个硬盘可以分为磁盘主分区和磁盘扩展分区，扩展分区还可以细分为几个逻辑分区。每个主分区或逻辑分区就是一个逻辑驱动器，它们各有盘符。也就是说，一个卷是指一个主分区或一个逻辑分区。

通过计算机管理窗口来管理磁盘分区，如图 3-7 所示。

从图 3-7 可以看到，这个磁盘被分成 3 个驱动器。C 盘对应于磁盘主分区，D 盘和 E 盘属于磁盘扩展分区。磁盘分区后还要格式化，格式化的目的是把磁盘划分成一个个扇区，每个扇区占 512 字节；安装文件系统（如 NTFS、FAT32 等），建立根目录。

一个磁盘上的文件成千上万，如果把所有的文件存放在根目录下会有许多不便。为了有效地管理和使用文件，大多数的文件系统允许用户在根目录下建立子目录，在子目录下再建立子目录，也就是将目录结构建构成树状结构，然后让用户将文件分门别类地存放在不同的目录中，如图 3-8 所示。

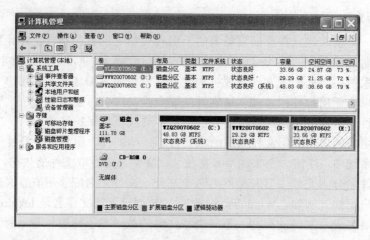

图 3-7　计算机管理窗口

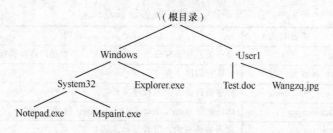

图 3-8　树形目录结构

这种目录结构像一棵倒置的树，树根为根目录，树中每一个分支为子目录，树叶为文件。在树状结构中，用户可以将同一个项目有关的文件放在同一个子目录中，也可以按文件类型或用途将文件分类存放。同名文件可以存放在不同的目录中，也可以将访问权限相同的文件放在同一个目录，集中管理。

在 Windows 系统的文件夹树状结构中，处于树根的文件夹是桌面，计算机上所有的资源都组织在桌面上，从桌面开始可以访问任何一个文件和文件夹，如图 3-9 所示。

桌面上有"我的文档"、"我的电脑"、"网上邻居"、"回收站"等系统文件夹，计算机中所有的磁盘及控制面板也以文件夹的形式组织在"我的电脑"中。

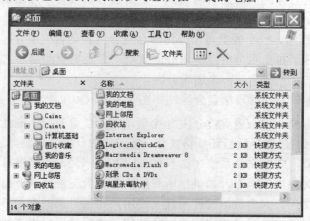

图 3-9　Windows 目录结构

如果要访问的文件不在同一个目录中，就必须加上目录路径，以便文件系统可以查找到所需要的文件。目录路径有两种：①绝对路径，从根目录开始，依序到该文件之前的名称；②相对路径，从当前目录开始到某个文件之前的名称。

假定有图 3-8 所示的 Windows 系统目录结构，Notepad.exe 文件的绝对路径为 C:\Windows\System32\Notepad.exe。如果当前目录为 System32，则 Test.doc 文件的相对路径为..\..\User1\Test.doc。

5. 用户接口

用户在计算机上运行程序的过程中，需要告诉计算机各种运行要求、出错处理方式等，因此操作系统应向用户提供一系列操作命令，作为计算机和用户的接口。操作系统与用户之间的接口大致有以下两种。

（1）程序一级的接口

操作系统为用户提供一组系统调用命令，可以供用户在程序中直接调用，通过系统调用命令，直接向系统提出各种资源请求和服务请求。

（2）作业控制语言和操作命令

在批处理系统中，由于用户无法在程序运行过程中与系统交互，因此必须在提交运行作业的同时，按系统提供的控制语言编写作业说明书，告知系统本作业的运行示意图及要求的服务。

目前，微型计算机已经普及到办公室及家庭中，因此如何为用户提供一个简单、方便的操作环境，是推广和普及计算机应用的重要问题。软件设计人员做出了很大的努力，如用多窗口系统向用户提供友好的、菜单驱动的、具有图形功能的用户接口，用户可以用键盘输入命令，也可以点击鼠标执行命令，这些功能将对计算机应用软件的开发起到促进作用。

3.2.3　操作系统的分类

迄今为止，操作系统大致有 8 种。

（1）单用户操作系统

单用户操作系统面对单一用户，所有资源都提供给该用户使用，用户对系统有绝对的控制权。单用户操作系统一般为微型计算机和简单小型机而设计的操作系统，这类计算机规模小，外观简单，计算机的全部资源为一个用户所独有。

（2）批处理操作系统

批处理操作系统的工作方式是：用户将作业交给系统操作员，系统操作员将许多用户的作业组成一批作业之后输入到计算机中，在系统中形成一个自动转接的连续的作业流，然后启动操作系统，系统自动、依次执行各作业，最后由操作员将作业结果交给用户。

批处理操作系统的特点是：多道和成批处理。因为用户自己不能干预自己作业的运行，一旦发现错误不能及时改正，从而延长了软件开发时间，所以这种操作系统只适用于成熟的程序。

其优点是：作业流程自动化，效率高，吞吐率高。缺点是：无交互手段，调试程序困难。

（3）分时操作系统

分时操作系统的工作方式是：一台主机连接了若干个终端，每个终端有一个用户在使用；用户交互式地向系统提出命令请求，系统接收每个用户的命令，采用时间片轮转方式处理服务请求，并通过交互方式在终端上向用户显示结果；用户根据上步结果发出下道命令。

分时操作系统将 CPU 的时间划分成若干个片段，称为时间片。操作系统用时间为单位，轮流为每个终端用户服务。每个用户轮流使用一个时间片并不感到有别的用户存在。

分时操作系统具有多路性、交互性、独占性和及时性的特征。多路性是指同时有多个用户使用一台计算机，宏观上看是多个人在同时使用一个 CPU，微观上是多个人在不同时刻轮流使用 CPU。交互性是指用户根据系统响应结果进一步提出新请求（用户直接干预每一步）。独占性是指用户感觉不到计算机为他人服务，就像整个系统为他所占有。及时性是指系统对用户提出的请求及时响应。

常见的通用操作系统是分时系统与批处理系统的结合，其原则是分时优先，批处理在后。"前台"响应需频繁交互的作业，如终端的要求；"后台"处理时间性要求不强的工作。

（4）实时操作系统

实时操作系统是指使计算机能及时响应外部事件的请求，在规定的严格时间内完成对该事件的处理，并控制所有实时设备和实时人物协调一致地工作的操作系统。实时操作系统主要追求的目标是对外部请求在严格时间范围内做出反应，具有高可靠性和完整性。

（5）网络操作系统

网络操作系统就是在原来各自计算机系统操作上，按照网络体系结构的各个协议标准进行开发，使之包括网络管理、通信、资源共享、系统安全和多种网络应用服务的操作系统。常用的网络操作系统有 Windows Server、Novell NetWare 等。

在网络操作系统支持下，网络中的各台计算机之间可以进行通信和共享资源。除了通信和资源共享外，还提供一些特殊的功能，如文件传输（将一个文件从一台计算机经网络传送到另一台计算机）、远程作业录入（将一个计算任务送到其他计算机去执行并将执行结果送回本机）。

（6）分布式操作系统

大量的计算机通过网络被连接在一起，可以获得极高的运算能力及广泛的数据共享，这种系统被称为分布式系统（Distributed System）。

分布式操作系统的特征是：统一性，即它是一个统一的操作系统；共享性，即所有的分布式系统中的资源都是共享的；透明性，其含义是用户并不知道分布式系统是运行在多台计算机上，在用户眼里整个分布式系统像是一台计算机，对用户来讲是透明的；自治性，即处于分布式系统的多个主机都处于平等地位。

分布式系统可以以较低的成本获得较高的运算性能，即分布式。分布式系统的另一个优势是可靠性。由于有多个 CPU 系统，因此当一个 CPU 系统发生故障时，整个系统仍旧能够工作。对于高可靠的环境，如核电站等，分布式系统是有其用武之地。

（7）嵌入式操作系统

嵌入式操作系统是为嵌入式电子设备提供的现代操作系统。嵌入式电子设备泛指内部嵌有计算机的各种电子设备，这些电子设备的应用范围涉及信息采集、信息交流、通信娱乐等应用领域。嵌入式操作系统是嵌入在这些设备内部的计算机操作系统，为设备实现各种灵活功能提供信息处理系统平台。嵌入式操作系统的主要特点是要满足多种多样嵌入式设备的功能需求和满足设备应用环境的需求，主要包括：

- 尽量节约设备的电池耗电，提供电源管理功能。
- 应用中有不同档次的实时性要求，特别是满足音频、视频影像等信息服务的及时性要求。

- 高可靠性要求，要防止信息丢失、泄露、恶意破坏等。
- 操作系统的易移植性的要求，满足在多种硬件环境下安装和配置的需要。

（8）智能卡操作系统

在日常生活中的各类智能卡中都隐藏着一个微型操作系统，称为智能卡操作系统。它围绕着智能卡的操作要求，提供了一些必不可少的管理功能。

智能卡的名称来源于英文名词 smart card，智能卡中的集成电路包括中央处理机、存储部件以及对外联络的通信接口，如图 3-10 所示。

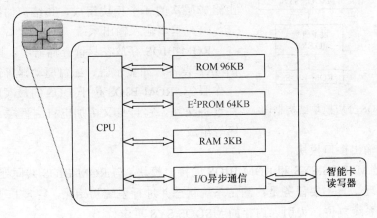

图 3-10　一种智能卡的结构

智能卡操作系统一般都是根据某种智能卡的特点及其应用范围而专门设计开发的。智能卡操作系统所提供的指令类型大致可分为数据管理类、通信控制类和安全控制类，其基本指令集由 ISO/IEC 7816-4 国际标准给出。

在读写器与智能卡之间通过"命令-响应对"方式进行通信和控制，即读写器发出操作命令，智能卡接收命令，操作系统对命令加以解释，完成命令的解密与校验，然后操作系统调用相应程序来进行数据处理，产生应答信息，加密后送给读写器。

智能卡操作系统具有 4 个基本功能：资源管理、通信管理、安全管理和应用管理。管理卡上的硬件、软件和数据资源是其基本任务。通信管理的主要功能是执行智能卡的信息传送协议，接收读写器发出的指令，对指令传递是否正确进行判断，自动产生对指令的应答并发回读写器，为送回读写数据及应答信息自动添加传输协议所规定的附加信息。安全管理包括对用户与卡的鉴别，核实功能，以及对传输加密与解密操作等。应用管理功能包括对读写器发来的命令进行判断、译码和处理。

3.2.4　常用的操作系统

不同的用途、不同的计算机可以采用不同的操作系统。下面简要介绍在微型计算机上广泛使用的几种操作系统。

1. DOS 操作系统

DOS 操作系统是美国 Microsoft 公司开发的，广泛运行于 IBM PC 及其兼容机上的磁盘操作系统，全名叫 MS-DOS。

MS-DOS 的最早版本是 1981 年 8 月发表的 1.0 版，至 1993 年 6 月推出了 6.0 版本。MS-DOS 是一个单用户微型计算机操作系统，4.0 版本开始具有多任务处理能力。MS-DOS

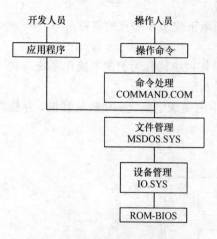

图3-11　MS-DOS分层模块结构框图

的主要功能有命令处理、文件管理和设备管理。命令处理对用户输入的键盘命令进行解释和处理，文件管理负责建立、删除和读写各类文件，设备管理完成各种外部设备，如键盘、显示器、打印机、磁盘和异步通信设备的输入输出操作。此外，MS-DOS 还具有系统管理和内存管理等功能。

MS-DOS 采用分层模块结构，按照功能划分，它由组成层次的 4 个模块组成，其结构如图 3-11 所示。

（1）基本输入输出系统

ROM-BIOS 存放在只读存储器中，提供对计算机的 I/O 设备，如显示器、磁盘驱动器等最基本的 I/O 操作服务。ROM-BIOS 位于 DOS 的最底层，直接与硬件设备交互。它自身又由加电自测程序、I/O 支撑程序等组成。

（2）输入输出接口模块

IO.SYS 是 MSDOS.SYS 和 ROM-BIOS 的接口模块，与 ROM-BIOS 共同处理 I/O 操作，统称为设备管理。其主要任务是：测定系统状态并进行系统初始化，管理和驱动各种外部设备，使磁盘系统复位，为引入内存的 MSDOS.SYS 重定位。

（3）文件管理模块

MSDOS.SYS 是 MS-DOS 操作系统的核心部分，提供系统与应用程序间的接口，其主要任务是：文件管理、存储器管理和提供例行程序服务。

（4）命令处理模块

COMMAND.COM 位于 MS-DOS 的最上层，直接与操作员打交道，接收从键盘来的输入命令，并确定如何处理这些命令。

MS-DOS 命令分为内部命令和外部命令两种。内部命令是包含在 COMMAND.COM 文件中可直接执行的命令；外部命令则以普通文件的形式存放在磁盘上，需要时将其调入主存储器。具体的命令格式与使用方法请参阅有关资料。

2. Windows 操作系统

Windows 操作系统是由美国 Microsoft 公司开发的支持多道程序运行的具有图形界面环境的操作系统。Windows 最初是作为对 DOS 操作系统的图形化扩充而推出的，它的多任务图形界面以及统一的应用程序接口，使得在 Windows 环境下运行的应用程序的操作大为简化。

Microsoft 公司在 1983 年开始研发 Windows，其最初目标是在 DOS 操作系统的基础上提供一个多任务的图形化用户界面，并希望它能够成为基于 Intel x86 微处理芯片计算机上的标准操作系统。表 3-3 是 Windows 系统内核发布时间。

根据其提供的系统服务，Windows 系统主要由以下 3 个基本模块组成。

（1）内核

内核实现对计算机资源的管理，并提供系统服务和 Windows 的多任务管理，支持 Windows 应用程序所要求的低级服务，如动态内存分配、进程管理和文件管理等功能。

表 3-3 Windows 系统内核系列发布时间

日期	版本	日期	版本
1983.11	Windows 宣布诞生	1993.8	Windows NT 3.1
1985.11	Windows 1.0	1994.9	Windows NT 3.5
1987.4	Windows 2.0	1995.6	Windows NT 3.51
1990.5	Windows 3.0	1996.8	Windows NT 4.0
1992.4	Windows 3.1	1997.9	Windows NT 5.0 Beta 1
1994.2	Windows 3.11	1998.8	Windows NT 5.0 Beta 2
1995.8	Windows 95	1999.4	Windows 2000 Beta 3
1998.6	Windows 98	2000.2	Windows 2000
1999.5	Windows 98 SE	2000.7	Windows 2000 SP1
2000.9	Windows Me	2001.10	Windows XP
2001.1	Win9x 内核宣告停止	2001.11	Windows XP 中文版

（2）图形设备接口

图形设备接口是一组图形设备驱动程序和库，是 Windows 图形功能的核心，支持字体、绘图原语和用户显示及打印设备的管理。在此基础上，可实现 Windows 系统与设备无关的图形界面，并提供图形编程接口。

（3）用户模块

用户模块实施对窗口的管理，且提供编程接口和外壳（Shell）功能。Windows 向用户提供两种类型的 Shell：程序管理和文件管理，它们在形式上是一个窗口，用户对 Windows 的各种操作都是在 Shell 窗口下进行的。

Windows 操作系统今后发展的主要趋势是功能更强大，安全性更高，使用更方便。

3. UNIX 操作系统

UNIX 操作系统是一种多用户交互式通用分时操作系统。由于它结构简练，功能强大，而且具有移植性、兼容性好，以及伸缩性、互操作性强等特色，成为使用广泛、影响较大的主流操作系统之一，被认为是开放系统的代表。

UNIX 操作系统是美国电报电话公司的 Bell 实验室开发的，至今已有 30 多年的历史，它最初是配置在 DEC 公司的 PDP 小型机上，后来在微机上也可使用。UNIX 操作系统是唯一能在微机工作站、小型机到大型机上都能运行的操作系统，也是当今世界最流行的多用户、多任务操作系统。

UNIX 操作系统的体系结构包含四个基本成分：内核、文件系统、外壳（Shell）和公用程序。

① 内核。内核是 UNIX 的基本核心，负责调度和管理计算机系统的基本资源，包括进程、存储和各种设备的管理，以及实现进程间的同步和通信。

② 文件系统。文件系统负责组织并管理数据资源。UNIX 文件系统采用树形层次结构，是一棵有根的倒向树。最上端是根目录，第二层通常包括 etc、bin、lib 和 user 子目录。目录的层次可以不断扩充，而树枝是子目录，树叶为文件。可以通过路径名来访问目录和文件。

③ 外壳。外壳是一种命令式语言及其解释程序，命令语言是 UNIX 早期的用户界面。

④ 公用程序。公用程序又称为工具软件，是 UNIX 系统提供给用户使用的常用标准软件，其内容相当丰富，包括编辑工具、管理工具、网络工具、开发工具、保密与安全工具等。

从总体上看，UNIX 操作系统的主要发展趋势是统一化、标准化和不断创新。

4．Linux 操作系统

Linux 操作系统是一种与国际上流行的 UNIX 同类的作为自由软件的操作系统。UNIX 是商品软件，而 Linux 则是一种自由软件。它遵循 GNU 组织倡导的通用公共许可证规则而开发的，其源代码可以免费向一般公众提供。

1991 年，芬兰赫尔辛基大学的 21 岁学生 Linus Torvolds 在学习操作系统时，将自己开发的 Linux 系统源程序完整地上传到 Internet 上，允许自由下载。许多人对这个系统进行改进、扩充和完善，并做出了关键性的贡献。

Linux 操作系统的组成包括如下四部分。

① 硬件控制器：直接完成对各种硬件设备的识别和驱动。

② Linux 内核：用户及较高子系统与底层硬件的交互接口，实现对 CPU、内存、文件系统、I/O 设备等的控制和管理。

③ 操作系统服务：用户与操作系统低层功能交互的接口程序 如 Shell、编译器、程序库等。

④ 用户应用程序：直接提供用户使用的应用程序，如文字处理、浏览器等。

5．Mac OS 操作系统

Mac OS 操作系统是运行于苹果 Macintosh 系列计算机上的操作系统，是首个在商用领域成功的图形用户界面。由于 Mac 的架构与 PC 不同，而且用户不多，所以很少受到病毒的袭击。苹果公司能够根据自己的技术标准生产计算机、自主开发相应的操作系统，其技术和实力非同一般，就像是 Intel 和微软的联合体。

苹果电脑公司成立于 1976 年，由 Steve Jobs 和 Steve Wozniak 两人创立，当年他们就开发并销售供个人使用的计算机 Apple Ⅰ，先后又开发了 Apple Ⅱ、Apple Ⅲ微型机。苹果公司一直以追求完美和技术领先为特色，并于 1984 年推出了革命性的 Macintosh 计算机，之后又推出了 Mac Ⅱ（1987）、Mac Portable（1989）、Mac LC（1990）、PowerBook 100（1991）、PowerBook 165c（1993）、Power Mac（1994）、Power Mac G3（1997）和 Power Mac G4（2003）。苹果计算机以其精美的外形设计，优秀的绘图功能，先进的操作系统吸引了不少用户。因此，在计算机界形成了两大流派：IBM PC 和 Macintosh。

1984 年，苹果发布了 System 1，这是一个黑白界面的，也是世界上第一款成功图形化的用户界面操作系统，System 1 含有桌面、窗口、图标、光标、菜单和卷动栏等项目。在随后的十几年中，苹果操作系统历经了 System 1 到 7.5 的变化，苹果操作系统从单调的黑白界面变成 8 色、16 色、真彩色，在稳定性、应用程序数量、界面效果等各方面，都发生了很大的变化。从 7.6 版开始，苹果操作系统更名为 Mac OS，如 Mac OS 8 和 Mac OS 9，直至现在的 Mac OS X 操作系统。

Mac OS X 版本是以大型猫科动物命名的。2001 年 3 月，Mac OS X 正式发布，Mac OS X 10.0 版本的代号为猎豹（Cheetah），10.1 版本（2001.9）、10.2 版本（2002.8）、10.3 版本（2003.10）、10.4 版本（2005.4）、10.5 版本（2007.10）代号分别为美洲狮（Puma）、美洲虎（Jaguar）、黑豹（Panther）、老虎（Tiger）和美洲豹（Leopard），2009 年 8 月发布的 Mac OS X 10.6 版本代号为雪豹（Snow Leopard）。

Mac OS X 架构的主要特色是系统软件和接口的分层结构，其中一层依赖于它的下一层。Mac OS X 有 4 个不同的系统软件层，它们是：

① 应用程序环境：包含了 5 种应用程序环境 Carbon、Cocoa、Java、Classic 和 BSD 命令行。对于开发者来说，前 3 种环境是最重要的。Mac OS X 提供了为这 5 种环境所设计的开发工具和运行环境。

② 应用服务：包含了与图形用户界面有关的系统服务，它们对所有的应用程序环境开放。应用服务层包括 Quartz、QuickDraw、OpenGL 和一些基础的系统管理器。

③ 核心服务：包含了与图形用户界面无关的系统服务，包括 Core Foundation、Open Transport 和 Carbon 的某些核心部分。

④ 内核环境：为 Mac OS X 提供基础层，主要由 Mach 和 BSD 组成，但它同时包括网络协议栈、网络服务、文件系统和设备驱动程序。内核环境为开发设备驱动和可装载内核扩展提供了工具，其中的可装载内核扩展包括了网络内核扩展（Network Kernel Extensions, NKE）。

图 3-12 是描述 Mac OS X 系统软件的一般结构以及库、框架和服务之间的相互依赖关系。

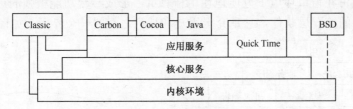

图 3-12　分层结构

QuickTime 是对操作系统的一种扩展，在结构上跨越了系统软件的不同层，是一个交互的多媒体环境。

3.2.5　操作系统的视角

（1）软件的视角

从软件的观点来看，操作系统是程序和数据结构的集合，由指挥和管理计算机运行的程序和数据结构两部分内容构成。操作系统有其作为软件的外在特性和内在特性。

外在特性是指操作系统是一种软件，其外部表现形式（即操作命令定义集和界面）完全确定了操作系统的使用形式。比如，操作系统的各种命令，各种系统调用及其语法定义等。要从使用界面上学习和研究操作系统，只有这样才能从外部特征上把握操作系统的性能。

内在特性是指操作系统是一种软件，具有一般软件的结构特点，然而这种软件不是一般的应用软件，它具有一般软件所不具备的特殊结构。比如，操作系统直接同硬件打交道，那么就要研究同硬件交互的软件是如何组成的，每个组成部分的功能作用和各部分之间的关系等。换言之，即要研究其内部算法。

（2）资源管理视角

现代计算机系统包括处理器、存储器、时钟、磁盘、终端、磁带设备、网络接口、激光打印机、扫描仪等许多设备，统称为计算机系统的资源。一个计算机系统包括的软件、硬件资源可以分成以下几部分：处理机、存储器、外部设备和信息（文件）。现代的计算机系统都支持多个用户、多道作业共享，那么，对众多的程序争夺处理机、存储器、设备和共享软件资源，如何协调这些资源，并有条不紊地进行分配呢？操作系统就负责登记谁在使用什么样的资源，系统中还有哪些资源空闲，当前响应谁对资源的请求，以及收回哪些不再使用的资源等。总之，操作系统是一个资源管理者。

作为资源管理器的操作系统，其主要任务是跟踪谁在使用什么资源、满足程序的资源请求并记录资源的使用状况，以及协调各程序和用户对资源使用请求的冲突。所以说，操作系统是计算机系统的资源管理器。操作系统对资源的管理及其与其他软件的关系如图 3-13 所示。

（3）虚拟机视角

把一台完全无软件的计算机系统称为裸机，即使其功能再强，也是不能使用的。如果在裸机上覆盖上一层 I/O 设备管理软件，用户便可利用它所提供的 I/O 命令，进行数据的输入、输出。此时用户所看到的机器将是一台比裸机功能更强，使用更方便的机器。通常，把覆盖了软件的机器称为扩展机器或虚拟机（virtual）。如果又在第一层软件上再覆盖一层文件管理软件，则用户可利用该软件提供的文件存取命令进行文件的存取操作。此时，用户所看到的是一台功能更强虚拟机。如果又在文件管理软件上再覆盖一层面向用户的窗口软件，则用户便可在窗口环境下方便地使用计算机，形成一台功能极强的虚拟机。操作系统是加在硬件层的第一层软件，它是介于用户和裸机之间的一个界面，如图 3-14 所示。

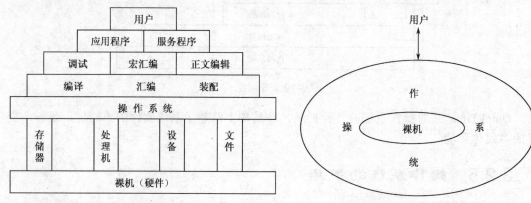

图 3-13　操作系统对资源的管理　　　　图 3-14　操作系统作为接口

操作系统是一组有组织的程序，在机器硬件和用户之间起着接口作用。它给用户提供一组功能，用以简化程序设计、编码、调试和维护，同时控制资源分配以确保有效的操作。所以说，操作系统是一台比裸机功能更强、服务质量更高、用户更感方便、灵活的虚拟机。从这个角度来看，操作系统的作用是为用户提供一台等价的扩展机器，它比底层硬件更容易编程。

从服务用户的机器扩充的观点来看，操作系统为用户使用计算机提供了许多服务功能和良好的工作环境。用户不再直接使用硬件机器，而是通过操作系统来控制和使用计算机，从而把计算机扩充为功能更强、使用更加方便的计算机系统（称为虚拟计算机）。操作系统的全部功能，如系统调用、命令、作业控制语言等，被称为操作系统虚机器。

3.3　办公软件

3.3.1　办公软件概述

在计算机普及的年代里，掌握计算机的基本操作是广大用户的普遍要求。作为我国企事业单位信息化的应用基础，办公软件的演变和未来发展对我国企事业信息化将产生重要影响。办公软件的应用范围非常广泛，大到社会统计，小到会议记录，数字化办公，都离不开办公软件的鼎立协助。办公软件一般包括文字处理、电子表格、演示文稿、简单数据库应用、电子邮件客户端、图像处理、通信客户端、群件和个人信息管理等。当然，最常用的办公软件是文字处理、电子表格和演示文稿。

当前市场上占据主导地位的办公软件是微软公司开发的 Office 系列，它的文件格式已经成为办公软件的实际标准。有些办公软件试图挑战微软的霸主地位，如金山 WPS 系列、永中 Office 系列和红旗 2000 RedOffice 等。这些办公软件都有着与微软 Office 相似的用户界面，并且兼容微软办公软件的文件格式。

办公软件的分类标准多种多样，按照办公软件的授权方式，可以分为商用办公软件、自由办公软件和开源办公软件三大类。

（1）商用办公软件

商用办公软件是必须购买才能使用的办公软件，针对个人用户一般提供试用的下载服务，可以免费试用短期时间。商用办公软件依据其版本和包含组件的不同，价格相差比较大。流行的商用办公软件有以下几种。

① 微软 Office

微软 Office 集成软件是目前使用最为广泛的办公软件，可以运行在 Windows 和 Mac OS 等操作系统上，包含一组关联的桌面应用程序、服务器程序与服务。常见的组件有文字处理软件 Word、表格处理软件 Excel、演示文稿软件 PowerPoint、数据库管理软件 Access、电子邮件客户端 Outlook 和数据图表工具 Visio 等。微软 Office 集成软件以其功能强大、易用性成为办公软件市场使用率最高的软件产品。

② 金山 WPS

金山 WPS 是我国的金山公司开发的办公软件，可以运行在 Windows 和 Linux 等操作系统上。在 Windows 系统出现以前，DOS 系统盛行的年代，WPS 曾是中国最流行的文字处理软件。目前，金山 WPS 包含 WPS 文字、WPS 表格、WPS 演示三个主要组件。金山 WPS 专业版以其与微软 Office 深度兼容、出色的中文排版和低廉的价格多次成为国内政府、企业和教育行业的采购对象，为我国国产办公软件的发展做出了巨大的贡献。

③ 永中 Office

永中 Office 集成软件是我国的永中科技公司开发的办公软件，可以运行在 Windows、Linux 和 Mac OS 等操作系统上。永中 Office 集成了文字处理、电子表格和简报制作三大应用，永中集成 Office 2009 分为免费的个人版和企业版，还推出了可以应用于手机的"永中手机 Office"。永中 Office 历经多个版本的演进，产品功能丰富，稳定可靠，是一款自主创新的优秀国产办公软件，完全可以替代其他同类产品。自 2003 版以后，永中 Office 在政府和教育部门得到较为广泛的应用。

其他商用办公软件还有 Sun StarOffice、Corel WordPerfect Office、Ability Office、iWork、Celframe Office 以及 SoftMaker Office 等。

（2）自由办公软件

自由办公软件是版权属于开发者，但使用者可以免费使用与传播的软件。使用者通过网络下载，或者购买相应的光盘，获取使用自由办公软件的权利。除了上网或光盘的成本费用外，使用者不必为使用办公软件而付费。很多商用办公软件针对个人用户推出了自由办公软件。个人版相对商用版而言，办公组件少了许多，功能也削减不少，还是可以满足个人办公信息处理要求的。比较流行的自由办公软件有 WPS Office 个人版、永中 Office 个人版以及 IBM Lotus Symphony 等。

（3）开源办公软件

开源办公软件是源代码公开的办公软件。对于普通用户来说，软件开源与否意义不是很大，只是开源软件大多都是免费下载使用的；对于商用用户来说，开源的意义在于可以减少开发周期（源代码稍加修改就可以嵌入到产品中）、降低成本。虽然开源办公软件的代码是公开的，但也有着与商用办公软件同样的版权，开发者必须遵守这些版权协议。比较流行的开源办公软件有 OpenOffice.org、GNOME Office 以及 NeoOffice 等。

目前影响最广的开源办公软件是 OpenOffice.org，它是一套跨平台的办公集成软件，能在 Windows、Linux、Mac OS 和 Solaris 等操作系统上运行。OpenOffice.org 包括文字处理 Writer、电子表格 Calc、演示文稿 Impress、绘图 Draw、公式编辑器 Math 和数据库 Base 等组件。国内一些软件企业在 OpenOffice.org 的基础上进行中文化、定制化和扩展功能的开发，如 RedOffice、中标普华 Office 和共创 Office 等。为了实现支持民族语言的跨平台信息处理系统，国家 863 计划设立了重大软件专项课题"民族语言版本 Linux 操作系统和办公套件研发"。该专项中的办公软件就是在 OpenOffice.org 的基础上针对藏文、蒙文、维文等主要民族语言提升本地化的水平，以期达到实用性的效果。

3.3.2 文字处理

文字处理软件是指在计算机上辅助人们制作文档的计算机应用程序。文字处理软件的发展和电子化是信息社会发展的标志之一，早期的文字处理软件只能处理西文信息，20 世纪 70 年代末对西文 WordStar 进行汉化，20 世纪 80 年代初又出现了以金山 WPS 文字处理系统为代表的一批文字处理软件，进入 20 世纪 90 年代，由 Microsoft 公司开发的 Word 文字处理软件展现在人们面前，以其友好的界面、简便的操作、强大的功能、精美的页面效果，将文字、图形和表格融合为一体，成为最受用户欢迎的文字处理软件。

文字处理软件的知识结构包括五方面：文字输入与编辑，格式设置，图形、表格化处理，自动化处理和打印文档等。随着计算机应用的普及，文字处理软件被广泛应用于生产、生活、娱乐和教育等方面，已经成为现代社会中提升生产力的必不可少的工具。

通用文字处理软件的制作流程如下：

<1> 新建文档。

<2> 页面设置。

<3> 输入文档内容。

<4> 对文档内容进行格式化。

<5> 利用图形对象美化文档。

<6> 对文档进行自动化设置与处理。

<7> 设置打印选项并将文档打印到纸张上。

在整个流程中，可能不需要某些步骤。例如，对一个很短的会议通知而言，可能只需要输入文本、设置文本的字体和段落格式，不需要利用样式排版或插入图形对象等。总之，只要掌握文字处理软件知识，再加以灵活应用，就能制作出美观的文档。

当前，网络技术的飞速发展是推动计算机不断进步的原动力，单机上的软件应用日益被一系列的网络在线服务所替代。传统的单机办公软件也会逐渐被网络办公服务所替代，2005 年出现了最早的网络办公服务——基于 Web 的文字处理服务，也称为在线文字处理服务（Online Word Processors）。目前，网络上出现了十多种在线文字处理服务产品，应用比较广泛的产品有 Google Docs、ThinkFree Office Write、Zoho Writer、Adobe Buzzword 和 Ajax Write 等。

在线文字处理服务可以分为免费和收费两种，要使用，需要到相应的网站注册账号，然后登录后才可以使用。

3.3.3　电子表格

电子表格软件是专门进行表格绘制、数据整理、数据分析的数据处理专业软件，其特点是将重复的数据快速复制，将常用的数据统计进行函数化处理，并在拖动中快速完成烦琐的数据统计。世界上第一个电子表格是美国 Dan Brick 于 1979 年发明的 Visicale（可视计算）。1981 年，美国莲花公司（Lotus Development Corporation）推出 Lotus1-2-3，这是一个工作在 DOS 平台的软件，曾经成为世界最畅销应用软件之一。目前，常用的电子表格软件是 Microsoft Excel、WPS Office Excel 和 OpenOffice.org Calc 等。

电子表格软件的知识结构包括五方面：数据输入与编辑，美化表格，数据计算，数据分析，打印输出与自动化等。

通用电子表格软件的制作流程：

<1> 新建工作簿。

<2> 在指定的工作表中输入数据。

<3> 设置数据格式。

<4> 利用图形对象美化工作表。

<5> 利用公式和函数计算数据。

<6> 采用各种方法分析数据。

<7> 将表格打印到纸张上。

电子表格软件应具有功能强大的各种处理模块，能够极其方便地进行复杂的数据计算、分析和统计，完成多种多样的图和表的设计，并将表格的表现形式美观地展现出来。

3.3.4　演示文稿

演示文稿是指为了向群体或大众展示、演示或提供某些信息而创作的文档，主要用于设计与制作教师授课讲稿、会议讨论讲稿、毕业论文答辩稿、公司新产品演示和自我介绍等，制作的演示文稿可以通过计算机屏幕展示，也可以连接投影机播放。目前，常用的演示文稿软件有 PowerPoint、WPS 演示、OpenOffice.org 和谷歌演示文稿等。

演示文稿软件的知识结构包括五方面：创建幻灯片内容，美化幻灯片，添加多媒体信息，设置动画与交互效果，幻灯片设置与播放等。

制作一个演示文稿的一般流程如下：

<1> 新建演示文稿。

<2> 添加特定板式的幻灯片。

<3> 输入幻灯片内容（文字、图形或表格）。

<4> 调整文字格式、图片位置和艺术效果。

<5> 添加多媒体资源。

<6> 添加幻灯片切换效果、设置对象动画效果。

<7> 准备演讲材料，播放前排练。

<8> 播放幻灯片。

演示文稿能够极富感染力地表达演讲人所要表达的内容，表现效果非常好。

3.4　数据结构与算法

在计算机发展的初期，人们使用计算机的目的的主要是处理数值计算问题。当人们使用计算机来解决一个具体问题时，一般需要经过下列几个步骤：首先从该具体问题抽象出一个适当的数学模型，然后设计或选择一个解此数学模型的算法，最后编出程序进行调试、测试，直到得到最终的解答。

由于当时所涉及的运算对象是简单的整型、实型或布尔类型数据，所以程序设计者的主要精力是集中于程序设计的技巧上，而无须重视数据结构。随着计算机应用领域的扩大和软件、硬件的发展，非数值计算问题越来越显得重要。据统计，当今处理非数值计算性问题占用了 90% 以上的机器时间。这类问题涉及的数据结构更为复杂，数据元素之间的相互关系一般无法用数学方程式加以描述。因此，解决这类问题的关键不再是数学分析和计算方法，而是要设计出合适的数据结构，才能有效地解决问题。

3.4.1　数据和数据结构

1. 数据

数据（data）是信息的载体，是对信息的一种符号表示，能被计算机识别、存储和加工处理。在计算机科学中，所谓数据，就是指所有能输入到计算机中并被计算机程序处理的符号总称。数据的范畴包括整数、实数、字符串、图形、图像、声音、动画和视频等。

例如，一个利用数值计算方法求解代数方程的程序，其处理对象是整数和实数；一个文字处理程序，其处理对象是字符串；一个影视作品制作程序，其处理对象是声音、图像及视频等。

2. 数据元素

数据元素（data element）是数据的基本单元。在不同的条件下，数据元素又可称为元素、结点、顶点、记录等，在计算机程序中通常作为一个整体进行考虑和处理。例如，学生登记表中的一个记录等，都被称为一个数据元素。

一个数据元素可由若干个数据项组成。例如，学生登记表的每个数据元素就是一个学生记录，包括学生的学号、姓名、性别、籍贯、出生年月、成绩等数据项。这些数据项可以分为两种：一种称为初等项，如学生的性别、籍贯等，这些数据项是在数据处理时不能再分割的最小单位；另一种称为组合项，如学生的成绩，可以再划分为数学、物理、外语等更小的项。通常，在解决实际应用问题时是把每个学生记录当作一个基本单位进行访问和处理的。

3. 数据对象

数据对象（data object）是具有相同性质的数据元素的集合。在某个具体问题中，数据元素都具有相同的性质（元素值不一定相等），属于同一数据对象。

4. 数据结构

数据结构（data structure）主要是研究程序设计中计算机所操作的对象以及它们之间的

关系和运算，概括地说是三方面，即数据的逻辑结构、数据的存储结构和基本操作。数据结构指的是同一数据对象中各数据元素之间的相互关系。

（1）逻辑结构

数据的逻辑结构可以看作是从具体问题抽象出来的数学模型，与数据的存储无关。在任何问题中，数据元素之间都不会是孤立的，在它们之间都存在着这样或那样的关系，这种数据元素之间的逻辑关系就是数据的逻辑结构。根据数据元素间关系的不同特性，通常有下列 4 种基本结构。

① 集合结构：同属于一个集合外，无其他关系。

② 线性结构：结构中每个元素之间存在着一对一的关系。

③ 树型结构：结构中每个元素之间存在着一对多的关系。

④ 网状结构：结构中每个元素之间存在着多对多的关系。

由于集合是数据元素之间关系极为松散的一种结构，因此也可以用其他结构来表示。树型结构和网状结构一般统称为非线性结构。图 3-15 所示为表示上述 4 种基本结构的示意图。

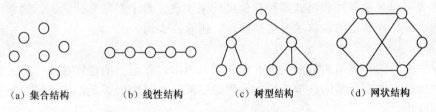

（a）集合结构　　　（b）线性结构　　　（c）树型结构　　　（d）网状结构

图 3-15　4 种基本结构

（2）存储结构

数据结构在计算机中的表示（又称为映像）称为数据的存储结构，它所研究的是数据结构在计算机的实现方法，包括数据结构中元素的表示及元素间关系的表示。一种数据结构可以根据需要表示成一种或多种存储结构。

数据存储结构的基本组织方式有顺序存储结构和链式存储结构。

顺序存储结构是把逻辑上相邻的元素存储在物理位置相邻的存储单元中，由此得到的存储表示称为顺序存储结构。顺序存储结构是一种最基本的存储表示方法，通常借助于程序设计语言中的数组来实现。

链式存储结构对逻辑上相邻的元素不要求其物理位置相邻，元素间的逻辑关系通过附设的指针字段来表示，由此得到存储表示称为链式存储结构，链式存储结构通常借助于程序设计语言中的指针类型来实现。除了通常采用的顺序存储结构和链式存储结构外，有时为了查找的方便，还采用索引存储结构和散列存储结构。

（3）基本操作

数据的运算是定义在数据结构上的操作，如建立、插入、删除、更新、查找、排序和遍历等。每种数据结构都有一种运算的集合。

3.4.2　常见的数据结构

1. 线性表

线性表是最简单、最常用的一种数据结构。

（1）定义

线性表的逻辑结构是 n 个数据元素的有限序列（$a_1, a_2, a_3, \cdots, a_n$）。其中，$n$ 为表中数据元素的个数，定义为表的长度。线性表中所有数据元素必须有相同的数据类型。

（2）存储结构

线性表的存储结构分为两类，一类是顺序存储结构（又称为静态存储结构），另一类是链式存储结构（又称为动态存储结构），如图 3-16 所示。

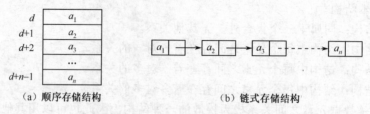

（a）顺序存储结构　　　　　　　　　（b）链式存储结构

图 3-16　线性表的存储结构

（3）运算和实现

线性表可以采用顺序和链式两种存储结构来实现。对于经常变化的表，通常采取链式存储结构。线性表常用的运算主要包括插入、删除、查询。

① 插入

在保持原有的存储结构的前提下，根据插入要求，在适当的位置插入一个元素。插入操作要求线性表要有足够的存放新插入元素的空间。如果空间不足，插入操作无法进行，线性表会溢出。

a）顺序存储线性表的插入

假设插入前有 n 个结点，把一个新结点插入原来线性表的第 i（$0 \leqslant i \leqslant n-1$）个位置上，其主要步骤是：把原表的第 $n-1$ 个结点至第 i 个结点依次往后移动一个元素的位置；把要插入的新结点放在第 i 个位置上；线性表的元素个数加 1。

b）链式存储线性表的插入

在链式表中插入一个新结点的操作有 4 种情况：插在首结点前，使新结点成为新的首结点；接在线性表的末尾，使新结点成为新的尾结点；插入到一个指定结点后；在一个有序的线性表中插入，使新的线性表依旧有序。在各种情况下，总是根据关键字的要求，搜索确定新元素应该插入的具体位置，然后通过修改指针的方式完成插入操作，最后线性表中的元素个数加 1。

② 删除

在线性表中，找到满足条件的数据元素并删除，如果线性表为空则删除操作无效。

a）顺序存储线性表的删除

顺序表的删除运算是在含有 n 个元素的线性表中，删除第 i（$0 \leqslant i \leqslant n-1$）个元素。删除时，应将第 $i+1$ 个元素至第 $n-1$ 个元素依次向前移动一个数组元素的位置，线性表的元素个数减 1。

b）链式存储线性表的删除

链式表的删除运算有几种情况：如链表为空链表不执行删除操作；若首结点即为目标结点，则更改链表的表头指针指向原首结点的后继结点，否则继续查找并删除目标结点，线性表的元素个数减 1；如没有找到，不执行删除操作。

③ 查询

在线性表中，按照查询条件，定位数据元素的过程就是查询。查询的条件一般根据数据元素中的关键字进行。关键字是一个数据元素区别于其他数据元素的一个特定的数据项。实际上，数据的插入和删除都需要查询定位数据元素。对于空的线性表是无法查询的。

2. 栈和队列

栈又称为堆栈，是一种操作受限的线性表，是限制在表的一端进行插入和删除的线性表。插入、删除的这一端称为栈顶，另一端称为栈底，不含数据元素的栈称为空栈。它的工作方式是先进后出，如图 3-17 所示。

队列是一种先进先出（FIFO）的线性表，允许在表的一端进行插入，而在另一端进行删除操作。允许插入的一端称为队尾，允许删除的一端称为队首，如图 3-18 所示。

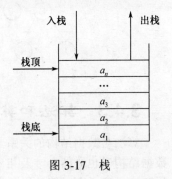

图 3-17　栈

3. 树和二叉树

树型结构是一类重要的非线性数据结构，结点之间有分支，并具有层次关系的结构，它非常类似于自然界中的树，树结构在客观世界中广泛存在。

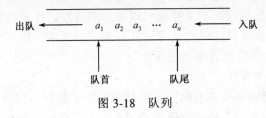

图 3-18　队列

树是 n（$n>0$）个结点的有限集 T，在任意一棵树中：

① 有且仅有一个特定的称为根的结点。

② 其余的结点可分为 m（$m \geq 0$）个互不相交的有限集合 $T_1, T_2, \cdots, T_m$，其中每个子集都是一棵树，并称其为子树。

如图 3-19 所示的一棵树，A 是根结点，在树中结点拥有的子树的数目称为该结点的度，例如 A 的度为 3。度为 0 的结点称为叶子，树中 J、K、F、G、L、I 都是叶子，B、C、D 是 A 的孩子，A 是 B、C、D 的双亲。同层结点称为兄弟，B、C、D 是兄弟。

如果一棵树的每个结点至多只有两棵子树，且有左右之分，称该树为二叉树。多棵树的集合称为森林。树、森林、二叉树之间可以互相转换。

4. 图

图是一种较线性表和树更为复杂的数据结构，可以把树看成是简单的图。图的应用极为广泛，在语言学、逻辑学、人工智能、数学、物理、化学、计算机领域以及各种工程学科中有着广泛的应用。

图由顶点集 V 和边集 E 构成，记为 G = (V, E)。

其中：V 是图中顶点的非空有穷集合，E 是两个顶点之间关系的集合，它是顶点的有序或无序对，记作 (v_i, v_j)。图 3-20 是由顶点和边构成的，顶点集 V={A, B, C, D, E, F}，边的集合 E={(A, B), (A, C), (A, D), (B, E), (C, E), (C, F), (D, F), (E, F)}。若图中每条边都是有向边，则称 G 为有向图，否则称为无向图。

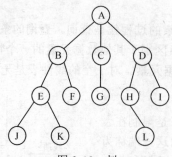

图 3-19　树

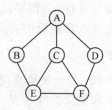

图 3-20　无向图

3.4.3　算法和算法评价

算法与数据结构的关系紧密，在算法设计时先要确定相应的数据结构，而在讨论某种数据结构时也必然会涉及相应的算法。下面就从算法及其特性、算法的描述及算法性能分析和度量三方面对算法进行介绍。

1. 算法及其特性

算法（Algorithm）是对问题求解过程的一种描述，是为解决一个或一类问题给出的一个确定的、有限长的操作序列。一个算法可以用自然语言、计算机程序设计语言或其他语言来说明。一般而言，描述算法最合适的语言是介于自然语言和程序设计语言之间的类语言，通常采用 C 语言或类 C 语言来描述算法。

算法应具有以下 5 个特性。

① 有穷性：一个算法必须在有穷步之后结束，即必须在有限时间内完成。

② 确定性：算法的每一步必须有确切的定义，无二义性。并且在任何条件下，算法都只有一条执行路径。

③ 可行性：算法中的每一步都可以通过已经实现的基本运算的有限次执行得以实现。

④ 输入：一个算法具有零个或多个输入。

⑤ 输出：一个算法具有一个或多个输出。

算法的含义与程序十分相似，但又有区别。一个程序不一定满足有穷性。例如，只要操作系统不受破坏，它将永远不会停止，即使没有作业需要处理，仍处于动态等待中。因此，操作系统不是一个算法。另一方面，程序中的指令必须是机器可执行的，而算法中的指令则无此限制。算法代表了对问题的解，而程序则是算法在计算机上的特定的实现。一个算法若用程序设计语言来描述，则它就是一个程序。

算法与数据结构是相辅相成的。解决某一特定类型问题的算法可以选定不同的数据结构，而且选择恰当与否直接影响算法的效率。反之，一种数据结构的优劣由各种算法的执行来体现。

要设计一个好的算法通常要考虑以下几个因素。

① 正确性：算法的执行结果应当满足预先规定的功能和性能要求。

② 可读性：一个算法应当思路清晰、层次分明、简单明了、易读易懂。

③ 稳健性：当输入不合法数据时，应能作适当处理，不至引起严重后果。

④ 高效性：有效使用存储空间和有较高的时间效率。

2. 算法的描述

算法可以使用各种不同的方法来描述。最简单的方法是使用自然语言。用自然语言来描述算法的优点是简单且便于人们对算法的阅读，缺点是不够严谨。还可以使用程序流程图、N-S 图等算法描述工具，其特点是描述过程简洁、明了。

用以上两种方法描述的算法不能够直接在计算机上执行，若要将它转换成可执行的程序还有一个编程的问题。当然，可以直接使用某种程序设计语言来描述算法，不过直接使用程序设计语言并不容易，而且不太直观，常常需要借助于注释才能使人们看明白。

为了解决理解与执行这两者之间的矛盾，人们常常使用一种称为伪码（类）语言的描述方法来进行算法描述。类语言介于高级程序设计语言和自然语言之间，它忽略高级程序设计语言中一些严格的语法规则与描述细节，因此它比程序设计语言更容易描述和被人理解，而比自然语言更接近程序设计语言。它虽然不能直接执行但很容易被转换成高级语言。

3. 算法性能分析与度量

人们可以从一个算法的时间复杂度与空间复杂度来评价此算法的优劣。当人们将一个算法转换成程序并在计算机上执行时，其运行所需要的时间取决于下列因素：

① 计算机硬件的速度。

② 书写程序的语言。实现语言的级别越高，其执行效率就越低。

③ 编译程序所生成目标代码的质量。对于代码优化较好的编译程序其所生成的程序质量较高。

④ 问题的规模。例如，求 100 以内的素数与求 1000 以内的素数其执行时间是不同的。

显然，在各种因素都不能确定的情况下，很难比较出算法的执行时间。也就是说，使用执行算法的绝对时间来衡量算法的效率是不合适的。为此，可以将上述各种与计算机相关的软件、硬件因素都确定下来，这样一个特定算法的运算工作量的大小就只依赖于问题的规模或者是问题规模的函数。

（1）时间复杂度

一个程序的时间复杂度（Time Complexity）是指程序运行从开始到结束所需要的时间。算法是由控制结构和原操作构成的，其执行时间取决于两者的综合效果。为了便于比较同一问题的不同的算法，通常的做法是从算法中选取一种对于所研究的问题来说是基本运算的原操作，以该原操作重复执行的次数作为算法的时间度量。一般情况下，算法中原操作重复执行的次数是规模 n 的某个函数 $T(n)$。

许多时候要精确地计算 $T(n)$ 是困难的，引入渐进时间复杂度在数量上估计一个算法的执行时间，也能够达到分析算法的目的。

例如：一个程序的实际执行时间为 $T(n)=2.7n^3+3.8n^2+5.3$，则 $T(n)=O(n^3)$。

使用大 O 记号表示的算法的时间复杂度，称为算法的渐进时间复杂度。通常，用 $O(1)$ 表示常数计算时间。常见的渐进时间复杂度有

$$O(1)<O(\log_2 n)<O(n)<O(n\log_2 n)<O(n^2)<O(n^3)<O(2^n)$$

（2）空间复杂度

一个程序的空间复杂度（Space Complexity）是指程序运行从开始到结束所需的存储量。程序的一次运行是针对所求解问题的某一特定实例而言的。例如，求解排序问题的排序算法的每次执行是对一组特定个数的元素进行排序。对该组元素的排序是排序问题的一个实例。元素个数可视为该实例的特征。

程序运行所需的存储空间包括以下两部分：

① 固定部分。这部分空间与所处理数据的大小和个数无关，或者称与问题的实例的特征无关。主要包括程序代码、常量、简单变量、定长成分的结构变量所占的空间。

② 可变部分。这部分空间大小与算法在某次执行中处理的特定数据的大小和规模有关。例如，100 个数据元素的排序算法与 1000 个数据元素的排序算法所需的存储空间是不同的。

3.4.4 典型的算法介绍

算法包括数值计算算法和非数值计算算法两类，后者尤其重要。关于算法的概念及应用的深入内容将在数据结构与算法课程中学习，在此只对一些典型的简单算法做概要介绍。

1. 递归

递归是指一个特殊的过程，在该过程中用自身的简单情况来定义自身，再自己调用自己，则称该过程是递归的。递归是一种强有力的数学工具，它可使问题本身的描述和求解变得简洁和清晰。递归算法常常比非递归算法更容易设计，尤其当问题本身或所涉及的数据结构是递归定义时，使用递归算法特别适合。

递归在计算机系统内部是用栈来实现的。每一次调用过程，系统就为本次调用的参数 n 开辟一个新的存储单元。递归前进到哪一层，哪一层的变量就起作用。当当前递归段结束，返回上一递归调用层时，就释放掉低层的同名变量。在调用过程中，逐步深入，再逐步返回。

例如：非负整数 n 的阶乘是这样定义的，即 $n=0$ 时 $n!=1$，否则 $n!=n\times(n-1)\cdots\times 1$。若采用递归形式，该问题可用如下形式解决。

$$n!=\begin{cases}1 & (n=0) \\ n(n-1)! & (n>0)\end{cases}$$

若设函数 $f(n)=n!$，则该函数的递归定义为：

$$f(n)=\begin{cases}1 & (n=0) \\ n\times f(n-1)! & (n>0)\end{cases}$$

用 C 语言表示该算法的递归程序如下：

```c
int fac(int n)
{
    int f;
    if (n == 0 || n == 1)  f=1;
    else  f=fac(n-1)*n;
    return(f);
}
```

递归算法能使一个蕴涵递归关系且结构复杂的程序简洁精练，增加可读性。递归算法在调用自身时，包含了再次调用自身，因此过程的递归调用是无休止地调用自身，但在程序中要避免这种情况的发生，所以通常是有条件地递归调用，否则递归永远也不会结束，例如上例中就设立了一个当 $n=0$ 时的条件来结束递归过程。

2. 查找

查找是一种在列表中确定目标所在位置的算法。在列表中，查找意味着给定一个值，并在包含该值的列表中找到具有该值的第一个元素的位置，如图 3-21 所示，查找值为 32 的元素，返回的值 4 为该元素在列表中的位置。

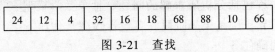

图 3-21 查找

对于列表有两种基本的查找方法：顺序查找和折半查找。顺序查找可以在任何列表中查找，折半查找则要求列表是有序的。

顺序查找是从表头开始查找，当找到目标元素或确认查找目标不在列表中时，查找过程结束。顺序查找算法很慢，如果列表是有序的，可以使用效率更高的折半查找算法进行查找。折半查找是从测试列表的中间元素开始查找的。如果目标元素在前半部分，就不需要查找后半部分了，反之亦然。这样通过判断可以排除一半的列表元素，重复这个过程直至找到目标或是目标不在该列表中。

3. 排序

排序是计算机程序设计中的一种重要运算，其功能是将杂乱无章的数据元素的任意序列，重新排列成一个有序序列。例如，学生成绩统计表，按总分由高到低排序，则成绩表中的"总分"称为关键字。关键字可以是数值型、字符型等，它是作为排序的依据。

常用的排序算法有冒泡法、快速排序、插入排序、选择排序以及归并排序等算法，这些算法在数据结构课程中有详细介绍，这里不再详述。

3.5 程序设计基础

程序设计技术从计算机诞生到今天一直是计算机应用的核心技术，从某种意义上说，计算机的能力主要靠程序来体现的，计算机之所以能在各行各业中广泛使用，主要是有丰富多彩的应用软件系统。

3.5.1 程序设计的概念

程序是计算机的一组指令，是程序设计的最终结果。程序经过编译和执行才能最终完成程序的功能。由于计算机用户知识水平的提高和出现了多种高级程序设计语言，使用户也进入了软件开发领域。用户可以为自己的多项业务编制程序要比将自己的业务需求交给别人编程容易得多。因此，程序设计不仅是计算机专业人员必备的知识，也是其他各行各业的专业人员应该掌握的。

什么叫程序设计？对于初学者来说，往往把程序设计简单地理解为只是编写一个程序，这是不全面的。程序设计是指利用计算机解决问题的全过程，包含多方面的内容，而编写程序只是其中的一部分。使用计算机解决实际问题，通常是先要对问题进行分析并建立数学模型，然后考虑数据的组织方式和算法，并用某一种程序设计语言编写程序，最后调试程序，使之运行后能产生预期的结果，这个过程称为程序设计。程序设计的基本目标是实现算法和对初始数据进行处理，从而完成问题的求解。

学习程序设计的目的不只是学习一种特定的程序设计语言，而是要结合某种程序设计语言学习进行程序设计的一般方法。现在流行的高级程序设计语言多种多样，各种程序设计语言也在不断发展和更新，因而无论选择使用哪种程序设计语言进行程序设计，都应该掌握程序设计的一般思路和方法，以达到举一反三的目的。

程序设计的基本过程包括分析所求解的问题、抽象数学模型、设计合适的算法、编写程序、调试运行直至得到正确结果等阶段。各设计步骤具体如下：

（1）分析问题，明确任务

在接到某项任务后，首先需要对任务进行调查和分析，明确要实现的功能。然后详细分析要处理的原始数据有哪些，从哪里来，是什么性质的数据，要进行怎样的加工处理，处理的结果送到哪里，如打印、显示还是保存到磁盘上。

（2）建立数学模型，选择合适的解决方案

对要解决的问题进行分析，找出它们的运算和变化规律，然后进行归纳，并用抽象的数学语言描述出来。也就是说，将具体问题抽象为数学问题。

（3）确定数据结构和算法

方案确定后，要考虑程序中要处理的数据的组织形式（即数据结构），并针对选定的数据结构简略地描述用计算机解决问题的基本过程，再设计相应的算法（即解题的步骤）。然后根据已确定的算法，画出流程图。这样能使程序思路更清晰，减少编写程序的错误。

（4）编写程序

编写程序就是把用流程图或其他描述方法描述的算法用计算机语言描述出来。应注意的是，要选择一种合适的语言来适应实际算法和所处的计算机环境，并要正确地使用语言，准确地描述算法。

（5）调试程序

将源程序送入计算机，通过执行所编写的程序找出程序中的错误。通常情况下，程序不可能一次就写对，通过执行程序，找出程序中存在的语法及语义上的错误并进行修改，再次运行、查错、改错。重复这些步骤，直到程序的执行效果达到预期的目标。

（6）整理文档，交付使用

程序调试通过后，应将解决问题整个过程的有关文档进行整理，编写程序使用说明书。

以上是一个完整的程序设计的基本过程。对于初学者而言，因为要解决的问题都比较简单，所以可以将上述前三步合并为一步，即分析问题、设计算法。

3.5.2　程序设计方法

如果程序只是为了解决比较简单的问题，那么通常不需要关心程序设计思想，但对于规模较大的应用开发，显然需要用工程的思想指导程序设计。

早期的程序设计语言主要面向科学计算，程序规模通常不大。20 世纪 60 年代以后，计算机硬件的发展非常迅速，但是程序员要解决的问题却变得更加复杂，程序的规模越来越大，出现了一些需要几十甚至上百人年的工作量才能完成的大型软件，这类程序必须由多个程序员密切合作才能完成。由于旧的程序设计方法很少考虑程序员之间交流协作的需要，所以不能适应新形势的发展，因此编出的软件中的错误随着软件规模的增大而迅速增加，甚至有些软件尚未正式发布便已因故障率太高而宣布报废，由此产生了"软件危机"。

结构化程序设计方法正是在这种背景下产生的，现今面向对象程序设计、第 4 代程序设计语言、计算机辅助软件工程等软件设计和生产技术都已日臻完善，计算机软件、硬件技术的发展交相辉映，使计算机的发展和应用达到了前所未有的高度和广度。

1. 结构化程序设计

结构化程序设计是具有结构性的编程方法，结构性主要反映如下 3 点：

① 编程工作为一演化过程，即按抽象级别依次降低、逐步精化，最终得出所需程序的方法编程（自顶向下，逐步精化）。

② 按模块组装的方法编程，即将所需程序编制成若干模块或构件组成。

③ 将所需程序编制成只含顺序结构、分支结构和循环结构，其中每种结构只允许单入口和单出口。

采用结构化程序设计方法编程，旨在提高编程质量与所编程序的质量。自顶向下、逐步精化方法有利于在每一抽象级别上尽可能保证编程工作与所编程序的正确性；按模块组装方法编程以及所编程序只含顺序、分支、循环三种结构，则可使程序结构良好、易读、易理解、易维护，并易于保证及验证程序的正确性。

结构化程序设计方法的主要贡献：一是将程序设计方法由技艺向科学迈进一步；二是据此方法所编出的结构化程序不只是供计算机阅读，而且也是供人阅读的创造性工作。

2. 面向对象程序设计

面向对象程序设计是设计和构作面向对象程序的方法与过程。面向对象程序设计以对象为核心，对象是程序运行时刻的基本成分。面向对象程序设计语言中提供了类、继承等。面向对象程序设计即为设计类及由类构造程序的方法与过程，用计算机对象模拟现实世界对象。

结构化程序设计侧重于功能抽象，它将解决问题的过程视为一个处理过程，每个模块都是一个处理单位。面向对象程序设计综合了功能抽象和数据抽象，它将解决问题的过程视为一个分类演绎过程，对象是数据和操作的封装。在结构化程序设计中，过程为一独立实体，显式地为使用者所见；而在面向对象程序设计中，操作是对象私有的，只能通过消息传递来引用。如果参数相同，则过程调用的结果相同，而同一消息的多次发送可能产生不同的结果，取决于对象的当前状态。

面向对象程序设计中的基本概念有对象、类、继承和多态性等。

① 对象。对象用来描述客观事物的实体，反映系统为之保存信息和与之交互的能力。每个对象有各自的内部属性和操作方法。

② 类。类具有相同的属性和操作方法，并遵守相同规则的对象的集合。类是对象集合的抽象，规定了这些对象的公共属性（即数据结构）和方法（操作数据的函数）。对象是类的一个实例。

③ 继承。它是面向对象程序所特有的。在面向对象程序设计中，可以从一个类生成另一个类，即子类或派生类。派生类继承了其父类的数据成员和成员函数，派生类代表父类的一种改良，因此增加了新的属性和新的操作。派生类一般通过声明新的数据成员和成员函数来增加新的功能。

引入继承机制的目的在于：避免可公用代码的重要开发，减少数据冗余，增强数据的一致性，尽量降低模块间的耦合程序。

④ 多态性。多态性是一种面向对象的程序设计功能，是指当同样的消息被不同的对象接收时，却导致完全不同的行为，即完成不同的功能。

3.5.3　程序设计语言

在过去的几十年里，人们根据描述问题的需要而设计了上千种专用和通用的计算机语言，有的语言是为了编写系统软件而重在提高效率；有些语言是为了提高程序设计速度，面向商业应用；还有些语言是为了用于教学。这些语言中只有少数得到了比较广泛的应用。

1. 语言的分类

对程序设计语言的分类可以从不同的角度进行，如面向机器的程序设计语言、面向过程的程序设计语言、面向对象的程序设计语言等。最常见的分类方法是根据程序设计语言与计算机硬件的联系程度将其分为 3 类，即机器语言、汇编语言和高级语言。

（1）机器语言

从本质上说，计算机只能识别 0 和 1 两个数字，因此计算机能够直接识别的指令是由一连串的 0 和 1 组合起来的二进制编码，称为机器指令。每条指令规定了计算机要完成的某个操作，如加法指令用于完成加法运算，传送数据指令用于将数据从一个位置传送到另一个位置等。机器语言是指计算机能够直接识别的指令的集合，是最早出现的计算机语言。机器指令一般由操作码和操作数组成，其具体表现形式和功能与计算机系统的结构有关。所以，机器语言是一种面向机器的语言。

例如，以下是一个用机器语言编写的用于完成加法运算“7＋8”的简单程序。

```
10110000 ⎫
00000111 ⎭  把加数 7 送到累加器 AL 中

00000100 ⎫
00001000 ⎭  把累加器 AL 中的内容与另一数 8 相加,结果仍存放在 AL 中

11110100    停止操作
```

机器语言的优点是能够被计算机直接识别，占用内存少，执行速度快；其缺点是难记忆，难书写，难编程，可读性差且容易出错。因为机器语言是面向机器的语言，所以就要求编程人员对机器的结构及工作原理有一定程序的了解，才能着手用机器语言编写程序。另外，由于机器语言对机器的依赖性，所以使得用机器语言编写的程序的可移植性较差。

（2）汇编语言

为了克服机器语言的缺点，人们对机器语言进行了改进，用一些容易记忆和辨别的有意义的符号代替机器指令。用这样一些符号代替机器指令所产生的语言称为汇编语言，也称为符号语言。

例如，在某种汇编语言中，用 ADD 表示加法指令，用 MOV 表示传送数据指令等。对于前面求“7＋8”的机器语言程序，改写成用汇编语言实现，形式如下：

```
MOV  AL, 7    把加数 7 送累加器 AL 中
ADD  AL, 8    把累加器 AL 中的内容与另一数 8 相加,结果存入 AL
HLT           停止操作
```

用汇编语言编写的程序称为汇编语言源程序，不能被计算机直接识别，必须使用某种软件将汇编语言源程序翻译成用二进制代码表示的程序后才能被计算机所识别。这里负责翻译的软件称为汇编程序，如图 3-22 所示。

图 3-22　汇编程序的作用

汇编程序的主要作用就是把汇编语言源程序转换成用二进制代码表示的目标程序，以便计算机能够识别。虽然目标程序已经是二进制形式，但它还不能被直接执行，需要使用连接程序把目标程序与库文件或其他目标程序（如别人编好的程序段）连接在一起，才能形成计算机可以执行的程序。

汇编语言源程序比机器语言程序容易阅读和修改，但它仍然与机器指令相对应，作为一种面向机器的语言，汇编语言是为特定的计算机所设计的，因而不同的计算机所配的汇编程序也各不相同。由于汇编语言与具体的计算机结构有关，用汇编语言编写程序与用机器语言编写程序仍有相似之处，即烦琐、工作量大，而且编出的程序可移植性差。

由于汇编语言依赖于机器，就与机器语言程序一样可以结合机器的特点编写出高质量的程序，即程序代码短，执行速度快。因此，可以使用汇编语言编制那些使用频率高或要求处理时间短的程序，如实时测控系统这类软件仍用汇编语言来编写。

（3）高级语言

为了从根本上改变语言体系，使计算机语言更接近于自然语言，并力求使语言脱离具体机器，达到程序可移植的目的，20 世纪 50 年代末终于创造出独立于机型的、接近于自然语言的、容易学习使用的高级语言。高级语言是一种用接近自然语言和数学语言的语法、符号描述基本操作的程序设计语言，符合人们叙述问题的习惯，因此简单易学。

使用高级语言编写程序时，程序设计者可以不必关心机器的内部结构和工作原理，而把主要精力集中在解决问题的思路和方法上。高级语言的出现大大提高了编程的效率。

例如，前面 7+8 的问题，用 C 语言编程如下。

```
main()
{   int a1;
    a1=9+8;
}
```

目前，已经出现的高级语言有 1000 多种。例如，早期出现的有 BASIC、FORTRAN、Pascal、COBOL、C 等高级语言，采用的是面向过程的程序设计方法，后来出现的 VB、VC++、Delphi、Java、C#等高级语言，采用的是面向对象的程序设计方法。

用高级语言编写的程序称为高级语言源程序，同汇编语言一样，高级语言源程序也不能被计算机直接识别，必须使用专门的翻译程序将其翻译成用二进制代码表示的目标程序后才能被计算机所识别。每种高级语言都有自己的翻译程序，互相不能代替。

翻译程序有两种工作方式：一种是解释方式，另一种是编译方式。

① 解释方式

解释方式的翻译工作由"解释程序"来完成，解释程序对源程序一条语句一条语句地边解释边执行，不产生目标程序。程序执行时，解释程序随同源程序一起参加运行，如图 3-23所示。

图 3-23　解释程序的作用

解释方式执行速度慢，但可以进行人机对话，对初学者来说非常方便。例如，早期的 BASCI 语言多数采用解释方式。

② 编译方式

编译方式的翻译工作由"编译程序"来完成。编译程序对源程序进行编译处理后，产生一个与源程序等价的目标程序，因为在目标程序中还可能要用到一些计算机内部现有的程序（即内部函数或内部过程）或其他现有的程序（即外部函数或外部过程）等，所有这些程序还没有连接成一个整体，因此这时产生的目标程序还无法运行，需要使用连接程序将目标程序与其他程序段组装在一起，才能形成一个完整的可执行程序。其编译方式如图 3-24 所示。

图 3-24　编译程序的作用

2. 程序设计语言的选择

通常情况下，一项任务可以用多种语言来完成，而有些特殊问题可能需要某种专门的语言才能解决。选择使用哪种语言需要考虑多种因素，例如：

① 语言特点。除了一些特殊的场合外，多数情况下，使用高级语言编写程序比使用低级语言编写程序具有明显的优势，即效率高，程序的可读性、可测试性、可调试性和可维护性强。

② 任务需要。从应用领域角度考虑，各种语言都有其自身的应用领域，要根据任务本身的需要选择合适该领域的语言。要考虑所选择的语言能否实现任务的全部功能，能否跨平台运行，是否有数据库接口功能，等等。

③ 人的因素。开发一项比较紧急的任务，程序员精通的语言通常是首选语言，否则要考虑学习一门新语言的时间。

④ 单位因素。开发人员所在的工作单位可能仅仅有一两个编译器的许可证，这样就可能只使用具有许可证的编译器所支持的语言来编写程序。

随着计算机的发展及应用领域的迅速扩张，各种语言版本都在不断地变化，功能也在不断更新和增强。每个时期都有一批语言在流行，又有一批语言在消忙。因此，了解一些流行语言的特点，对于我们做出合理的选择会有较大的帮助。例如，开发 Windows 环境下的应用程序，VB、VC++和 Delphi 是很好的选择，开发基于因特网的跨平台的软件，Java 是较好的开发工具。下面介绍一些常见的程序设计语言。

（1）C 语言

20 世纪 70 年代初，在美国 Bell 实验室进行小型机 PDP-11 的 Unix 操作系统开发工作中，Dennis M.Ritchie 和 Brian W.Kernighan 在他人工作的基础上，推出了一种新型的程序设计语言 C。最初的 C 语言是为描述和实现 UNIX 操作系统而设计的，它随着 UNIX 的出名而闻名。1973 年，K.Thompson 和 Dennis M.Ritchie 两人合作把 UNIX 的 90%以上内容用 C 语言进行了改写，即大家熟知的 Unix 第 5 版（原来的 Unix 操作系统是用汇编语言开发成功的）。1978 年以后，C 语言先后移植到大、中、小和微型计算机上，成为世界上应用最广泛的程序设计语言。

随着计算机的日益普及，出现了许多的 C 语言版本，且相互兼容。但是 C 语言编译系统版本繁多，也造成不同版本之间的某些差异，主要体现在标准函数库中收入的函数在种类、格式和功能上有所不同，这种差异对于计算机应用技术的发展显然不利。

1983 年，美国国家标准协会（ANSI）成立了一个委员会，根据 C 语言问世以来各种版本对 C 语言的发展和扩充，制定了第一个 C 语言标准草案（ANSI C），ANSI C 比原来的 C 有了很大的发展。1989 年，ANSI 公布了一个完整的 C 语言标准——ANSI X3.159-1989（常称为 C89），1990 年，国际标准化组织 ISO（International Standard Organization）接受 C89 作为国际标准 ISO/IEC 9899:1990。

1995 年，ISO 对 C89 做了一些修订，即"1995 基准增补 1（ISO/IEC 9899/AMD1:1995）"。1999 年，ISO 又对 C 语言标准进行修订，在基本保留原来的 C 语言特征的基础上，针对应用的需要，增加了一些功能，尤其是 C++中的一些功能，命名为 ISO/IEC 9899:1999。2001 年和 2004 年先后进行了两次技术修正，即 2001 年的 TC1 和 2004 年的 TC2。ISO/IEC 9899:1999 及其技术修正被称为 C99，C99 是 C89（及 1995 基准增补 1）的扩充。

C 语言是一种用途广泛、功能强大、使用灵活的过程性编程语言，既可用于编写应用软件，又能用于编写系统软件。因此 C 语言问世以后得到迅速推广。自 20 世纪 90 年代初，C 语言在我国开始推广以来，学习和使用 C 语言的人越来越多，掌握 C 语言成为计算机开发人员的一项基本功。

【例 3-1】 应用 C 语言编制求解 100 以内的素数程序，并格式要求每行打印 5 个素数。

```c
#include <stdio.h>
#include <math.h>
int main()
{
    int n,k,i,m=0;
    for (n=2;n<100;n++)
    {
        k=sqrt(n);
        for (i=2;i<=k;i++)
            if (n%i==0) break;
        if (i>=k+1)
        {
            printf("%d  ",n);
            m=m+1;
        }
        if (m%5==0) printf("\n");
    }
    printf("\n");
    return 0;
}
```

（2）C++语言

为了满足管理程序的复杂性需要，1979 年，Bell 实验室的 Bjarne Stroustrup 开始对 C 进行改进和扩充，最初的成果称为"带类的 C"，1983 年正式命名为 C++，在经历了 3 次 C++修订后，于 1994 年制定了 ANSI C++标准的草案。以后又经过不断完善，成为目前的 C++。

C++语言是从 C 语言继承发展而来的一种混合型的面向对象的程序设计语言。一方面，C++语言全面兼容 C 语言，另一方面，C++支持面向对象的方法。C++保持了 C 的紧凑、灵活、高效和易移植性强的优点，它对数据抽象的支持主要在于类概念和机制，对面向对象风范的支持主要通过虚拟函数。由于 C++既有数据抽象和面向对象能力，又比其他面向对象语言如 Smalltalk、Eiffel、Commonloop 等的运行性能高得多，加上 C 语言的普及，而从 C 至 C++的过渡较为平滑，以及 C++与 C 的兼容程度可使数量巨大的 C 程序能方便地在 C++环境中重用，使得 C++在短短的几年内迅速流行，成为当前面向对象程序设计的主流语言。

【例 3-2】 输出一行字符：I am a student。

```
#include <iostream.h>
int main()
{
  cout << "I am a student.\n"
}
```

（3）Java 语言

Java 是由 Sun Microsystems 公司于 1995 年 5 月推出的 Java 程序设计语言和 Java 平台的总称，Java 语言是一种简捷的、面向对象的、用户网络环境的程序设计语言。

Java 语言的基本特征是简捷易学、面向对象、适用于网络分布环境、解释执行和多线程、具有一定的安全健壮性。由于 Java 具有以上特征，所以已受到各种应用领域的重视，取得很快的发展，在互联网上已推出了用 Java 语言编写的多种应用程序。

Java 平台由 Java 虚拟机（Java Virtual Machine）和 Java 应用编程接口（Application Programming Interface，API）构成。Java 应用编程接口为 Java 应用提供了一个独立于操作系统的标准接口。在硬件或操作系统平台上安装一个 Java 平台后，Java 应用程序就可运行。现在 Java 平台已经嵌入了几乎所有的操作系统，这样 Java 程序可以只编译一次，就可以在各种系统中运行。

Java 的诞生是对传统计算机模式的挑战，对计算机软件开发和软件产业都产生了深远的影响。① 软件 4A 目标要求软件能达到任何人在任何地方在任何时间对任何电子设备都能应用，这样能满足软件平台上互相操作，具有可伸缩性和重用性并可即插即用等分布式计算模式的需求。② 基于构建开发方法的崛起，引出了 CORBA 国际标准软件体系结构和多层应用体系框架。在此基础上形成了 Java 2 平台和.NET 平台两大派系，推动了整个 IT 业的发展。③ 对软件产业和工业企业都产生了深远的影响，软件从以开发为中心转到了以服务为中心。中间提供商，构件提供商，服务器软件以及咨询服务商出现。④ 对软件开发带来了新的革命，重视使用第三方构件集成，利用平台的基础设施服务，实现开发各个阶段的重要技术，重视开发团队的组织和文化理念，协作，创作，责任，诚信是人才的基本素质。

（4）C#语言

C#是微软公司发布的一种面向对象的、运行于.NET Framework 上的高级程序设计语言。C# 语言是微软公司研究员 Anders Hejlsberg 的研究成果，它是一种安全的、稳定的、简单的，由 C 和 C++衍生出来的面向对象的编程语言。它在继承 C 和 C++强大功能的同时去掉了一些它们的复杂特性（例如没有宏和模板，不允许多重继承）。C# 综合了 VB 简单的可视化操作和 C++的高运行效率，以其强大的操作能力、优雅的语法风格、创新的语言特性和便捷的面向组件编程的支持成为.NET 开发的首选语言，并且 C#成为 ECMA 与 ISO 标准规范。

原 Broland 公司的首席研发设计师安德斯·海尔斯伯格（Anders Hejlsberg）在微软开发了 Visual J++ 1.0，很快 Visual J++ 由 1.1 版本升级到 6.0 版。SUN 公司认为，Visual J++ 违反了 Java 开发平台的中立性，对微软提出了诉讼。2000 年 6 月 26 日，微软在奥兰多举行的"职业开发人员技术大会"（PDC 2000）上，发表新的语言 C#。C# 语言取代了 Visual J++，语言本身深受 Java、C 和 C++的影响。

但是，C#也有弱点。首先，在一些版本较旧的 Windows 平台上，C#的程序还不能运行，因为 C#程序需要.NET 运行库作为基础，而.NET 运行库作为现在的的 Windows（XP 及以后版本）的一部分发行，Windows ME/2000 用户只能以 Service Pack 的形式安装使用。其次，C# 能够使用的组件或库还只有.NET 运行库等很少的选择，没有丰富的第三方软件库可用，这需要有一个过程，同时各软件开发商的支持也很重要。第三，Java 的成功因素里有一些是反微软阵营的吹捧，虽然"只写一次，到处运行"只是一句口号，但毕竟已经是一种成熟的技术。而 C#的鼓吹者目前只有微软，且只能运行在 Windows 上。实际上，这两种语言都不是不可替代的，理智地说，对软件开发商而言，什么用得最熟什么就是最好的工具。尤其对 C++的使用者，C#没有带来任何新东西，因为.NET 运行库在 C++中也可以使用，没有要换的绝对理由。

近几年，C# 将不可避免地崛起，在 Windows 平台上成为主角，而 Java 将在 UNIX、Linux 等平台上成为霸主，C++将继续在系统软件领域大展拳脚。非常有意思的是，这些语言的语法极其接近，因为 Java 和 C#都是由 C++发展而来的。

（5）BASIC 语言

BASIC 语言是一种简单易学，使用方便的交互式语言。BASIC 是 Beginners' All-purpose Symbolic Instruction Code（初学者通用符号指令代码）的缩略语。美国 J.G.Kemeny 和 T.E.Kurtz 两位教授于 20 世纪 60 年代初开始研制，1966 年正式推出。BASIC 最初是为初学计算机的人设计的，因而简单易学，小巧灵活，使用方便，既可作为批处理语言使用，又可作为分时语言使用；既可用解释程序直接解释执行，也可用编译程序编译成目标代码再执行。

一般人类自然语言有标准语言，也有方言，计算机语言亦是如此。不同的计算机都有 BASIC 语言，但其语法、规则、功能不尽相同，而同一种计算机所使用的 BASIC 语言也可能有不同版本或由不同的软件公司开发的不同品牌 BASIC 语言，只是大家一致地继承了 BASIC 创始者所设计的基本形态与精神，而分别赋予独特的设计手法并增添独特功能。

1978 年美国发布最小 BASIC 国家标准 ANSI X3.60-78，1984 年该标准上升为国际标准 ISO 6373-84，1987 年美国发布全 BASIC 国家标准 ANSI X3.113-87。我国于 1991 年发布 BASIC 子集国家标准 GB12856-91。

1991 年，伴随着 MS-DOS5.0 的推出，微软公司同时推出了 Quick BASIC 的简化版 QBASIC，将其作为操作系统的组成部分免费提供给用户。自从 Windows 操作系统出现以来，图形用户界面的 BASIC 语言（即 Visual Basic）已经得到广泛应用。

1998 年 Visual Basic 6.0 推出。

2001 年 Visual Basic .NET 推出。

2003 年 Visual Basic .NET 2003 推出。

2005 年 11 月，在 Visual Studio 2005 中推出 Visual Basic 2005。

2008 年 3 月，在 Visual Studio 2008 中推出 Visual Basic 2008。

2008 年 10 月，微软公司推出针对儿童市场的免费编程语言 Small Basic。

2010 年 4 月 12 日，在 Visual Studio 2010 中推出 Visual Basic 2010。

（6）FORTRAN 语言

FORTRAN 语言是一种面向过程的程序设计语言。FORTRAN 是 formula translation（公式翻译）的缩略语。

FORTRAN 语言是在 20 世纪 50 年代中期由美国 IBM 公司的 J.Backus 领导的小组为 IBM 704 计算机设计的。第一个 FORTRAN 语言标准称为 FORTRAN 66，在 70 年代修订为 FORTRAN 77，分全集和子集。1991 年，国际化标准组织又批准新的 FORTRAN 标准，称为 FORTRAN 90。它是国际上第一个支持多字节字符集的标准，该标准采纳了我国 FORTRAN 工作组关于 CHARACTER 的建议。

FORTRAN 语言主要用于数值计算，由于 IBM 公司在 FORTRAN 语言诞生不久，就为计算机配置了 FORTRAN 编译程序，所以使 FORTRAN 很快普及。FORTRAN 语言的特点是接近数学公式，简单易用，易读性强。FORTRAN 已经是具有强大数值计算能力的现代高级语言，程序的书写更趋结构化，模块化。

3.6　软件工程

软件在当今的信息社会中占有重要的地位，软件产业是信息社会的支柱产业之一。随着软件应用日益广泛、软件规模日益扩大，人们开发、使用、维护软件不得不采用工程的方法，以求经济有效地解决软件问题。本节将对软件危机、软件工程的形成、软件生存周期及软件开发模型和方法等方面的问题和基本概念给出简要的介绍。

3.6.1　软件工程概述

（1）软件危机

软件危机是指在计算机软件的开发和维护过程中所遇到的一系列严重问题。软件危机爆发于 20 世纪 60 年代末期，虽然人们一直致力于发现解决危机的方法，但是软件危机至今依然困扰着人们。软件危机的具体表现如下：

① 软件开发的进度难以控制，完成期限一再拖延的现象。

② 软件成本严重超标。

③ 软件需求在开发初期不明确，导致矛盾在后期集中暴露，从而对整个开发过程带来灾难性的后果。

④ 由于缺乏完整规范的资料，加之软件测试不充分，从而造成软件质量低下，运行中出现大量问题。

（2）软件工程的定义

软件危机的出现表明，必须寻找新的技术和方法来指导大型软件的开发。考虑到机械、建筑等领域都经历过从手工方式演变成严密、完整的工程科学的过程，人们认为大型软件的开发也应该向"工程化"方向发展，逐步发展成一门完整的软件工程学科。

由于认识到软件的设计、实现、维护和传统的工程规则有相同的基础，1967 年，北大西洋公约组织首次提出了"软件工程（Software Engineering）"的概念。关于编制软件与其他工程任务类似的提法，得到了 1968 年在德国召开的 NATO 软件工程会议的认可。软件工程应使用已有的工程规则的理论和模式，来解决所谓的"软件危机"。

　　Fritz Bauer 曾经为软件工程下了定义：“软件工程是为了经济地获得能够在实际机器上有效运行的可靠软件而建立和使用的一系列完善的工程化原则。”1983 年，IEEE 给出的定义为：“软件工程是开发、运行、维护和修复软件的系统方法。”因此，软件工程是应用计算机科学理论和技术以及工程管理原则和方法，按预算和进度实现满足用户要求的软件产品的工程，或以此为研究对象的学科。其中，“软件”的定义为计算机程序、方法、规则、相关的文档资料以及在计算机上运行时所必需的数据。软件工程的重要思想是强调在软件开发过程中需要应用工程化原则的重要性。

　　（3）软件工程的内容

　　软件工程主要包括三方面的内容：软件开发方法、软件过程和软件工具。软件开发方法是在软件开发过程中所采用的技术，如结构化的方法、面向对象的方法。软件开发过程是在软件产品生产过程中，软件人员所进行的一系列的软件工程活动。例如，制订计划，根据制订的一系列的操作步骤及每一步骤所使用的方法和工具完成预定结果。软件工具是在软件开发的过程中为了实现某些方法而采用的手段，可以用图形、文字等方式表示。目前出现了许多自动化或半自动化工具，以便形成计算机辅助软件工程系统。例如，目前比较流行的建模工具 UML 和 Rose 等。

　　通过以上描述读者会对软件工程有一个清晰的认识，即软件工程是软件开发方法、过程和工具的集合。

3.6.2　软件生存周期

　　软件生存周期是指软件产品从考虑其概念开始到该产品交付使用，直至最终退役为止的整个过程，一般包括计划、需求分析、软件设计、程序编码、软件测试、运行和维护等阶段。在实践中，软件开发并不总是按照顺序来执行的，即各个阶段是可以重叠交叉的。整个开发周期经常不是明显地划分为这些阶段，而是分析、设计、编码实现、再分析、再设计、再编码实现等阶段迭代执行。

　　（1）制订计划

　　确定要开发系统的总目标，给出它的功能、性能、可靠性以及接口等方面的要求。由系统分析员和用户合作，研究完成该项软件任务的可行性，探讨解决问题的可能方案，并对可利用资源、成本、可取得的效益、开发的进度做出估计，制订出完成开发任务的实施计划，连同可行性研究报告，提交管理部门审查。没有一个客户会在不清楚软件预算的情况下批准软件的方案，如果开发组织低估了软件的费用，便会造成实际开发的亏本。反之，如果开发组织过高地估计了软件的费用，客户可能会拒绝所提出的方案。如果开发组织低估了开发所用的时间，则会推迟软件的交付，从而失去客户的信任。反之，如果开发组织过高地估计了开发所用的时间，客户可能会选择进度较快的其他开发组织去做。因此，对一个开发组织来说，首先必须确定所交付的产品、开发进度、成本预算和资源配置。

　　（2）需求分析

　　分析、整理和提炼所收集到的用户需求，对待开发软件提出的需求进行分析并给出详细的定义。软件人员和用户共同讨论决定哪些需求是可以满足的，并对其加以确切的描述。然后编写出软件需求说明书或系统功能说明书，及初步的系统用户手册，确保对用户需求达到共同的理解与认识，并提交管理部门评审。

　　（3）软件设计

　　设计是软件工程的核心技术。在设计阶段的目标是决定软件怎么做。设计人员把已确定的各项需求转换成相应的体系结构。结构中的每一组成部分都是意义明确的模块，每个模块都和某些需求相对应，即概要设计。进而对每个模块要完成的工作进行具体的描述，为源程序编写打下基础，即详细设计，所有设计中考虑的内容都应以设计说明书的形式加以描述，以供后继工作使用并提交评审。软件设计主要集中于软件体系结构、数据结构、用户界面和算法等方面，设计过程将现实世界的问题模型转换成计算机世界的实现模型。

（4）程序编码

把软件设计转换成计算机可以接受的程序代码，即写成以某一种特定的程序设计语言表示的"源程序清单"，这一步工作称为编码。

（5）软件测试

测试是保证软件质量的重要手段，其主要方式是在设计测试用例的基础上检测软件的各个组成部分。首先是进行单元测试，查找各模块在功能和结构上存在的问题并加以纠正；其次是进行组装测试，将测试过的模块按一定的顺序组装起来；最后按规定的各项需求，逐项进行有效性测试，测试整个产品的功能和性能是否满足已有的规格说明、能否交付用户使用。

（6）运行和维护

已交付的软件正式投入使用后，便进入运行阶段。软件在运行阶段需要进行的修改便是维护。维护是软件过程的一个组成部分，应当在软件的设计和实现阶段充分考虑软件的可维护性。维护阶段需要测试是否正确地实现了所要求的修改，并保证在产品的修改过程中，没有做其他无关的改动。维护时，最常见的问题是文档不齐全，或者甚至没有文档。由于追赶开发进度等原因，开发人员修改程序时往往忽略对相关的规格说明文档和设计文档进行更新，从而造成只有源代码是维护人员可用的唯一文档。由于软件开发人员的频繁变动，当初的开发人员在维护阶段开始前也许已经离开了该组织，这就使得维护工作变得更加糟糕。因此，维护常常是软件生命周期中最具挑战性的一个阶段，其费用是相当昂贵的。

3.6.3 软件开发模型

软件开发模型是软件开发的全部过程、活动和任务的结构框架。软件开发模型能清晰、直观地表达软件开发全过程，明确规定要完成的主要活动和任务，用来作为软件项目开发的基础。典型的开发模型有编码-修改模型（Code And Fix Model）、瀑布模型（Waterfall Model）、快速原型模型（Rapid Prototype Model）、螺旋模型（Spiral Model）和演化模型（Evolutionary Model）等。

（1）编码-修改模型

在软件开发的早期，开发只有两个阶段：编写代码和修改程序代码。在这个模型中，开发人员拿到项目后立即根据需求编写程序，完成代码，通过调试，就算基本完成。在使用过程中如果出了什么错误或有什么新的要求，则要重新修改代码，直到用户满意。这种开发模型，只是一种类似作坊式的方式，对开发一些较小的软件，似乎还能应付。但这种方法对任何规模的开发来说都是不能令人满意的，其主要弊端在于：

① 代码缺少统一规划，忽略了设计的重要性，使得代码结构随着修改次数的增加变得越来越坏，导致最后无法修改。

② 忽略需求分析，即使有的软件设计得很好，但其结果往往并非用户所需要的，给软件开发带来很大的风险。

③ 由于对测试、维护修改方面考虑不周，使得代码的维护修改非常困难。

（2）瀑布模型

由于吸取了软件开发早期的教训，人们开始将软件开发视为工程来管理。1970 年，Winston Royce 提出了著名的"瀑布模型"，20 世纪 80 年代早期之前，它一直是唯一被广泛采用的软件开发模型。

瀑布模型将软件生命周期划分为制订计划、需求分析、软件设计、程序编写、软件测试和运行维护等 6 个基本活动，并且规定了它们自上而下、相互衔接的固定次序，如同瀑布流水、逐级下落、并且瀑布模型试图解决编码-修改模型所带来的问题，如图 3-25 所示。

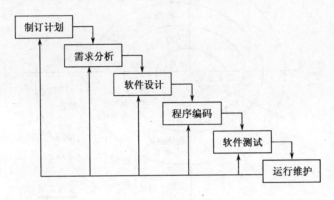

图 3-25　瀑布模型

瀑布模型的优点在于：

<1> 强调开发的阶段性。

<2> 强调早期计划及需求调查。

<3> 强调产品测试。

但是瀑布模型同样存在一些问题：

<1> 阶段和阶段划分完全固定，阶段间产生大量的文档，极大地增加了工作量。

<2> 依赖于早期进行的唯一一次需求调查，不能适应需求的变化。

<3> 由于是单一流程，开发中的经验教训不能反馈应用于本产品的过程。

<4> 风险往往迟至后期的开发阶段才显露，因而失去及早纠正的机会。

（3）快速原型模型

快速原型在功能上等价于产品的一个子集。瀑布模型的缺点就在于不够直观，快速原型法就解决了这个问题。一般来说，快速原型法可根据用户的需要在很短的时间内解决用户最迫切需要，完成一个可以演示的软件产品。这个产品只是实现最重要的部分功能，它最重要的目的是为了确定用户的真正需求。这种方法非常有效，原先对计算机没有丝毫概念的用户在原型面前往往口若悬河，有些观点让人觉得非常吃惊。在得到用户的详细需求后，原型将被抛弃。因为原型开发的速度很快，设计方面是几乎没有考虑的，如果保留原型的话，在随后的开发中会付出极大的代价。

（4）螺旋模型

1988 年，Barry Boehm 正式发表了软件系统开发的螺旋模型，将瀑布模型和快速原型模型结合起来，强调了其他模型所忽视的风险分析，特别适合于大型复杂的软件系统。螺旋模型如图 3-26 所示，螺旋模型沿着螺线进行若干次迭代，图中的四个象限代表了以下活动。

① 制订计划：确定软件目标，选定实施方案，弄清项目开发的限制条件。

② 风险分析：分析所选方案，考虑如何识别和清除风险。

③ 实施工程：实施软件开发。

④ 用户评估：评价开发工作，提出修正建议。

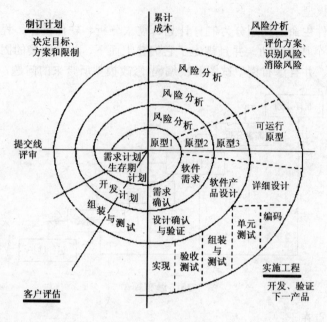

图 3-26　螺旋模型

螺旋模型由风险驱动，强调可选方案和约束条件从而支持软件的重用，有助于将软件质量作为特殊目标融入产品开发之中。但是螺旋模型也有一定的限制条件，具体如下。

① 螺旋模型强调风险分析，但要求许多用户接受和相信这种分析，并做出相关反应是不容易的，因此，这种模型往往适应内部的大规模软件开发。

② 如果执行风险分析将大大影响项目的利润，那么进行风险分析毫无意义，因此螺旋模型只适合于大规模软件项目。

③ 软件开发人员应该擅长寻找可能的风险，准确地分析风险，否则将带来更大的风险。

沿螺线自内向外每旋转一圈便开发出更为完善的一个新的软件版本。例如，在第一圈，确定了初步的目标、方案和限制条件以后，转入右上象限，对风险进行识别和分析。如果风险分析表明，需求具有不确定性，那么在右下的工程象限内，所建的原型会帮助开发人员和用户考虑其他开发模型，并对需求作进一步修正。用户对工程成果做出评价后给出修正建议。在此基础上需再次计划，并进行风险分析。在每一圈螺线上，风险分析的终点是否继续下去的判断。假如风险过大，开发者和用户无法承受，项目有可能终止。多数情况下沿螺线的活动会继续下去，自内向外逐步延伸，最终得到所期望的系统。

（5）演化模型

演化模型是一种主要针对事先不能完整定义需求，但用户可以给出待开发系统的核心需求，并且看到其实现后，能够有效地提出反馈，以支持系统的最终设计和实现的软件开发模型。软件开发人员根据用户的需求，首先开发核心系统。当该核心系统投入运行后，用户试用之，完成他们的工作，并提出精化系统、增强系统能力的需求。软件开发人员根据用户的反馈，实施开发的迭代过程。每一迭代过程均由需求、设计、编码、测试、集成等阶段组成，为整个系统增加一个可定义的、可管理的子集，如图 3-27 所示。

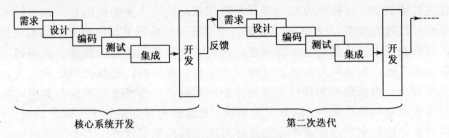

图 3-27　演化模型

如果在一次迭代中，有的需求不能满足用户的要求，可在下一次迭代中予以修正。演化模型在一定程度上减少了软件开发活动的盲目性。

3.6.4　软件开发方法

软件开发方法大都是在不断的实践过程中形成的，它也一定程度上受程序设计方法的影响，但软件开发方法绝不仅仅限于程序设计，还包含了更多的软件工程的活动，软件开发方法贯穿于整个软件工程活动过程。不同的软件开发方法都有其各自特征，以下简要介绍几种典型的软件开发方法。

（1）结构化方法

结构化方法是在 1978 年由 E.Yourdon 和 L.L.Constantine 提出，也可称为面向功能的软件开发方法或面向数据流的软件开发方法。结构化程序设计方法的产生和发展形成了现代软件工程的基础，其基本思想是采用自上而下、逐步求精的设计方法和单入口单出口的控制结构。

（2）模块化方法

模块化方法是一种传统的软件开发方法。在自上而下、逐步细化的过程中，把复杂问题分解成一个个简单问题的最基本方法就是模块化。在程序设计中是用子程序来实现程序模块的，子程序是程序设计的一个里程碑。模块化程序设计是对于自上而下、逐步求精方法的一个强有力的补充。

（3）面向数据结构方法

面向数据结构的软件开发方法有 2 种：一种是 1974 年由 J.D.Warnier 提出的结构化数据系统开发方法，又称为 Warnier 方法；另一种是 1975 年由 M.A.Jackson 提出的系统开发方法，又称 Jackson 方法，面向数据结构开发的基本思想是：从目标系统的输入/输出数据结构入手，导出程序的基本框架结构，在此基础上对细节进行设计，得到完整的程序结构图。

Warnier 方法与 Jackson 方法十分相似，开发的重点都在于数据结构，通过对数据结构的分析导出软件结构。但它们之间仍存在差别，而且两种方法使用不同的图形工具（Warnier 图和 Jackson 图）描述信息的层次结构。Jackson 方法包括分析和设计两方面内容，分析方法主要是用数据结构来分析和表示问题的信息域；设计方法是针对不同性质的数据结构，分别选择相应的控制结构（顺序、选择和循环）来进行处理，将具有层次性的数据结构映射为结构化的程序。由于 Jackson 方法无法构架软件系统的整体框架结构，因此适合对中小型软件进行详细设计。

（4）面向对象方法

当软件规模较大，或者对软件的需求是模糊的或随时间变化的时候，使用结构化方法开发软件往往不成功。结构化方法只能获得有限成功的一个重要原因是，这种技术要么面向行为（即对数据的操作），要么面向数据，没有既面向数据又面向行为的结构化技术。众所周知，软件系统本质上是信息处理系统。离开了操作便无法更改数据，而脱离了数据的操作是毫无意义的。数据和对数据的处理原本是密切相关的，把数据和处理人为地分离成两个独立的部分，自然会增加软件开发与维护的难度。与传统方法相反，面向对象方法把数据和行为看成是同等重要的，以数据为主线，把数据和对数据的操作紧密地结合在一起。

面向对象方法的出发点和基本原则是尽可能地模拟现实世界中人类的思维方式，使开发软件的方法和过程尽可能地接近人类解决现实问题的方法和过程，从而使描述问题的问题空间与实现解法的解空间在结构上尽可能一致。面向对象方法已成为当前软件工程学中的主流方法。

软件工程学专家 Codd 和 Yourdon 认为：面向对象=对象＋类＋继承＋通信。如果一个软件系统采用这些概念来建立模型并予以实现，那么它就是面向对象的。为了表述面向对象设计，近年来在建立标准的标记体系方面有了很大进展，最突出的例子是统一建模语言（Unified Modeling Language，UML），这是一个能表示各种面向对象概念的系统。

（5）基于构件的软件开发方法

基于构件的软件开发方法（CBSD）是一种基于预先开发好的软件构件，通过将其集成组装的方式来开发软件系统的方法，又称为基于构件的软件工程。它是软件复用的实现方式之一。其根本目的仍然是为了提高软件开发的质量和效率。

基于构件的软件开发方法的兴起主要是源于如下不同的背景：一是在学术研究方面对现代软件工程思想，特别是对软件复用技术的高度重视；二是在技术研发方面所取得的有效进展，如虽然缺少理论的支持，但在图形用户界面（GUI）和数据库应用中基于部件的组装技术的成功应用；三是一些主流互操作技术开发者的积极推动，如 OMG 的 CORBA/CCM、微软公司的 COM/DCOM 以及 SUN 公司的 EJB 已成为主流的构件实现规范，相应的软件中间件平台规范也已获得较为普遍的接受；四是由于面向对象技术的广泛使用，提供了构作和使用构件的概念基础和实用工具，事实上，主流的构件实现模型均基于对象技术。

从开发方法的角度来看，CBSD 提供了一种自底向上的、基于预先定制包装好的类属元素（构件）来构作应用系统的途径。应该看到，CBSD 的发展和中间件技术的发展是密切相关的，正是中间件技术及其平台提供了构件开发和构件组装的技术基础和机制。因此，当前 CBSD 讨论的重点主要局限于基于 COM/DCOM、CORBA/CCM 和 EJB 等主流规范的二进制级构件。

从复用的角度看，CBSD 支持的是黑盒、组装式复用方式。系统开发者不能对构件进行源代码级的修改，最多只能是通过参数方式进行适应性调整。构件的组装在中间件平台上进行，构件间通过中间件提供的通信协议和设施进行交互。

本章小结

软件是用户与硬件之间的接口界面，是计算机系统中的程序、数据和有关的文档的集合。用户主要通过软件与计算机进行交往。软件是计算机系统中的指挥者，它规定计算机系统的工作，包括各种计算任务内部的工作内容和工作流程以及各项任务之间的调度和协调。从应用的角度来看，软件可分为系统软件、支撑软件和应用软件。而整个计算机系统应由计算机硬件软件和计算机软件系统组成。

操作系统对硬件功能进行扩充，并统一管理和支持各种软件的运行。操作系统是计算机系统中的一个系统软件，它是这样一些程序模块的集合：它们能有效地组织和管理计算机系统中的硬件及软件资源，合理地组织计算机工作流程，控制程序的执行，并向用户提供各种服务功能，使得用户能够灵活、方便和有效地使用计算机，使整个计算机系统能高效地运行。操作系统的功能包括处理机管理、存储管理、设备管理、文件管理以及用户接口。常用的操作系统有 Windows，UNIX，Linux，Mac OS，DOS 等。

办公自动化将计算机技术、通信技术、科学管理思想和行为科学有机结合在一起，应用在传统的数据处理技术难于处理的数据量庞大的、包括非数值型信息且结构不明确的办公事务上，有效地提高了办公质量和办公选效率。文字处理软件是指在计算机上辅助人们制作文档的系统。电子表格软件主要针对那些带有数值计算的表格，如财务报表、实验数据分析等。演示文稿软件能够制作出集文字、图形、图像、声音以及视频剪辑等多媒体元素于一体的媒体演示制作软件，为人们传播信息、扩大交流提供了极为方便的手段。

计算机能理解的语言称为机器语言，它是第一代程序设计语言。代表程序的助记符系统被称为汇编语言。汇编语言被认为是第二代程序设计语言。第三代程序设计语言——高级语言在许多方面类似于人类使用的语言。它们的设计宗旨是方便人们写程序，以及方便阅读和理解。高级语言（如 C++）包含的指令比计算机处理器（CPU）能够执行的简单指令要复杂得多。常用的编程语言，如 C、C++、Java、C#、BASIC 和 FORTRAN 等都属于高级语言。

许多专家尝试把其他工程领域中行之有效的工程学知识运用到软件开发工作中来。经过不断实践和总结，最后得出一个结论：按照工程化的原则和方法组织软件开发工作是有效的，也是摆脱软件危机的一个主要出路。根据软件开发的特点，软件的生存周期可以划分为若干相对独立的阶段，每一阶段完成一些特定的任务。为了有效指导软件项目的开发，可使用软件开发模型清晰、直观地表达软件开发的全过程。软件开发方法是指软件开发全过程中应遵循的方法和步骤。不同的开发方法会得到不同的设计方案，究竟哪一种开发方法更好一些，需要根据具体应用的实际情况和设计原则加以综合评判和选用。

习 题 3

一、选择题（注意：4 个答案的为单选题，6 个答案的为多选题）：

1. 软件是指计算机系统中的程序及其文档，它属于_____。
   A. 个体含义　　　B. 整体含义　　　　C. 专业含义　　　D. 学科含义

2. 计算机的软件系统包括_____。
   A. 系统软件、支撑软件和操作系统　　B. 系统软件、数据库系统和应用软件
   C. 操作系统、数据库软件和应用软件　D. 系统软件、支撑软件和应用软件

3. 某校的工资管理软件属于_____。
   A. 系统软件　　　B. 应用软件　　　　C. 工具软件　　　D. 支撑软件

4. 中间件是一种软件，它属于_____。
   A. 系统软件　　　B. 应用软件　　　　C. 工具软件　　　D. 支撑软件

5. 操作系统是一种对_____进行控制和管理的系统软件。

    A. 计算机所有资源   B. 全部硬件资源

    C. 全部软件资源   D. 应用程序

6. 为了使系统中所有的用户都能得到及时的响应，该操作系统应该是_____操作系统。

    A. 多道批处理   B. 分时   C. 实时   D. 网络

7. 以下_____功能不是操作系统具备的主要功能。

    A. 内存管理   B. 中断处理   C. 文档编辑   D. CPU 调度

8. 两个进程争夺同一个资源，则_____。

    A. 一定死锁   B. 不一定死锁   C. 不死锁   D. 以上说法都不对

9. _____是一个免费的操作系统，用户可以免费获得其源代码，并能够随意修改。

    A. Unix   B. Linux   C. DOS   D. Windows XP

10. 开源办公软件 OpenOffice.org 是一套跨平台的办公软件，它能在_____上运行。

    A. Unix   B. Linux

    C. DOS   D. Windows

    E. Solaris   F. Mac OS

11. 在数据结构中每个元素之间存在着一对多的关系是_____。

    A. 集合结构   B. 线性结构

    C. 树形结构   D. 网状结构

12. 下列高级语言中，能用于面向对象程序设计的语言是_____。

    A. C 语言   B. FORTRAN 语言

    C. PASCAL 语言   D. C++语言

13. 能够被计算机直接识别并执行的是_____程序。

    A. 自然语言   B. 汇编语言

    C. 机器语言   D. 高级语言

14. 面向机器语言的含义指的是_____，其特点是程序的执行效率高、可读性差。

    A. 用于解决机器硬件设计问题的语言

    B. 特定的计算机系统所固有的语言

    C. 各种计算机系统都通用的语言

    D. 只能在一台计算机上使用的语言

15. 解释程序的工作方式是_____。

    A. 先解释后执行   B. 先执行后解释

    C. 边解释边执行   D. 都不是

16. 产生软件危机的原因可能有_____。

    ① 用户的需求描述不精确、不确定

    ② 对大型软件项目的开发往往缺乏有利的组织和管理

    ③ 缺乏有力的方法学和工具的支持

    ④ 软件产品的特殊性和人类智力的局限性

    A. ①②   B. ①②③   C. ②③④   D. ①②③④

17. 软件生命周期一般都被划分为若干个独立的阶段，其中占用精力和费用最多的阶段往往是_____。

    A．需求分析   B．运行和维护

    C．软件设计   D．程序编码

18．下列选项不属于瀑布模型的优点是_____。

    A．可迫使开发人员采用规范的方法

    B．严格地规定了每个阶段必须提交的文档

    C．要求每个阶段交出的所有产品都必须经过质量保证小组的仔细验证

    D．支持后期的变动

19．目前在线文字处理服务产品出现了不少，应用比较流行的有_____。

    A．Adobe Buzzword   B．Microsoft Word

    C．Microsoft Excel   D．Google Docs

    E．OpenOffice.org   F．Zoho Writer

20．通常一个好的算法应考虑_____等因素。

    A．复杂性   B．可行性

    C．正确性   D．稳健性

    E．高效性   F．可读性

二、问答题：

1．简述程序、文档的含义。

2．何谓软件？软件又可分为哪几类？举例说明。

3．试论述计算机系统的组成。

4．操作系统的主要功能包括哪几方面？

5．什么是进程？进程与程序的主要区别是什么？

6．一个进程至少有几种状态？它们在什么情况下转换？

7．什么是文件？文件可分为哪几种类型？

8．什么是文件系统？文件系统有什么功能？

9．什么是批处理、实时、分时操作系统？它们各有什么特征？分别适用哪些场合？

10．从程序设计语言与计算机硬件的联系程序划分，程序设计语言可分为哪几类？

11．什么是高级语言？解释程序和编译程序的作用有什么不同？

12．简述将源程序编译成可执行程序的过程。

13．什么是结构化的程序设计？什么是面向对象的程序设计？

14．试论述软件生存周期的几个阶段。

15．什么是软件开发方法？它有哪些主要开发方法？

第4章　数据库与信息系统

数据库技术是数据管理的最新技术，也是计算机科学的重要分支。数据库技术经过 40 余年的发展，其应用遍及各领域，已成为 21 世纪信息社会的核心技术之一。目前，许多单位的正常业务开展都离不开数据库，如银行业务、证券市场业务、飞机和火车订票业务、超市业务和电子商务等。

本章在阐述数据库的定义、发展和数据库管理系统的基础上，着重讨论数据模型和关系数据库理论和设计，然后以 Access 为例，详细介绍一个具体的关系型数据库管理系统，最后讨论数据库技术在信息系统中的应用。

4.1　数据库系统概述

4.1.1　数据库的基本概念

1. 数据（data）

说起数据，人们首先想到的是数字，如 86、10.23、￥100 等。其实数字只是简单的一种数据，数据的种类很多，如文字、声音、图像、动画、视频、学生档案记录和货物运输清单等。可以对数据进行定义：描述事物的符号记录称为数据。

在计算机中，为了存储和处理这些事物，就要抽出对这些事物感兴趣的特征并组成一个记录来描述。例如，在学生档案中，如果人们感兴趣的是学生的学号、姓名、性别、出生年月、籍贯、就读学院等，那么可以这样描述：

(2011130025, 王晓丰, 男, 199306, 江苏省南京市, 计算机学院)

针对上面的记录可以得到如下信息：王晓丰是名学生，1993 年 6 月出生，江苏省南京市人，2011 年考入某某大学计算机学院。可见，数据的形式本身并不能完全表达其内容，需要经过语义解释。

数据的概念包括两方面：一是数据有语义，数据的解释是对数据含义的说明，数据的含义就是数据的语义，通常数据与其语义是不可分的；二是数据有结构，如描述学生的数据就是学生记录，记录是计算机中表示和存储数据的一种形式。由于描述事物特性必须借助一定的符号，这些符号就是数据形式，而数据形式可以是多种多样的。

2. 数据库（DataBase，DB）

数据库就是存放数据的仓库，只不过这个仓库是在计算机存储设备上，而且数据是按一定的格式存放的。人们借助于计算机存储设备和数据库技术保存和管理大量的复杂数据，以便能方便而充分地利用这些宝贵的信息资源。

实际上，数据库就是为了实现一定的目的、按某种规则组织起来的数据集合。更准确地说，数据库就是长期存储在计算机内、有组织的、可共享的数据集合。数据库中的数据按一定的数据模型组织、描述和存储，具有较小的冗余度、较高的数据独立性和易扩展性，并为用户共享。

数据库中的数据不只是面向某一种特定的应用，而是可以面向多种应用，可以被多个用户、多个应用程序所共享。例如，某一公司的数据库可以被该公司下属的各个部门的有关管理人员共享使用，也可以供各管理人员运行的不同应用程序共享使用。当然，为保障数据库的安全，对于使用数据库的用户应有相应权限的限制。

数据库使用操作系统的若干个文件存储数据，也有一些数据库使用磁盘的一个或若干个分区存放数据。

3. 数据库管理系统（DataBase Management System，DBMS）

为了方便数据库的建立、使用和维护，人们研制了一种数据管理软件——数据库管理系统。数据库管理系统由一组程序构成，其主要功能是完成对数据库中数据定义、数据操纵，提供给用户一个简明的应用接口，实现事务处理等。常见的数据库管理系统有 Oracle、DB2、SQL Server、My SQL、FoxPro 和 Access 等。

由于不同的数据库管理系统要求的硬件设备、软件环境是不同的，因此其功能与性能也存在差异，一般来说，数据库管理系统的基本功能主要包括：

① 数据定义功能。数据库管理系统提供数据定义语言（Data Definition Language，DDL），用户通过它可以方便地对数据库中的数据对象进行定义。

② 数据操纵功能。数据库管理系统提供数据操纵语言（Data Manipulation Language，DML），用户通过它操纵数据，实现对数据库的基本操作——插入、删除、修改和查询等。

③ 数据库的运行管理。数据库在建立、运行和维护时由数据库管理系统统一管理和控制，以保证数据的安全性、完整性、多用户对数据的并发使用以及发生故障后的系统恢复。

④ 数据库的建立和维护。数据库初始数据的输入和转换功能，数据库的转储和恢复功能，数据库的重组和重构功能以及性能监视和分析功能等，这些功能通常由一些实用程序完成。

4. 数据管理技术的发展

数据管理技术的发展经历了人工管理、文件系统和数据库系统三个发展阶段。

（1）人工管理阶段

20 世纪 50 年代中期以前，计算机主要用于科学计算。此时，硬件中的外存只有卡片、纸带和磁带，没有磁盘等直接存取的存储设备；软件只有汇编语言，没有操作系统，更无统一的管理数据的专门软件；对数据的管理完全在程序中进行，数据处理的方式是批处理。

人工管理数据有如下特点：

① 数据不保存，用完就撤走。

② 数据需要由应用程序自己设计、说明和管理。

③ 数据是面向应用程序的，数据不共享。

④ 数据的逻辑结构或物理结构发生变化后，应用程序必须修改，不具备独立性。

（2）文件系统阶段

20 世纪 50 年代后期到 60 年代中期，计算机已大量用于信息管理。此时，硬件有了磁盘、磁鼓等直接存取的存储设备；在软件方面，出现了高级语言和操作系统；操作系统中有了专门的数据管理软件，一般称为文件系统，用户可以把相关数据组织成一个文件存放在计算机中，由文件系统对数据的存取进行管理；处理方式有批处理，也有联机处理。

用文件系统管理数据有如下特点：

① 数据可以长期保存。

② 文件系统管理数据，程序和数据之间由软件提供的存取方法进行转换，使应用程序与数据之间有了一定的独立性。

③ 数据共享性差，数据的冗余度大。

④ 数据独立性差，系统不容易扩充。

（3）数据库系统阶段

20世纪60年代后期以来，计算机管理的对象规模越来越大，应用范围越来越广泛，数据量急剧增长。此时，硬件已有大容量磁盘，且硬件价格持续下降；软件价格则持续上升，为开发和维护软件及应用程序所需的成本相对增加；处理方式有联机实时处理，也有分布式处理。在这种背景下，以文件系统作为数据管理手段已经不能满足应用的需求，于是为了解决多用户、多应用共享数据的需求，使数据为尽可能多的用户服务，数据库技术便应运而生，出现了统一管理数据的专门软件系统——数据库管理系统。

用数据库系统来管理数据有如下特点：

① 具有较高的逻辑数据独立性。

② 提供了数据库的创建以及对数据库的各种控制功能。

③ 用户界面友好，便于使用。

根据数据模型的发展，数据库技术又可划分为三个发展时代：第一代的网状、层次数据库系统，第二代的关系数据库系统，第三代以支持面向对象数据模型为主要特征的数据库系统。尽管第三代数据库有很多优势，但还是尚未完全成熟的一代数据库系统。

4.1.2 数据库系统的结构

根据美国国家标准化协会和标准计划与需求委员会提出的建议，数据库系统的体系结构是三级模式和二级映射结构。三级模式分别是外模式、概念模式和内模式，二级映射分别是外模式到概念模式的映射和概念模式到内模式的映射。三级模式反映了数据库的三种层面，如图4-1所示。

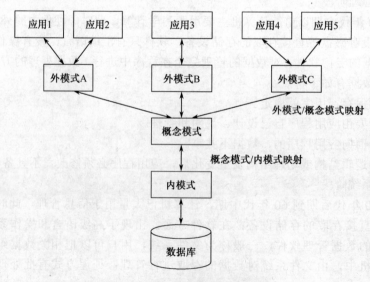

图 4-1 数据库系统的体系结构

以外模式为框架所组成的数据库称为用户级数据库，体现了数据库操作的用户层。以概念模式为框架所组成的数据库称为概念级数据库，体现了数据库操作的接口层。以内模式为框架所组成的数据库称为物理级数据库，体现了数据库操作的存储层。

1. 三级模式

（1）外模式

外模式也称为子模式或用户模式，是数据库用户（包括应用程序员和最终用户）所见到和使用的局部数据逻辑结构的描述，是数据库用户的数据视图，是与某一应用有关的数据的逻辑表示。一个概念模式可以有若干个外模式，每个用户只关心与他有关的外模式，这样不仅可以屏蔽大量无关信息，而且有利于数据库中数据的保密和保护。对外模式的描述，数据库管理系统一般提供相应的外模式数据定义语言来定义。

（2）概念模式

概念模式也称为模式，是数据库中全局数据逻辑结构的描述，是所有用户的公共数据视图。定义概念模式时，不仅要定义数据的逻辑结构（如数据记录由哪些数据项构成，数据项的名字、类型等），而且要定义与数据有关的安全性、完整性约束要求，定义这些数据之间的联系等。对概念模式的描述，数据库管理系统一般都提供有相应的模式数据定义语言来定义模式。

（3）内模式

内模式也称为存储模式或物理模式，是数据库物理存储结构和物理存储方法的描述，是数据在存储介质上的保存方式。例如，数据的存储方式是顺序存储还是按照树结构存储等。内模式对一般用户是透明的，但它的设计直接影响数据库的性能。对内模式的描述，数据库管理系统一般提供相应的内模式数据定义语言来定义。一个数据库只有一个内模式。

2. 二级映射

数据库系统的三级模式之间的联系是通过二级映射来实现的，当然实际的映射转换工作是由数据库管理系统来完成的。

（1）外模式到概念模式的映射

外模式到概念模式的映射定义了外模式与概念模式之间的对应关系。外模式是用户的局部模式，而概念模式是全局模式。当概念模式改变时，由数据库管理员对各外模式/概念模式映射做相应改变，可以使外模式保持不变，从而应用程序不必修改，保证了数据的逻辑独立性。

（2）概念模式到内模式的映射

概念模式到内模式的映射定义了数据全局逻辑结构与物理存储结构之间的对应关系。当数据库的存储结构改变时（如换了另一个磁盘来存储该数据库），由数据库管理员对概念模式/内模式映射做相应改变，可以使概念模式保持不变，从而保证了数据的物理独立性。

4.1.3　数据库系统的特点

与文件系统相比，数据库系统的特点主要体现在以下几方面。

（1）数据结构化

实现整体数据的结构化，是数据库的主要特征之一，也是数据库系统与文件系统的本质区别。在文件系统中，文件中的记录内部具有结构，不同文件中的记录之间也能建立联系，但是记录的结构和记录之间的联系被固化在程序中，由程序员加以维护。这种工作模式加重了程序员的负担，也不利于结构的变动。

在数据库系统中，记录的结构和记录之间的关系由数据库系统维护。用户使用 DDL 描述记录的结构，数据库系统把数据的结构作为系统数据保存在数据库中，不同文件记录之间中的联系由数据库管理系统提供的操作实现，减轻了程序员的工作量，提高了工作效率。

（2）数据共享性高、冗余度低

使用文件系统开发应用软件时，一般情况下，一个文件仅供某个应用使用，文件中数据的结构是针对这个应用设计的，很难被其他应用共享。例如，财务部门根据自己的需要设计一个文件存储职员信息，用于发放薪酬，而人事部门的需求完全不同于财务部门，因此设计另一个文件存储职员信息，结果是职员的部分信息在两个文件中重复存放，即存在数据冗余。数据冗余会造成数据的不一致性。即使在设计时考虑到了文件在不同应用中的共享问题，也很难实现数据共享。因为在很多操作系统中，文件被某个程序使用期间，不允许其他程序使用。

使用数据库系统开发应用软件时，要求综合考虑组织机构各部门对数据的不同要求。例如，在数据库中只存放一份职员数据，既能满足财务部门的业务处理，也能满足人事部门日常工作的要求，减少了数据冗余。数据库管理系统采用特殊的技术协调同时访问数据而造成的各种冲突问题，允许事务并发执行，提高了数据的共享程度。

（3）数据独立性高

数据的独立性有两方面的含义，是指数据的逻辑独立性和物理独立性。

数据的逻辑独立性是指当数据的总体逻辑结构改变时，数据的局部逻辑结构不变，由于应用程序是依据数据的局部逻辑结构编写的，所以应用程序不必修改，从而保证了数据与程序间的逻辑独立性。例如，在原有的记录类型之间增加新的联系，或在某些记录类型中增加新的数据项，把原有记录类型拆分成多个记录类型等，均可保持数据的逻辑独立性。

数据的物理独立性是指当数据的存储结构改变时，数据的逻辑结构不变，从而应用程序也不必改变。例如，改变存储设备和增加新的存储设备，或改变数据的存储组织方式，改变存储策略等均可保持数据的物理独立性。

数据的组织和存储方法与应用程序互不依赖，彼此独立的特性可降低应用程序的开发代价和维护代价，大大减轻了程序员和数据库管理员的负担。

（4）数据由数据库管理系统集中管理

数据库为多个用户和应用程序所共享，对数据的存取往往是并发的，即多个用户可以同时存取数据库中的数据，甚至可以同时存取数据库中的同一个数据，为确保数据库数据的正确使用和数据库系统的有效运行，数据库管理系统提供 4 方面的数据控制功能。

① 数据的安全性。数据库要有一套安全机制，使每个用户只能按规定，对某些数据以指定方式进行访问和处理，以便有效地防止数据库中的数据被非法使用和修改，以确保数据的安全和机密。

② 数据的完整性。系统通过设置一些完整性规则以确保数据的正确性、有效性和相容性，即将数据控制在有效的范围内，或要求数据之间满足一定的关系。

③ 并发控制。数据库中的数据是共享的，并且允许多个用户同时使用相同的数据。这就要保证各用户之间不相互干扰，对数据的操作不发生矛盾和冲突，数据库能够协调一致，因此必须对多用户的并发操作加以控制和协调。

④ 数据备份和恢复。计算机系统的硬件故障、软件故障、操作员的失误以及故意破坏也会影响数据库中数据的正确性，甚至造成数据库部分或全部数据的丢失。数据库管理系

统要有一套备份和恢复机制，以保证当数据遭到破坏时将数据库从错误状态恢复到最近某一时刻的正确状态，并继续可靠地运行。

4.1.4　数据库系统的组成

数据库系统是指带有数据库的计算机应用系统，通常是由数据库、数据库管理系统、应用程序、数据库管理员和最终用户组成，即 DBS＝DB+DBMS+Application+DBA+USER。它们之间的关系如图 4-2 所示。

数据库是数据的汇合，它以一定的组织形式保存在存储介质上。数据库管理系统是管理数据库的支撑软件，可以实现数据库系统的各种功能。应用程序是指以数据库管理系统和数据库中的数据为基础的程序。数据库系统还包括用户，一般将用户分为系统管理员和最终用户两种。

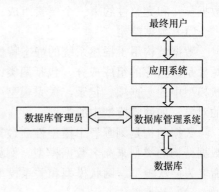

图 4-2　数据库系统各部分的关系

数据库管理员（DataBase Administrator，DBA）管理数据库和数据库管理系统的日常运行，具体职责有：决定数据库中要存储的数据及数据结构，因此数据库管理员必须参加数据库设计的全过程；决定数据库的存储结构和存取策略；保证数据的安全性和完整性；监控数据库的使用和运行。在数据库运行过程中，大量数据不断被插入、删除、修改，时间一长，会影响系统的性能。因此，数据库管理员要定期对数据库进行重组织，以提高系统的性能。当用户的需求增加和改变时，数据库管理员还要对数据库进行较大的改造，包括修改部分设计，即数据库的重构。

最终用户是通过应用程序的用户接口使用数据库。常用的用户接口方式有浏览器、菜单驱动、表格操作、图形显示、报表书写等。

最终用户可以分为如下 3 类。

① 偶然用户。这类用户不经常访问数据库，但每次访问数据库时往往需要不同的数据库信息，这类用户一般是企业或组织机构的中高级管理人员。

② 简单用户。数据库的多数最终用户都是简单用户，其主要工作是查询和更新数据库，一般都是通过由应用程序员精心设计并具有友好界面的应用程序存取数据库，如银行的职员、航空公司的机票预订工作人员、旅馆总台服务员等。

③ 复杂用户。复杂用户包括工程师、科学家、经济学家、科技工作者等具有较高科技背景的人员。这类用户一般比较熟悉数据库管理系统的各种功能，能够直接使用数据库语言访问数据库，甚至能够基于数据库管理系统的 API 编制自己的应用程序。

4.2　数据模型

数据是现实世界符号的抽象，数据模型则是数据特征的抽象。数据模型是用来抽象地表示和处理现实世界中的数据和信息的工具。数据模型应满足三方面要求：一是能够比较真实地模拟现实世界，二是容易被人理解，三是便于在计算机系统中实现。针对不同的使用对象和应用目的，可以采用不同的数据模型。

4.2.1 数据模型的组成

一般地讲，任何一种数据模型都是严格定义的概念的集合。这些概念必须能够精确地描述系统的静态特性、动态特性和完整性约束条件。因此数据模型通常都是由数据结构、数据操作和完整性约束三个要素组成。

（1）数据结构

数据结构用于描述系统的静态特性，是所研究的对象类型（object type）的集合。这些对象是数据库的组成成分，包括两类：一类是与数据类型、内容、性质有关的对象，如网状模型中的数据项、记录，关系模型中的域、属性、关系等；一类是与数据之间联系有关的对象，如网状模型中的类型。

数据结构是刻画一个模型性质最重要的方面。因此在数据库系统中，人们通常按照其数据结构的类型来命名数据模型。例如，层次结构、网状结构和关系结构的数据模型分别命名为层次模型、网状模型和关系模型。

（2）数据操作

数据操作用于描述系统的动态特性，是指对数据库中各种对象（型）的实例（值）允许执行的操作的集合，包括操作及有关的操作规则。数据库主要有检索和更新（包括插入、删除、修改）两大类操作。数据模型必须定义这些操作的确切含义、操作符号、操作规则（如优先级）以及实现操作的语言等。

（3）数据的约束条件

数据的约束条件是一组完整性规则的集合。完整性规则是给定的数据模型中数据及其联系所具有的制约和储存规则，用于限定符合数据模型的数据库状态以及状态的变化，以保证数据的正确、有效和相容。

数据模型应该反映和规定本数据模型必须遵守的基本的完整性约束条件。例如，在关系模型中，任何关系必须满足实体完整性和参照完整性两个条件。

此外，数据模型还应该提供定义完整性约束条件的机制，以反映具体应用涉及的数据必须遵守的特定的语义约束条件。例如，在某大学的数据库中规定学生年龄不能超过30岁，每个学生只能属于一个学院等。

4.2.2 数据模型的分类

数据模型是从现实世界到机器世界的一个中间层次。现实世界的事物反映到人脑中，人们把这些事物抽象为一种既不依赖于具体的计算机系统又不依赖于具体的数据库管理系统的概念模型，再把该概念模型转换为计算机系统中某个数据库管理系统所支持的数据模型。通常数据模型有三种。

（1）概念数据模型

概念数据模型也称为概念模型，是面向数据库用户的现实世界的数据模型。概念模型主要用来描述现实世界的概念化结构，使数据库的设计人员在设计的初始阶段，摆脱计算机系统及数据库管理系统的具体技术问题，集中精力分析数据及数据之间的联系等。概念模型与具体的计算机平台无关，与具体的数据库管理系统无关。

（2）逻辑数据模型

逻辑数据模型也称为数据模型，是计算机实际支持的数据模型，是与具体的数据库管理系统有关的数据模型。逻辑数据模型主要用来描述数据库中数据的表示方法和数据库结构的实现方法，包括层次数据模型、网状数据模型、关系数据模型和面向对象数据模型等。

（3）物理数据模型

物理数据模型也称为物理模型，是一种面向计算机物理表示的模型。物理数据模型给出了数据模型在计算机上物理结构的表示，是描述数据在储存介质上的组织结构的数据模型。物理数据模型不但与具体的数据库管理系统有关，而且与操作系统和硬件有关。每种逻辑数据模型在实现时都有与其相对应的物理数据模型。数据库管理系统为了保证其独立性与可移植性，大部分物理数据模型的实现工作由系统自动完成，而设计者只需设计索引等特殊结构。

4.2.3　概念数据模型

为了把现实世界中的具体事物抽象、组织为某个数据库管理系统支持的数据模型，人们常常将现实世界抽象为信息世界，然后将信息世界转换为机器世界。也就是说，首先把现实世界中的客观对象抽象为某一种信息结构，这种信息结构并不依赖于具体的计算机系统，不是某个数据库管理系统支持的数据模型，而是概念级的模型；再把概念模型转换为计算机上某个数据库管理系统支持的数据模型，这一过程如图 4-3 所示。

由于概念模型用于信息世界的建模，是现实世界到信息世界的第一层抽象，是用户与数据库设计人员之间进行交流的语言，因此概念模型一方面应该具有较强的语义表达能力，另一方面应该简单、清晰，易于用户理解。概念数据模型的设计方

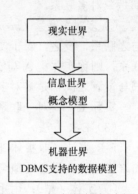

图 4-3　对象的抽象过程

法有多种，其中的实体-联系方法是最为广泛使用的方法。因此，这里仅介绍使用实体-联系方法设计概念数据模型——E-R 模型。

（1）概念模型的基本概念

① 实体（entity）。客观存在并可相互区别的事物称为实体。实体可以是具体的人、事、物，也可以是抽象的概念或联系，例如，一个员工、一个部门、一本图书、部门的一次订货，老师与学院的工作关系（即某位老师在某学院工作）等都是实体。

② 属性（attribute）。实体所具有的某一特性称为属性。一个实体可以由若干个属性来刻画。例如，图书管理系统中的图书实体可以由图书编号、书名、作者、出版社、出版日期、定价和库存量等属性组成，例如，2010070201，计算机导论（第 2 版），王志强，电子工业出版社，2011-8，29 和 5，这些属性组合起来表征了一本图书。

③ 码（key）。唯一标识实体的属性集称为码。例如，图书编号是图书实体的码。

④ 域（domain）。属性的取值范围称为该属性的域。例如，图书编号的域为 10 位整数，书名的域为字符串集合，库存量的域为小于 20 的整数，性别的域为男、女。

⑤ 实体型（entity type）。具有相同属性的实体必然具有共同的特征和性质。用实体名及其属性名集合来抽象和刻画同类实体，称为实体型。例如，图书(图书编号,书名,作者,出版社,出版日期,定价,书号,分类号,库存量)就是一个实体型。

⑥ 实体集（entity set）。同类型的实体的集合称为实体集。例如，全部图书就是一个实体集。

（2）两个实体之间的联系

在现实世界中，事务内部以及事务之间是有联系的，这些联系在信息世界中反映为实体内部的联系（relationship）和实体之间的联系。实体内部的联系通常是指组成实体的各属性之间的联系，实体之间的联系是指不同实体集之间的联系。两个实体之间的联系可分为如下三种。

① 一对一联系（1:1）。如果对于实体集 A 中的每一个实体，实体集 B 中至多有一个实体与之联系，反之亦然，则称实体集 A 与实体集 B 具有一对一联系，记为 1:1。例如，电影院中观众和座位之间、乘车旅客和车票都是一对一的联系。

② 一对多联系（1:n）。如果对于实体 A 中的每个实体，实体集 B 中有 n 个实体（$n \geq 0$）与之联系，反之，对于实体 B 中的每个实体，实体集 A 中至多只有一个与之相联系，则称实体集 A 与实体集 B 有一对多联系。记为 1:n。例如，公司对部门之间、班级对学生之间都是一对多联系。

③ 多对多联系（m:n）。如果对于实体 A 中的每个实体，实体集 B 中有 n 个实体（$n \geq 0$）与之联系，反之，对于实体集 B 中的每个实体，实体集 A 中也有 m 个实体（$m \geq 0$）与之联系，则称实体集 A 与实体集 B 具有多对多联系，记为 m:n。例如，课程与学生之间、图书与读者之间都是多对多的联系。

实际上，一对一联系是一对多联系的特例，而一对多联系又是多对多联系的特例。

（3）E-R 方法

E-R 方法（即实体-联系方法）是最广泛使用的概念数据模型设计方法，该方法用 E-R 图来描述现实世界的概念数据模型。E-R 方法描述说明如下。

① 实体（型）：用矩形表示，矩形框内写实体名称。

② 属性：用椭圆形表示，椭圆内写属性名，并用连线将其与相应的实体型连接起来。

③ 联系：用菱形表示，菱形框内写联系名，并用连线分别与有关实体连接起来，同时在连线旁标上联系的类型（如 1:1、1:n 或 m:n）。

用 E-R 图描述实体（型）、属性和联系的方法，如图 4-4 所示。

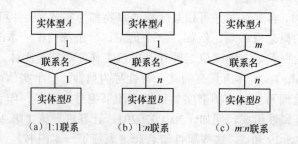

图 4-4　两个实体型之间的三类联系

【例 4-1】　假设一个简单的图书管理系统，它的实体部分包括"读者"和"图书"两方面。每位读者可以借阅多本图书，而一本图书又可被多位读者借阅。则实体间的联系可用 E-R 图表示出来，图书管理系统的数据模型如图 4-5 所示。

4.2.4　逻辑数据模型

数据模型是数据库系统的基石，任何一个数据库管理系统都是基于某种数据模型的。数据库管理系统所支持的传统数据模型有层次模型（hierarchical model）、网状模型（network model）和关系模型（relational model）三种。

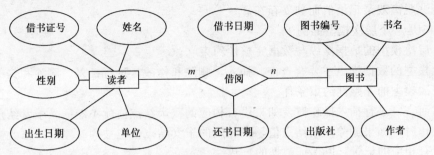

图 4-5 图书管理系统的 E-R 图

这三种数据模型的根本区别在于数据结构不同，即实体之间联系的表示方式不同。层次模型用"树"来表示实体之间的联系；网状模型用"图"来表示实体之间的联系；关系模式用"二维表"来表示实体之间的联系。

层次模型和网状模型是早期的数据模型，统称为非关系模型。20 世纪 70 年代至 80 年代初，非关系模型的数据库系统非常流行，在数据库系统产品中占据了主导地位，现在已逐渐被关系模型的数据库系统取代。20 世纪 80 年代以来，面向对象技术在计算机各领域，包括程序设计语言、软件工程、计算机硬件等方面都产生了深远的影响，出现了一种新的数据模型——面向对象数据模型，下面分别介绍这些数据模型。

1. 层次模型

层次模型是数据库系统中最早出现的数据模型，采用层次模型的数据库的典型代表是 IBM 公司的 IMS（Information Management System）数据库管理系统，它是 IBM 公司于 1968 年推出的第一个大型商用数据库管理系统，曾经得到广泛应用。

（1）层次模型的结构及特征

现实世界中，许多实体之间的联系都表现出一种很自然的层次关系，如家族关系、行政机构等。层次模型用一颗"有向树"的数据库结构来表示各类实体以及实体间的联系。在树中，每个结点表示一个记录型，结点间的连线（或边）表示记录型间的关系。每个记录型可包含若干个字段，记录型描述实体，字段描述实体的属性，各记录型及其字段都必须命名。如果要存取某一记录型的记录，可以从根结点起，按照有向树层次向下查找。

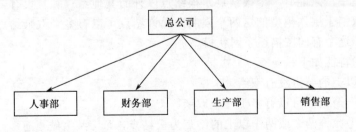

图 4-6 层次模型示意图

层次模型的特征如下：

① 有且只有一个结点没有双亲，该结点就是根结点。

② 根以外的其他结点有且仅有一个双亲结点，这就使得层次数据库系统只能直接处理一对多的实体关系。

③ 任何一个给定的记录值只有按其路径查看时才能显出它的全部意义，没有一个子女记录值能够脱离双亲记录值而独立存在。

图 4-6 是一个层次模型的例子。

（2）层次模型的数据操纵与数据完整性约束

层次模型的数据操纵主要有查询、插入、删除和修改，进行插入、删除和修改操作时要满足层次模型的完整性约束条件。

具体而言，进行插入操作时，如果没有相应的双亲结点值就不能插入子女结点值；进行删除操作时，如果删除双亲结点值，则相应的子女结点值也被同时删除；修改操作时，应修改所有相应的记录，以保证数据的一致性。

（3）层次模型的优缺点

层次模型的优点如下：

① 比较简单，只需要很少几条命令就能操纵数据库，使用比较方便。

② 结构清晰，结点间联系简单，只要知道每个结点的双亲结点，就可知道整个模型结构。现实世界中许多实体间的联系本来就呈现出一种很自然的层次关系，如表示行政关系、家族关系。

③ 提供了良好的数据完整性支持。

层次模型的缺点如下：

① 不能直接表示两个以上的实体间的复杂联系和实体型间的多对多联系，只能通过引入冗余数据或创建虚拟结点的方法来解决，易产生不一致性。

② 对数据插入和删除的操纵限制太多。

③ 查询子女结点必须通过双亲结点。

2．网状模型

现实世界中事物之间的联系更多的是非层次关系，用层次模型表示这种关系很不直观，网状模型克服了这一弊病，可以清晰地表示这种非层次关系。20 世纪 70 年代，数据系统语言研究会（Conference On Data System Language，CODASYL）下属的数据库任务组 DBTG（Database Task Group）提出了一个系统方案，即 DBTG 系统，也称为 CODASYL 系统，它是网状模型的代表。

（1）网状模型结构及特征

在层次模型中，只能有一个根结点，根结点以外的其他结点有且仅有一个双亲结点，而网状模型中取消了层次模型的这两个限制，允许结点可以有多个双亲结点，此时有向树变成了有向图，这个有向图描述了网状模型。

网状模型的特征如下：

① 有一个以上的结点没有双亲。

② 至少有一个结点可以有多于一个双亲。

③ 网状模型允许两个或两个以上的结点为根结点，允许某个结点有多个双亲结点，使得层次模型中的有向树变成了有向图，该有向图描述了网状模型。实际上，层次模型可看成是网状模型的一个特例。

网状模型中每个结点表示一个记录类型（实体），每个记录类型可包含若干个字段（实体的属性），结点间的连线表示记录类型（实体）之间的父子联系。图 4-7 给出了一个简单的网状模型。

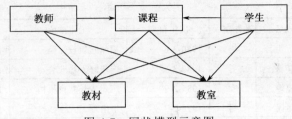

图 4-7 网状模型示意图

（2）网状模型的数据操纵与完整性约束

网状数据模型的操纵主要包括查询、插入、删除和更新数据。插入操作允许插入尚未确定双亲结点值的子女结点值。如可以增加一名尚未分配到某个教研室的新教师，也可增加一些刚来报到、还未分配宿舍的学生。删除操作允许只删除双亲结点值。修改数据时，可以直接表示非树形结构，而无须像层次模型那样增加冗余结点，因此做更新操作时只需更新指定记录即可。网状模型没有像层次模型那样有严格的完整性约束条件，一般只提供一定的完整性约束。

（3）网状数据模型的优缺点

网状数据模型的优点如下：

① 能够更直接地描述现实世界，如一个结点可以有多个双亲、允许结点之间为多对多的联系等。

② 具有良好的性能，存取效率较高。

网状数据模型的缺点如下：

① DDL 极其复杂。

② 数据独立性较差。由于实体间的联系本质上是通过存取路径指示的，因此应用程序在访问数据时要指定存取路径。

3．关系模型

关系模型是目前数据库系统广泛采用的一种重要的数据模型。美国 IBM 公司的研究员 E.F.Codd 于 1970 年发表了题为《大型共享系统的关系数据库的关系模型》（A Relation Model of Date for Large Shared Date Banks）的论文，文中首次提出了数据库系统的关系模型，开创了数据库的关系方法和数据规范化理论的研究，为此他获得了 1981 年的图灵奖。1977 年 IBM 公司研制的关系数据库 System R，其后又进行了不断改进和扩充，出现了基于 System R 的数据库系统 SQL/DB。

20 世纪 80 年代以来，计算机厂商推出的数据库管理系统几乎都支持关系模型，非关系系统的产品也大都加上了关系接口。关系数据库已成为应用广泛的数据库系统，如小型数据库系统 dBase、FoxPro 和 Access，大型数据库系统 Oracle、DB2、SQL Server 和 Sybase 等都是关系数据库系统。

关系模型是用二维表结构来表示实体以及实体之间的联系，如表 4-1 所示。关系模型是以关系数学理论为基础，其操作的对象和结果都是二维表，这种二维表就是关系。

表 4-1 读者表

借书证号	姓名	性别	出生日期	工作单位	手机
4201115098	王晓丰	男	1980-6-4	武汉大学	13707190555
1303021237	张小华	男	1979-4-5	河北大学	13502233404

借书证号	姓名	性别	出生日期	工作单位	手机
3501024358	杨 明	男	1980-3-6	福州建筑设计院	13903456909
4401023371	梁其易	男	1982-3-5	广州海天物业公司	13800234808
4401022148	魏婷婷	女	1985-2-9	广州成长教育机构	13808899303
4401068692	李涵民	男	1978-2-9	华南理工大学	13922245566
4401053569	杨晓霞	女	1981-2-8	中山大学	13922212987

关系模型与层次模型、网状模型的本质区别在于数据描述的一致性，模型概念单一。在关系数据库中，每个关系都是一个二维表，无论实体本身还是实体之间的联系均用称为"关系"的二维表来表示，使得描述实体的数据本身能够自然地反映它们之间的联系。而传统的层次模型数据库和网状模型数据库是使用链接指针来存储和体现联系的。表 4-2 比较了三种数据模型的优缺点。

表 4-2　层次模型、网状模型和关系模型的优缺点

数据模型	占用内存空间	处理效率	设计弹性	数据设计复杂度	界面亲和力
层次模型	高	高	低	高	低
网状模型	中	中高	中底	高	低
关系模型	低	低	高	低	高

4．面向对象模型

与层次模型和网状模型相比，关系数据模型有严格的数学基础，概念简单清晰，非过程化程度高，在传统的数据处理领域使用得非常广泛。随着数据库技术的发展，出现了许多新的应用领域，如 CAD、图像处理和音频数据处理等，甚至在传统的数据处理领域也出现了新的处理需求，如存储和检索保险索赔案件中的照片、手写的证词等。这就要求数据库系统不仅能处理简单的数据类型，还要能处理包括图形、图像和声音等多媒体信息，传统的关系数据模型难以满足这些要求。自 20 世纪 80 年代起，面向对象技术在计算机的各领域获得了广泛的应用和发展，面向对象的数据模型也应运而生。

面向对象数据模型（简称面向对象模型）是用面向对象的观点来描述现实世界实体的逻辑组织、实体之间的限制和联系等的模型。在面向对象模型中，最重要的概念是对象和类。对象是对现实世界中的实体在问题空间的抽象。针对不同的应用环境，面向的对象也不同。一本图书是一个对象，一名教师也可以是一个对象。一个对象是由属性、方法和消息组成，其中属性用于描述对象的状态、组成和特性，方法用于描述对象的行为特征，而消息是用来请求对象执行某一操作或回答某些信息的要求。共享同一属性和方法的所有对象的集合称为类，每个对象称为它所在类的一个实例。一个类可以组成一个类层次，一个面向对象的数据库模式是由若干个类层次组成的。例如，书类包括工具书类和教科书类，其中，书是父类，而工具书类和教科书类是它的子类。子类可以继承其父类的所有属性、方法和信息。

目前，面向对象模型已用作某些数据库管理系统的数据模型，它采用面向对象的方法来设计数据库，面向对象模型的数据库中存储对象以对象为单位，每个对象包含对象的属性和方法，具有类和继承等特点。Computer Associates 的 Jasmine 就是面向对象模型的数据库系统。

4.3　关系数据库

20 世纪 80 年代以来，新推出的数据库管理系统几乎都支持关系模型。关系数据库以其完备的理论基础、简单的模型、说明性的查询语言和使用方便等优点得到广泛的应用。

4.3.1　关系术语及特点

1. 关系术语

关系模型的用户界面非常简单，一个关系的逻辑结构就是一张二维表。表 4-3 给出了一张图书表，表 4-4 给出了一张借还书表，这两张表就是两个关系。它们都有唯一标识一本图书的属性——图书编号，根据图书编号通过一定的关系运算可以将两个关系联系起来。

表 4-3　图书表

图书编号	书名	作者	出版社	出版日期
2010070104	计算科学导论(第三版)	赵致琢	科学出版社	2006-6-1
2010070105	计算科学导论教学辅导	刘坤起	科学出版社	2005-8-1
2010070106	计算机科学实验教程(第 1 分册)	张继红	科学出版社	2005-8-1
2010120107	计算机导论(第二版)	姚爱国	武汉大学出版社	2010-8-1
2010120203	C++程序设计教程	钱　能	清华大学出版社	2010-11-1
2010070301	多媒体计算机技术基础及应用	钟玉琢	高等教育出版社	2009-8-1
2010070302	多媒体技术教程(第 3 版)	胡晓峰	人民邮电出版社	2009-4-1

表 4-4　借还书表

借书证号	图书编号	借书日期	还书日期	超期天数
4201115098	2010070404	2011-4-12	2011-5-30	18
1303021237	2010070201	2011-2-28	2011-3-20	0
1303021237	2010070202	2011-2-28	2011-3-20	0
4403057763	2010120203	2011-5-15	2011-6-25	10
4403057763	2010070202	2011-5-15	2011-6-10	0
4201115098	2010070301	2011-4-12	2011-4-25	0

（1）关系

一个关系就是一张二维表，每个关系有一个关系名。对关系的描述称为关系模式，一个关系模式对应一个关系结构。其格式为：

关系名(属性名 1,属性名 2,…,属性名 n)

在具体的关系数据库管理系统中，表示为表结构：

表名(字段名 1,字段名 2,…,字段名 n)

（2）元组

在一个二维表中，水平方向的行称为元组，每一行是一个元组。元组对应表中的一条具体记录。例如，图书表中的一本图书记录即为一个元组。

（3）属性

二维表中垂直方向的列称为属性，每一列有一个属性名，相当于记录中的一个字段。

每个字段的数据类型、宽度等在创建表的结构时规定。例如，图书表中有图书编号、书名、作者、出版社和出版日期等字段名及其相应的数据类型组成表的结构。

（4）域

域是属性的取值范围，即不同元组对同一个属性的取值所限定的范围。例如，姓名的取值范围是文字字符；性别只能从"男"、"女"两个汉字中取一；逻辑型属性婚否只能从逻辑真或逻辑假两个值中取值。

（5）关键字

关键字的值能够唯一标识一个元组的属性或属性的组合。例如，图书表中的图书编号可以作为标识一条记录的关键字，而出版社字段不能作为唯一标识的关键字。

（6）外部关键字

如果表中的一个字段不是本表的主关键字，而是另外一个表的主关键字和候选关键字，这个字段（属性）就称为外部关键字。

关系模型具有下列优点：① 关系模型与非关系模型不同，它建立在严格的数学概念之上，具有坚实的理论基础；② 关系模型的概念单一，无论是实体还是实体之间的联系都用关系来表示，对数据的检索结果也是关系（即表）；③ 关系模型的存取路径对用户透明，从而具有更高的数据独立性，更好的安全保密性，也简化了程序员的工作和数据库开发建立的工作。当然，关系模型也有缺点，其中最主要的缺点是由于存取路径对用户透明，查询效率往往不如非关系数据模型。因此，为了提高性能，必须对用户的查询请求进行优化，增加了开发数据库管理系统的负担。

关系模型看起来简单，但是并不能将日常手工管理所用的各种表格，按照一张表一个关系直接存放到数据库系统中。在关系模型中对关系有一定的要求，关系必须具有以下特点：

① 关系必须规范化。所谓规范化是指关系模型中的每一个关系模式都必须满足一定的要求，最基本的要求是每个属性必须是不可分割的数据单元，即表中不能再包含表。

② 在同一个关系中不能出现相同的属性名，即不允许一个表中有相同的字段名。

③ 关系中不允许有完全相同的元组，即冗余。

④ 在一个关系中元组的次序无关紧要，也就是说，任意交换两行的位置并不影响数据的实际含义。

⑤ 在一个关系中列的次序无关紧要。任意交换两列的位置不影响数据的实际含义。

4.3.2 关系的基本运算

关系数据库进行查询时，需要找到用户感兴趣的数据，这就需要对关系进行一定的关系运算。关系的基本运算有两类：一类是传统的集合运算，如并、差、交等；另一类是专门的关系运算，如选择、投影和联接等。有些查询需要几个基本运算的组合。

1. 传统的集合运算

进行并、差、交集合运算的两个关系必须具有相同的关系模式，即元组有相同的结构。

（1）并（Union）

两个相同结构关系的并是由属于这两个关系的元组组成的集合，图 4-8 显示了一个并运算。

	R			S				R∪S	
A	B	C	A	B	C	A	B	C
a1	b1	c1	a1	b1	c1	a1	b1	c1
a1	b1	c2	a2	b1	c2	a1	b1	c2
a1	b2	c2	a2	b2	c1	a1	b2	c2
						a2	b1	c2
						a2	b2	c1

图 4-8　关系的并运算

（2）交（Intersection）

两个具有相同结构的关系 R 和 S，它们的交是由既属于 R 又属于 S 的元组组成的集合，交运算的结果是 R 和 S 的共同元组。图 4-9 显示了一个交运算。

R			S			R∩S		
A	B	C	A	B	C	A	B	C
a1	b1	c1	a1	b1	c1	a1	b1	c1
a1	b1	c2	a2	b1	c2			
a1	b2	c2	a2	b2	c1			

图 4-9　关系的交运算

（3）差（Difference）

设有两个相同的结构关系 R 和 S，R 与 S 的差是由属于 R 但不属于 S 的元组组成的集合，即差运算的结果是从 R 中去掉 S 中相同的元组。图 4-10 显示了一个差运算。

R			S			R−S		
A	B	C	A	B	C	A	B	C
a1	b1	c1	a1	b1	c1	a1	b1	c2
a1	b1	c2	a2	b1	c2	a1	b2	c2
a1	b2	c2	a2	b2	c1			

图 4-10　关系的差运算

2．专门的关系运算

关系数据库管理系统能完成选择、投影和联接三种关系操作。

（1）选择（Select）

从关系中找出符合条件的元组的操作称为选择，图 4-11 显示了一个选择运算。

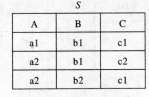
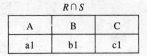

图 4-11　选择运算

（2）投影（Project）

从关系中选取若干个属性构成新关系的操作称为投影，图 4-12 显示了一个投影运算。

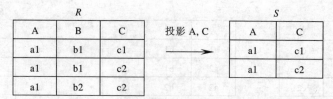

图 4-12 投影运算

（3）连接（Join）

连接是指将多个关系的属性组合构成一个新的关系，图 4-13 显示了一个连接运算。

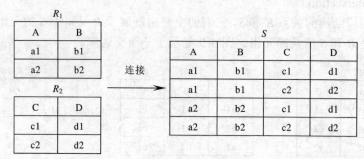

图 4-13 连接运算

4.3.3 关系的完整性

关系数据模型的操纵主要包括查询、插入、删除和更新数据，这些操作必须满足关系的完整性约束条件。关系的完整性约束条件包括三大类：实体完整性、参照完整性和用户定义的完整性。其中，实体完整性和参照完整性是关系模型必须满足的完整性约束条件，它由关系数据库系统自动支持。

（1）实体完整性

设置主键是为了确保每个记录的唯一性，因此各记录的主键字段值不能相同，也不能为空。如果唯一标识了数据表的所有行，则称这个表展现了实体完整性。实体完整性要求关系的主键不能取重复值，也不能取空值。

（2）参照完整性

参照完整性规则定义了外键和主键之间的引用规则。例如，借还书表中只有图书编号，没有书名。借还书表与图书表之间可通过图书编号相同查找书名，借还书表中的图书编号必须是确实存在的图书编号。图书表中的图书编号字段和借还书表中的图书编号字段相对应，而图书表中的图书编号字段是该表的主码，也是借还书表的"外码"。借还书表成为参照关系，图书表成为被参照关系。关系模型的参照完整性是指一个表的外码要么取空值，要么和被参照关系中对应字段的某个值相同。

（3）用户定义的完整性

实体完整性和参照完整性适用包括任何关系数据库系统，而用户定义的完整性则是针对某一具体数据库的约束条件，由应用环境决定。用户定义的完整性反映某一具体应用所涉及的数据必须满足的语义要求。通常，用户定义的完整性主要包括字段级、记录级、有效性规则。

4.3.4 数据库设计基础

数据库应用系统与其他计算机应用系统相比，一般具有数据量庞大、数据保存时间长、数据关联比较复杂、用户要求多样化等特点。设计数据库的目的实质上是设计出满足实际应用需求的实际关系模型。在数据库管理系统中具体实施时表现为数据库和表的结构合理，不仅存储了所需要的实体信息，并且反映出实体之间客观存在的联系。

1．数据库设计原则

为了合理组织数据，应遵从以下基本设计原则。

（1）关系数据库的设计应遵从概念单一原则

一个表描述一个实体或实体之间的一种联系，避免设计大而杂的表。首先分离那些需要作为单个主题而独立保存的信息，然后通过数据库管理系统确定这些主题之间有何联系，以便在需要时将正确的信息组合在一起。通过将不同的信息分散在不同的表中，可以使数据的组织和维护工作变得更简单。例如，将有关读者的基本情况数据，包括姓名、性别、工作单位和借书证号等，保存到读者表中，将借书日期和还书日期等信息放在借还书表中，而不是将这些数据统统放到一起。

（2）避免在表之间出现重复字段

除了保证表中有反映与其他表之间存在联系的外部关键字外，应尽量避免在表之间出现重复字段。这样做的目的是使数据冗余尽量小，防止在插入、删除和更新时造成数据的不一致。例如，在图书表中有了书名字段，在借还书表中就不应该有书名字段，需要时可以通过两个表的联接找到所选图书对应的书名。

（3）表中的字段必须是原始数据和基本数据元素

表中不应包括通过计算可以得到的"二次数据"或多项数据的组合，能够通过计算从其他字段推导出来的字段也应尽量避免。例如，在读者表中包括出生日期字段，而不应包括年龄字段。当需要查询年龄的时候，可以通过简单计算得到准确年龄。在特殊情况下可以保留计算字段，但是必须保证数据的同步更新。

（4）用外部关键字保证有关联的表之间的联系

表之间的关联依靠外部关键字来维系，使得表结构合理，不仅存储了所需要的实体信息，并且反映出实体之间的客观存在的联系，最终设计出满足应用需求的实际关系模型。

2．数据库设计步骤

利用数据库管理系统来开发数据库应用系统，一般步骤如图 4-14 所示。

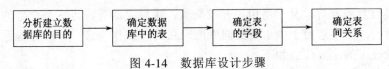

图 4-14 数据库设计步骤

（1）需求分析

确定建立数据库的目的，这有助于确定数据库保存哪些信息。

（2）确定需要的表

可以着手将需求信息划分成各个独立的实体，如教师、学生、选课或读者、图书、借还书表等。每个实体都可以设计为数据库中的一个表。

（3）确定所需字段

确定在每个表中要保存哪些字段，确定关键字，字段中要保存数据的数据类型和数据的长度。通过对这些字段的显示或计算，能够得到所有需求信息。

（4）确定联系

对每个表进行分析，确定一个表中的数据与其他表中的数据有何联系。必要时，可在表中加入一个字段或创建一个新表来明确联系。

在初始设计时，难免会发生错误或遗漏数据。这只是一个初步方案，以后可以对设计方案进一步完善。完成初步设计后，可以利用示例数据对表单、报表的原型进行测试。数据库管理系统很容易在创建数据库时对原设计方案进行修改。可是在数据库中载入了大量数据或报表后，再要修改这些表就比较困难。正因为如此，在开发数据库应用系统前，应确保设计方案比较合理。

4.4　Access 数据库管理系统

Access 是一种关系型数据库管理系统。作为 Microsoft Office 办公软件中的一员，Access 与 Office 的高度集成，风格统一的操作界面使得初学者更容易掌握。Access 应用广泛，能操作其他来源的资料，包括许多流行的 PC 数据库程序（如 dBASE、Paradox、FoxPro）和服务器、小型机及大型机上的许多 SQL 数据库。此外，Access 还提供 Windows 操作系统的高级应用程序开发系统。本节以简单的图书管理系统为例介绍 Access 2003 的基本使用。

4.4.1　Access 概述

1. Access 的发展简史

Access 数据库管理系统既是一个关系数据库系统，还是设计作为 Windows 图形用户界面的应用程序生成器，它经历了一个较长的发展过程。

Microsoft 公司在 1990 年 5 月推出 Windows 3.0 以来，立刻受到了用户的欢迎和喜爱。1992 年 11 月，Microsoft 公司发行了 Windows 关系数据库系统 Access 1.0 版本。从此，Access 不断改进和再设计，自 1995 年起，Access 成为办公软件 Office 95 的一部分。多年来，Microsoft 先后推出过的 Access 版本有 2.0、7.0/95、8.0/97、9.0/2000、10.0/2002，直到今天的 Access 2003、2007 和 2010 版本。

2. Access 的主要优点

Access 具有界面友好、易学易用、开发简单、接口灵活等特点，是典型的新一代桌面数据库管理系统，主要适用于中小型数据库应用系统，或作为客户—服务器系统中的客户端数据库。Access 的主要优点如下：

① 用户不用考虑构成传统数据库的多个单独文件，可利用图例快速获得数据。

② 可以利用报表设计工具，方便地生成数据报表，而不需要编程。

③ 采用 OLE 技术，能够方便地创建和编辑多媒体数据库。

④ 支持 ODBC 标准的 SQL 数据库的数据。

⑤ 可以采用 VBA 编写数据库应用程序。

⑥ 提供了包括断点设置、单步执行等调试功能。

3．Access 的主要对象

Access 将数据库定义为一个扩展名为.mdb 文件，并分为 7 种对象，它们是表、查询、窗体、报表、数据访问页、宏和模板等。每个 Access 数据库文件可以包含一个或多个表以及多种其他对象，Access 中各个对象之间的关系，如图 4-15 所示。

不同的数据库对象在数据库中起着不同作用。表是数据库的核心与基础，存放数据库中的全部数据。报表、查询和窗体都是从表中获得数据信息，以实现用户的某一特定的需求，如查找、计算统计和打印等。窗体可以提供一种良好的用户操作界面，通过它可以直接或间接地调用宏或模块，并执行查询、打印、预览、计算等功能，甚至可以对数据库进行编辑修改。

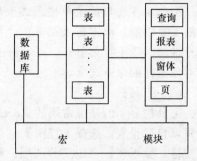

图 4-15　Access 中各对象之间的关系

4．Access 的启动和退出

进入 Windows XP 后，首先单击任务栏上的【开始】按钮，在弹出的菜单中选择【所有程序】→Microsoft Office→Microsoft Office Access 2003 来启动 Access。如果用户熟悉 Windows XP 操作系统，还有更多的启动 Access 的方法，甚至可以自己设置快捷的启动方式。

如果要退出 Access，可以选择【文件】→【退出】菜单命令，或按 Ctrl＋Q 组合键，或单击 Access 应用程序窗口右上角的【关闭】按钮即可。

5．Access 的窗口组成

Access 应用程序窗口与 Microsoft Office 中其他应用程序窗口十分相似，包括标题栏、菜单栏、工具栏、工作区、任务窗格和状态栏等，如图 4-16 所示。

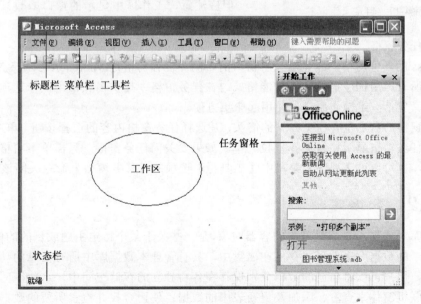

图 4-16　Access 应用程序窗口

（1）标题栏和任务栏

Access 应用程序窗口的上边是标题栏，下边是任务栏，它们的结构、功能以及使用方法与一般 Windows 应用程序窗口的标题栏和任务栏相同。

（2）菜单栏

Access 主窗口的菜单栏形式也与一般的 Windows 应用程序类似，提供了有关数据库操作的主要功能。单击每个菜单项，都会激活一个下拉菜单，列出有关此项功能的具体操作命令选项。除下拉菜单外，Access 也允许在任何对象上单击右键，弹出快捷菜单，显示对该对象操作的命令选项。

（3）工具栏

工具栏显示的是最常用的 Access 命令选项，用以快速启动这些应用。工具栏的内容用户可以自行设置。选择【视图】菜单中的【工具栏】命令，在下拉菜单中会列出 Web、任务窗格、数据库、自定义等选项。用户可通过各工具栏选项前的复选框自行选择某一个工具栏的显示与否。

图 4-17   自定义工具栏

自定义工具栏对话框中包括【工具栏】、【命令】、【选项】三个选项卡，图 4-17 为"自定义"对话框的【工具栏】选项卡。自定义工具栏中提供了更多的工具选项，用户可以根据自己的需要，利用每项工具前面的复选框决定显示或取消显示该项工具。

（4）工作区

工作区位于主窗口的左侧，用于显示开发或维护 Access 数据库时的各种子窗口或对话框。所有数据库操作的交互基本都是在工作区完成的。但应注意，工作区中显示的窗口多数只能在工作区内移动。

（5）任务窗格

Access 的任务窗格一般显示在主窗口的右侧。任务窗格是 Microsoft Office XP 以后的版本才为所有应用程序提供的新功能格式。在任务窗格中提供多项常用操作选项，每个选项区域中又包括一组操作命令，使用起来更方便。

任务窗格的右上角有一个向下的箭头，是选择任务窗格内容的选择按钮。单击此按钮，可以弹出任务窗格显示栏目选择下拉菜单。如果要关闭任务窗格，只需单击窗格右上角的关闭按钮，也可通过【视图】菜单中【工具栏】选项的【任务窗格】命令关闭该选择。

4.4.2　数据库

数据库对象是 Access 最基本的容器对象，是一些关于某个特定主题或目的的信息集合，以一个单一的数据库文件形式存储在磁盘中，具有管理本数据库中所有信息的功能。在这个文件中，用户可以将自己的数据分别保存在各自独立的存储空间中，这些空间称为表；可以使用联机窗体来查看、添加及更新表中的数据；使用查找并检索所要的数据；也可以使用联机窗体来查看、添加及更新表中的数据；使用查找并检索所要的数据；还可以创建 Web 页来实现与 Web 的数据交换，允许用户从 Internet 或 Intranet 上查看、更新或分析数据库的数据。总之，创建一个数据库对象是应用 Access 建立信息系统的第一步工作。

【**例4-2**】　创建一个图书管理数据库对象。

从【文件】菜单中选择【新建】按钮，在【新建文件】任务窗格中的【新建】下单击【空数据库】，系统弹出如图4-18所示的对话框，提示用户指定新建数据库的名称和位置。在【文件名】文本框中输入"图书管理"，然后单击【创建】按钮。

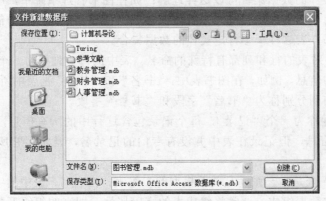

图4-18　"文件新建数据库"对话框

经过上述操作，在Access数据库主窗口的工作区弹出如图4-19所示的"图书管理"数据库窗口。这时窗口中的各类对象都为空，表明新的数据库文件已经创建完成，但还未添加表、查询等任何实际的数据对象。

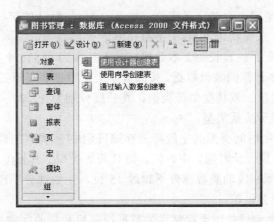

图4-19　"图书管理"数据库

如果要打开以前建立的数据库文件，则可以在Access主菜单下选择【文件】→【打开】菜单，弹出"打开"对话框，然后从中选取已经存在的数据库文件。在进行操作时，要注意数据库文件的打开方式。在"打开"窗口中，【打开】按钮的右边有一个向下的箭头，点击向下的箭头将弹出一个菜单，其中有【打开】、【以只读式打开】、【以独占方式打开】和【以独占只读方式打开】4个菜单项。

选择【打开】，被打开的数据库文件可与网上其他用户共享。

选择【以只读方式打开】，被打开的数据库文件可与网上的其他用户共享，但只能使用、浏览数据库的对象，不能维护数据库。

选择【以独占方式打开】，则网上其他用户不能使用被打开的数据库文件。

选择【以独占只读方式打开】，则只能使用、浏览数据库的对象，不能对数据库进行维护，而且网上其他用户不能使用该数据库。

4.4.3 数据表

表对象是 Access 中置于数据库容器中的一个二级容器对象，用于存储有关特定实体的数据集合。特定实体的数据集合可以这样理解：如在图书管理系统中，所有图书信息的集合就可以设置成为"图书"表这样一个特定实体的数据集合，而读者的借还书数据集合可以设置成"借还书"表这样一个特定实体的数据集合。

在数据库中，对表的行和列都有特殊的命名。表中的每一列称为一个"字段"。每个字段包含某一专题的信息。例如，在图书表中，"书名"和"书号"是表中所有行共有的属性，包含这两类信息的列分别称为"书名"字段和"书号"字段。

表中的每一行称为一个"记录"，每个记录包含这行中的所有信息，就像在图书表中某本图书的全部信息，但记录在表中并没有专门的记录名，常常用它所在的行数表示这是第几个记录。

在 Access 中，表是指一张满足关系模型的二维表，由表名、表中的字段、表的主关键字以及表中的具体数据组成。通常将组成表的字段属性，即表的组织形式称为表的结构，具体地说就是组成表的每个字段的名称、类型、宽度以及是否建立索引等。一旦表的结构确定，就可以向表中添加数据。表中每个字段的类型决定这个字段名下允许存放的数据及其使用方式。

Access 中字段类型有以下几种：

① 文本。文本类型用于存储文字字符，这是 Access 默认的字符类型。文本类型的最大长度是 255 个字符，系统默认为 50 个字符长度。

② 备注。备注用于存放较长的文本数据，最大长度为 65535 个字符。

③ 数字，用于数字计算的数值数据，按照数字类型数据表现形式的不同，又分为字节、整型、长整型、单精度型、双精度型等类型，其长度分别为 1、2、4、4、8 字节。其中，单精度型、双精度型表示实数类型。

④ 日期/时间。日期/时间类型的字段用于存储日期/时间类型的数据，又分为常规日期、长日期、中日期、短日期、长时间、中时间、短时间等类型。其长度由系统设置为 8 字节。

⑤ 货币。货币类型字段的整数部分不超过 15 位，小数部分不超过 4 位。输入时，不必输入货币符号和千位分隔符。

⑥ 自动编号。自动编号是用于存储递增数据或随机数据的字段类型。这个类型的数据无须、也不能输入，每增加一个新记录，系统将自动编号类型的数据自动加 1 或随机编号。其字段长度由系统设置位 4 字节。

⑦ 是/否。该类型字段用于存储只包含两个数据值的字段类型（如 Yes/No 或 True/False 或 On/Off）。字段长度由系统设置为 1 字节。

⑧ OLE 对象。OLE 对象类型字段是用于链接和嵌入其他应用程序所创建的对象的字段类型，可嵌入其他应用程序创建的对象，如电子表格、文档、图片、声音等，其字段最大长度可以为 1GB。

⑨ 超链接，用于存放超链接地址的字段类型。

⑩ 查询向导，用于存放从其他表中查阅数据的字段类型，其长度由系统设置，一般为 4 字节。

Access 中表的创建有"使用设计器创建表"、"使用向导创建表"、"通过输入数据创建表"三种方式。下面采用"使用设计器创建表"方式创建"图书管理"数据库中的各种表。

假设"图书管理"数据库中包括表 4-5、表 4-6、表 4-7 所示结构的 3 张数据表。

表 4-5 图书表

序号	字段名称	数据类型
1	图书编号	文本
2	书名	文本
3	作者	文本
4	出版社	文本
5	出版日期	日期/时间
6	定价	货币
7	书号	文本
8	分类号	文本
9	库存量	数字

表 4-6 读者表

序号	字段名称	数据类型
1	借书证号	文本
2	姓名	文本
3	性别	文本
4	出生日期	日期/时间
5	工作单位	文本
6	手机	文本
7	E-mail	文本

表 4-7 借还书表

序号	字段名称	数据类型
1	借书证号	文本
2	图书编号	文本
3	借书日期	日期/时间
4	还书日期	日期/时间

打开"图书管理"数据库文件,在左侧【对象】列中单击【表】按钮,双击【使用设计器创建表】,弹出表设计视图。在表设计视图的字段名称和数据类型中依次输入表 4-5 中的字段名称和数据类型,在表设计视图下部的"字段属性"部分中还可逐一按需设置各字段的具体属性。然后,在图书编号所在行单击右键,在弹出的快捷菜单中选择【主键】按钮,将图书编号字段设置为该表的主键。输入全部字段后,单击选择工具栏上的 ￼图标,弹出"另存为"对话框,在其中输入"图书",单击【确定】按钮,即可在数据库中成功创建"图书"数据表,如图 4-20 所示。

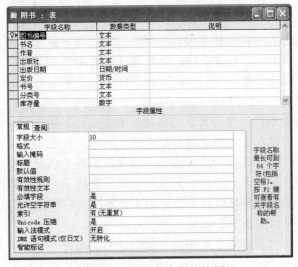

图 4-20 图书表的设计视图

返回“图书管理”数据库的主窗口，在表对象中双击刚才创建的“图书”，在弹出的“数据表视图”中逐一输入实际的图书信息，如图 4-21 所示。

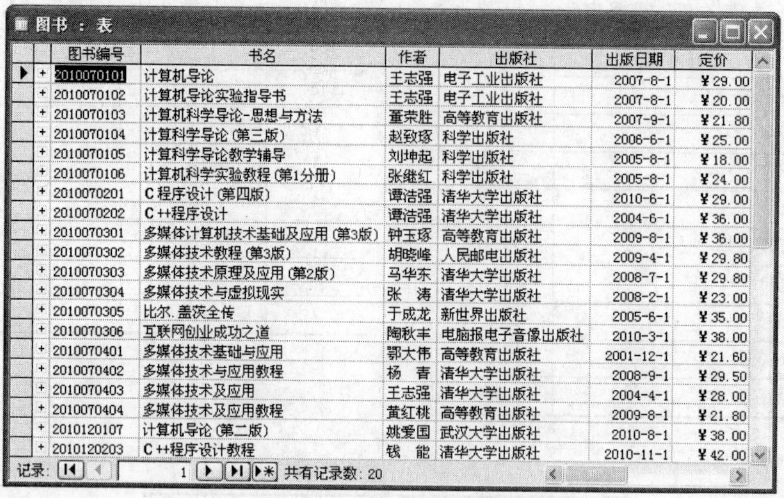

图书编号	书名	作者	出版社	出版日期	定价
2010070101	计算机导论	王志强	电子工业出版社	2007-8-1	¥29.00
2010070102	计算机导论实验指导书	王志强	电子工业出版社	2007-8-1	¥20.00
2010070103	计算机科学导论-思想与方法	董荣胜	高等教育出版社	2007-9-1	¥21.80
2010070104	计算科学导论（第三版）	赵致琢	科学出版社	2006-6-1	¥25.00
2010070105	计算科学导论教学辅导	刘坤起	科学出版社	2005-8-1	¥18.00
2010070106	计算机科学实验教程（第1分册）	张继红	科学出版社	2005-8-1	¥24.00
2010070201	C 程序设计（第四版）	谭浩强	清华大学出版社	2010-6-1	¥29.00
2010070202	C ++程序设计	谭浩强	清华大学出版社	2004-6-1	¥36.00
2010070301	多媒体计算机技术基础及应用（第3版）	钟玉琢	高等教育出版社	2009-8-1	¥36.00
2010070302	多媒体技术教程（第3版）	胡晓峰	人民邮电出版社	2009-4-1	¥29.80
2010070303	多媒体技术原理及应用（第2版）	马华东	清华大学出版社	2008-7-1	¥29.80
2010070304	多媒体技术与虚拟现实	张　涛	清华大学出版社	2008-2-1	¥23.00
2010070305	比尔.盖茨全传	于成龙	新世界出版社	2005-6-1	¥35.00
2010070306	互联网创业成功之道	陶秋丰	电脑报电子音像出版社	2010-3-1	¥38.00
2010070401	多媒体技术基础与应用	鄂大伟	高等教育出版社	2001-12-1	¥21.60
2010070402	多媒体技术与应用教程	杨　青	清华大学出版社	2008-9-1	¥29.50
2010070403	多媒体技术及应用	王志强	清华大学出版社	2004-4-1	¥28.00
2010070404	多媒体技术及应用教程	黄红桃	高等教育出版社	2009-8-1	¥21.80
2010120107	计算机导论（第二版）	姚爱国	武汉大学出版社	2010-8-1	¥38.00
2010120203	C ++程序设计教程	钱　能	清华大学出版社	2010-11-1	¥42.00

图 4-21　图书的数据表视图

读者表和借还书表的创建与图书表的创建类似。

在 Access 中，每个表都是数据库独立的一个部分，但每个表又不是完全孤立的，表与表之间可能存在着相互的联系。例如，前面建立了图书管理数据库中的三个表。仔细分析这三个表不难发现，不同表中有相同的字段，如图书表中有图书编号，借还书表中也图书编号，通过这个字段，就可以建立起两个表之间的关系。一旦两个表之间建立了关系，就可以很容易地从中找出所需要的数据。

【例 4-3】 定义图书管理数据库中已存在表之间的关系。

<1> 单击工具栏上的【关系】按钮，打开“关系”窗口，然后单击工具栏上的【显示表】按钮，打开“显示表”对话框，如图 4-22 所示。

<2> 在“显示表”对话框中，单击“读者”表，然后单击【添加】按钮，接着使用同样方法将“借还书”和“图书”等表添加到“关系”窗口中。单击【关闭】按钮，关闭“显示表”窗口。

<3> 选定“图书”表中的“图书编号”字段，然后按下鼠标左键并拖动到“借还书”表中的“图书编号”字段上，松开鼠标。此时显示如图 4-23 所示的“编辑关系”对话框。

在“编辑关系”对话框中，“表/查询”列表框中列出了主表“图书”的相关字段“图书编号”，“相关表/查询”列表框中列出了相关表“借还书”的相关字段“图书编号”。在列表框下方有 3 个复选框，如果选择了“实施参照完整性”复选框，然后选择“级联更新相关字段”复选框，可以在主表的主键值更改时，自动更新相关表中的对应数值；如果选择了“实施参照完整性”复选框，然后选择“级联删除相关字段”复选框，可以在删除主表中的记录时自动删除相关表中的相关记录；如果只选择了“实施参照完整性”复选框，则相关表中的相关记录发生变化时，主表中的主键不会相应变化，而且当删除相关表中的任何记录时，也不会更改主表中的记录。

<4> 用同样方法将“借还书”表中的“借书证号”拖到“读者”表中的“借书证号”字段上，结果如图 4-23 所示。

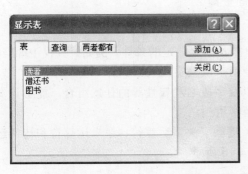

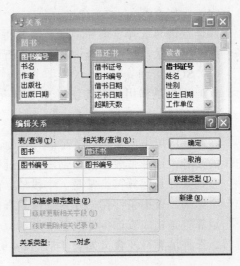

图 4-22　"显示表"对话框　　　　　图 4-23　关系和编辑关系对话框

<5> 单击【关闭】按钮，这时 Access 询问是否保存布局的更改，单击"是"按钮。

在定义了关系后，有时需要重新编辑已有的关系，以便进一步优化数据库性能。编辑关系的方法是：首先关闭所有打开的表；然后单击工具栏上的"关系"按钮，这时屏幕上显示"关系"窗口。如果要删除两个表之间的关系，单击要删除关系的连线，然后按 Delete键；如果要更改两个表之间的关系，双击要更改关系的连线，这时出现"编辑关系"对话框，从中重新选择复选框，然后单击【创建】按钮；如果要清除"关系"窗口，单击工具栏上的【清除版面】按钮，然后单击【是】按钮。

4.4.4　查询

查询是 Access 数据库的重要对象，是用户按照一定条件从 Access 数据库表或已建立的查询中检索需要数据的最主要方法。

1. 查询的分类

Access 支持许多不同的查询类型，主要包括以下几种。

（1）选择查询

选择查询是最常用的查询类型，是根据指定的条件，从一个或多个数据源中获取数据并显示结果，也可对记录进行分组，并且对分组的记录进行汇总、计数、平均以及其他类型的计算。

（2）交叉表查询

交叉表查询能够汇总数据字段的内容，汇总计算的结果显示在行与列交叉的单元格中。交叉表查询可以计算平均值、总计、最大值、最小值等。交叉表查询是对基表或查询中的数据进行计算和重构，可以简化数据分析。

（3）参数查询

参数查询是一种根据用户输入的条件或参数来检索记录的查询。例如，可以设计一个参数查询，提示输入两个成绩值，然后检索在这两个值之间的所有记录。输入不同的值，得到不同的结果。因此，参数查询可以提高查询的灵活性。

（4）操作查询

操作查询与选择查询相似，都需要指定查找记录的条件，但选择查询是检索符合特定条件的一组记录，而操作查询是在一次查询操作中对检索的记录进行编辑等操作。

（5）SQL查询

SQL查询是指用户直接使用SQL语句创建的查询。

2．查询的条件

在实际应用中，并非只是简单的查询，往往需要指定一定的条件。例如，查找1980年出生的读者，这种带条件的查询需要通过设置查询条件来实现。

查询条件是运算符、常量、字段值、函数以及字段名和属性等的任意组合，能够计算出一个结果。查询条件在创建带条件的查询时经常用到。

运算符是构成查询条件的基本元素，Access提供了关系运算符、逻辑运算符和特殊运算符。三种运算符及含义如表4-8、表4-9和表4-10所示。

表4-8　关系运算符及含义

关系运算符	说明	关系运算符	说明
=	等于	<>	不等于
<	小于	<=	小于等于
>	大于	>=	大于等于

表4-9　逻辑运算符及含义

逻辑运算符	说明
Not	当Not连接的表达式为真时，整个表达式为假
And	当And连接的表达式均为真时，整个表达式为真
Or	当Or连接的表达式均为假时，整个表达式为假

表4-10　特殊运算符及含义

逻辑运算符	说明
In	用于指定一个字段值的列表，列表中的任意一个值都可与查询的字段相匹配
Between	用于指定一个字段值的范围，指定的范围之间用And连接
Like	用于指定查找文本字段的字符模式。在所定义的字符模式中，用"？"表示该位置可匹配任何一个字符；用"*"表示该位置可匹配任何多个字符；用"#"表示该位置可匹配一个数字；用方括号描述一个范围，用于可匹配的字符范围
Is Null	用于指定一个字段为空
Is Not Null	用于指定一个字段为非空

Access提供了大量的内置函数，也称为标准函数或函数，如算术函数、字符函数、日期/时间函数和统计函数等。这些函数为更好地构造查询条件提供了很大便利，也为准确地进行统计计算、实现数据处理提供了有效的方法。

3．查询的建立

对于数据库应用系统的普通用户来说，数据库是不可见的，用户要查看数据库中的数据都要通过查询操作。查询不仅可以对一个表进行简单的查询操作，还可以把多个表的数据连接在一起，进行整体的查询。创建查询的方法有两种："使用向导创建查询"和"在设计视图中创建查询"。

（1）使用向导创建查询

下面以"图书管理"为例来创建查询，具体操作步骤如下：

<1> 打开"图书管理"数据库，单击"对象"栏的【查询】，并双击【使用向导创建查询】，这时会出现"简单查询向导"对话框，如图 4-24 所示。

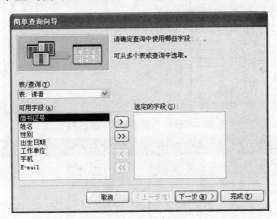

图 4-24 "简单查询向导"对话框

<2> 在【表/查询】下拉列表框中选择一个表或查询作查询的对象。如果选择一个查询，表示对一个查询的结果进一步查询。这里选择"表：读者"。

<3> 单击【>>】按钮选择所有的字段，单击【下一步】按钮，打开下一个对话框，在【请为查询指定标题】框中输入名称"读者查询"，单击【完成】按钮即可，如图 4-25 所示。

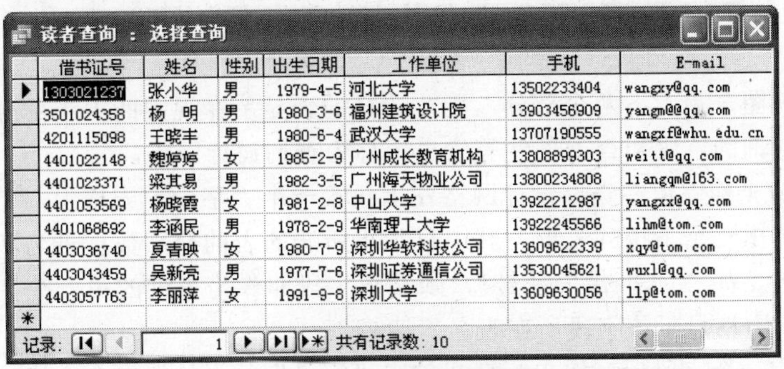

借书证号	姓名	性别	出生日期	工作单位	手机	E-mail
1303021237	张小华	男	1979-4-5	河北大学	13502233404	wangxy@qq.com
3501024358	杨 明	男	1980-3-6	福州建筑设计院	13903456909	yangm@@qq.com
4201115098	王晓丰	男	1980-6-4	武汉大学	13707190555	wangxf@whu.edu.cn
4401022148	魏婷婷	女	1985-2-9	广州成长教育机构	13808899303	weitt@qq.com
4401023371	梁其易	男	1982-3-5	广州海天物业公司	13800234808	liangqm@163.com
4401053569	杨晓霞	女	1981-2-8	中山大学	13922212987	yangxx@qq.com
4401068692	李涵民	男	1982-9-8	华南理工大学	13922245566	lihm@tom.com
4403036740	夏青映	女	1980-7-9	深圳华软科技公司	13609622339	xqy@tom.com
4403043459	吴新亮	男	1977-7-6	深圳证券通信公司	13530045621	wuxl@qq.com
4403057763	李丽萍	女	1991-9-8	深圳大学	13609630056	llp@tom.com

记录： 1 共有记录数：10

图 4-25 查询的结果

（2）在设计视图中创建查询

与创建表一样，用向导创建查询也会出现不符合要求的情况，这时就要使用设计视图。使用设计视图既可以创建查询，也可以修改已有的查询，还可以为查询选择字段。具体操作步骤如下：

<1> 在数据库窗口中双击右侧选区中的"在设计视图中创建查询"选项，弹出查询设计视图和"显示表"对话框，如图 4-26 所示。

<2> 在"显示表"对话框中有三个选项卡：表、查询、两者都有，从中可以看到当前数据库中所有的表和查询。创建查询时，可以从中选择所需的表（按 Ctrl 键可以同时选择多个表）作为查询的对象。这里选择"读者"表、"图书"表和"借还书"表，然后单击【添加】按钮，弹出查询设计视图，如图 4-27 所示。

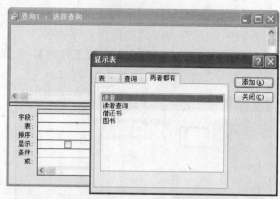

图 4-26　"显示表"对话框

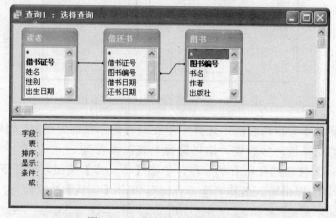

图 4-27　【选择查询】对话框

查询设计视图分为上下两个部分，刚才选择的表显示在视图的上半部分，视图的下半部分用于指定查询的字段和查询条件等信息，称为查询设计网格。

<3> 当前的光标停留在查询设计网格左上角第一个"字段"方格上，单击该方格上的三角形按钮，弹出一个下拉列表框，其中显示出所选的表的全部数据表名和全部字段名。选择一个字段名，如"读者.借书证号"，那么该字段即作为查询的第一个字段。该方格下面对应的"表"方格显示该字段所在表名"读者"。

<4> 选择完一个字段后，按 Tab 键或单击"字段"行上的第二个方格，光标停留在第二个方格上，按相同的方法可以选择其他字段。这里还选择了"读者.姓名"、"读者.手机"、"图书.书名"、"图书.作者"和"图书.出版社"。

<5> 单击窗口工具栏上的【运行】按钮，弹出查询的结果，如图 4-28 所示。

借书证号	姓名	手机	书名	作者	出版社
4201115098	王晓丰	13707190555	多媒体技术及应用教程	黄红桃	高等教育出版社
1303021237	张小华	13502233404	C 程序设计(第四版)	谭浩强	清华大学出版社
1303021237	张小华	13502233404	C ++程序设计	谭浩强	清华大学出版社
4403057763	李丽萍	13609630056	C ++程序设计教程	钱 能	清华大学出版社
4403057763	李丽萍	13609630056	C ++程序设计	谭浩强	清华大学出版社
4201115098	王晓丰	13707190555	多媒体计算机技术基础及应用(第3版)	钟玉琢	高等教育出版社
4201115098	王晓丰	13707190555	多媒体教程(第3版)	胡晓峰	人民邮电出版社
4403057763	李丽萍	13609630056	计算机导论	王志强	电子工业出版社
4403057763	李丽萍	13609630056	计算机导论实验指导书	王志强	电子工业出版社
4403057763	李丽萍	13609630056	计算机导论(第二版)	姚爱国	武汉大学出版社

图 4-28　查询的结果

<6> 关闭设计视图，这时系统会提示保存，并要求输入查询的名称。这里为这个新建的查询命名为“读者借书信息”。注意，查询的名称不能与已经存在的表名相同。

4．SQL 查询

SQL 查询是直接应用 SQL 执行查询任务的一种查询。SQL 中的查询使用 SELECT 语句来执行的。SELECT 语句是创建 SQL 查询中最常用的语句。

SELECT 语句的一般格式如下：

```
SELECT 字段名列表
FROM 基本表或视图
[WHERE 条件表达式]
[GROUP BY 列名 1 [HAVING 内部函数表达式]]
[ORDER BY 列名 2 [ASC/DESC]]
```

SELECT 语句的含义是：根据 WHERE 子句中的条件表达式，从表或视图中找出满足条件的记录集，按 SELECT 子句中的目标列，选出记录集中的分量形成结果表，如果有 ORDER 子句，则结果表要根据指定的列按升序或降序排序。GROUP 子句将结果按列名分组，每个组产生结果表中的一个记录集。

在 SELECT 语句的三个子句中只有 SELECT 和 FROM 是必须出现的，而 WHERE、GROUP 和 ORDER 子句是可选的。

下面通过一个简单的例子来说明如何创建 SQL 查询。具体步骤如下：

<1> 在数据库窗口中，单击“对象”栏中的“查询”选项，再双击“在设计视图中创建查询”选项，弹出“显示表”对话框。

<2> 单击【关闭】按钮，跳过“显示表”对话框。

<3> 单击工具栏上的【切换视图】按钮，在下拉列表框中选中“SQL 视图”，将视图由设计视图改为 SQL 视图。

<4> 输入语句“SELECT * FROM 读者 WHERE 性别="男" ORDER BY 借书证号；”。这条 SQL 语句的作用是：从“读者”表中选择所有字段，选择的条件“性别”是“男”，所有选择出来的记录按“借书证号”作升序排列。

<5> 单击【运行】按钮，结果如图 4-29 所示。

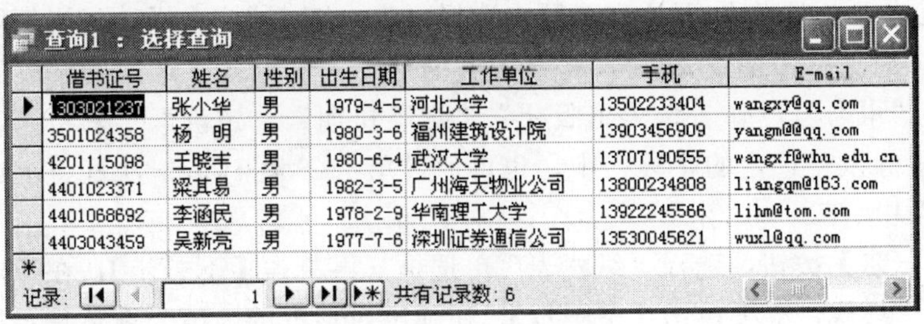

借书证号	姓名	性别	出生日期	工作单位	手机	E-mail
1303021237	张小华	男	1979-4-5	河北大学	13502233404	wangxy@qq.com
3501024358	杨　明	男	1980-3-6	福州建筑设计院	13903456909	yangm@@qq.com
4201115098	王晓丰	男	1980-6-4	武汉大学	13707190555	wangxf@whu.edu.cn
4401023371	梁其易	男	1982-3-5	广州海天物业公司	13800234808	liangqm@163.com
4401068692	李涵民	男	1978-2-9	华南理工大学	13922245566	lihm@tom.com
4403043459	吴新亮	男	1977-7-6	深圳证券通信公司	13530045621	wuxl@qq.com

图 4-29　SQL 查询结果

4.4.5　窗体

窗体对象与一般 Windows 应用程序的窗体有些相似，其主要作用是实现用户与数据库系统的对话。窗体对象基于表对象或查询对象创建，其本身并不存储大量的数据。通过窗体可以完成对数据表中数据的输入、访问、编辑、查询输出以及信息提示等功能。

Access 中的窗体按显示特性的不同，可以分为如下 4 类。

① 单页窗体：指只有一种窗体样式的窗体，而并不是只能显示一页的窗体。

② 多页窗体：指具有多种显示样式的窗体，一般是通过多个窗体标签来选择不同的样式。

③ 连续窗体：指可以在一页中显示多条记录，显示格式类似于数据表的窗体。

④ 子窗体：指在一个窗体（称其为主窗体）中还包含有一个下一层说明的窗体（称其为子窗体）。

按所完成操作功能的不同，窗体可分为如下 4 类。

① 输入窗体：可以向数据表中输入并显示数据。

② 输出窗体：可以通过屏幕显示输出数据或通过打印机打印输出数据。

③ 控制窗体：其中的各种命令按钮可执行各种控制命令。

④ 显示信息窗体：可显示各种提示、警告和错误信息。

窗体由窗体页眉、页面页眉、主体、页面页脚、窗体页脚五部分组成。所有窗体都必须有主体部分，其余 4 部分则可根据需要设置。

① 窗体页眉。在打印的窗体中，窗体页眉出现在第一页的顶部，用于显示每个记录的内容，如窗体的标题、窗体使用说明、运行其他任务的命令按钮或打开另一个关联的窗体。

② 页面页眉。页面页眉出现在每张打印页的顶部，用于显示要在打印页上方显示的内容，包括标题、图像、列标题等。

③ 主体。主体位于窗体的中心，是窗体的核心部分，通常由多种控件组成，用于显示记录。

④ 页面页脚。页面页脚出现在每张打印页的底部，用于显示要在每个打印页下方显示的内容，包括日期、页码等。

⑤ 窗体页脚。窗体页脚位于窗体的底部，用于显示诸如窗体、命令按钮或使用窗体其他对象的指导性文字等内容。

Access 中窗体的创建有"在设计视图中创建窗体"、"使用向导创建窗体"和"自动创建窗体"三种方式。"使用向导创建窗体"是比较的窗体创建方式，也易于被初学者掌握。下面采用"使用向导创建窗体"方式创建"图书管理"数据库中的各种窗体。

在 Access 主界面左侧的"对象"列中单击"窗体"按钮，双击"使用向导创建窗体"，在弹出对话框的"表/查询"下拉列表框中选择"表：图书"，选择"可用字段"中的"图书编号"，单击对话框中的 > 按钮，将"图书编号"字段导入"选定的字段"中，采用同样的方式，将"书号"、"作者"、"出版社"、"出版日期"、"定价"、"书号"、"分类号"和"库存量"字段导入"选定的字段"中，也可通过单击 >> 图标，一次性将上述字段导入到"选定的字段"中。

单击【下一步】按钮，选择"纵栏表"单选框，再单击【下一步】，在弹出对话框的右侧选择"标准"样式，继续单击【下一步】，在弹出对话框的"请为窗体指定标题"文本框中输入"图书"，同时选择"打开窗体查看或输入信息"单选框。单击【完成】按钮，弹出如图 4-30 所示的窗体视图。

在窗体视图底部的左边，有一个导航区域，通过单击相应的导航键，在窗体顶部的数据显示区域会显示相应的数据信息。

对于已有的窗体，也可通过修改窗体的属性来改变窗体的外观、结构以及数据来源等。只有通过设置窗体的多种属性，才能全面地设计窗体的整体结构。

以图书窗体为例，在 Access 主界面左侧的"对象"列中单击【窗体】按钮，再双击右侧的图书窗体，在新显示的界面中选择"视图"→"属性"菜单命令，弹出如图 4-31 所示的窗体属性设置对话框。

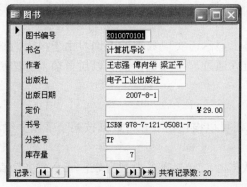

图 4-30　图书窗体

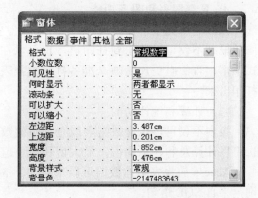

图 4-31　窗体属性设置

设置窗体属性实际上是设计窗体主体节的显示方式，一般要考虑以下内容：

① 窗体的高度、宽度、背景颜色、背景图片。

② 窗体的边框样式。

③ 窗体是否居中。

④ 窗体的数据来源。

⑤ 窗体是否含有关闭按钮。

⑥ 窗体的标题。

⑦ 窗体是否有菜单栏。

⑧ 窗体是否有工具栏。

⑨ 窗体是否有浏览按钮。

除可对窗体的属性进行设置外，也可对窗体中的各种控件进行设置。在图书窗体（见图 4-30）中，单击"视图"图标右边的三角形，在弹出的下拉菜单中选择"设计视图"，可显示如图 4-32 所示的图书窗体的设计视图。在设计视图中可移动各种类型控件的位置，也可改变控件的数据源，还可增加新的控件或删除已有的控件。

图 4-32　图书窗体设计视图

4.4.6　报表

报表是 Access 中专门用来统计、汇总并且整理打印数据的一种格式。报表可以对多种数据进行处理，其最主要功能是将数据输出到打印机上，同时可以输出到屏幕上。Access 的报表还具有部分统计计算的功能，增加了报表设计的灵活性。

具体而言，报表有以下主要功能：

（1）输出到打印机

虽然表和查询都可以输出到打印机，但人们更多的选择以报表形式输出到打印机，这主要是因为报表与其他方法相比具有以下优点：

① 格式丰富灵活，更容易阅读和理解。

② 可以使用剪贴画、图片或扫描图像。

③ 可以增加页眉和页脚。

④ 具有图表和图形功能。

（2）输出到显示器

报表不仅可以输出到打印机，也可以在屏幕上显示，实现数据的查询。由于报表的格式丰富，查阅时更加清晰。准备打印的报表也可以通过屏幕预览，满意以后再输入打印机打印出来。

（3）计算和统计功能

报表不仅可以包含数据表或查询中的数据，还可以根据需要，将数据按某个字段分组，也可以计算总和、平均值、最大值和最小值等。

Access 的报表中的数据可以来自如下 3 种数据源：一个或多个数据表，一个或多个查询，来自 SQL 语句。

与窗体类似，报表通常由报表页眉、页面页眉、主体、页面页脚、报表页脚五部分组成。

① 报表页眉。报表页眉是整个报表的页眉，只在报表的首页头部打印输出，主要用于打印报表标题、制作时间、制作单位等信息。

② 页面页眉。页面页眉的内容在报表的每一页的头部打印输出，主要用于定义报表输出的每一列的标题。

③ 主体。主体位于报表的中心，是报表的核心部分。

④ 页面页脚。页面页脚的内容在报表的每一页的底部打印输出，主要用于打印报表页号、制作人和审核人等信息。

⑤ 报表页脚。报表页脚是整个报表的页脚，内容只在报表的最后一页底部打印输出，主要用于打印数据的统计结果信息。

Access 中报表的创建有"在设计视图中创建报表"和"使用向导创建报表"两种方式。下面采用"使用向导创建报表"方式创建"图书管理"数据库中的各种报表。

在 Access 主界面左侧的"对象"列中单击【报表】按钮，双击"使用向导创建报表"，在弹出对话框的"表/查询"下拉列表框中选择"表：读者"，单击 >> 图标，将"可用字段"中所有的字段导入到"选定的字段"中。单击【下一步】按钮，在弹出的对话框中直接单击【下一步】，选择按"借书证号"字段以"升序"方式排序，单击【下一步】，在"布局"单选框中选择"表格"，在"方向"单选框中选择"纵向"。单击【下一步】，选择报表的样式为"大胆"，继续单击【下一步】，在弹出对话框的"请为报表指定标题"文本框中输入"读者"，同时选择"预览报表"单选框。单击【完成】按钮，弹出如图 4-33 所示的报表预览视图。

类似窗体的设计视图，也可在报表的设计视图中对报表的外观、结构以及数据来源等进行修改和设置。

4.4.7 数据访问页

随着 Internet 应用范围的扩大，人们越来越习惯用网页作为信息发布的手段。Access 具有将数据库中的数据通过网页发布的功能。

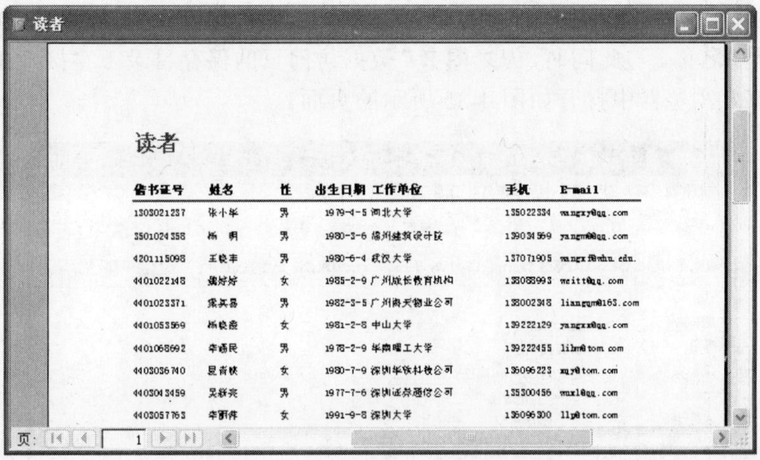

图 4-33 读者报表的预览视图

在 Access 中，将能够访问数据库的网页称为数据访问页，简称页。通过数据访问页，用户可以使用 Web 浏览器在数据库中查看、编辑、操纵和添加数据。数据访问页作为一个独立的文件存储在 Access 数据库文件之外的.htm 文件中,当用户创建了一个数据访问页后，Access 将在数据库窗口中自动为数据访问页文件添加一个图标。

一般情况下，在 Access 数据库中输入、编辑和交互处理数据时，可以使用窗体，也可以使用数据访问页，但不能使用报表。通过 Internet 输入、编辑和交互处理活动数据时，只能使用数据访问页实现，而不能使用窗体和报表。当要打印发布数据时，最好使用报表，也可以使用窗体和数据访问页，但效果不如报表。如果要通过电子邮件发布数据，则只能使用数据访问页。

Access 中数据访问页的创建有"在设计视图中创建数据访问页"和"使用向导创建数据访问页"两种方式，还提供了使用"编辑现有的网页"功能创建数据访问页的方法。下面采用"使用向导创建数据访问页"方式创建"图书管理"数据库中的数据访问页。

在 Access 主界面左侧的"对象"列中单击【页】按钮，双击"使用向导创建数据访问页"，在弹出对话框的"表/查询"下拉列表框中选择"表：图书"，单击 >> 图标，将"可用字段"中所有的字段导入到"选定的字段"中。单击【下一步】按钮，在弹出的对话框中直接单击【下一步】，选择按"图书编号"字段以"升序"方式排序，单击【下一步】，在弹出对话框的"请为报表指定标题"文本框中输入"图书"，同时选择"打开数据页"单选框。单击【完成】按钮，生成如图 4-34 所示的数据访问页页面视图。

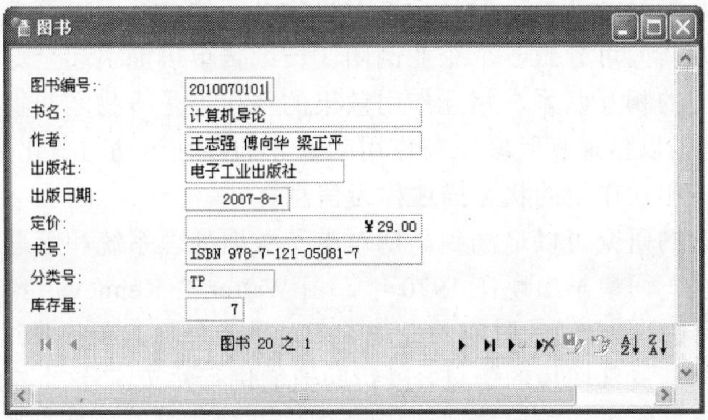

图 4-34 图书的数据访问页

单击页面视图工具栏上的"保存"图标，在弹出的"保存"对话框中指定该数据访问页的保持位置和名称。与此同时，从"图书"数据访问页的保存目录下直接双击"图书.htm"文件，可在 Web 浏览器中打开如图 4-35 所示的页面。

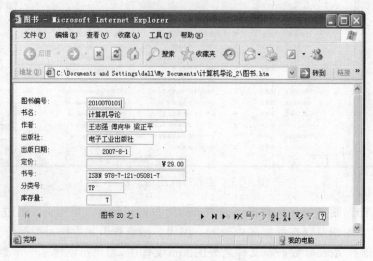

图 4-35　图书的 Web 视图

此外，类似窗体和报表的设计视图，也可在数据访问页的设计视图中对数据访问页的外观、结构和数据来源等进行修改和设置。

4.5　计算机信息系统

计算机信息系统是计算机科学、信息科学、管理科学、行为科学、决策科学、系统科学和通信技术相结合的综合性、交叉性、独具特色的应用学科，它在实践中产生，并在实践中不断发展。信息系统从原理、方法、技术等多方面提供了一套完整的、科学的、适用的研究方法和开发体系，具有十分重要的应用价值。

4.5.1　信息系统基础

（1）信息系统的概念

宇宙间的一切事物都处于相互联系、相互作用之中，在这种相互联系和相互作用中，存在着物质的运动和能量的转换。但是，许多事物之间的关系难以简单地从物质运动与能量转换去解释。一则新闻可导致一个企业倒闭，一纸传单可能引起全城轰动，等等。这些说明，决定事物之间的相互联系、相互作用效果的往往不是事物之间物质和能量直接的量的交换和积累，而是借以传递相互联系与作用的媒介的各种运动与变化形式所表示的意义。事物之间相互联系、相互作用的状态描述称为信息。

对信息系统概念的研究可以追溯到早期对电子数据处理系统和管理信息系统的概念的研究。管理信息系统一词最早出现在 1970 年，由 Walter T. Kennevan 给它下了一个定义："以口头或书面的形式，在合适的时间向经理、职员以及外界人员提供过去的、现在的、预测未来的有关企业内部及其环境的信息，以帮助他们进行决策。"这个定义强调了用信息支持决策，但没有包括计算机和应用模型。1985 年，管理信息系统的创始人——明尼苏达大学卡尔森管理学院的著名教授 Gordon B. Davis 给出管理信息系统的一个较完整的定义："它是一个利用计算机硬件和软件，手工作业，分析、计划、控制和决策模型以及数据库的用户–机器系统，能提供信息支持企业或组织的运行、管理和决策功能。"

从系统的观点看，信息系统是利用计算机采集、存储、处理、传输和管理信息，并以人机交互方式提供信息服务的计算机应用系统。通常，它涉及的数据量很大，绝大部分数据是持久的、可以为多个应用程序所共享，除具有数据管理基本功能外，还可向用户提供信息检索、统计、事务处理、规划、决策等信息服务。信息系统可以由人工或计算机来完成，后者称为基于计算机的信息系统，也正是本节研究的对象。

（2）信息系统的特点

信息系统有如下主要特点：

① 网络化。计算机信息系统通常都是分布在网络上的，共享的资源不仅包括数据，还包括各种计算资源。

② 集成化。构建信息系统的关键是实现分布在网络上的系统各类资源的有机整合和有效管理。集成的内容主要有基础通信集成、数据集成、应用集成、业务流程集成、门户集成以及企业对企业或部门对部门之间的集成等。中间件是介于网络各结点操作系统之上和应用程序之下的一层支撑软件，已成为开发、部署和运行信息系统，并实现系统有效集成的主流平台。

③ 智能化。随着信息量的指数级增长和信息系统复杂度的不断升级，易用性问题越来越突出，为此在信息系统中融入各种智能技术已成为当前信息系统的发展趋势。目前常用的智能技术包括数据挖掘和知识发现、机器学习、智能搜索引擎和语义 Web，以及为用户提供个性化信息服务的各种技术等。

（3）信息系统的分类

计算机信息系统已广泛应用于各行业的信息化建设，种类繁多。从功能分类，常见的有电子数据处理、管理信息系统、决策支持系统；从信息资源分类，有联机事务处理系统、地理信息系统、多媒体管理系统；从应用领域分类，有办公自动化系统、军事指挥信息系统、医疗信息系统、民航订票系统、电子商务系统、电子政务系统等。

（4）信息系统的发展

20 世纪 60 年代以前，计算机主要用于科学计算，计算机应用软件是以数值分析算法为中心展开设计的，数据一般由文件系统管理。后来，出现了一些基于文件系统的计算机事务处理系统，目的是代替人们做某些诸如进、出账管理和自动生成统计报表等事务性操作。

70 年代，以数据的集中管理和共享为特征的数据库系统成为数据管理的主要形式，计算机的大量应用也从科学计算开始转向事务处理和分析，包括帮助人们对某些复杂事务进行规划和决策。

80 年代，随着计算机网络和微型计算机的发展与普及，以信息为中心的计算机信息系统成为主流的计算机应用系统。

20 世纪 90 年代以后和进入 21 世纪以来，互联网已成为强大的计算机应用的基础设施，基于网络的计算机信息系统得到广泛应用，从电子邮件、网上聊天、网上游戏、网上购物、远程教学，到企业信息化、政府信息化和军队信息化等，正在为人类的社会进步乃至人们生活方式的改变发挥越来越大的作用。

信息系统的发展经历了以处理为中心、以数据为中心、以对象为中心（将数据和处理一体化）和正在发展的以模型为中心 4 个阶段。

① 以处理为中心的阶段。数据与程序是一体的，没有独立的数据库，主要用于完成特定的任务，数据各自孤立，无法共享。这个阶段出现了结构化设计方法和模块化技术。

② 以数据为中心的阶段。数据与程序分离，数据由数据库管理系统（DBMS）管理，应用程序通过访问数据库，获取所需的数据并进行处理，各种应用程序共享数据库中的数据资源。这个阶段出现了实体关系模型（E-R 模型）、数据流分析等方法和技术，以及结构化查询语言 SQL 等。本阶段主要解决的是数据的可重用问题。

③ 以对象为中心的阶段。把信息系统中所有要素都看成对象，对象由属性和方法构成。持久性对象的数据存储在数据库中，数据库中的数据通过映射转换为软件对象。软件对象能更好地与现实系统中的组成要素对应，从而实现现实世界与信息世界的统一，使软件和信息系统的建模成为可能。这个阶段出现了许多面向对象的分析与设计方法，以统一建模语言（Unified Modeling Language，UML）为代表的技术为信息系统奠定了坚实的基础。与此同时，组件、面向组件的开发技术、工作流技术等也得到迅速发展。本阶段主要强调软件的可重用问题。

④ 以模型为中心的阶段。UML 作为一种标准的建模语言，广泛被用于建立软件和信息系统的信息模型，并利用软件工具实现软件开发的正向工程和逆向工程，乃至知识库的管理。可扩展标记语言（eXtensible Markup Language，XML）则被用于模型的交换与共享。本阶段主要强调模型和解决方案的可重用问题。

4.5.2　信息系统的组成

信息系统为实现企事业单位的目标，对整个单位的信息资源进行综合管理、合理配置和有效利用。其组成包括以下 7 部分。

① 计算机硬件系统，包括主机、外存储器（如磁盘系统、数据磁带系统和光盘系统）、输入设备和输出设备等。

② 计算机软件系统，包括计算机操作系统、各种计算机语言编译或解释软件、数据库管理系统、网络软件，以及保证信息系统开发和维护所需的各类工具软件等。

③ 数据及其存储介质。有组织的数据是系统的重要资源，有些存储介质包含在计算机硬件系统的外存储设备中，还有录音、录像磁带、缩微胶片以及各种纸质文件。这些存储介质不仅用来存储直接反映企业外部环境和产、供、销活动以及人、财、物状况的数据，而且可以存储支持管理决策的各种知识，经验以及模型与方法，以供决策者使用。

④ 通信系统，用于通信的信息发送、接收、转换和传输的设施，如无线、有线、光纤、卫星数据通信设施以及电话、传真、电视等设备，有关计算机网络与数据通信的软件。

⑤ 非计算机系统的信息收集、处理设备，如各种电子和机械的信息采集装置和摄影、录音等记录装置。

⑥ 规章制度，包括关于各类人员的权力、责任、工作规范、工作程序、相互关系及奖惩办法的各种规定和说明文件，有关信息采集、存储、加工和传输的各种技术标准和工作规范，各种设备的操作、维护规程等有关文件。

⑦ 工作人员。计算机和非计算机设备的操作，维护人员、程序员、数据库管理员、系统分析员、信息系统的管理人员及收集、加工、传输信息的有关人员。

4.5.3　信息系统的应用

随着环境的变迁和科学技术的发展，信息系统的内容和作用在深度和广度上有了很大的拓展。近几十年来，信息系统与相关的科学技术相结合，发展了许多用于企业某一管理信息的新型应用系统，如事务处理系统、管理信息系统、企业信息系统、决策支持系统、商务智能和专家系统等。

1．事务处理系统

（1）什么是事务处理系统

事务处理系统（Transaction Processing Systems，TPS）是供组织业务人员使用的系统，是管理信息系统中最底层和最基本的系统，其主要任务是充分运用现代信息技术来收集、处理业务活动过程中产生的原始数据，提高业务活动的效率。

在日常生活中经常会接触到这类系统，如食堂的餐卡管理系统、图书馆的图书借阅系统、超市的 POS 机系统、宾馆的客人入住登记系统，都属于这个范畴。

（2）事务处理系统的优势

事务处理系统通常用于支持具有大量的、规律性的、重复性的特点的信息收集，从功能角度来看，处理的对象是原始数据，主要任务是收集，也执行一些简单的信息处理与表示。使用事务处理系统帮助处理事务的优势在于以下几点。

① 降低成本，减少人员和工作量。现代企业中如果离开 TPS 几乎无法工作，由于需要处理大量数据，手工操作无法快速完成。例如，一个银行营业厅在白天使用 TPS 花费几分钟处理的业务，如果用手工处理，至少需要 4 小时才能处理完成。

② 提高事务处理速度，加速资金流动，提高经济效益。

③ 改善客户服务水平，减少操作错误。

④ 为企业中其他的信息系统提供原始数据，对于没有建立良好的 TPS 的企业来说，要建立具有辅助决策功能的战术或战略信息系统几乎是不可能的。

目前，TPS 呈现出跨越组织和部门的趋势，不同组织的 TPS 连接起来。如企业之间的供应链系统、企业与银行之间的清算系统，帮助这些组织结成动态联盟，因此 TPS 在企业中的确是非常重要的信息系统。

（3）事务处理系统的结构

多数事务处理系统由 5 部分构成，如图 4-36 所示。

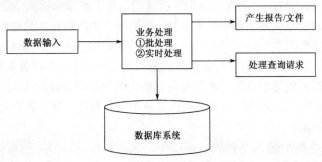

图 4-36　事务处理系统的结构

业务处理的方式分为批处理和实时处理。前者是定期/周期性地收集源文件，然后成批处理，如企业的工资处理，有关部门每月收集相关数据并在固定的某天集中处理。后者是针对某些要求系统时刻都能反映组织活动/状态的业务，收到请求就立刻执行，如火车售票系统。

批处理的优点是大量处理数据时，可以提高资源利用率；实时处理的优点是可以快速响应客户要求。具体采用哪种方式，第一要在成本、安全问题上进行平衡，第二要考虑业务实际需求和特点。

目前，在企业的各职能领域中都会用到事务处理系统，常用功能是人事信息系统、财务信息系统、生产信息系统、市场信息系统和客户集成系统等。

2．管理信息系统

（1）什么是管理信息系统

管理信息系统（Management Information System，MIS）是从管理、信息、系统三个概念的基础上发展起来的。管理信息系统首先是一个系统，其次是一个信息系统，再次是一个用于管理方面的信息系统。一方面，说明一切用于管理方面的信息系统均可认为是管理信息系统，另一方面，说明这种信息系统不同于卫星通信系统，而强调其用在管理上。

管理信息系统综合运用了管理科学、系统科学、运筹学、统计学、计算机科学、网络通信技术等学科的知识。通俗地理解，管理信息系统=管理业务＋数据库系统＋网络通信系统。

对管理信息系统的理解可以从广义和狭义两方面来理解。广义地说，管理信息系统是用系统思想建立起来的，以计算机为信息处理手段，以网络通信设备为基本传输工具，能为管理决策者提供信息服务的人机系统。狭义地说，管理信息系统是一个由人和计算机等组成的，能进行数据的收集、传递、存储、加工、维护和使用的系统，具有计划、预测、控制和辅助决策等功能。

现代科学管理就是把管理过程数量化，用计算机解决问题以达到系统的目的。这是现代化管理的标志。概括起来就是系统的观点、数学的方法、计算机的应用。

（2）管理信息系统的功能

从管理信息系统服务的职能领域来看，常见的有市场、生产、财会、人力资源等部门的管理信息系统。

① 市场信息系统。市场信息系统主要处理 4 方面的信息：产品（Production）、促销（Promotion）、渠道（Place）、价格（Price），即所谓4P，这是市场营销的主要职能。围绕产品的功能有预测、订货、新产品研发等，促销管理包括选择合适的媒体和促销方法并做出评价，渠道是指产品由厂家到顾客的路径，定价系统要协助决策者确定定价策略。

② 生产信息系统。对于生产性企业指的是制造，对于服务业指的是服务运营。麦当劳把大生产的管理技术用于餐饮服务获得巨大成功，也说明了生产和服务的相似性。生产管理中最复杂的就是制造业管理，涉及众多类型的企业资源，如物料、人力、资金、设备、时间等。

③ 财会信息系统。会计的主要功能是维护公司的账务记录，而财务主要管理资金的运作。会计系统最成熟和最固定的部分是记账，财务系统则要保证资金收入大于消耗并且保持稳定。

④ 人事信息系统。该系统涉及人员聘用的整个生命周期，如招聘雇佣、岗位设置、业绩评价、培养发展等职能。

（3）管理信息系统的输入与输出

管理信息系统用到的输入数据来自内外两方面，内部的主要数据来源是 TPS，外部数据源则包括客户、供应商、竞争对手和股东等。TPS 的主要任务就是在不断运行的业务活动中收集和存储相关数据，随着业务活动的开展，各 TPS 应用不断对组织的数据库进行更新，这些实时更新的数据库正是管理信息系统的主要内部数据源。

管理信息系统处理这些数据，按照预先设定的格式产生报表，提供给管理者使用。例如，销售部门的经理可以要求管理信息系统每周为他提供一份报表，显示过去一周内不同地区、不同销售代表、不同产品系列的销售状况，并且与上周数据、去年同期的数据进行对比。这份报表对他的工作来说，比一个简单的上周销售总额数据的价值要大得多。

管理信息系统的输出主要就是提供给管理者的各式报表，可以分为进度报表、需求（定制）报表、异常报表、常规报表四类。

（4）管理信息系统的概念结构

管理信息系统的概念结构主要由 4 部分组成，如图 4-37 所示。

图 4-37　管理信息系统的概念结构

数据源是管理信息系统处理的对象，信息处理者的任务是对数据进行收集、存储、加工、传输和维护，信息用户是管理信息系统的服务对象。为了制定决策，管理决策机构可以从管理信息系统中获取必要的信息。同时通过管理信息系统可以对单位的活动进行控制协调，以实施决策。

如果单位的管理工作量大，涉及面广，通常管理信息系统可根据决策层次、管理职能和信息处理方式，分成若干个相互关联的子系统，以便整个系统的开发。

严格说来，管理信息系统只是一种辅助管理系统，所提供的信息需要由管理者去分析和判断，再做出决策。目前，国内为实现现代化管理而建立的系统，大都属于管理信息系统。从管理的角度来看，管理信息系统应是管理者的一种信息控制工具。从管理信息系统角度来看，计算机技术只是管理信息系统的一种手段和工具，不应构成管理信息系统的主要内容。

管理信息系统的总体概念如图 4-38 所示。

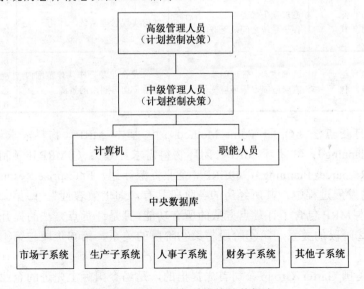

图 4-38　管理信息系统的总体概念

3．企业信息系统

　　企业的组织结构与信息系统存在着相互依赖和相互促进的关系，信息系统的发展和应用对企业的管理结构产生了重要的影响，使企业成为信息系统应用的最重要的领域之一，常见的有支持企业管理的企业资源计划、支持企业生产作业的计算机集成制造系统等。

　　企业资源计划（Enterprise Resource Planning，ERP）起源于 20 世纪 80 年代末，它的正式命名是在 1990 年，美国 Gartner Group 公司在当时流行的工业企业管理软件 MRP Ⅱ 的基础上，提出了评估 MRP Ⅱ 内容和效果的软件包，这些软件包被称为 ERP。从最初的定义来讲，ERP 只是一个为企业服务的管理软件，之后各国政府、学者和企业界人士都根据自己对 ERP 的理解，给出了许多有关 ERP 概念的不同表述，以下是比较具有代表性的定义。

　　企业资源计划是建立在信息技术基础上，利用现代企业的先进管理思想，为企业提供决策、计划、控制与经营业绩评估的全方位、系统化的管理平台。ERP 系统集信息技术与先进的管理思想于一身，成为现代企业的运行模式，反映时代对企业合理调配资源、最大化地创造社会财富的要求，ERP 成为企业在信息时代生存发展的基石。

　　（1）企业资源计划的发展

　　ERP 的形成是随着产品复杂性的增加、市场竞争的加剧以及信息全球化而产生的。ERP 的形成与发展大致经历了 5 个阶段，如表 4-11 所示。

表 4-11　ERP 发展阶段

发展阶段	时间	企业经营特点	解决问题	理论依据
订货点法	20 世纪 40 年代	降低库存成本 降低采购费用	如何确定订货时间和订货数据	库存管理理论
基本 MRP	20 世纪 60 年代	追求低库存成本 手工订货发货 生产缺货频繁	如何根据主生产计划确定订货时间、订货品种、订货数量	库存管理理论 主生产计划 BOM
闭环 MRP	20 世纪 70 年代	计划偏离实际 手工完成车间作业计划	如何保证从计划制定到有效实施的及时调整	能力需求计划 车间作业计划 计划、实施、反馈和控制的循环
MRP Ⅱ	20 世纪 80 年代	追求竞争优势 各子系统之间缺乏联系	如何实现管理系统一体化	决策技术 系统仿真技术 物流管理技术 系统集成技术
ERP	20 世纪 90 年代	追求技术，管理创新 追求适应市场环境变化	如何在企业及合作伙伴范围内利用一切可利用的资源	事前控制 混合型生产 供应链技术 JIT 和 AM 技术

　　其中：①订货点法（Order Point Method）；②基本 MRP（物料需求计划，Material Requirement Planning）；③闭环 MRP（闭环物料需求计划）；④MRP Ⅱ（制造资源计划，Manufacturing Resources Planning）；⑤ERP（企业资源计划，Enterprise Resource Planning）。

　　在 ERP 的发展过程中，其所经历的各阶段具有"向上兼容性"。即第②阶段与第①阶段的关系是基本 MRP 包含了订货点方法的所有功能，且是订货点方法的提升和扩展。同样，第③阶段与第②阶段的关系、第④阶段与第③阶段的关系、第⑤阶段与第④阶段的关系也是如此。

　　ERP 是由美国 Garter Group 公司首先提出的，是当今国际上先进的企业管理模式。其主要宗旨是对企业所拥有的人、财、物、信息、时间和空间等资源进行综合平衡和优化管理，面向全球市场，协调企业各管理部门，围绕市场导向开展业务活动，使得企业在激烈的市场竞争中全方位地发挥足够的能力，从而取得最好的经济效益。

2000 年，美国 Gartner Group 公司在原有 ERP 的基础上提出了新概念 ERPⅡ。为了与 ERP 对企业内部管理的关注相区别，在描述 ERPⅡ 时，引入了"协同商务"的概念。协同商务是指企业内部人员、企业与业务伙伴、企业与客户之间的电子化业务的交互过程。它是一种各个经济实体之间的实时、互动的供需链管理模式。通过信息技术的应用，强化了供需链上各实体之间的沟通和相互依存，ERPⅡ 不再局限于生产与供销计划的协同，而且包含产品开发的协同。

目前，ERP 产品种类繁多，功能多样，比较有代表性的 ERP 产品是德国的 SAP R/3 系统以及国内的用友 ERP 和金碟 ERP 等。

（2）企业资源计划的功能

ERP 是将企业所有资源进行整合的集成管理，简单地说，是将企业的三大流：物流、资金流、信息流进行全面一体化管理的信息系统。对企业来讲，它包括四方面的内容：生产控制（计划、制造），物流管理（分销、采购、库存管理），财务管理（会计核算、财务管理）和人力资源管理（规划、工资、工时、差旅）。典型的 ERP 系统功能模块有库存管理、采购管理、销售管理、财务报表、账务管理、应收账管理、应付账管理、工资核算、质量管理和成本管理。

（3）计算机集成制造系统

计算机集成制造系统（Computer Integrated Manufacturing System，CIMS）的概念是在 1974 年由美国学者 Joseph Harrington 针对企业所面临的激烈市场竞争形势而提出的组织企业的一种哲理，包含两个基本观点。① 系统的观点。企业的各环节，即从市场分析、产品设计、加工制造、经营管理到售后服务的全部生产活动是一个不可分割的整体，要统一考虑。② 信息化的观点。整个生产过程实质上是一个数据的采集、传递和加工处理的过程，最终形成的产品可以看做数据的物质表现。

我国 863/CIMS 主题专家组在实施 CIMS 的规范文档中对 CIMS 的定义是：CIMS 是企业实现信息化、自动化和现代化的高技术，是用计算机、通信、自动化和现代化管理等先进技术改善企业的产品设计开发过程、经营管理过程、加工制造过程及质量保证过程等，通过计算机和设备的联网通信，实现企业的物流、信息流和资金流的集成，进而达到技术、人和经营管理的集成，优化企业的运行和管理，以此提高企业的市场应变能力和竞争能力。

CIMS 包括辅助设计子系统、辅助制造子系统、辅助管理子系统、质量管理子系统以及数据库系统和计算机网络等支撑环境，如图 4-39 所示。

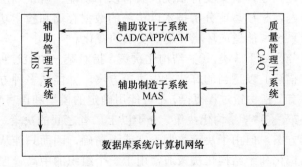

图 4-39　CIMS 的组成

辅助设计子系统主要是指 CAD/CAPP/CAM，用来支持产品的设计、工艺设计及数控编程，使其过程能够自动进行。辅助制造子系统 MAS 的主体部分是柔性制造系统 FMS，使制造加工过程自动化。辅助管理子系统完成一般信息系统的功能。质量管理子系统 CAQ 主要是辅助质量检测、评价、控制与管理，以保证实现生产过程中的质量指标。数据库系统和计算机网络是 CIMS 的两大支撑系统，是信息集成的关键。计算机网络提供了各子系统互连及信息共享的能力，4 个子系统的信息都是通过同一个数据库系统实现信息的集成和共享。

一个制造企业采用计算机集成制造系统可以获得效益，概括地讲是提高企业的整体效率，具体包括以下三方面。

① 在工程设计自动化方面，采用现代化工程设计手段，如 CAD/CAPP/CAM，可提高产品的研制和生产能力，便于开发技术含量高和结构复杂的产品，保证产品设计质量，缩短产品设计与工艺设计周期，从而加速产品更新换代速度，满足用户的需要。

② 在加工制造上，柔性制造系统（FMS）、柔性制造单元（FMC）或分布式数控（DNC）的应用可提高制造过程的柔性与质量，提高设备利用率，缩短产品制造周期，增强生产能力。

③ 在经营管理上，使企业的经营决策与生产管理科学化。在市场竞争中，可保证产品报价的快速、准确、及时；在生产过程中，可有效地解决生产"瓶颈"，减少在制品；在库存控制方面，可使库存减少到最低水平，减少制造过程所占用的资金，减少仓库面积，从而有效地降低生产成本，加速企业的资金周转。

总之，计算机集成制造系统通过计算机、数据库和网络将企业的产品设计、加工制造、经营管理等方面的所有活动有效地集成起来，这样有利于信息及时、准确地交换，保证数据的一致性，提高产品质量，缩短产品开发周期，提高生产效率。

4．决策支持系统

决策支持系统（Decision Support System，DSS）的概念是 20 世纪 70 年代初由美国 S.S.Morton 等人在"管理决策系统"一文中首先提出的。决策支持系统实质上是在管理信息系统和管理科学/运筹学的基础上发展起来的。管理信息系统用来对大量数据进行处理，完成管理业务工作。管理科学与运筹学运用模型辅助决策，因此决策支持系统是将大量的数据与多个模型组合起来，通过人机交互达到支持决策的作用。

自从决策支持系统的概念提出以后，不少人对决策支持系统进行了定义，比较典型的定义有：① 决策支持系统是从数据库中找出必要的数据，并利用数学模型的功能，为用户产生所需要的信息。② 决策支持系统具有交互式计算机系统的特征，帮助决策者利用数据和模型去解决半结构化问题。决策支持系统应具有以下功能：解决高层管理者常碰到的半结构化和非结构化问题，把模型或分析技术以传统的数据存储和检索功能结合起来，以对话方式使用决策支持系统，能适应环境和用户要求的变化。

决策按其性质可分为如下 3 类。① 结构化决策，指对某一决策过程的环境及规则，能用确定的模型或语言描述，以适当的算法产生决策方案，并能从多种方案中选择最优解的决策。② 非结构化决策，指决策过程复杂，不可能用确定的模型和语言来描述其决策过程，更无所谓最优解的决策。③ 半结构化决策，介于以上二者之间的决策。这类决策可以建立适当的算法产生决策方案，但由于决策数据不完或不精确，因而只能从相应的决策方案中得到较优的解。非结构化和半结构化决策通常用于一个组织的中高管理层，其决策者一方面需要根据经验进行分析判断，另一方面也需要借助计算机为决策提供各种辅助信息，及时做出正确有效的决策。

综合以上定义，可以将决策支持系统定义为：决策支持系统是综合利用大量数据，有机组合许多模型，通过人机交互，辅助各级决策者实现科学决策的计算机应用系统。该定义与决策支持系统的结构是一致的。

（1）决策支持系统的结构

决策支持系统的结构如图 4-40 所示。

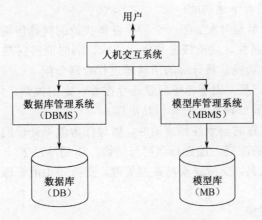

图 4-40　决策支持系统的结构

决策支持系统是在数据库系统的基础上，增加了模型库系统，即使管理信息系统上升到了决策支持系统的新台阶上。决策支持系统使那些原来不能用计算机解决的问题逐步变成能用计算机解决。决策支持系统为决策者提供辅助决策的有用信息，它不能制订决策。决策是由人来制订的。有的学者认为，决策制订是由决策支持系统和它的用户共同完成的。

（2）决策支持系统的类型

由于计算机技术的迅速发展，促使决策支持系统的应用更加广泛，因此各种决策支持系统也相继出现，下面介绍几种典型的决策支持系统。

① 群体决策支持系统（Group Decision Support System，GDSS）。其决策过程是：一个领导群体，根据已掌握的信息及自己的经验和智慧，提出解决某一问题的方案；通过一定的议程，对若干个解决方案进行评价，从中做出最后选择，确定最后方案。

群体决策的问题多半是非结构化的问题，如企业发展战略的制定等。而且参与决策制订有不同的人，有各自的行为模式，在不同的地点、不同的时间。实现 GDSS 不仅涉及个人决策所涉及的有关问题，而且涉及通信技术、群体决策方法、计算机协同工作等，它要求将决策、通信和计算机技术结合起来，使问题求解条理化、系统化。

目前，GDSS 提供的支持方式有：

a）决策室。它是一个房间设置支持群体决策的设备，如公共大屏幕，每个决策者与之交互的终端、服务器与网络，相应的支持决策的工具及数据等，决策群体可利用口头与终端交互来参与决策问题。

b）局域网决策。决策者分布在局域网上，在计算机协同工作的环境下支持成员之间群体会议或协同工作。

c）远程决策。决策者分布在广域网上，群体决策支持需要提供视频会议或虚拟会议室的功能，需要支持远程通信的计算机协同工作的环境。

② 分布式决策支持系统。

在各独立的决策支持系统之间建立通信，并设计出一个总的管理模块 DDM（分布式决策管理）。由于各个决策支持系统是独立自治的，其操作的数据归各自决策支持系统所有，并具有对这些数据进行操作的工具集合。因此，在 DDM 设计中，主要是为每个 DSS 支持某些决策制定活动，传递各个 DSS 之间的通信，协调与解决其间的冲突，共享各种操作工具。它需要利用分布处理技术来支持决策制定活动。

具体地说，DDM 具有下述功能：

a）任务的描述、分解与分配。当一个需要群体决策的问题出现时，提供一种相应的语言，以便描述该问题的属性、功能成分和资源需求，同时能将问题分解，并描述各子问题的关系。根据各 DSS 的功能，将分解的子问题进行合理分配。

b）各 DSS 之间的交互。由于各子问题还存在着一定的关系，因此要提供各 DSS 之间的通信，以支持它们之间的相互制约和相互协作。

c）保证制定决策过程的一致性和协调性，如对行为效果评价的一致性，避免无关活动及冲突现象，对于出现的冲突，能进行调解与协调，以消除冲突。

d）提供各种操作工具，支持建模与数据处理，支持知识的管理与推理，支持数据的分析与计算等。

③ 智能决策支持系统

智能决策支持系统（Intelligent Decision Support System，IDSS）是在传统 DSS 的基础上结合专家系统而形成的。它使用专家系统的方法，将决策问题表述为一个问题的状态空间形式，或者以各种知识的表达形式去描述问题。对于以状态空间形式描述的问题，问题的求解就转换成状态空间的搜索。对于以产生式规则、谓词逻辑或语义网络表示的问题，则通过归约或归结等技术将问题逐层分解成若干子问题，或利用相应的推理技术将问题求解。

在 IDSS 中，用于定量计算的模型也被看成是一种知识，它与专家求解问题的知识与经验相结合，来获得决策问题求解的满意答案。IDSS 不仅在问题处理上使用人工智能算法，而且在人机交互、模型的组合与生成、知识的获取等方面也利用了人工智能技术，对于非结构化的决策问题的求解，IDSS 将会成为一种解决问题的主要途径。

（3）决策支持系统的开发与设计

① 决策支持系统的开发过程

决策支持系统的开发是围绕着决策支持系统的特点和组成而进行的，决策支持系统开发的主要步骤如下：

<1> DSS 系统分析：包括确定实际决策问题的目标，对系统分析论证。系统目标代表了在一定环境和条件下系统所要达到的结果。

<2> DSS 系统设计：完成系统设计，进行问题分解与问题综合；对各子问题进行数据设计、模型设计和综合设计：数据设计包括数据文件设计和数据库设计，模型设计包括模型算法设计和模型库设计，综合设计包括对各子问题的综合控制设计。

<3> 各部件编制程序：包括：建立数据库和数据库管理系统；编制模型程序，建立模型库、模型库管理系统；编制综合控制程序或总控程序，由总控程序控制模型的运行和组合、对数据库数据的存取以及设置人机交互等处理。

<4> DSS 系统集成：包括解决各部件接口问题，由总控程序的运行实现对模型部件和数据部件的集成，形成 DSS 系统。

② 决策支持系统的设计

在决策支持系统的设计中，应当重视如下问题：

a）平台的选择。平台是指集成的硬件和操作系统环境，可以支持用于决策支持系统的应用程序。决策支持系统可在多个平台上运行，目前常用的平台主要有：公司的中央系统，连接用户台式计算机的中央系统，通过公司内部网络、互联网等；分散的系统，可从中央系统中获取且能通过网络提供给它的用户；用户桌面上的独立系统。上述平台各有其特点，可结合实际情况选用，也可综合使用。

b）软件工具的选择。通常有 4 种方法获得决策支持系统的应用软件：购买集成的软件包，定做软件包，使用专用的工具或者为当前任务设计的程序生成器，从头开始编写所要的程序。在决策支持系统开发中，可以使用的软件类型包括：数据库管理软件包，信息检索软件包，专用的建模软件包，编程语言，统计数据分析软件包，预测软件包和图形软件包。

c）用户界面设计。由于决策支持系统在执行任务的过程中与决策者密切交互，所以其用户界面设计就显得十分重要。在用户界面中应当考虑的因素主要有时间、多用途、差错处理、帮助、适应性、抗疲劳、一致性和趣味性等。用户界面样式设计是体现界面设计形式的重要内容，通常有命令行界面、图形用户界面、菜单和对话框以及超文本/超媒体界面。

5. 商务智能与专家系统

（1）商务智能

商务智能（Business Intelligence，BI）是企业利用现代信息技术收集、管理和分析结构化和非结构化的商务数据和信息，创造和累计商务知识和见解，改善商务决策水平，采取有效的商务行动，完善各种商务流程，提升各方面商务绩效，增强企业综合竞争力的智慧和能力。

商务智能是指利用数据仓库、数据挖掘技术对客户数据进行系统地存储和管理，并通过各种数据统计分析工具对客户数据进行分析，提供各种分析报告，如客户价值评价、客户满意度评价、服务质量评价、营销效果评价、未来市场需求等，为企业的各种经营活动提供决策信息。

从管理的角度来看待商务智能，可以认为商务智能是从根本上帮助用户把公司的运营数据转化成高价值的可以获取信息的工具，并且在恰当的时间通过恰当的手段把恰当的信息传递给恰当的人。从信息技术的角度来看待商务智能，可以认为商务智能是运用了数据仓库、联机分析处理和数据挖掘技术来处理和分析数据的技术，它允许用户查询和分析数据库或数据仓库，进而得出影响商业活动的关键因素，最终帮助用户做出更好、更合理的决策。

商务智能系统结构主要由数据仓库、联机分析处理以及数据挖掘三部分组成，如图 4-41 所示。

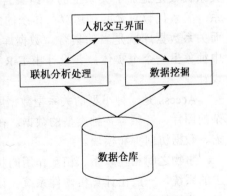

图 4-41　商务智能系统结构

（2）专家系统

专家系统（Expert System，ES）是一个利用知识和推理过程来解决那些需要特殊的、重要的人类专家才能解决的复杂问题的计算机智能程序。专家系统的知识由事实和启发性知识组成。

专家系统一般由以下部件组成：知识获取设备，知识库（规则库和数据库），知识库管理系统（KBMS），推理机构，用户接口。

DSS 与 ES 的区别如表 4-12 所示。

表 4-12　DSS 与 ES 的比较

特点	DSS	ES
主要目标	支持决策者	代替决策者
谁作决策	人	专家系统
面向用户	主要决策者	专家或其他人员
设计队伍	分析员，程序员，用户	知识工程师，专家，用户
主要部件	数据库，模型库，会话部件	知识库，推理机，用户接口
推理能力	无	有
查询操作	用户问系统	系统问用户
问题领域	通用	专用
支持性质	个人或组织	个人

本章小结

数据库是许多数据的集合。数据库管理系统由一个互相关联的数据集合和一组用以访问这些数据的程序组成。数据库管理系统的基本目标是要提供一个可以让人们方便、高效地存取信息的环境。数据库系统主要用来管理大量数据、控制多用户访问、定义数据库构架以及执行数据库操作等。

数据库的结构基础是数据模型，它是一个用于描述数据、数据间关系、数据语义和数据约束的概念工具的集合。现有的数据模型主要有层次模型、网状模型、关系模型和面向对象模型。

关系数据库是支持关系模型的数据库系统，应用数学的方法来处理数据库中的数据。关系代数是施加于关系上的一组集合代数运算，其运算对象是关系并且运算结果也是关系。关系代数包含两种运算：传统的集合运算和专门的关系运算。关系就是一张二维表，而关系数据库就是表的集合。数据库的设计是从了解用户的业务流程开始，从业务流程中抽象出一个个实体，并设计出 E-R 图。将 E-R 图向关系模型转换，得到数据库的逻辑设计。

Access 是一种小型的关系型数据库管理系统，可以管理从简单的文本、数字字符到复杂的图片、音频等各种类型的数据。在 Access 中使用的对象包括表、查询、窗体、报表、宏、数据访问页和模块。

事物之间相互联系、相互作用的状态的描述就是信息。信息系统是以加工处理信息为主的系统，一般由计算机硬件系统、计算机软件系统、数据及其存储介质、通信系统、信息收集及处理设备、规章制度和工作人员组成。近几十年来，信息系统发展了许多用于企业某一管理信息的新型计算机应用系统，如事务处理系统、管理信息系统、企业信息系统、决策支持系统、商务智能和专家系统等。

习 题 4

一、选择题（注意：4 个答案的为单选题，6 个答案的为多选题）：

1．在数据管理技术发展过程中，文件系统与数据库系统的重要区别是数据库具有_____。

    A．数据可共享　　　　　　　　　　B．数据无冗余

    C．特定的数据模型　　　　　　　　D．专门的数据管理软件

2．数据管理系统能实现对数据库中数据的查询、插入、修改和删除操作，这类功能称为_____。

    A．数据定义功能　　　　　　　　　B．数据管理功能

    C．数据控制功能　　　　　　　　　D．数据操纵功能

3．E.F.Codd 等提出的_____奠定了关系型数据库管理系统的基础。

    A．层次模型　　　　　　　　　　　B．网状模型

    C．关系模型　　　　　　　　　　　D．面向对象模型

4．数据库的概念模型独立于_____。

    A．具体计算机和数据库管理系统　　B．E-R 图

    C．信息世界　　　　　　　　　　　D．现实世界

5．设一个仓库存放多种商品，同一种商品只能存放在一个仓库中，仓库与商品之间是_____。

    A．一对一的联系　　　　　　　　　B．一对多的联系

    C．多对一的联系　　　　　　　　　D．多对多的联系

6．数据库系统的核心和基础是_____。

    A．数据模型　　　B．数据结构　　　C．数据操作　　　D．数据约束条件

7．关系模型是_____。

    A．用关系表示实体　　　　　　　　B．用关系表示联系

    C．用关系表示属性　　　　　　　　D．用关系表示实体及其联系

8．层次模型中，每个结点_____。

    A．有且仅有一个双亲结点　　　　　B．可以有多个双亲结点

    C．除根结点外有且仅有一个双亲结点　D．除根结点外可以有多个双亲结点

9．最常用的一种基本数据模型是关系数据模型，它用统一的_____结构来表示实体及实体之间的联系。

    A．数　　　　　　B．网络　　　　　C．图　　　　　D．二维表

10．在 SQL 中，SELECT 语句执行的结果是_____。

    A．属性　　　　　B．表　　　　　　C．元组　　　　D．数据库

11．关系数据模型中_____。

    A．只能表示实体间的 1:1 联系。

    B．只能表示实体间的 1:n 联系。

    C．只能表示实体间的 m:n 联系。

    D．可以表示实体间的上述 3 种联系。

12．计算机集成制造系统简称为_____。

A. CAD   B. CAM   C. CIMS   D. CAI

13. 决策支持系统（DSS）是比_____系统更高一层的系统。

A. EDS   B. ESS   C. OAS   D. MIS

14. 一般而言，数据库系统由下面_____构成。

A. 数据库   B. 数据库管理系统   C. 应用系统

D. 数据库管理员   E. 最终用户   F. 数据模型

15. 数据模型由下面_____组成。

A. 数据结构   B. 数据操作   C. 数据管理

D. 完整性约束   E. 数据类型   F. 数据关系

二、问答题：

1. 文件系统中的文件与数据库系统中的文件有何本质的不同？

2. 简述数据库、数据库管理系统和数据库系统三者之间的联系。

3. 数据库管理系统（DBMS）有哪些功能？

4. 数据库管理员的职责是什么？

5. 层次模型、网状模型和关系模型三种数据模型的优缺点是什么？它们是怎么划分的？

6. 为什么关系中的元组没有先后顺序？

7. 设有如下基本表 S(Sno,Name,Sex,Age,Class)，其中 Sno 为学号，Name 为姓名，Sex 为性别，Age 为年龄，Class 为班号。写出实现下列功能的 SQL 语句，主关键字是 Sno。

① 插入一个记录(200510125,刘明,男,18,'2005101')。

② 插入 2005212 班、学号为 200521216、姓名为"李雨"的学生记录。

③ 查找学号为 200502302 的学生。

④ 将所有班号为 2004032 的学生班号改为 2005032。

⑤ 删除学号为 200504346 的学生记录。

⑥ 删除所有姓"张"的学生记录。

8. 信息系统对社会经济有什么影响？

9. 什么是决策支持系统？决策支持系统的结构是什么样的？

10. ERP 的发展经历了哪几个阶段？如何理解 ERP 的发展离不开企业管理思想和信息技术这两个重要支柱？

第5章 通信与网络基础

要构建计算机网络系统，数据通信是基础，即通过各种方式和传输介质，把处在不同位置的终端与计算机或者计算机与计算机连接起来，完成数据传输、信息交换和通信处理等任务。本章首先简要介绍数据通信基础知识，包括数据通信的概念、数据通信系统的组成、常用的传输介质、数字调制与解调、数据交换方式等；在此基础上，介绍计算机网络的基本知识，包括计算机网络的定义、组成和分类以及网络体系结构等，并重点介绍互联网及其应用、网络信息检索。

5.1 数据通信基础

随着计算机技术的迅速发展以及计算机与通信技术结合的日益紧密，在通信领域中又产生了一个分支，即数据通信。所谓数据通信，是指信源本身发出的就是数字形式的消息，如电报、计算机数据及指令等。

5.1.1 数据通信的概念

1. 信息、数据和信号

信息是人对现实世界事物存在方式或运动状态的一种认识。

数据是一种承载信息的实体，是表征事物的具体形式，如文字、声音、图像和视频等。数据可分为模拟数据和数字数据两种形式。模拟数据是指在某区间连续变化的物理量，如声音的大小和温度的变化等。数字数据是指离散的不连续的量，如文本和整数。

信号是数据的具体物理表现，是数据的电磁或电子编码。信号在通信系统中可分为模拟信号和数字信号。其中，模拟信号是指一种连续变化的电信号，如电话线上传送的按照话音强弱幅度连续变化的电信号，如图 5-1（a）所示。数字信号是指一种离散变化的电信号，如计算机产生的电信号就是 0 和 1 的电压脉冲信号，如图 5-1（b）所示。

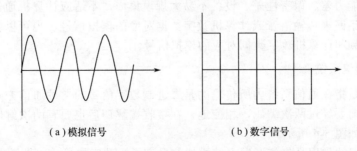

（a）模拟信号　　　　　　　　　　（b）数字信号

图 5-1　模拟信号与数字信号

2. 通信系统模型

通过任何一种传输介质将信息从一个地方传送到另一地方都称为通信。通信系统一般由信源、发送器、传输介质、接收器和信宿组成，如图 5-2 所示。

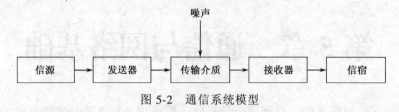

图 5-2　通信系统模型

　　信源提供的语音、数据和图像等待传递信息，由发送器变换成适合于在传输介质上传送的通信信号发送到传输介质上传输，当该通信信号经传输介质进行传输时，由于外界存在各种干扰，因此原通信信号被叠加上了各种噪声干扰，接收器将收到的信号经解调等逆变换，恢复成信宿适用的信息形式，这一过程就是通信系统的工作原理。

　　以上是通信系统的一个综合模型，实际上根据传送信号的不同，通信系统可分为模拟通信系统和数字通信系统。以模拟信号来传送信息的通信方式称为模拟通信，以数字信号来传送信息的通信方式称为数字通信。

　　需要指出的是，该通信系统模型是一个一对一的单向通信系统，实际的通信系统往往是双向的；另外，当有多个信源对多个信宿进行通信时，为了有效地利用线路，通常要在信道中加入交换设备，这便构成了通信网络。

3．模拟通信系统

　　模拟通信是指在通信系统中所传输的是模拟信号，其模拟通信系统的原理框图如图 5-3 所示。

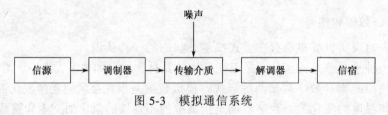

图 5-3　模拟通信系统

　　在模拟通信中，信源输出的模拟信号经调制器进行频谱搬移，使其适合传输介质的特性，再送入传输信道传输。在接收端，解调器对收到的信号进行解调，使其恢复成调制前的信号形式，传送给信宿。

　　模拟通信的传输信号频带占用比较窄，信道的利用率较高。但模拟通信的缺点也很突出，如抗干扰能力差、保密性差、设备不易大规模集成，不适应计算机通信等。目前广泛使用的公用电话网来传输语音或计算机数字数据对应的模拟信号，也可以使用公共有线电视网来传输视频和计算机数字数据对应的模拟信号。

4．数字通信系统

　　数字通信是指在通信系统内所传输的是二进制数字信号的一种通信方式，其主要特点是在实现调制前要经过两次编码，相应地，在接收端解调后也要有两次解码。数字通信系统的原理框图如图 5-4 所示。

　　信源编码器的作用是将信源发出的模拟信号变换为数字信号，称为模/数（A/D）转换，经过模/数转换后的数字信号称为信源码。信源编码器的另一个功能是实现压缩编码，使信源码占用的信道带宽尽量小。信源码不适于在信道中直接传输，因此要经过信道编码器进行码型变换，形成信道码以提高传输的有效性及可靠性。在接收端，信道解码器对收到的信号进行纠错，消除信道编码器插入的多余码元，信源解码器通过数/模（D/A）转换，把得到的数字信号还原为原始的模拟信号，提供给信宿使用。当然，数字信号也可采取频带传输方式，这时需用调制器对数字信号进行调制，将其频带搬移到光波或微波频段上，利用光纤、微波和卫星等信道进行传输。

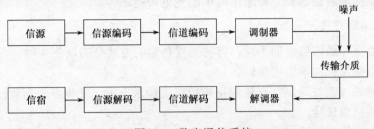

图 5-4　数字通信系统

数字通信具有抗干扰能力强、保密性强、灵活性高、设备简单、便于设备集成等特点，特别是随着计算机技术的飞速发展，数字通信可与计算机网络融合，通信的数字化将成为通信系统的主导。

从理论上讲，传输计算机数据最适合的方式应是数字信道。但事实上，早在计算机网络出现前，采用模拟传输技术的电话网已经很成熟。由于数字传输的性能优于模拟传输，因此各国纷纷将传统的模拟传输干线更换成先进的数字传输干线，并大量采用光纤技术。数字通信已在长距离语音和数字数据领域逐渐替代传统的模拟通信。

5.1.2 数据通信系统

数据通信是根据通信协议，利用数据传输技术（模拟传输或数字传输）在两个功能单元之间传递信息。在计算机网络中，数据通信系统的任务是把信源计算机所产生的数据快速、可靠、准确地传输到信宿计算机或专用外设。

1. 数据通信系统的组成

通常，一个完整的数据通信系统是由数据终端设备、通信控制器、通信信道和信号变换器组成，如图 5-5 所示。

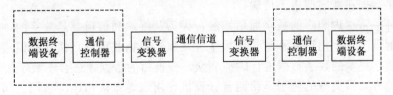

图 5-5　数据通信系统

① 数据终端设备（Data Terminating Equipment，DTE）：生成并向数据通信网络发送和接收数据信息的设备，实现人与数据通信网之间的联系，是人机之间的接口。在数据通信网络中，若是信息的发出者称为信源，若是信息的接收者称为信宿。常见的数据终端设备有计算机、终端机和电子收款机等。

② 通信控制器：除了通信状态的连接、监控和拆除等操作外，还可接收来自多个数据终端设备的信息，并转换信息格式，完成数据交换所必需的通信控制功能，如数据缓冲、速度匹配、串/并转换等任务。微机内的网卡就是通信控制器。

③ 通信信道：数据传输所使用的通道。信道可以是模拟通信信道，如电话线路；也可以是数字通信信道，如以太网等。

④ 信号变换器：把通信控制器提供的数据转换成适合通信信道要求的信号形式，或把信道中传来的信号转换成可供数据终端设备使用的数据，最大限度地保证传输质量。常用的信号变换器是调制解调器和光纤通信网中的光电转换器等。

2．数据传输的方式

根据传送数据和通信信道的不同，可将数据传输的方式分为以下 4 种。

（1）模拟数据在模拟信道上传输

将模拟信号通过载波调制，直接利用模拟信道传送出去，接收方收到载波信号后进行解调，得到原始模拟信号。

这是一种比较简单的通信系统，它的实现成本低、操作方便，但系统抗干扰性能、安全性都很差。早期的通信系统（如早期的电话系统、无线电广播）都使用过这种通信方式，但现在已逐渐淘汰。

（2）数字数据在模拟信道上传输

计算机和很多终端设备都是数字设备，它们只能接收和发送数字数据，而本地电话线只能传输模拟信号，所以数字数据要进入到模拟信道之前先需要做模/数转换，以便能在模拟信道上传输，这样的变换过程叫调制。调制过程并不改变数据的内容，仅是把数据的表示形式进行了改变。当调制后的模拟信号传到接收端后，在接收端通过解调器，完成数/模转换。

常见的数字数据在模拟信道上传输的例子是计算机通过调制解调器（Modem）拨号，使用电话线访问 Internet。这时计算机中的数字信号经过 Modem 变换成模拟信号，可以在电话线上传输。

（3）模拟数据在数字信道上传输

用数字信道传输模拟数据时，需要对模拟数据进行相应的编码，以使得其变换成可以在数字信道上传输的数字数据。

一个典型的模拟数据在数字信道上传输的例子是程控电话系统。作为模拟信号的语音，先要进行脉冲编码调制（PCM）得到数字编码信号，再将此数字编码放到数字信道上传送。

（4）数字数据在数字信道上传输

这是一种非常"理想"的数字通信系统，因为从终端到信道都是数字的，不需要进行任何调制和解调工作。但这并不意味着数字终端里的数据就可以直接放在信道上传输，有时还需要对数字终端的数字数据进行码型变换，变换后的数据才适合于数字信道中传输。

这种传输方式最典型的例子是将两台计算机使用线缆直接相连，它们之间的数据通信就是数字数据在数字信道上传输。

图 5-6 列出了 4 种数据传输方式的特点。

3．主要技术指标

数据通信系统的技术指标主要从数据传输的数量和质量方面来体现。数量指标包括两方面：一是指信道上传输数据的快慢程度，相应的指标是数据传输速率；二是信道的传输能力，用信道容量来衡量。质量则是指数据传输的可靠性，一般用误码率来衡量。

（1）数据传输速率

数据传输速率有两种度量单位，即波特率和比特率。

　　波特率又称为波形速率或码元速率，是指在数据通信系统中，线路上每秒传送的波形个数，单位是"波特"。

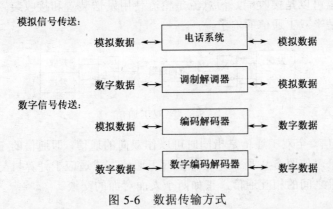

图 5-6　数据传输方式

　　比特率又称为信息速率，反映一个数据通信系统每秒所传输的二进制位数，单位是每秒比特，以 b/s 或 bps 表示。

　　（2）信道容量

　　信道容量是衡量一个信道传输数字信号的重要参数，信道容量是指单位时间内信道上所能传输数据的最大容量，单位是 b/s。

　　信道容量和传输速率之间应满足以下关系：一般情况下，信道容量>传输速率。

　　（3）信道带宽

　　信道带宽是指信道所能传送的信号的频率宽度，即可传输信号的最高频率与最低频率之差。例如，一条传输线可以接收 600Hz～2000Hz 的频率，则在这条传输线上传送频率的带宽就是 1400Hz。普通电话线路的带宽一般为 300Hz。

　　信道的带宽由传输介质、接口部件、传输协议和传输信息的特性等因素所决定。信道容量、传输速率和抗干扰性等均与带宽有密切的联系。通常，信道的带宽愈大，信道容量也愈大，其传输速率相应愈高。

　　（4）误码率

　　误码率是衡量通信系统线路质量的一个重要参数。它的定义是二进制符号在传输系统中被传错的概率，近似等于被传错的二进制符号数与所传二进制符号总数的比值。计算机网络通信系统中，要求误码率低于 10^{-9}。

4．通信的传输方向

　　通信线路是由一个或多个信道组成。根据信道在某一时间信息传输的方向，可分为单工、半双工和全双工三种通信方式。

　　① 单工通信。单工通信是指传送的信息始终是一个方向的通信，如图 5-7 所示。对于单工通信，发送端把信息发往接收端，根据信息流向即可决定一端是发送端，而另一端就是接收端。例如，无线电广播和电视广播就是单工通信的例子，信息只能从广播电台和电视台发射并传送到各家各户接收，而不能从各个家庭传输到电台或电视台。

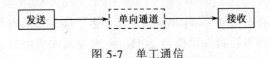

图 5-7　单工通信

② 半双工通信。半双工通信是指信息流可以在两个方向传输，但同一时刻只限于一个方向传输，如图 5-8 所示。对于半双工通信，通信的双方都具备发送和接收装置，即每一端可以是发送端也可以是接收端，信息流是轮流使用发送装置和接收装置。例如，对讲机和民用无线电就是半双工通信的例子。

图 5-8　半双工通信

③ 全双工通信。全双工通信是指同时可以作双向的通信，即通信的一方在发送信息的同时也能接收信息，如图 5-9 所示。这种全双工通信方式适应于计算机与计算机之间的通信。如两台计算机之间的相互通信，正如两个人面对面的交谈。

图 5-9　全双工通信

5.1.3　传输介质

传输介质是数据传输系统中发送设备和接收设备之间的物理路径。计算机以及其他通信设备需要依靠传输介质，将这些信号从一台设备传输到另一台设备。传输介质主要分为有线介质和无线介质。常用的网络传输介质包括双绞线、同轴电缆、光纤和无线介质等。随着网络技术的发展，网络传输介质也由开始又粗又重的同轴电缆发展到现在所使用的光缆、红外线、无线电波等其他高效率、高可靠性的传输介质。

1. 双绞线（Twisted Pair）

双绞线是将两条绝缘铜线螺旋形地绞在一起制成的数据传输线。现在常用的双绞线一般都未加屏蔽层，图 5-10 即为非屏蔽双绞线的结构示意图，它的抗干扰性能是靠制造工艺上的严格对称性来保证的。屏蔽双绞线采用金属作屏蔽，可减少干扰。

双绞线既可传输模拟信号，又可传输数字信号。其优点是价格低廉，施工方便。缺点是对干扰和噪声较脆弱，信号传输衰减受频率的影响较大，所以传输距离不能太长，需使用中继器对信号进行再生放大。双绞线适合用于楼寓内的局域网连接，可支持 10/100/1000Mbps 以太网。

2. 同轴电缆（Coaxial Cable）

同轴电缆由 4 部分组成，中心为一根铜线（称内导体），铜线外面是绝缘介质，再外边是屏蔽层，屏蔽层由金属丝组成或金属箔裹成（称外导体），最外边是塑料保护层，如图 5-11 所示。同轴线制造中要严格保持内、外导体的同轴性和均匀性，以保证信号能往前走而不会被反射或丢失。

同轴电缆有一个重要参数叫"特性阻抗"，是由内、外导体的有关尺寸所确定的，以太网络所用的（基带）同轴电缆特性阻抗为 50Ω，而电视天线所用的（宽带）同轴电缆其特性阻抗为 75Ω。

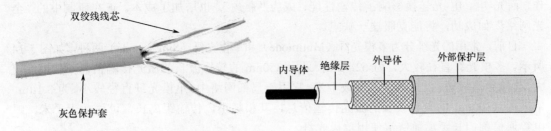

图 5-10　非屏蔽双绞线结构示意图　　　　图 5-11　同轴电缆结构示意图

与双绞线相比，同轴电缆的频率特性好、抗干扰能力强，适用于各种局域网络的连接。目前同轴电缆几乎已被双绞线和光纤所取代，但是有线电视网络仍使用同轴电缆。

3. 光纤（Optical Fiber）

光传输系统由光源、光纤和光敏元件三部分组成。光源是发光二极管 LED（Light Emitting Diode）或激光二极管 ILD（Injection Laser Diode），当电流通过时发出光脉冲。光敏元件（如光电二极管）是光的接收装置，遇到光时会产生电脉冲。由于传输是单向的，所以需要两根光纤，一根发送，一根接收。

光纤是一种能够传导光信号的极细的传输介质，由玻璃或塑料等物质材料做成。光纤的结构包括纤芯、覆层和保护层三部分，结构如图 5-12 所示。中心为一根纤芯（直径为几微米到几十微米的石英玻璃纤维），纤芯外面是玻璃或塑料覆层，光密度比纤芯部分低。由于纤芯的折射系数高于覆层的折射系数，因此可以形成光波在纤芯与覆层界面上的全反射，进行光传输，如图 5-13 所示。最外边是塑料保护层，起保护和提供光纤强度的作用，防止光纤受到弯曲、外拉、折断和温度等影响。

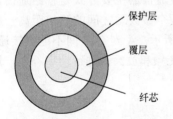

图 5-12　光纤截面图

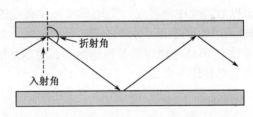

图 5-13　光信号在纤芯中的反射

光纤优于双绞线和同轴电缆的主要特点如下：

① 传输速率极高，或者说带宽很宽。目前已达几十至几百 Gbps，即每秒数万至数十万 MB 以上，其潜在带宽无法预测。

② 传输距离长，可达数百千米。长距离传输需要的中继器数量少。

③ 抗干扰能力强，不受外部电磁场影响，也不向外辐射能量，适合在户外、在建筑物之间敷设使用。

④ 保密性好。铜线传输容易被窃听，光纤则不易被窃听。

⑤ 成本低。光纤的制造成本很低，一根光缆里可放置数十根甚至数百根光纤，平均到每根光纤上特别是平均到单位带宽上其成本极其低廉。

由于以上优点，目前光纤正被广泛应用。现在存在的问题是，网络的主要设备以及为了延长光纤通信距离而采用的光纤中继器（负责信号的放大、再生）仍然采用电子方式工作，而光-电、电-光转换影响了传输性能，成为"瓶颈"，也增加了成本。正在研制中的"全光网络"如成功，将能克服这一缺点。

目前，常用的光纤分为多模光纤（Mutimode）和单模光纤（Singlemode）两种，如图5-14所示。多模光纤直径较大，为62.5μm，采用850nm的较短波长的激光传输信息，其损耗较大，传输距离较短，仅为数百米至数千米，常用于局部网络中。单模光纤直径较小，为8.1μm，常采用1300nm的较长波长的激光传输信息，其损耗小，传输距离长，可达数十千米，邮电等通信部门长距离通信常使用单模光纤。

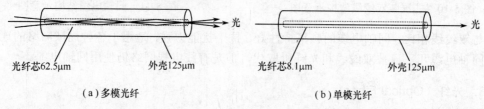

| 光纤芯62.5μm 外壳125μm | 光纤芯8.1μm 外壳125μm |
| （a）多模光纤 | （b）单模光纤 |

图5-14 光在光纤内的传播

4．无线介质

有线传输并不是在任何场合都是可行的。例如，当通信线路要通过一些高山、岛屿或海洋时，施工就很难进行。再如，在城市中挖马路，打通现有混凝土墙敷设电缆也不容易。利用无线介质在空中的传输可以解决上述问题。无线通信技术包括微波通信、短波通信、卫星通信、红外线等。

（1）微波通信

微波通信是在对流层视距离范围内利用无线电波进行传输的一种通信方式，它的频率为1GHz～20GHz。因为微波的频率极高，波长又很短，其在空中的传播特性与光波相近，也就是直线前进，遇到阻挡就被反射或被阻断，因此微波通信的主要方式是视距通信，超过视距以后需要中继转发。受地形和天线高度的限制，两个微波站之间的通信距离一般为30～50km。长途通信时必须建立多个中继站，如图5-15所示，A到D之间不能直接通信，必须通过C和D才能将信号传送到D。中继站的功能是变频和放大，进行功率补偿，然后逐站将信息传送下去。

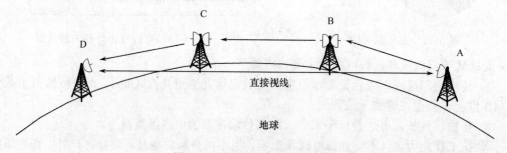

图5-15 用作中继器的微波塔

微波通信由于其频带宽、容量大，可以用于各种电信业务传送，如电话、电报、数据、传真以及彩色电视信号等。微波通信具有良好的抗灾性能，对水灾、风灾、地震等自然灾害，微波通信一般都不受影响。但微波经空中传送，易受干扰，在同一微波电路上不能使用相同频率于同一方向，因此微波电路必须在无线电管理部门的严格管理之下进行建设。此外，由于微波直线传播的特性，在电波波束方向上，不能有高楼阻挡，因此城市规划部门要考虑城市空间微波通道的规划，使之不受高楼的阻隔而影响通信。

（2）短波通信

短波通信是利用地面发射的无线电波在电离层反射，或电离层与地面之间多次反射而达到接收点的一种远距离通信方式，如图 5-16 所示。

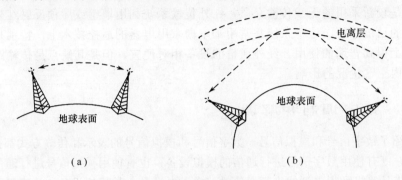

图 5-16　短波通信

它的工作频率范围为 3～30MHz。电离层的高度为数十到数百千米，分为多个不同的层次，而且随着季节、昼夜和太阳活动等情况不断变化，所以电离层的不稳定是造成短波通信质量不稳定的主要因素。同时，由于短波通信可能存在多条传播途径、各途径的时延不等，从而会产生多径效应和衰落现象。加之它的工作频段窄，通信量小，所以窄数据通信中很少使用。但是短波通信的突出优点是投资少、建设快、通信距离远，因而在军事通信以及移动通信方面仍有实用价值。

（3）卫星通信

卫星通信就是利用空间 3600km 高空的同步卫星作为微波中转站，进行远距离传输。卫星通信系统由卫星和地球站两部分组成，如图 5-17 所示。卫星在空中起中继站的作用，即把地球站发上来的电磁波放大后再返送回另一地球站。地球站则是卫星系统与地面公众网的接口，地面用户通过地球站出入卫星系统形成链路。由于静止卫星在赤道上空 3600km，它绕地球一周时间恰好与地球自转一周（23 小时 56 分 4 秒）一致，从地面看上去如同静止不动一般。三颗相距 120° 的卫星就能覆盖整个赤道圆周。故卫星通信易于实现越洋和洲际通信。最适合卫星通信的频率是 1～10GHz 频段，即微波频段。为了满足越来越多的需求，已开始研究应用新的频段，如 12GHz、14GHz、20GHz 及 30GHz。

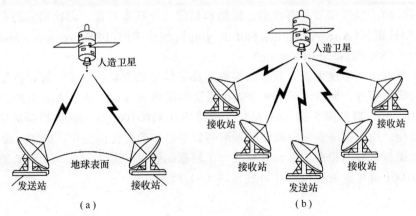

图 5-17　卫星通信

利用地球同步卫星通信最突出的优点是具有广播多址传输功能、覆盖面积大、传输距离远，并且数据传输成本不随着传输距离的增加而增加，适用于广域网络的远程传输。但是，卫星成本高，传输延迟较长，而且安全问题较突出。

（4）红外线传输通信

红外线是较新采用的无线传输介质。红外传输系统利用墙壁或屋顶反射红外线而形成整个房间内的通信系统。这种系统常常用于室内家用电器的遥控技术上，特别是在电视、音响的遥控上得到普遍的使用。红外通信的设备相对便宜，但是其缺点是传输距离有限，容易受到室内空气状况的影响。

5.1.4　数字调制和解调

前面介绍了数字信号和模拟信号，数字信号和模拟信号的表示和传输方式都是不同的。实际应用中，既有使用数字信号进行通信的模拟设备，也有使用模拟信号进行通信的数字设备。例如，当计算机利用电话线进行通信时，由于电话是一种模拟设备，计算机无法与电话系统直接通信。解决的方案是使用能够将个人计算机的数字信号转换成模拟信号的调制解调器，如图 5-18 所示。

数字信号　　　调制解调器　　　模拟信号

计算机

电话系统

图 5-18　经电话线传送的计算机数据

调制解调器安装在个人计算机和电话机之间。计算机向它的调制解调器端口发送一个数字信号，调制解调器截取该信号，并将它转换为一个模拟信号，此过程称为调制。接着信号通过电话系统，并被当作普通的语音信号加以处理。在接收端，模拟信号沿着电话线进入调制解调器，由其转换成数字信号，并经由调制解调器端口传给个人计算机，此过程称为解调。因此，调制解调器既可以实现数字信号到模拟信号的转换，也可以实现模拟信号到数字信号的转换。

1．数模转换

把数字信号转换为模拟信号并不困难，只需为一组一个或多个比特分配一个特定的模拟信号即可。由于模拟信号具有频率、振幅和相位三个基本特征，因此相应的有三种基本调制方式：幅移键控（ASK-Amplitude Shift Keying）、频移键控（FSK-Frequency Shift Keying）和相移键控（PSK-Phase Shift Keying）。

幅移键控：也叫幅度调制，载波的振幅随数字信号的变化而变化。每比特组对应一个给定大小的模拟信号，如假定设定 4 个大小级别的振幅 A_1、A_2、A_3、A_4，对应的比特组分别为 00、01、10、11、图 5-19（a）给出了比特串 0111001000 所对应的模拟信号。

频移键控：也叫频率调制，载波的频率随数字信号的变化而变化。例如，给 0 和 1 分别分配一个模拟信号的频率，假设 0 对应一个较高的频率，而 1 对应一个较低的频率，那么比特串 01001 所对应的模拟信号如图 5-19（b）所示。

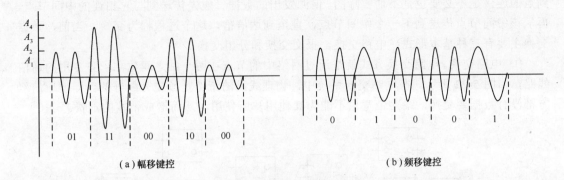

（a）幅移键控　　　　　　　　　　　　　（b）频移键控

图 5-19　数模转换实例

相移键控：也叫相位调制，载波的初始相位随数字信号的变化而变化。与上面两种技术类似，信号的差异在于相移，而不是频率或振幅。

2．模数转换

将模拟信号数字化需要三个步骤：脉冲幅度调制（PAM-Pulse Amplitude Modulation）、脉码调制（PCM-Pulse Code Modulation）和编码。

脉冲幅度调制的过程非常简单，即按着一定的时间间隔对模拟信号进行采样，接着产生一个振幅等于采样信号的脉冲。图 5-20 显示了定时采样的结果。

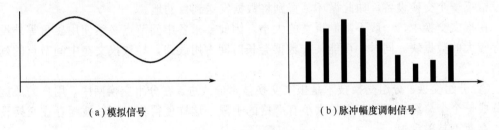

（a）模拟信号　　　　　　　　　　　（b）脉冲幅度调制信号

图 5-20　脉冲幅度调制

由脉冲幅度调制产生的信号看起来似乎是数字化的，但由于脉冲的振幅和采样信号一样，所以其取值是随意的。使脉冲真正数字化的一种方法为采样信号分配一个预先确定的振幅，这种方法就是脉码调制。在图 5-21 中，将整个振幅范围划分为 2^3 个振幅，并让每个振幅对应一个 3 位的二进制数。最后可以对脉码调制后的二进制值进行编码，如图 5-14 中，直接以所得的二进制值作为数字化的编码。

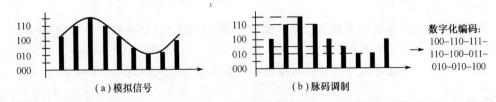

（a）模拟信号　　　　　　　　　　　（b）脉码调制

图 5-21　脉码调制

5.1.5　数据交换方式

在通信系统中，当通信节点较多而且传输距离较远时，在所有节点之间建立固定的点到点的连接是不必要也是不切实际的。信源发出的数据一般先传送到与它相连的中间节点，再从该中间节点传送到下一个中间节点，直至到达信宿，这个过程称为交换。当前，数据交换主要有三种基本形式：电路交换、报文交换和分组交换。

① 电路交换。电路交换方式就是通过网络中的节点在两个站之间建立一条专用的通信线路，如图 5-22 所示。在电路交换系统中，物理线路的带宽是预先分配好的。即使通信双方都没有数据要交换，线路带宽也不能为其他用户所使用，从而造成带宽的浪费。

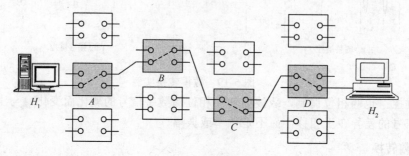

图 5-22　电路交换方式

② 报文交换。报文交换又称为包交换。在报文交换中，不需要在两个站点之间建立一条专用的通信线路，当发送方有数据需要发送时，它将要发送的数据当作一个整体交给中间交换设备，中间交换设备先将报文存储起来，然后选择一条合适的空闲输出线路将数据转发给下一个交换设备，如此循环，直到将数据发送到目的地。

在报文交换中，一般不限制报文的大小，因此要求各中间节点必须使用磁盘等外设来缓存较大的数据块。同时，可能某一数据会长时间占用线路，导致报文在中间节点的延迟非常大。

③ 分组交换。分组交换技术是报文交换技术的改进。在分组交换网中，用户的数据被划分成一个个分组，而且分组的大小有严格的上限，这样使得分组可以被缓存在交换设备的内存而不是磁盘中。

分组交换与报文交换相比，具有一定的优越性。在具有多个分组的报文中，中间交换机在接收第二个分组之前，就可以转发已经接收到的第一个分组。即各分组可以同时在各节点对之间传送，这样减少了延迟，提高了网络的吞吐量。另外，分组交换还提供了一定程度的差错检测和代码转换能力。

5.2　计算机网络概述

计算机网络是计算机技术和通信技术紧密结合的产物。计算机网络作为现代信息社会的基础设施之一，在教育科研、企业管理、医疗卫生、信息服务、电子商务、家庭娱乐等各个领域得到了广泛的应用，计算机网络已经逐渐地改变了人们的工作和生活方式。

5.2.1　计算机网络的发展

计算机网络技术的发展速度与应用的广泛程度是非常惊人的。计算机网络从形成、发展到广泛应用经历了 40 多年的历史，其发展大致经历了 4 个阶段。

（1）面向终端的计算机网络

在用户所在地安装终端，通过远程线路将终端接入到计算中心的主机上，使用户不必到计算中心就可使用计算机。这样就诞生了第一代计算机网络，即面向终端的计算机网络。按照今天的标准，这种网络只能称为联机系统。

这种联机系统有两个严重缺陷：一是线路利用率低，长途线路成本很高，但每个终端都使用专用的长途线路；二是主机负担重，早期的计算机处理能力较弱，其设计目的是完成计算工作。加上通信，计算机将把主要时间花在不擅长的通信过程管理上，没有足够的时间进行计算，降低了计算机的效能。

针对这两个问题，提出了相应的改进措施。对于第一个问题，在用户端增加集中器，使多个用户共享一条通信线路。对于第二个问题，在计算机端增加一个通信控制处理机，专门负责通信管理。

（2）计算机通信网络

20 世纪 60 年代，计算机安装量大大增加，人们不再满足于终端与主机的通信模式，而是要求计算机之间直接进行通信，并且对通信的目的、方式也有更高的要求。主要体现在：以信息传输为主要目的，以计算机为信源和信宿，采用标准体系结构以及分组交换技术等。

根据这些思想，美国国防部高级研究规划署（ARPA）于 1969 年研制了一个计算机网络 ARPANET，该网络最初连接了 4 所大学的 4 台计算机，3 年后增加到北约组织内十几个国家的 100 多台计算机。同时将分布在不同地区的计算机主机用通信线路连接起来，彼此交换数据、传递信息，其核心技术就是分组交换技术。该网络可以收发电子邮件、传递文件等，大大方便了科学家之间的联络，提高了工作效率。ARPANET 就是 Internet 的前身。

（3）共享资源的计算机网络

随着计算机的普及和计算机网络的广泛使用，对网络内资源共享的要求也越来越高，因此推动计算机网络发展到以共享资源为特征的第三阶段。

早期的共享资源网络以共享硬件资源为主（如共享文件服务器和打印机等），通过硬件资源的共享，相应地实现数据资源和软件资源的共享。1990 年，欧洲原子能研究机构（CERN）的英国物理学家 Tim Berners Lee 开发了超文本文件系统和世界上第一个 Web 服务器。1993 年，第一个浏览器 Mosaic 的诞生，使计算机网络进入了 Web 时代，共享的资源变成以数据和信息为主，浏览器成为主要的网络工具。

（4）计算机网格

计算机网格（简称网格，Grid）以 Internet 为基础，将所有资源互连互通，可实现大规模、大范围、跨地区、跨管理的资源一体化和服务一体化，给用户提供透明的共享资源和服务方式。也就是说，用户把整个 Internet 当成一台计算能力巨大、存储空间无限、信息资源丰富的计算机，用户在使用网格时无须指定具体设备，查找和使用信息时无须指定信息的位置，网格以智能方式自动完成资源分配和信息定位，完成用户交给的任务并返回最终结果，用户看到的只是面前的单台计算机。

网格的目标是在网络环境上实现各种资源的共享和大范围的协同工作，消除信息和资源孤岛。其最终目的就是要向电力网供给电力、自来水管网供给自来水一样，给任何需要的用户提供充足的计算资源和信息资源等。

5.2.2　计算机网络的定义

一般认为，计算机网络是通过通信设施，将地理上分散的具有自治功能的多个计算机系统互连起来进行信息交换，实现资源共享、互操作和协同工作的计算机系统。该定义包括如下特征：

① 系统互连要通过通信设施来实现。通信设施一般都由通信线路、相关的传输设备及交换设备等组成。

② 计算机网络是一个互连的计算机系统。这些计算机系统在地理上是分布的，可能在一个房间内或分布在一个单位里，也可能分布在一个或几个城市里，甚至在全国乃至全世界范围。

③ 这些计算机系统是自治的，即每台计算机是独立工作的，它们是在网络协议控制下协同工作的。

④ 系统通过通信设施执行信息交换、资源共享、互操作和协作处理，实现各种应用要求。互操作和协作处理是计算机网络应用中更高层次的要求特性，需要有一种机制能支持互联网环境下的异种计算机系统之间的进程通信和互操作，实现协同工作和应用集成。

5.2.3　计算机网络的组成

（1）物理组成

从物理构成上看，计算机网络包括硬件、软件和协议三大部分。

硬件：包括两台以上的计算机及终端设备，前端处理机或通信控制处理机（即网卡等），路由器、交换机以及通信线路。

软件：包括实现资源共享的软件、方便用户使用的各种工具软件，如网络操作系统、邮件收发程序、FTP 程序和聊天程序等。

协议：由语法、语义和时序三部分构成。其中，语法部分规定传输数据的格式，语义部分规定所要完成的功能，时序部分规定执行各种操作的条件和顺序关系等。协议是计算机网络的核心，一个完整的协议应完成线路管理、寻址、差错控制、流量控制、路由选择、同步控制、数据分段与装配、排序、数据转换、安全管理和计费管理等功能。

从用户看到的计算机网络而言，其物理组成包括计算机、网卡、交换机、路由器、调制解调器和通信线路等设施，而交换机用于把小范围的计算机连接成网络，路由器用于互连多个网络组成更大的网络。

（2）功能组成

从功能上看，计算机网络可分为通信子网和资源子网两部分。通信子网完成数据的传输功能，包括传输和交换设备。资源子网完成数据的处理和存储等功能，包括用户设备和网络软件。用户设备包括主机、终端和服务器，网络软件包括网络操作系统、网络协议软件和用户程序等。

5.2.4　计算机网络的分类

计算机网络可以从地域范围、拓扑结构和信息的共享方式等不同角度加以分类。

1．按地域范围分类

由于网络覆盖的地理范围不同，它们所采用的传输技术也不同，从而形成了不同的网络技术特点与网络服务功能。按地理分布范围来分，计算机网络可以分为广域网、局域网和城域网。

（1）广域网

广域网（Wide Area Network，WAN）又称为远程网，其联网设备分布范围广，一般从几千米到数千千米，因此网络所涉及的范围可以是城市、省、国家，乃至全世界范围。这一特点使得单独建造一个广域网是极其昂贵和不现实的，所以常常借用传统的公共通信（电报、电话）网来实现。

由于这些公共通信网原本是用于传送模拟信号的，使得广域网的数据传输率较低，误码率较高，且通信控制比较复杂。近来发展的基于光纤通信的数字数据网 DDN 等公共通信网，适合于传输高速数字信号，对广域网的发展提供了良好的条件。

（2）局域网

局域网（Local Area Network，LAN）是将小区域内的各种通信设备互连在一起的网络，其分布范围局限在一座大楼、一个企业或一所学校，用于连接个人计算机、工作站和各种外围设备，以实现资源共享和信息交换。其特点是终端分布距离近，通常在几千米范围内的一个相对封闭的物理空间。

由于距离较短，可采用光纤或专用电缆连接，从而获得较高的传输速率。通常，局域网是一个独立的设施，容易进行设备的扩充更新和新技术的引用。

（3）城域网

城域网（Metropolitan Area Network，MAN）的分布范围介于局域网和广域网之间，其目的是在一个较大的地理区域内提供数据、声音和图像的传输。例如，一个公司可以采用城域网来连接整个城市中所有办公室的局域网。与广域网相比，城域网覆盖的范围较小，但具有较高的传输速率。

2．按网络的拓扑结构分类

拓扑学是几何学的一个分支。计算机网络拓扑结构是通过网中节点与通信线路之间的几何关系来表示网络结构，反映出网络中各实体的关系。拓扑设计是建设计算机网络的第一步，也是实现各种网络协议的基础，它对网络性能、系统可靠性与通信费用都有重大影响。网络拓扑结构主要指通信子网的拓扑结构。

网络的基本拓扑结构可分为总线型、星型、环型、树型和网状型等。局域网中主要采用总线型、星型和环型拓扑结构，如图 5-23 所示。广域网中则多为树型和网状型拓扑结构，如图 5-24 所示。

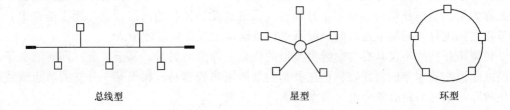

总线型　　　　　　　　　星型　　　　　　　　　环型

图 5-23　总线型、星型、环型拓扑结构

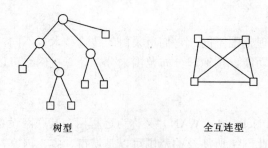

树型　　　　　　　　　全互连型

图 5-24　树型、网状拓扑结构

（1）总线型

所有节点都连接在同一根传输线上（即总线）。总线型网络结构简单，易于扩充，因而应用广泛。其缺点是，总线上任何一个节点故障或总线本身损坏都会影响整个网络工作，且故障检测较困难。

通常，总线采用双绞线或同轴电缆作为传输介质，所有节点都可以通过总线发送或接收数据，但是一段时间只能有一个节点通过总线发送数据，数据沿总线向两端传播。由于总线作为公共传输介质为多个节点共享，有可能出现同一时刻有两个或两个以上节点通过总线发送数据的情况，此时需要通过介质访问控制方式（CSMA/CD）让节点竞争使用总线，避免冲突。

总线型拓扑结构是局域网中应用广泛的一种拓扑结构，符合 IEEE 802.3 规范。采用 CSMA/CD 方式进行介质访问控制的局域网，都称为以太网。

（2）星型

中央节点到各节点之间呈辐射状连接，由中央节点完成集中式通信控制（广播方式或交换方式）。星型网络中任何单个的故障只影响其本身，而不会影响到整个网络。其缺点是，对中央节点的可靠性要求很高，且系统的扩展比较困难。

星型拓扑结构通常用于局域网中，对于星型拓扑结构，需要区别其逻辑结构与物理结构。

（3）环型

在环型拓扑结构中，各节点通过点到点的通信线路连接成闭合的环路。环中的数据沿着一个方向逐节点传送，数据时延确定，同时可实现环中任意两个节点间的通信。环型网络结构简单，且能够保证节点访问的公平性。其缺点是，如果处理不当，节点的故障会引起全网故障。为了保证环的正常工作，需要较复杂的环维护处理，环中节点的增加和删除过程也较为复杂，这种结构适合于光纤介质。

（4）树型

树型拓扑结构是从总线型拓扑结构演变而来的，形状像一颗倒置的树，顶端是树根，树根以下带分支，每个分支还可带子分支。树型拓扑结构中各节点按上下层进行连接，因而又称为层次型拓扑结构，适用于分级管理系统。此种拓扑的网络信息传递主要在上、下层节点之间进行，同层节点之间一般不进行数据传输或传输量较小。

树型拓扑结构不仅具有与总线型类似的优点，即组网灵活、易于扩展，同时避免了总线型故障检测较困难的问题，树型拓扑结构故障隔离较容易，如果某一分支的节点或线路发生故障，很容易将故障分支与整个系统隔离开来。

树型拓扑结构的节点发送信息时，根节点收到该信息，再广播到各节点，导致各节点对根的依赖很大，如果根节点发生故障，则全网就不能工作。

（5）网状型

在网状型拓扑结构中，各节点之间的连接是任意的，没有一定的规律，所以网状型拓扑结构又称为无规则型结构，见图 5-18。网状型拓扑结构中的节点与节点之间一般都有多条线路相连，致使整个网络的可靠性高。但是，网状型拓扑结构复杂，必须采用路由选择算法与流量控制方法。

实际网络的应用中，其拓扑结构常常不是单一的，而是混合型的。例如，有的网络其主干部分采用网状型拓扑结构连接，但其他部分是星型或树型拓扑结构连接；有些网络是总线型与树型拓扑结构同时存在于一个网络之中。

3．按信息的共享方式分类

按信息的共享方式，或者按提供服务的方式，网络可分为 C/S 网络、B/S 网络和 P2P 网络。

（1）客户—服务器方式

客户—服务器方式（Client/Server，C/S）是一种分布式的工作方式，将需要共享的信息存放在服务器上，客户机向服务器发出命令或请求，服务器接收到客户机的命令或请求后，对其进行分析和处理，然后把处理的结果送给客户机，客户机按给定的格式呈现结果。

这种工作方式是网络上信息资源共享的基础。服务器可以同时接收很多客户机的请求，并行地处理客户机的请求并返回结果。客户机、服务器的角色是不对等的。C/S 网络需要服务器有很高的性能以及相应客户机的请求。

（2）浏览器/服务器方式

浏览器/服务器方式（Browser/Server，B/S）是一种特殊形式的 C/S 方式。客户端运行浏览器软件，浏览器以超文本形式向 Web 服务器提出访问信息的要求，Web 服务器接受客户端请求后，将相应的文件发送给客户机，客户机通过浏览器解释所接收到的文件，并按规定的格式显示其内容。

Web 服务器所发送的文件可能是事先存储好的文件，也可能是根据给定的条件到数据库中取出数据临时生成的文件。

（3）对等方式

对等方式（Peer to Peer，P2P）是指在网络中没有特定的服务器，信息分散存放在所有计算机上，计算机需要共享其他计算机上的信息时，就向其他计算机发出请求，其他计算机将存储的信息返回给请求者。这样每台计算机既是客户机，又是服务器，它们的地位是对等的。

P2P 方式的好处是：当一个用户需要的信息能在附近的计算机上找到时，能够实现就近访问，提高响应速度，特别是对一些几乎所有用户都需要共享的信息，由于在很多计算机上已经存在，相应速度很快。例如，当几乎所有人都同时收看某个热门的网络视频时，响应速度会很快，而采用 C/S 方式效果就较差。P2P 方式的缺点是，每个人都要把自己计算机上的一些信息拿出来让别人共享，会带来一些安全问题等。

5.3　网络体系结构

5.3.1　网络的分层结构

在日常生活中，我们经常使用层次的概念。例如，假设有两个朋友通过邮寄信件互相通信，那么该通信过程可以由不同层次的系统来完成，如图 5-25 所示。如果没有邮局提供的服务，将信件发送到朋友的过程是十分麻烦的。

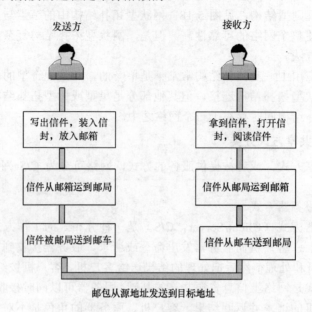

图 5-25 发送信件

计算机网络需要利用多种通信介质将不同地域、不同类型操作系统的计算机设备连接起来，使计算机的用户进行信息交换和资源共享。计算机网络系统是一个非常复杂的系统，网络通信控制也涉及许多复杂的技术问题。因此，现代计算机网络都采用层次化的体系结构，把一个较为复杂的系统分解为若干个容易处理的子系统，然后逐个加以解决。

所谓网络体系结构，是指计算机网络的分层、各层协议和层间接口的集合，即网络及其部件所应完成的功能的精确定义。因此，体系结构是计算机网络的一种抽象的、层次化的功能模型。换句话说，网络体系结构只是从功能上描述计算机网络的结构，而不涉及每层硬件和软件的组成，也不涉及这些硬件或软件的实现问题。体系结构的描述必须包含足够的信息，使实现者可以用来为每一层编写程序或设计硬件。

计算机网络系统按层的方式来组织，各层的名字和承担的任务都不相同，层与层之间通过接口传递信息与数据。网络间的通信按一定的规则和约定进行，这些规则和约定称为协议。计算机网络协议是为了实现计算机网络中不同主机之间、不同操作系统之间以及两个计算机之间的通信，网络全体成员必须共同遵守的一系列规则和约定。

采用分层结构具有如下优点：

① 由于系统被分解为相对简单的若干层，因此易于实现和维护。

② 各层功能明确，相对独立，下层为上层提供服务，上层通过接口调用下层功能，而不必关心下层所提供服务的具体实现细节，因此各层可以选择最合适的实现技术。

③ 当某一层的功能需要更新和被替代时，只要它和上、下层的接口服务关系不变，则相邻层都不会受影响，因此灵活性好，有利于技术进步和模型改进。

④ 分层结构易于交流、理解和标准化。

5.3.2　OSI 参考模型

第一个网络体系结构，即系统网络体系结构（System Network Architecture，SNA）于 1974 年由 IBM 公司提出，此后许多公司纷纷提出各自的网络体系结构。这些网络体系结构虽然都是采用了分层技术，但是层次的划分、功能分配与采用的技术均不同。随着信息技术的飞速发展，各种计算机的联网和各种计算机网络的互连成为迫切需要解决的问题。OSI 模型正式在这样的背景下提出的。

国际标准化组织（ISO）于 1981 年提出了开放系统互连（OSI）基本参考模型，如图 5-26 所示。

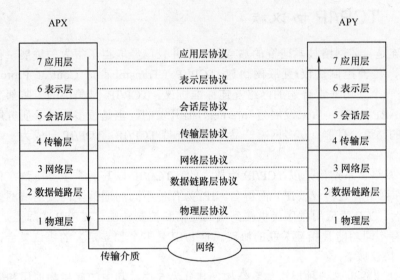

图 5-26　OSI 参考模型

OSI 将整个网络分为 7 个层次，故俗称七层协议。其中，第 1～3 层是依赖网络的，涉及两个系统连接在一起所使用的数据通信网的相关协议，实现通信子网功能；第 4 层在低三层服务的支持下，向面向应用的高层提供屏蔽底层细节的信息交换服务；第 5～7 层是面向应用的高层协议，涉及允许两个终端用户通过进程进行交互，属于操作系统提供的服务，实现的是资源子网的功能。

在该模型中，每层的功能以协议形式进行描述，协议定义了某层与另一个系统对等层的通信所使用的规则和约定。

① 物理层：参考模型的最低层，是网络通信的数据传输介质，由连接不同结点的电缆和设备共同组成。物理层的主要功能是：利用传输介质为数据链路层提供物理连接，以实现数据流的透明传输。

② 数据链路层：参考模型的第 2 层，功能是在物理层提供的服务基础上，在通信的实体间建立数据链路连接，传输以"帧"为单位的数据包，并采用差错控制与流量控制方法，使有差错的物理线路变成无差错的数据链路。

③ 网络层：参考模型的第 3 层，其主要功能是为数据在节点之间传输创建逻辑链路，通过路由选择算法为分组通过通信子网选择最适当的路径，以实现拥塞控制、网络互连等功能。

④ 传输层：参考模型的第 4 层，其主要功能是向用户提供可靠的端到端（end-to-end）服务，从会话层接收数据，并且在必要时把它分成较小的单元，传递给网络层，并确保到达对方的各段信息正确无误。

⑤ 会话层：参考模型的第 5 层，其主要功能是负责维护结点的会话进程之间的通信，以及提供管理数据交换等功能。

⑥ 表示层：参考模型的第 6 层，其主要功能是处理两个通信系统中交换信息的表示方式，主要包括数据格式变换、数据加密与解密、数据压缩与恢复等功能。

⑦ 应用层：参考模型的最高层，其主要功能是为应用软件提供各种服务，如文件服务器、数据库服务、电子邮件与其他网络服务等。

5.3.3 TCP/IP 协议族

网络互连是目前网络技术研究的热点之一，并且已经取得了很大的进展，在诸多网络互连协议中，传输控制协议/互联网协议 TCP/IP（Transmission Control Protocol/Internet Protocol）是一个使用非常普遍的网络互连标准协议。TCP/IP 是美国的国防部高级计划研究局为实现 ARPANET（后来发展为 Internet）而开发的，也是很多大学及研究所多年的研究及商业化的结果。目前，众多网络产品厂家都支持 TCP/IP，TCP/IP 已成为一个事实上的工业标准。

Internet 网络体系结构是以 TCP/IP 为核心的。TCP/IP 以其两个主要协议：传输控制协议（TCP）和网络互连协议（IP）而得名。IP 为各种不同的通信子网或局域网提供一个统一的互连平台；TCP 为应用程序提供端到端的通信和控制功能。TCP/IP 实际上是一组协议，包括多个具有不同功能且相互关联的协议。TCP/IP 是多个独立定义的协议集合，因此也被称为 TCP/IP 协议簇。

TCP/IP 协议簇也是一种层次体系结构，共分为 5 层，其中的底层物理层和数据链路层只要能够支持 IP 层的分组传送即可，因此我们作为网络接口层来对待。TCP/IP 模型从更实用的角度出发，简化了会话层和表示层，将其融合到了应用层，使得通信的层次减少，提高了通信的效率，形成了高效的四层体系结构，即网络接口层、网络层、传输层和应用层。图 5-27 表示了 TCP/IP 的分层结构与 OSI 参考模型的对应关系。

OSI 模型	TCP/IP 协议集	
应用层	应用层	Telnet, FTP, SMTP, DNS, HTTP 以及其他应用协议
表示层		
会话层		
传输层	传输层	TCP, UDP
网络层	网络层	IP, ARP, RARP, ICMP
数据链路层	网络接口层	各种通信网络接口（以太网等）（物理网络）
物理层		

图 5-27　TCP/IP 协议模型与 OSI 模型比较

（1）网络接口层

TCP/IP 模型中的网络接口层与 OSI 的物理层、数据链路层以及网络层的一部分相对应。

该层中所使用的协议大多是各通信子网固有的协议，如以太网 802.3 协议、令牌环网 802.5 协议或分组交换网 X.25 协议等。

网络接口层的作用是传输经网络层处理过的信息，并提供一个主机与实际网络的接口，而具体的接口关系则可以由实际网络的类型所决定。

TCP/IP 参考模型并未对这一层做具体的描述，一般指各种计算机网络，如 SATNET、ARPANET、LAN、分组无线网等，也可以说，它指的是任何一个能使用数据报的通信系统，这些系统大到广域网、小到局域网或点对点连接等。这样也正体现了 TCP/IP 的灵活性，它与网络的物理特性无关。

（2）网络层

网络层是 TCP/IP 模型的关键部分，其功能是使主机可以把 IP 数据报发往任何网络，并使数据报独立地传向目标（中途可能经由不同的网络）。

网络层使用 IP 协议，把传输层送来的消息组装成 IP 数据报，并把 IP 数据报传递给网络接口层。IP 协议制定了统一的 IP 数据报格式，以消除各通信子网的差异，从而为信息发送方和接收方提供透明的传输通道。透明是指下层所提供的功能对上层而言是不可见的，上层只需知道能够以及如何从下层得到服务即可。

网络层的主要任务是：为 IP 数据报分配一个全网唯一的传送地址（称为 IP 地址），实现 IP 地址的识别与管理；IP 数据报的路由机制；发送或接收时，使 IP 数据报的长度与通信子网所允许的数据报长度相匹配等。例如，以太网所传输的帧长为 1500 字节，而 ARPANET 所传输的数据包长度为 1008 字节，当以太网上的数据帧转发给 ARPANET 时，就要进行数据帧的分解处理。

（3）传输层

传输层为应用层实体提供端到端通信功能，与 OSI 中的传输层相似。该层处理 IP 层没有处理的通信问题，保证通信连接的可靠性，能够自动适应网络的各种变化。传输层主要有两个协议：传输控制协议 TCP 和用户数据报协议 UDP。TCP 提供的是一种可靠的、面向连接的数据传输服务，UDP 提供的是不可靠的、无连接的数据传输服务。

（4）应用层

位于传输层之上的应用层包含所有的高层协议，为用户提供所需要的各种服务，主要服务有：远程登录（Telnet）、文件传输（FTP）、电子邮件（SMTP）、Web 服务（HTTP）、域名系统（DNS）等。

值得指出的是，TCP/IP 模型中的应用层与 OSI 中的应用层有较大的差别，它不仅包括了会话层及上面三层的所有功能，而且包括了应用进程本身在内。因此，TCP/IP 模型的简洁性和实用性就体现在它不仅把网络层以下的部分留给了实际网络，而且将高层部分和应用进程结合在一起，形成了统一的应用层。

5.3.4　OSI 与 TCP/IP 的比较

OSI 参考模型和 TCP/IP 协议模型的层次对比如图 5-21 所示。OSI 参考模型和 TCP/IP 协议模型除了以上特点外，还具有各自的不足之处。

OSI 参考模型概念清楚，但模型和协议都存在缺陷，如其会话层和表示层对于大多数应用程序都没有用，寻址及流量控制等功能在各层重复出现，结构和协议复杂等，所以 OSI 参考模型并没有形成产品。

TCP/IP 模型虽然在现实生活中广泛得到应用，但是没有明显区分服务、接口和协议的概念；没有明确区分物理层和数据链路层，但这两层的功能是不同的；网络接口层根本不是一个通常意义的层，只是一个接口。所以，TCP/IP 也不是十分完美。

5.4　互联网及其应用

互联网是一个互连了遍及全世界的数以百万计的计算机设备的网络，也称为国际互联网，使得可以在世界范围内共享信息资源和实现相互通信。虽然 Internet 中的计算设备多数是传统的桌面 PC、基于 UNIX 的工作站以及所谓的服务器。然而，当前越来越多的非传统的互联网端系统，如个人数字助手（PDA）、TV、移动计算机、蜂窝电话、汽车环境传感设备、数字相框、家用电器和安全系统、Web 相机，甚至烤箱也正与互联网相连。

当今的互联网不是简单的层次结构，而是由连接设备和交换工作站结合起来的众多的广域网和局域网所组成，如图 5-28 所示。很难找出互联网确切的代表，因为它在不断变化——新的网络不断加入，已有的网络地址在不断增加，倒闭公司的网络不断被废除。现有大多数想建立互联网连接的终端用户使用互联网服务提供商（ISP）提供的服务，如当地的电信公司。

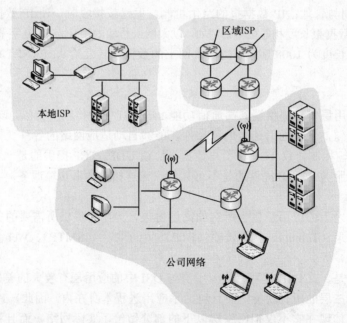

图 5-28　互联网

Internet 中的所有设备都被称为主机或端系统。端系统通过通信链路连接在一起，这些通信链路由不同的传输介质组成，包括同轴电缆、铜线、光纤和无线电频谱。端系统通过分组交换机（如路由器）的中间交换设备间接彼此相连。端系统、分组交换机和其他互联网部件，都要运行控制互联网中信息接收和发送的一系列协议。TCP 和 IP 是互联网中最重要的协议。

5.4.1　TCP/IP 协议

TCP/IP 是 Internet 实现网络互连的通信协议,这些协议大部分情况下都以软件方式存在,如图 5-29 所示。其中最重要的是网际协议 IP(Internet Protocol)和传输控制协议 TCP(Transmission Control Protocol)。连接到 Internet 的所有计算机都要运行 IP 软件,并且其中绝大多数还要运行 TCP 软件,否则就无法使用 Internet。

TCP/IP 可以运行在多种物理网络上,如以太网、令牌环网、光纤网(FDDI)等局域网,ATM、X.25 等广域网,以及用调制解调器连接的公共电话网。

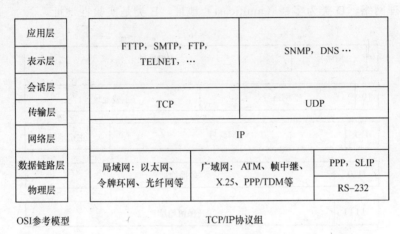

应用层	FTTP, SMTP, FTP, TELNET, …		SNMP, DNS …	
表示层				
会话层				
传输层	TCP		UDP	
网络层	IP			
数据链路层	局域网:以太网、令牌环网、光纤网等	广域网:ATM、帧中继、X.25、PPP/TDM等	PPP, SLIP	
物理层			RS–232	

OSI参考模型　　　　　　　　　　TCP/IP协议组

图 5-29　TCP/IP 协议模型

网际协议 IP 定义数据分组格式和确定传送路径。Internet 数据分组称为 IP 数据报(datagram),简称 IP 包。每台利用 Internet 通信的计算机,都必须把数据装配成一个个 IP 包进行传送。传送路径使得数据报从源计算机经路由器连接的物理网络到达目标计算机,它“尽力传送”,但不保证可靠。

传输控制协议 TCP 就是用来解决“可靠”这一问题的。TCP 能够检测到数据报在传送中是否丢失,如果丢失就重新传一次;TCP 也能检测到那些未按顺序到达的数据包(选择了不同路由而造成延时),把顺序调整正确;TCP 还能检测到一个数据包多个副本到达目的地情况,把多余的滤除。TCP 与 IP 巧妙地协同工作,保证了 Internet 上数据的可靠传输。UDP 提供的数据报传输服务不保证可靠,只是“尽力传送”。

应用层的协议很多,常用的有:

- 超文本传输协议 HTTP(Hyper Text Transfer Protocol)。
- 简单电子邮件传输协议 SMTP(Simple Mail Transfer Protocol)。
- 文件传输协议 FTP(File Transfer Protocol)。
- 远程登录协议 TELNET(TELecommunications NETwork)。
- 简单网管协议 SNMP(Simple Network Management Protocol)。
- 域名系统 DNS(Domain Name System)。

5.4.2　IP 地址与域名

连到 Internet 上的计算机或互连设备(如路由器)都由 Internet 管理机构分配给唯一的

地址，称为 IP 地址，它出现在 IP 数据报的报头，以便能够准确地识别发出该数据报的计算机。

1. IP 地址

IP 地址由网络地址和主机地址两部分组成。网络地址（网络号）标识 Internet 上的一个物理网络。主机地址标识该物理网络中的一台主机，每个主机地址对本网络而言必须唯一。路由器连接两个或多个物理网络，因此它有两个或多个 IP 地址，每个 IP 地址的网络号与其连接的物理网络的网络号相同。

网际协议 IP 规定了 5 类网络地址，如图 5-30 所示。其中，A、B、C 三类地址用于不同规模的物理网络，D 类为多播（multicast）地址，E 类是实验性地址。

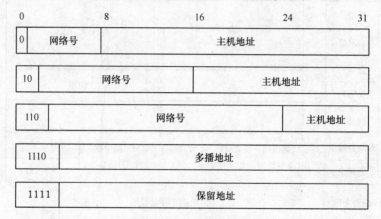

图 5-30　IP 地址类型

A 类地址最高位为"0"，连同后面的 7 位表示网络号，24 位表示主机地址。因此，A 类网络只有 $2^7-2=126$ 个（网络号 0 和 127 另有他用），每个网络可以有 $2^{24}-2=16777214$ 个主机地址。

B 类地址最高位为"10"，有 $2^{14}-2=16384$ 个网络号，每个网络可以有 $2^{16}-2=65534$ 个主机地址。

C 类地址最高位为"110"，有 $2^{21}-2=2097150$ 个网络号，每个网络可以有 $2^8-2=254$ 个主机地址。

IP 地址由 4 字节组成，所以常用其点分十进制数 （dotted decimal notation）表示。

例如，IP 地址 11010010　00100111　00000000　00100011 用点分十进制数表示为：210.39.0.35。其实际含义是：C 类地址，网络号为 100100100011100000000，主机地址为 00100011。

但是，4 字节能表示的 IP 地址数十分有限，加之地址划分常常是分块划分，地址使用率并不高，而 Internet 用户数呈指数型迅速增加，使 IP 地址资源十分紧缺。为了解决这个问题，Internet 工程任务组（IETF）已研究出新一代的 IP（IPv6，目前为 IPv4），将 IP 地址位数从 32 位增至 128 位，解决了编址不足问题，并增加了许多新功能。

2. 子网编址与屏蔽码（子网掩码）

有时，需要多个物理网络合用同一个网络号。例如，某单位申请到一个 B 类地址网络号，可以有 65534 个主机地址，为了便于管理和扩展，常常按该单位的组织结构或地域分布划分为若干子网，每个子网包含适量的主机。这些子网具有相同的网络号。现将该单位申请到的 B 类地址中主机地址（32 位）分成两部分，其中前 16 位作为子网地址，后 16 位作为主机地址，如图 5-31 所示。用部分主机地址划分子网只限于该单位内部使用，对于外部（即 Internet）是感觉不到子网存在的。

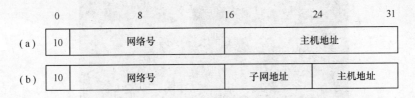

图 5-31　包含子网地址的 IP 地址

每个 IP 地址都对应一个屏蔽码，屏蔽码也称为子网屏蔽码或子网掩码（subnet mask），它屏蔽 IP 地址中的网络号（包括子网地址）。其作用在于指示 IP 地址的哪些位是网络号（包括子网地址），哪些位是主机地址。

对于图 5-31（a），其屏蔽码是 11111111 11111111 00000000 00000000，即 255.255.0.0；而对于图 5-31（b），其屏蔽码则应为 11111111 11111111 11111111 00000000，即 255.255.255.0。

没有子网时的屏蔽码为默认的屏蔽码，显然，A 类地址的默认屏蔽码为 255.0.0.0，B 类地址的默认屏蔽码为 255.255.0.0，C 类地址的默认屏蔽码为 255.255.255.0。

3．IP 地址与 MAC 地址

IP 地址是为了区分 Internet 上的千百万台主机（Host），而为每个主机分配的唯一的"地址"标识。IP 地址是网络层协议地址，是逻辑地址，长 32 位（IPv4），网络层传输的每个 Internet 包必须带有源主机和目的主机的 IP 地址，以标明该数据包来自哪里和要到哪里去，以供路由器选择传输路径。每个 Internet 服务提供商（ISP）必须向有关组织申请一组 IP 地址，然后一般是动态分配给其用户，这就是为什么在配置 Windows NT/95/98 的"拨号网络"时，一般让系统给自动分配 IP 地址。当然，用户也可向 ISP 申请一个固定的 IP 地址（根据接入方式）。

MAC 地址是 Ethernet NIC（网卡）上带的地址，长 48 位。MAC 地址工作于数据链路层，是物理地址，数据链路层传输的数据帧必须包含 MAC 源地址和 MAC 目的地址，确定数据来自何方和去往何处，从而实现包的交换和传递。每个 Ethernet NIC 厂家必须向 IEEE 组织申请一组 MAC 地址，在生产 NIC 时编程于网卡的串行 EEPROM 中。任何两个网卡的 MAC 地址，不管是哪个厂家生产的，都不应相同。

IP 地址是只在软件中使用的抽象地址，发送和接收信息时要依靠硬件地址即 MAC 地址。无论是局域网还是广域网中的计算机之间的通信，最终都表现为将数据包从某种形式的链路上的初始节点出发，从一个节点传递到另一个节点，最终传送到目的节点。数据包在这些节点之间的移动都是由 ARP（Address Resolution Protocol，地址解析协议）负责将 IP 地址映射到 MAC 地址上来完成的。把 IP 地址翻译成对应的 MAC 地址的过程称为地址解析（address resolution）。

通过 DOS 命令 ipconfig/all，可查看网卡的 MAC 地址及通过该网卡建立的网络链接的 IP 地址，如图 5-32 所示。其中，Physical Address（物理地址）00-1E-C9-49-F7-44 就是 MAC 地址，通过该网卡建立的网络连接 2 的 IP Address（IP 地址）为 192.168.31.24。

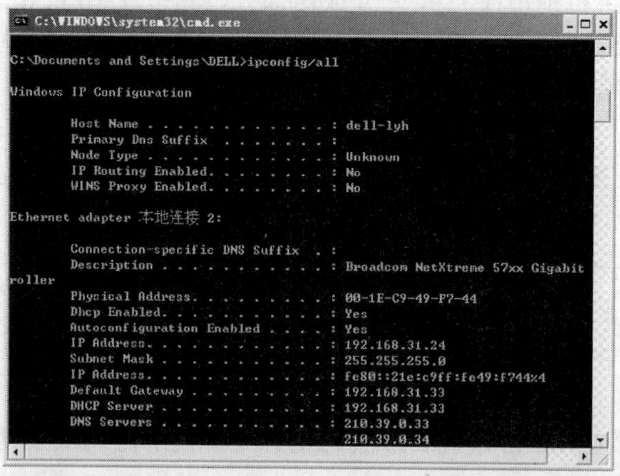

图 5-32 ipconfig/all 命令显示的 MAC 地址与 IP 地址

IP 地址与 MAC 地址并不存在绑定关系。IP 地址与 MAC 地址的对应关系就如同职位和人才的对应关系。IP 地址就如同一个职位，而 MAC 地址则如同去应聘这个职位的人才，职位既可以让甲坐，也可以让乙坐。同样道理，一个节点的 IP 地址对网卡不做要求，基本上什么样的厂家生产的网卡都可以用。当然，如果一个网卡坏了，也可以被更换，而无须取得一个新的 IP 地址。另外，有的计算机流动性就比较强，正如同人才可以在不同的单位工作一样，如果一个 IP 主机从一个网络移到另一个网络，可以给它一个新的 IP 地址，无须换一个新的网卡。

4. 域名

IP 地址用数字表示虽然直截了当，却很难记忆，因此人们使用域名（Domain Name）来对应 IP 地址，通常称为网址。例如：

mit.edu（IP 地址 18.181.0.31）   麻省理工学院的域名

tsinghua.edu.cn（IP 地址 166.111.9.2）   清华大学的域名

域名由一组标号组成，标号之间用"."分隔，标号从左到右对应层次（层次大致上对应其行政管理机构）从低到高，最右边的标号是顶层域名。DNS 对于顶层域名的规定如表 5-1 所示。

表 5-2 列出的顶层域名对于美国以外的国家并不是顶层域名，这些国家的顶层域名是国别码。国别码由 2 个字符组成，如 cn 代表中国，uk 代表英国，jp 代表日本等。

域名和 IP 地址有固定的对应关系。具体地说，一个域名必须有一个 IP 地址与之相对应；而一个 IP 地址可以没有对应的域名，也可以有多个域名与之对应。管理 Internet 上的主机域名，实现域名与 IP 地址的映射等功能的系统被称为域名系统（Domain Name System，DNS）。域名系统采取的分级管理模式，整个域名系统犹如一个倒置的树，树中的每个节点代表 DNS 的一个域。域又可以进一步划分为子域，子域相当于树中的一个子节点。

表 5-1 DNS 的顶层域名

域　名	意　　义
com	商业机构
edu	教育系统
gov	政府部门
int	国际组织
mil	军事团体
net	主要的网络支持中心
org	其他组织

当一台主机使用域名发出请求时，首先要将域名转换为 IP 地址，才能在 Internet 上传送请求信息。将域名翻译成 IP 地址的过程称为域名解析。

域名解析过程通常步骤如下：

<1> 客户机提出域名解析请求，并将该请求发送给本地的域名服务器。

<2> 当本地的域名服务器收到请求后，先查询本地缓存，如果有该记录，则本地的域名服务器就直接把查询的结果返回。

<3> 如果本地的缓存中没有该记录，则本地域名服务器直接把请求发给根域名服务器，然后根域名服务器再返回给本地域名服务器一个所查询域（根的子域）的主域名服务器的地址。

<4> 本地服务器再向返回的域名服务器发送请求，然后接受请求的服务器查询自己的缓存，如果没有该记录；则返回相关的下级的域名服务器的地址。

<5> 重复第<4>步，直到找到正确的记录。

<6> 本地域名服务器把返回的结果保存到缓存，以备下一次使用，同时将结果返回给客户机。

5.4.3 网络互连设备

网络互连包括网内互连和网间互连。

网内互连主要指组建局域网所用的设备，包括网卡、中继器、集线器和局域网交换机等。网内互连设备可将局域网中的服务器和工作站，按照不同的拓扑结构进行连接，从而构建局域网。局域网的拓扑结构主要有总线型、星型和环型，也可能是树型和网状。

网间互连是指为了扩大通信和资源共享的范围，把若干同构或不同构的局域网，或局域网与广域网进行互连。网间互连的设备有网桥、路由器、路由交换机、网关等。

部分网络互连设备与互联网参考模型的关系如图 5-33 所示。

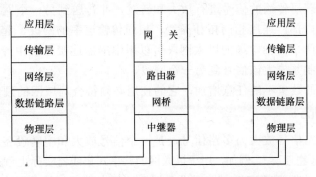

图 5-33　各种网络互连设备与互联网参考模型的关系

1. 网卡（Network Adapter）

网卡又称网络适配器，是一块网络接口电路板，如图 5-34 所示。网络上的每台服务器或工作站上都必须装上这种适配器，才能进行网络通信。网卡负责接收网络上的数据包，解包后将数据传输给工作站，还能将工作站上的数据打包后送入网络。

每个网卡出厂时都有一个被称为 MAC 地址的物理地址。MAC 地址是烧录在网卡的 EPROM 中，因此也被称为硬件地址，它是传输数据时真正赖以标识发出数据的计算机和接收数据的主机的地址。也就是说，在网络底层的物理传输过程是通过 MAC 地址来识别主机的。MAC 地址是厂商向 IEEE 注册购买的，不会重复。比如，以太网卡的物理地址是 48bit（位）的整数，可表示为 12 位十六进制的数字，如 44-45-53-54-00-00。形象地说，MAC 地址与网卡就如同身份证号码与公民一样，具有全球唯一性。该地址码就是局域网中每台主机的物理地址，该地址全球唯一。

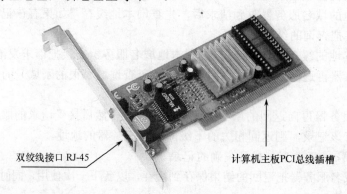

双绞线接口 RJ-45　　　　　　　　　　　　　计算机主板PCI总线插槽

图 5-34　Intel Pro/100 PCI 网卡

网卡的种类繁多，应根据网络环境和具体需求选择。按照网卡的访问控制协议，网卡可分为以太网卡、令牌网卡、ATM 网卡等；按照网卡与网络连接的接口不同，可分为双绞线网卡、细缆网卡、粗缆网卡、光纤网卡、二合一网卡（双绞线+细缆）和三合一网卡（双绞线+细缆+光纤）等；按照数据处理位数，可分为 16 位和 32 位两种，32 位网卡传输数据的速度较快；按照带宽，可分为 10Mbps 网卡、100Mbps 网卡、10/100Mbps 自适应网卡和 1000Mbps 网卡等。

2．中继器（Repeater）

中继器是局域网互连的最简单设备，它工作在互联网参考模型的第一层（物理层）。中继器的功能是将物理层传输的信号进行放大和转发，并传送到另一个网络段。中继器只能工作在同一个网络内部，连接相同拓扑类型、相同传输速率的网段，起到延长传输介质长度的作用。例如，两个同轴电缆的以太网段可以用中继器连接，当中继器检测到一个网段上的信号时，便复制并放大该信号到另一个网段。

当然，中继器的数量不能任意增加，它的使用必须符合局域网的规范。

3．集线器（Hub）

集线器可将一路信号放大为多路信号，是一个信号放大和中转设备，它工作在互联网参考模型的第一层（物理层）。例如，用于以太网的共享式集线器实际上就是一个多路中继器，如图 5-35 所示。集线器通常有 8、16 或更多端口，每个端口可接入一台工作站或服务器。这样，当网络中的某个站点出现故障时易于发现，且不会影响其他站点的正常工作。由于集线器不具有自动寻址和交换能力，数据就被传输到与之相连的各个端口（广播式操作），容易形成数据阻塞。

4．网桥（Bridge）

网桥是连接不同类型局域网的桥梁，工作在互联网模型的第二层（数据链路层）。例如，网桥可以将使用 IEEE 802.3 协议的以太网，使用 IEEE 802.4 协议的令牌总线网、使用 IEEE 802.5 协议的令牌环网连接起来，网桥可以实现互相通信，又能有效地阻止各自子网内的通信不会流到其他网络，防止了"广播风暴"。网桥有时也用在同一个网络内，用于隔离不同的网段，把不需要越出网段的通信限制在段内，避免网络传输的负担过重。在实际应用中，网桥也常用来互连相同拓扑类型的局域网，以实现网段隔离和网络性能优化。

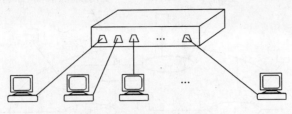

图 5-35　集线器（Hub）

5．交换机（Switch）

局域网交换机，又称为以太网交换机，是交换式局域网的核心。局域网交换机是从网桥发展而来的，同样工作在互联网模型的第二层数据链路层，因此又称为第二层交换机。局域网交换机从根本上改变"共享介质"工作方式，通过交换机支持多个节点之间的并发连接，实现多节点之间数据的并发传输。

局域网交换机可替代传统的集线器来组建单个局域网，因此又把局域网交换机称为交换式集线器（Switching Hub）。局域网交换机采用交换方式进行工作，允许在同一时刻里有多台计算机互相发送信息，而不是像集线器那样采用共享方式工作方式，在任何时候只允许网络内的一台机器发送信息，因此，局域网交换机与集线器相比具有数据传输时延少、传输带宽大的优点。

利用局域网交换机的共享端口可以将多个局域网互连，从这个角度看，局域网交换机可以代替传统的网桥，它通过硬件来实现数据帧的转发功能，因此其性能比通过软件来实现数据帧转发功能的传统网桥有很大改进，具有传输时延少、传输带宽高的优点。其中，数据帧处理的时延由网桥的几百 μs 减少到几十 μs。高级的局域网交换机还具有网管功能，支持 SNMP 协议，可完成所有基本的网络管理任务。

6．路由器（Router）

路由器是可以将两个或多个异形网连在一起的互连设备，它运行在互联网模型的第三层（网络层）。路由器不但能实现局域网与局域网的互连，更能解决体系结构差别很大的局域网与城域网的互连。在 Internet 中，网络与网络的连接都是通过路由器实现的，如图 5-36所示。路由器为通过它的数据包选择合适的路径以到达目的地。

路由器通常是一台专用设备，或者就是一台计算机，在其上运行了能识别各种网络协议、能选择合适路由的软件。由于采用运行软件的方法来实现路由选择和某些协议的变换，所以效率较低速度较慢。在需要进行高速传送的时候，路由器又成为新的"瓶颈"。因此，近来研究是将第二层数据交换和第三层路由选择做在同一个设备中，称为路由交换机（或第三层交换机、交换式路由器），就用近乎硬件的速度（称为线速）来同时实现交换机与路由器的功能，有效地解决这个"瓶颈"问题。

7．网关（Gateway）

网关运行在互联网模型传输层及其上的高层，它将协议进行转换，数据重新分组，以便能够在两个不同体系结构的网络间通信。例如，以太网与 IBM 大型机的网络相连，就必须使用相应的网关，因为它们在速度、字符编码、流程控制及通信协议各方面都存在根本差异，需要由网关进行变换以实现互连。网关常常以软件形式存在，比路由器有更大的灵活性，也更复杂、开销更大，能互连各种完全不同体系结构的网络。

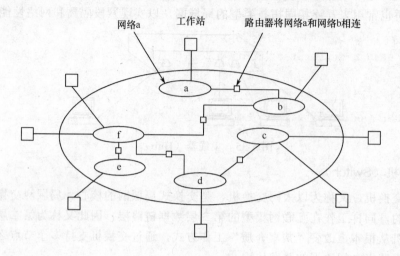

图 5-36　路由器将许多网络互联起来

5.4.4　接入方式

Internet 的飞跃发展，已经给人们生活的各方面带来巨大的影响。如果要使用 Internet 提供的服务，首先要将自己的计算机接入 Internet。互联网服务商（ISP）（如中国电信、中国联通、中国网通、首创网络等）是为企业或个人提供互联网接入服务的企业，可以提供多种接入服务同时也为用户提供各类信息服务。

常用的互联网接入方式如下。

（1）电话拨号接入

电话拨号接入是利用公用交换电话网进行互联网接入的一种方式，是个人用户接入 Internet 最早使用的方式之一。它的接入非常简单，只要具备一条能打通 ISP 特服电话（如 16900、96169 等）的电话线、一台计算机、一台调制解调器（Modem，一般笔记本都配置），并且办理了必要的手续（得到用户名和口令）后，就可以轻轻松松上网了。与其他入网方式相比，它的收费也较为低廉。电话拨号方式致命的缺点在于它的接入速度慢，最高接入速度一般只能达到 56kbps。

（2）ISDN 接入

ISDN（Integrated Service Digital Network，综合业务数字网）俗称"一线通"，是一个完全数字化的线路交换网络，它的目标是将电话、传真、数字通信等多项服务以数字方式传输，以取代模拟电话网。利用 ISDN 接入 Internet，是通过一路或两路电话线实现的。使用一路电话线的上网速度率可达 64kbps；使用两路电话线的上网速率可达到 128kbps。接入时，需要在计算机上安装内置或外置的 ISDN 适配器，再通过网络终端 NT1 或 NT2 和电话线连接。虽然 ISDN 也是用普通的电话线作为通信信道，但是 ISDN 采用的是数字信号传输，因此速度较快，用户可以一边在互联网上漫游，一边打电话，或者一边发传真，因此被称为"一线通"。不过，ISDN 发展的并不理想，迄今为止没能取代模拟和数字混合使用的电话网。

（3）xDSL 接入

DSL（Digital Subscriber Line，数字用户线路）技术的宗旨是通过电子设备和专用软件，使目前使用的电话线成为数字传输线路，并能使数据传输率达到 2Mbps 以上。根据具体实现的方法不同，DSL 技术有可分为 ADSL、VDSL、HDSL 和 SDSL 等，通称为 xDSL。

ADSL（Asymmetric Digital Subscriber Line，非对称数字用户线）采用非对称数字信号传送，能够在现有的铜双绞线即普通电话线上提供高达 8Mbps 的高速下行速率。ADSL 接入 Internet 有虚拟拨号和专线接入两种方式。采用虚拟拨号方式的用户还要依赖电话线，将电话线与 ADSL Modem 相连，将 ADSL Modem 与以太网卡用网线连接，然后采用类似 ISDN 的拨号程序连接入网。采用专线接入的用户只要开机即可接入 Internet。ADSL 往往被电信供应商称为宽带，实际上与局域网还有很大的差距。

（4）局域网接入

如果所在的单位、社区、学校或者宾馆已经建成了局域网并与 Internet 相连接，而且在需要上网的位置布置了信息接口，只要通过双绞线连接计算机网卡和信息接口，即可使用局域网方式接入 Internet。随着网络的普及和发展，高速率正在成为使用局域网的最大优势。

（5）CATV 接入

通过有线电视网 CATV 接入 Internet 也被称为通过 Cable Modem 接入。Cable Modem 即电缆调制解调器，通常至少有两个接口，一个接在墙上的有线电视端口，另一个与计算机相连。通过 Cable Modem 上网可以有很高的传输速率。下行方向的传输速率最高可达 36Mbps，上行方向的传输速率最高可达 10Mbps。这种方法传输速率较快，成本低，并且不受连接距离的限制。

（6）DDN 专线接入

DDN（Digital Data Nerwork，数字数据网）是利用光纤、数字微波或卫星等数字传输通道和数字交叉复用设备组成，为用户提供高质量的数据传输通道，传送各种数据业务。相对于拨号上网来说，通过 DDN 上网具有传输速率快、线路稳定、长期保持连通等特点。比较适合上网业务量较大或需要建立自己网站的单位。使用 DDN 专线上网，需要一台基带 Modem 和一台路由器。DDN 专线申请到位后，首先要将其两对双绞线与基带 Modem 相连，再将基带 Modem 与路由器的同步串口相连，最后将路由器的以太网接口连上用户的局域网。不过，一般的局域网都是双绞线局域网，而路由器提供的以太网接口通常是 AUI 标准的，所以需要一个以太网 Transceiver（双绞线与粗缆的信号转换设备）进行信号转换。

（7）无线宽带接入

无线接入，也是当前常用的一种接入 Internet 的方法。无线接入技术遵循 IEEE 802.11 协议，传输速率已经能够达到 11Mbps，传输距离可以远至 20km 以上。无线接入技术实际上是通过一个无线局域网 WLAN 接入 Internet 的，在已接入 Internet 的无线局域网 WLAN 的无线接入点的覆盖范围之内，客户计算机可利用无线终端接收器进行轻松灵活的无线上网。

目前，常见的无线上网主要有两种：一种是大型商场、机场乃至火车站、学校、咖啡厅等提供的 WiFi 接入方式（发音：wai fai），另一种是中国通信运营商如中国移动、中国联通和中国电信提供的 3G 接入方式。前者只需要用户的计算机配备无线网卡，大部分不需要密码即可连接入网，不过有效范围较小；后者则需要用户计算机配备安装有资费卡的无线上网卡，这种方式有效范围广，只要有手机信号的地方都可以连接入网。

宽带无线接入技术代表了宽带接入技术的一种新的不可忽视的发展趋势，不仅建网开通快、维护简单、用户较密时成本低，而且改变了本地电信业务的传统观念，最适于新的电信竞争者开展有效的竞争，也可以作为电信公司有线接入的重要补充。

（8）WAP手机接入

WAP（Wireless Application Protocol，无线应用协议）是一个使用户借助无线手持设备（如掌上电脑、手机、智能电话等）获取信息的安全标准。WAP 的作用就是在无线移动通信与 Internet 之间架设一座"桥梁"，通常称为"WAP 网关"，使移动通信用户可以通过它方便地接入 Internet。目前，具有 WAP 功能的移动通信终端可以通过 WAP 网关支持一些新业务，如短消息浏览（股票行情、天气预报、体育新闻、路况信息、航班信息等）、收发电子邮件、进行电子购物等。由于目前移动通信终端的资源条件的限制，业务能力还不能够像固网那样强大。

以上介绍了 8 种主要的互联网接入方式，事实上随着技术的发展，会出现更多更新更快更方便的接入方式，也会有一些陈旧的接入方式被淘汰。

5.4.5 常用服务功能

互联网提供的服务类型众多，其中大部分是免费的。这些服务包括万维网、电子邮件、文件传输、远程登录、电子公告板系统、即时通信以及博客等。

1. 万维网

WWW（World Wide Web）简称 Web，中文译名为万维网或环球信息网，是在 Internet 上运行的多媒体信息系统，它使人们以更方便的方式彼此交流思想和研究成果。

（1）WWW 的基本概念

① Web 服务器

Internet 上有许多 Web 服务器。Web 服务器发布的信息通常以 Web 页（网页）形式出现，而 Web 页一般都是超文本文档（hypertext）。所谓超文本文档，是指该文档中包含有指向其他文档的指针，也称为超链接（hypertext）。"指针"可以将一个 Web 页链接到另一个与其相关的 Web 页上，不论相关 Web 页在哪个 Web 服务器上，也不论该 Web 服务器地处何方。

因此，可以说 Web（万维网）是由 Web 页（网页）组成的，"页"有成千上万，遍布于 Internet 上，是超链接把这些"页"组织在一起，如图 5-37 所示。

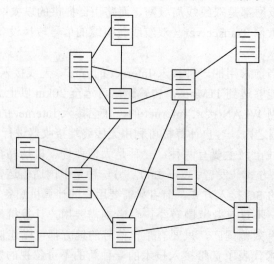

图 5-37 超链接将"页"与"页"彼此相连

② Web 浏览器

Web 浏览器是一个用来查看 Web 页的软件工具，其基本功能是导航和浏览。导航就是根据超链接指针寻找 Web 服务器并获得 Web 页；浏览就是解释并显示获得的 Web 页。Web 页上不但有文本和图像，还可以有音频、视频等多媒体信息。

启动浏览器时显示的第一个 Web 页称为主页（homepage），通常是某个 Web 服务器的主页。在浏览器窗口中，超链接一般被高亮显示，通常带有下划线。当鼠标光标移动到超链接时，光标呈现为手形，此时单击鼠标，浏览器就会去寻找该超链接所指向的 Web 页，并将它显示在浏览器窗口中。

③ 统一资源定位符 URL

URL（Uniform Resource Locator）用来描述 Web 页的地址，它在 Internet 上统一寻址，故称为统一资源定位符。URL 由访问协议、服务器名、路径、文件名等部分组成，格式如下：

<访问协议> :// <服务器名> [:端口号] / [路径] / [文件名]

其中，"访问协议"说明采用什么协议；冒号后边的"//"指示某个服务器域名和端口号（端口号使用默认值可以省略）；再后边的"/"表明文件名及其路径，若省略，则是使用该服务器主页的文件名（通常为 default.html 或 index.html）。例如：

http://www.szu.edu.cn/	深圳大学 Web 服务器主页
http://www.sina.com	新浪 Web 服务器的主页
http://www.microsoft.com/china	微软中国公司的 Web 服务器主页

在浏览器窗口的地址栏中输入一个特定的 URL，就可以访问这个特定的 Web 页，这是直接使用 URL。

用户在浏览 Web 页时单击某个超链接，也是在使用 URL，只不过此时的 URL 是由浏览器识别的，而用户可能并不知道该超链接的确切地址。

④ 超文本传输协议 HTTP

HTTP 是建立在 TCP/IP 之上的应用层协议，基于客户—服务器模式，即 Web 浏览器和 Web 服务器通过请求/回答方式进行通信，如图 5-38 所示。

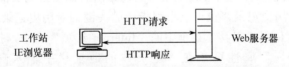

图 5-38　Web 浏览器和 Web 服务器之间的交互

例如，某用户要访问深圳大学主页 http://www.szu.edu.cn，具体步骤如下：

<1> 浏览器确定 Web 页的 URL，即 http://www.szu.edu.cn/。

<2> 浏览器向 DNS 请求解析域名，以获得 www.szu.edu.cn 的 IP 地址。

<3> 浏览器与该 IP 地址的 80 端口（HTTP 的默认 TCP 端口为 80）建立 TCP 连接。

<4> 浏览器通过 TCP 连接向服务器发出 HTTP 请求，请求中包含主页的文件名与路径。

<5> 服务器响应请求，将 HTTP 响应消息（主页信息）通过 TCP 连接发送给浏览器。

<6> 浏览器收到响应消息，TCP 连接释放。

<7> 浏览器解释主页的内容，并将其显示在屏幕上。

⑤ 超文本标记语言 HTML

HTML（HyperText Markup Language）是一个简单的标记语言，用来描述 Web 页的文

档结构和书写文本，保存为".htm"或".html"类型的文件。Web 浏览器可以解释 HTML 描述的文件，并将其显示在浏览器窗口中。

（2）Internet Explorer 的使用

<1> 启动浏览器。在 Windows 桌面或快速启动栏中，单击图标 ，启动应用程序 IE。

<2> 输入网页地址（URL）。在 IE 窗口的地址栏中输入要浏览页面的 URL，按下 Enter 键，观察 IE 窗口右上角的 IE 标志，等待出现浏览页面的内容。例如，在地址栏中输入深圳大学主页的 URL "http://www.szu.edu.cn"，IE 浏览器将打开深圳大学的主页。

<3> 网页浏览。在 IE 打开的页面中包含有指向其他页面的超链接。当将鼠标光标移动到具有超链接的文本或图像上时，鼠标指针会变为" "形，单击鼠标左键，将打开该超链接所指向的网页。根据网页的超链接，即可进行网页的浏览。

<4> 断开当前连接和重新建立连接。单击工具栏中的"停止"按钮 ，将中断当前网页的传输。重新建立连接。断开当前连接之后，单击工具栏中的"刷新"按钮 ，将重新开始被中断的网页的传输。

<5> 保存当前网页信息。使用"文件"菜单的"另存为"命令，将当前网页保存到本地计算机。如果要保存图像或动画，则在当前网页中选择一幅图像或动画，单击右键，从弹出的快捷菜单中选择"图片另存为"，将该图像或动画保存到本地计算机。

<6> 将当前网页地址保存到收藏夹。使用"收藏夹"菜单的"添加到收藏夹"命令，在"名称"栏中输入想要添加的收藏的名字（默认为该网页的标题），单击"添加"按钮，即可将当前网页放入收藏夹，此时"收藏夹"菜单中会增加一条与刚刚输入名称相同的命令。下次访问该页面，不需要在 IE 的地址栏中输入该网页的 URL 地址，而只需要单击之，即可打开对应网页。

<7> 在已经浏览过的网页之间跳转。通常的方法是单击工具栏中的后退按钮 、前进按钮 ，返回到前一页或回到后一页。也可以单击工具栏中按钮 右侧的" "按钮，从下拉列表中直接选择某个浏览过的网页。

<8> 浏览历史记录。单击 IE 窗口左上角"收藏夹工具栏"中的"收藏夹"按钮，选择"历史记录"标签，该标签会列出最近一段时间以来所有浏览过的页面。可以按日期、访问站点、访问次数查看历史记录，也可以根据指定的关键词对历史记录进行搜索。

<9> 主页设置。使用"工具"菜单中的"Internet 选项"命令，打开"Internet 选项"对话框。单击"常规"属性页，在"主页"的地址栏中输入一个 URL 地址（如 http://www.szu.edu.cn），单击"确定"按钮，即可将输入的 URL 设置为 IE 的主页。

也可以通过单击"使用当前页"按钮，将 IE 浏览器当前打开的页面作为主页；单击"使用默认页"按钮，将系统默认的"http://www.microsoft.com/"设置为主页；单击"使用空白页"按钮，则不给 IE 设置任何 URL 作为主页。

<10> 代理设置。当在局域网内部通过代理服务器连接到 Internet 时，需要在 IE 浏览器中进行代理设置。设置过程如下：首先单击"工具"菜单中的"Internet 选项"命令，打开"Internet 选项"属性对话框；然后选择"连接"选项卡，接着单击"局域网设置"按钮，打开"局域网（LAN）设置"对话框；然后在"代理服务器"文本框中勾选"为 LAN 使用代理服务器"复选框，并在"地址"框中输入所使用的代理服务器的 URL，如 "proxyout.szu.edu.cn"，在"端口"框中输入所使用的代理服务器的端口，如"8080"，并勾选"跳过本地址的代理服务器"复选框，如图 5-39 所示。

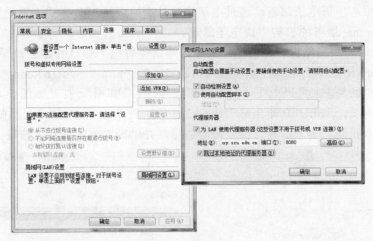

图 5-39　代理设置

设置代理服务器后，连接到 Internet 会要求输入使用代理服务器的用户名和密码。如在 IE 地址栏中输入"http://www.sina.com.cn"后按 Enter 键，将弹出"连接到 proxyout.szu.edu.cn"对话框，要求输入连接代理服务器的用户名和密码，在相应的文本框中输入代理服务器的用户名和密码，单击【确定】按钮，即可打开新浪主页。如果没有代理服务器的用户名和密码，将无法打开所需浏览的页面，可以到网络中心开通代理服务器的账户，或向代理服务器的管理人员请求账户。

2．电子邮件

电子邮件系统可以让 Internet 上的几亿用户进行"电子通信"。电子邮件的显著特点是快，一封发往异国他乡的电子邮件只要几秒钟就可以到达对方的电子邮箱里。电子邮件的信息也不局限于文本，还可以包含声音、图像等。所以，电子邮件系统一直都是 Internet 上最重要的应用服务。

（1）电子邮件的地址

使用电子邮件系统的用户必须具有一个 E-mail 地址。E-mail 地址的一般格式为：

　　　　用户名@主机域名

这里，@读作"at"，它把 E-mail 地址分成两部分，前部分是用户名（或用户使用的电子邮箱名），后部分是用户使用的邮件服务器（所在域的）域名。电子邮件系统按用户名为其在邮件服务器上分配一块磁盘空间，即用户的电子邮箱。

例如，"liru@szu.edu.cn"就是一个 E-mail 地址，其中 liru 是用户名，而 szu.edu.cn 是深圳大学的域名（其中一台邮件服务器域名为 mailbox.szu.edu.cn）。

与用户直接相关的邮件服务器有两类：一是接收邮件服务器（即自己的 E-mail 地址中的主机域名），一是发送邮件服务器。接收邮件服务器使用 POP3 协议，暂时存放用户接收的邮件和提供下载服务。发送邮件服务器使用 SMTP，将发送邮件的 E-mail 地址中的后部分（即对方的主机域名）转换成 IP 地址，并将邮件发往该地址。

（2）电子邮箱的申请

申请电子邮箱有两种方式：一是用户直接向 ISP（Internet Service Provider） 申请电子邮箱；二是用户通过某个网站申请免费的电子邮箱。

许多单位都拥有自己的局域网，如校园网用户、企业内部网（Intranet）用户可直接向本单位的网络中心申请电子邮箱。通过电话线拨号上网或 ADSL 方式上网的用户，可直接向为你提供 Internet 服务的机构申请电子邮箱。

Internet 上的一些网站提供免费电子邮箱，申请免费电子邮箱的方法如下。

<1> 在 Web 浏览器的地址栏中输入网站域名，如"http://www.163.com/"。

<2> 单击"网易"主页最上面一行中的超链接"免费邮箱"，打开如图 5-40 所示的"网易免费邮箱"网页，单击"立即注册"按钮，打开如图 5-41 所示的"网易邮箱-注册新用户"页面，填入密码、个人信息、校验码等信息，并单击"创建帐号"按钮。

图 5-40　申请免费电子邮箱　　　　　　　图 5-41　填写个人资料

<3> 如果账号创建成功，会出现"注册确认"窗口，进行注册确认，确认之后，会出现"注册成功"窗口，显示必要的注册信息，同时表明用户已获得一个免费的电子邮箱。

使用免费电子邮箱，一般需要以 Web 方式收发电子邮件，即先访问提供电子邮箱服务的网站主页，然后输入用户名（电子邮箱名）和密码，单击【登录】按钮，进入自己的电子邮箱收发信件。

（3）Outlook Express 的使用

Outlook Express 是电子邮件客户管理程序，可以管理多个邮件和新闻账号，让用户快捷地浏览邮件、脱机阅读和撰写邮件、存储和检索电子邮件地址等。Outlook Express 的主窗口如图 5-42 所示。使用 Outlook Express 收发电子邮件之前，先要将 E-mail 地址添加到 Internet 账户列表中。

① 添加 Internet 账户

单击 Outlook Express 窗口中"工具"菜单的"帐户"命令，打开"Internet 帐户"窗口，再单击该窗口右上角的【添加】按钮选择添加邮件，则打开"Internet 连接向导"，依次输入电子邮件地址、接收服务器域名、发送服务器域名、账户名（即@之前的部分）等内容。图 5-43 是"Internet 连接向导"的第 3 步（共 4 步）。完成添加账户之后，在"Internet 帐户"窗口中就增加了一个账户，如图 5-44 所示。选择新增加的账户，单击【属性】按钮，可以查看和修改该用户的上述设置，或设置 Internet 的连接类型。

② 撰写和发送电子邮件

单击 Outlook Express 窗口中"文件"菜单的"新建"命令，或单击工具栏中的【创建邮件】按钮，则打开"新邮件"窗口，如图 5-45 所示。依次填写收件人 E-mail 地址、主题和信件具体内容，然后单击"发送"按钮，即可完成撰写和发送电子邮件的过程。

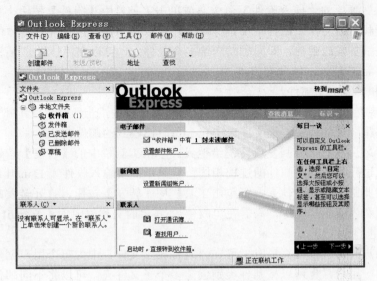

图 5-42 Outlook Express 的主窗口

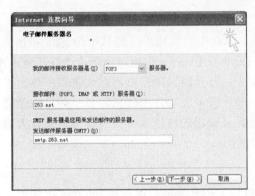

图 5-43 设置电子邮件服务器

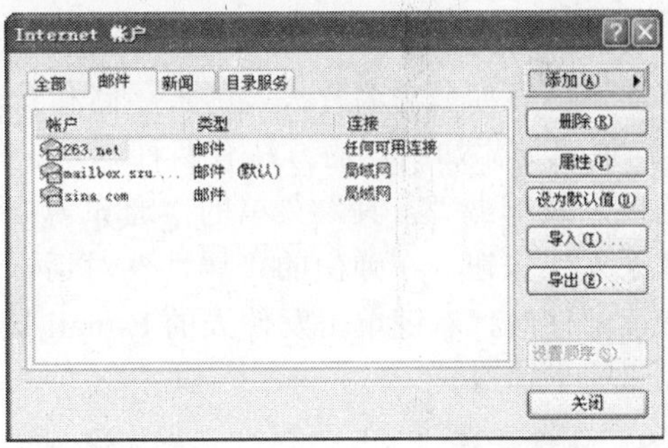

图 5-44 "Internet 账户"窗口

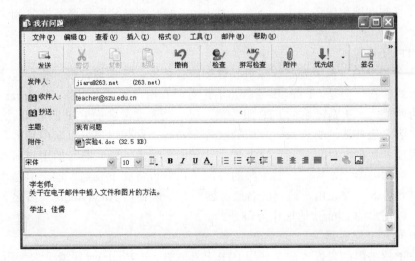

图 5-45 撰写邮件

E-mail 信件一般比较简短，更多的内容可以作为"附件"一起发送。添加附件的方法是单击"插入"菜单的"插入附件"命令，或单击工具栏中【附件】按钮，打开"插入附件"窗口，查找所需文件。附件不仅是文本，还可以是图片、声音等多媒体信息。

如果需要批量发送邮件，即同时发送给多个收件人，可以在"抄送："后面的文本框中输入他们的 E-mail 地址，彼此间用"；"或"，"分隔。

③ 接收和转发电子邮件

【发送和接收】按钮用于发送和查看是否有新邮件到达，一旦检测到新邮件，它们就被放置到"收件箱"文件夹中，该文件夹中包含所有已收到的邮件。

邮件阅读之后，通常要回复或转发给他人。单击工具栏中的【答复】按钮，打开回复邮件窗口，此过程与撰写新邮件的过程相同，只是不需要输入收件人 E-mail 地址和主题。

如果要将此邮件转发给他人，可单击工具栏中【转发】按钮，打开转发邮件窗口，由于邮件的主题和内容已经写好，只需在"收件人："后的文本框中输入 E-mail 地址。

④ 管理电子邮件

当多个用户共用一台计算机时，可在"收件箱"文件夹中为每个用户创建一个子文件夹。即使是同一用户，也可以按邮件类别创建多个子文件夹。可以将不同邮件"转移到"或"复制到"相应的子文件夹中。

⑤ 通讯簿

通讯簿有如一个名片夹，用来存储和管理与你往来的其他用户的 E-mail 地址和相关信息。向通讯簿添加用户的方法有两种。一是在 Outlook Express 主窗口中单击"打开通讯簿"超链接，或单击"工具"菜单的"通讯簿"命令，打开通讯簿窗口，在该窗口中单击"新建联系人"按钮，在弹出的"属性"对话框中输入联系人的各项信息。另一种方法是撰写或阅读邮件时，右键单击发件人的 E-mail 地址，从弹出的快捷菜单中选择"将发件人添加到通讯簿"命令。

3．文件传输

FTP（File Transfer Protocol）是文件传输协议。FTP 使用户可以在 Internet 上快速、可靠地传输各种类型的文件。FTP 的特点是上传和下载，所谓上传（Upload），就是用户可以将本地文件复制到远程服务器上，下载（Download），则是从远程服务器复制文件到本地工作站。

（1）FTP 服务器

FTP 服务器上的资源主要是计算机软件和统计数据，它们通常以可执行程序文件和文本文件的形式存在。但是，FTP 服务器并不是对所有用户都提供服务。Internet 上的 FTP 服务器分为两类：一类是匿名的 FTP 服务器，另一类是非匿名的 FTP 服务器。

访问非匿名服务器，必须具有合法的账号和密码，这些用户可以获得从匿名服务器无法得到的程序和数据文件，并且可以上传文件到服务器上。没有账号的用户只能访问匿名服务器。匿名服务器上常提供一些免费的资源，用户可将其下载到本地，但是用户不可以上传文件到服务器。普通用户访问匿名服务器时，一般使用 Anonymous（匿名）作为登录的用户名，以用户的 E-mail 地址作为口令。

（2）访问 FTP 服务器

访问 FTP 服务器的最好方法是使用 FTP 工具软件，在 Windows 环境下常使用 WS_FTP、CuteFTP 等软件。比较简便的方法是直接在 Web 浏览器的地址栏中输入 FTP 服务器地址。另外，还可以利用 Internet 上的 FTP 搜索引擎，如 ftpsearch（http://www.ftpsearch.net）、北大天网（http://e.pku.edu.cn）等。

　　① 使用 FTP 搜索引擎

　　如果不知道要搜寻的内容在哪些 FTP 服务器上，或不知道 FTP 服务器的确切地址，可通过 FTP 搜索引擎导航。在 Web 浏览器的地址栏中输入 FTP 搜索引擎的 URL，如北大天网 FTP 搜索的网址（http://e.pku.edu.cn），如图 5-46 所示。

图 5-46　FTP 搜索引擎

　　在"搜索"文本框中输入要查找的文件名 cuteftp.exe，单击【搜索网页】按钮，得到如图 5-47 所示的结果，共检索出 51 项，用户可从中选择自己需要的文件下载。

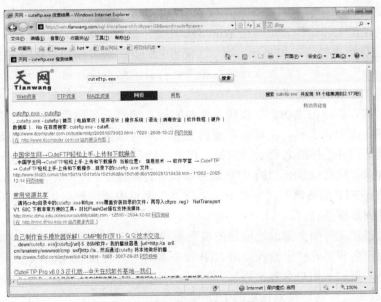

图 5-47　通过 FTP 搜索引擎查找文件

② 使用 Web 浏览器

如果已知 FTP 服务器地址，则可在 Web 浏览器的地址栏中直接输入要访问的 FTP 服务器的 URL。例如，用户在地址栏中输入微软公司的 FTP 服务器地址 ftp://ftp.microsoft.com/，如果登录成功，则窗口中会显示微软公司 FTP 服务器的目录结构，如图 5-48 所示。

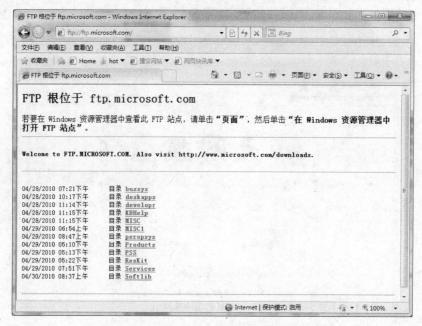

图 5-48 FTP 服务器的目录结构

FTP 服务器采用树型目录结构，按照目录逐级查找，即可找到需要的文件。通常，在第一级目录中都包含 readme.txt 或 index.txt 等说明文件，通过这些文件可以了解各目录中存放的文件及其含义，从而帮助用户更快地查找所需要的文件。

③ 使用 FTP 工具软件

首先要安装 FTP 工具软件，如利用搜索引擎搜索到 Leapftp 的安装程序并下载，将其安装在本地的硬盘上，这样就可以在 Windows 环境下启动 Leapftp。

Leapftp 工作窗口如图 5-49 所示，第一次使用 Leapftp，先要添加访问的 FTP 服务器为站点。单击"站点"菜单的"站点管理器"命令，打开"站点管理器"对话框，单击该窗口的"站点"菜单，依次单击"新建"/"站点"命令，在打开的"创建站点"对话框中，任意输入站点名称，再单击"确定"按钮，此时刚输入的站点名称会出现在"站点管理器"对话框的左侧。选中该名称，即可在右边的选项卡中对该站点进行设置。可输入要添加的 FTP 服务器地址，并选择匿名登录。例如，在"地址"文本框中输入"ftp.microsoft.com"，并选择匿名登录，就将微软公司的 FTP 服务器设置为站点了。

当需要访问 FTP 服务器时，只要单击"站点"菜单中新增的与创建站点同名的命令，即可以匿名访问该服务器。

也可以通过在主界面上部的地址栏中输入要登录的 FTP 服务器的 URL（如 ftp.microsoft.com），并在用户名和密码栏中输入登录 FTP 服务器的用户名和密码（若 FTP 服务器支持匿名访问，则不需要输入用户名和密码），端口号一般为 21，单击地址框右边的【转到】按钮，或按 Enter 键，快速连接到指定的 FTP 服务器。

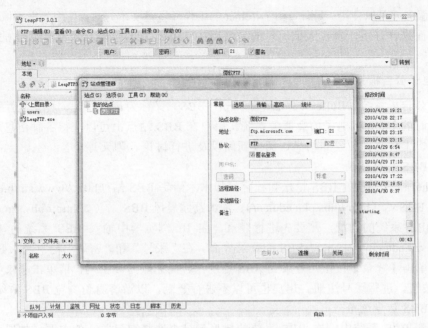

图 5-49　FTP 工具软件 Leapftp

FTP 工具软件具有断点续传的功能，即正在上载或下载文件时，如果 Internet 连接突然中断，那么下次再上载或下载该文件时，就从上次断开的地方开始。如果是从 Web 浏览器访问 FTP 服务器，则不具备断点续传的功能。

4．远程登录

远程登录是把本地计算机通过 Internet 连接到一台远程主机上，登录成功后本地计算机完全成为对方主机的一个远程仿真终端用户。这时本地计算机就如同远程主机的普通终端一样，能够使用的资源和工作方式完全取决于该主机的系统，可以在权限允许的范围内执行远程主机上的应用程序，并可管理文件、编辑文档、读写邮件等，就像使用自己的本地计算机一样。

要实现远程登录。本地计算机需运行 TCP/IP 通信协议 Telnet（或称为远程登录应用程序）。此外，还要成为远程计算机的合法用户，即通过注册取得一个登录账号和密码。

用户进行远程登录时，可采用直接登录或利用 Telnet 软件两种方式，如果直接登录，可按照如下步骤进行操作：

<1> 在 Windows 操作系统任务栏中，依次选择"开始"→"运行"，弹出"运行"对话框。

<2> 在"运行"对话框的"打开"框中输入"Telnet"命令和远程主机地址（如"bbs.szu.edu.cn"或"210.39.3.50"），单击【确定】按钮。

<3> 根据需要，输入远程计算机合法的 Telnet 用户名和密码。

<4> 登录成功后，用户的键盘和显示器就好像与远程主机直接相连，可直接输入该系统的命令或执行该机上的程序。

Telnet 是 Internet 上最原始的应用之一，也是在网络环境下实现远程操作的重要途径之一。Windows 操作系统的各版本都提供了 Telnet 命令，不过因为 Telnet 采用的是明文传输，容易被黑客利用进行攻击，因此出于安全考虑，Windows Vista 和 Windows 7 均需要手动安

装 Telnet 服务才可以使用。另外，由于 Telnet 的工作环境是文本方式，使用起来不像 Windows 的操作界面那样好用，现在人们更多的是采用从 Telnet 发展起来的远程桌面的方式来操作远程主机。

5．电子公告板系统

电子公告板系统（Bulletin Board System，BBS）又称为论坛，是一种交互性强、内容丰富而及时的 Internet 电子信息服务系统。用户在 BBS 站点上可以获得各种信息服务，如下载软件、上传文件、发布信息、阅读新闻以及进行讨论、聊天等。

（1）BBS 系统登录

Internet 中有大量的 BBS 论坛和社区，如水木清华 BBS 站（http://www.smth.edu.cn/）、北大未名 BBS 站（http://bbs.pku.edu.cn/）、深大荔园晨风 BBS 站（如 http://bbs.szu.edu.cn）。要使用 BBS 系统的功能，需要先进行登录。在 IE 浏览器中输入 BBS 系统的 URL（如 http://bbs.szu.edu.cn），将出现 BBS 的登录界面。在"账号"和"密码"栏中输入 BBS 账号和密码，单击【登录】按钮，登录到 BBS 系统。若尚无账号和密码，请单击登录界面中的【注册】按钮，进行账号注册。用户也可以不进行登录，以游客身份浏览 BBS 系统。

（2）BBS 信息浏览

登录到 BBS 系统中，在 BBS 系统的树形目录中选择自己关心的主题，如展开"分类讨论区"下的"校园资讯"，单击"计算机与软件学院"，则可以打开计算机与软件学院版面，如图 5-50 所示。单击版面中的任意一个标题，可以打开该标题对应的文章进行浏览。单击【同主题阅读】按钮，可以打开同一标题下所有的帖子。单击【版内查询】按钮，可以根据指定的关键词在版面中对所有的帖子进行查询。

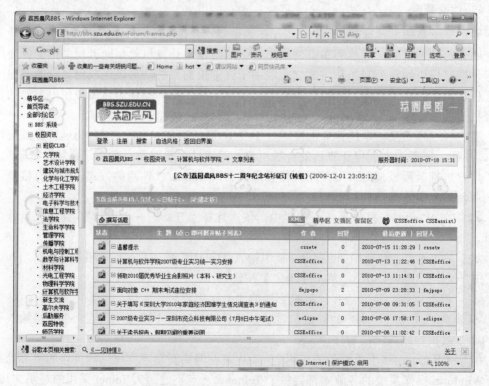

图 5-50　荔圆晨风 BBS 站点中的计算机与软件学院版面

（3）BBS 帖子发布

打开一篇文章后，单击其旁边的【回复帖子】按钮，可以对该文章内容发表自己的评论；也可以单击【发表文章】按钮，在版面中发表新的文章。回复帖子或发表文章的界面类似，在标题栏中填入标题信息，在附件栏中添加需要上传的附件，在文章编辑框中输入要发布的内容，单击【发表】按钮，将新的文章发布到当前版面中。

6．即时通信

即时通信软件是一种基于互联网的即时交流软件，最初是 ICQ，也称为网络寻呼机。此类软件使得上网的计算机用户随时跟另外一个在线网民交谈，甚至可以通过视频看到对方的实时图像。人们不必担心昂贵的话费而畅快交流，可实现工作、交流两不误。

现在国内使用的即时通信工具主要有：腾讯 QQ，网易泡泡，阿里旺旺，MSN 等。下面介绍腾讯 QQ 的使用。

腾讯 QQ 是基于 Internet 的即时寻呼软件，可以使用与好友在互联网上进行即时信息的发送与回复。QQ 还具有聊天室、文件传输、语音邮件、手机短信服务等功能，并可与 GSM 移动电话的短消息系统互连。

（1）软件的下载与安装

首先从腾讯软件中心（http://im.qq.com/）或其他 Web 站点将腾讯 QQ 软件（版本 QQ2010）下载到本地硬盘，然后根据安装向导，完成 QQ 软件的安装。

（2）用户登录

运行 QQ 软件，会出现 QQ 用户登录界面。分别在 "账号" 栏和 "密码" 栏输入你的 QQ 号码和登录密码，单击【登录】按钮进行登录。也可以选择 "自动登录" 或设置登录状态为 "我在线上"、"忙碌"、"隐身" 等，以便在 Windows 系统启动后自动登录及设置状态。单击【设置】按钮，会打开 "设置" 界面，如图 5-51 所示，可以进行网络设置，如将登录类型设置为 "HTTP 代理"，代理地址设置为 "proxyout.szu.edu.cn"，在代理的 "用户名" 和 "密码" 中输入用户名和密码。如果尚无 QQ 号码，请单击用户登录界面上的【注册新账号】按钮，在向导指引下，完成 QQ 号码申请。

图 5-51　QQ 用户登录及设置

（3）好友添加与删除

登录完成以后，将出现 QQ 使用界面。单击界面下端的【查找】按钮，打开 "查找联系人/群/企业" 对话框，可以查找联系人、查找群或查找企业。如进行基本查找时，在 "精确条件"中输入对方的 QQ 号码或昵称，单击【查找】按钮，则会显示所有符合条件的 QQ 用户信息，然后选择需要添加的用户，单击【加为好友】按钮，完成好友的添加。若要删除好友，只需在 QQ 使用界面中选择好友的头像，单击右键，从弹出的菜单中选择"删除好友"命令，即可完成。

（4）QQ 聊天

在 QQ 使用界面中，双击需要进行聊天的好友头像，即可打开 QQ 聊天界面。聊天界面默认情况下分为两个窗口，上面窗口显示双方的聊天信息，下面窗口为消息输入窗口。在输入窗口中编辑好文本信息，单击【发送】按钮，即可将消息发送给对方。在编辑聊天的文本信息时，还可以单击输入窗口上面工具栏中的【选择表情】按钮，在文本信息中加入表情图像。另外，也可以单击聊天信息窗口上面工具栏中的【视频聊天】、【语音聊天】、【传送文件】等按钮，建立视频聊天、语音聊天和文件传送。而且可以单击【邀请好友加入聊天】按钮，实现多人即时聊天。

7. 博客

博客，又译为网络日志、部落格或部落阁等，是一种通常由个人管理、不定期张贴新文章的网站。博客上的文章通常根据张贴时间，以倒序方式由新到旧排列。许多博客专注于特定的课题提供评论或新闻，其他则是比较个人的日记。一个典型的博客结合了文字、图像、其他博客或网站的链接及其他与主题相关的媒体，且能够让读者以互动的方式留下意见，这是许多博客的要素。

博客最初的名称是 Weblog，由 web 和 log 两个单词组成，按字面意思就是网络日记，后来喜欢新名词的人把这个词的发音故意改了一下，读成 we blog，由此，blog 这个词被创造出来，中文意思即网志或网络日志。不过，在中国内陆有人往往也将 Blog 本身和 blogger（即博客作者）均音译为"博客"。"博客"有较深的涵义："博"为"广博"；"客"不单是"blogger"更有"好客"之意，看 Blog 的人都是"客"。

博客作为 2004 年最热门的互联网词汇之一，近年发展迅猛，已开始从各方面对人们的生活产生影响。目前，博客无论从功能上、形式上或者是技术上都得到了巨大发展，可从不同角度对博客进行分类。

（1）按照功能分类

博客按照功能可分为基本博客和微博。

① 基本博客。基本博客是 Blog 中最简单的形式。单个的作者对于特定的话题提供相关的资源，发表简短的评论。这些话题几乎可以涉及人类的所有领域。

② 微博。微博即微型博客，目前是全球最受欢迎的博客形式，博客作者不需要撰写很复杂的文章，只需抒写 140 字内的心情文字即可（如新浪微博、网易微博、腾讯微博、叽歪、随心微博）。

（2）按照拥有者分类

博客按照拥有者可分为个人博客和企业博客。

① 个人博客。个人博客一般不带有明确的盈利性质，按照博客主人的知名度、博客文章受欢迎的程度，可以将博客分为名人博客、一般博客、热门博客等。按照博客内容的来源、知识版权，博客还可分为原创博客、非商业用途的转载性质的博客以及二者兼而有之的博客。

② 企业博客。企业博客一般也以公关和营销传播为核心，可以称为商业博客。商业博客分为 CEO 博客、企业博客、产品博客、"领袖"博客等。

（3）按照存在方式分类

博客按照 Blog 存在的方式，博可以分为托管博客、自建独立网站的博客和附属博客。

① 托管博客。托管博客无须自己注册域名、租用空间和编制网页，只要去免费注册申请即可拥有自己的 Blog 空间，是最"多快好省"的方式。

② 自建独立网站的博客。自建独立网站的博客对拥有者的技术要求较高，要求懂网络知识、会网页制作等。不过这种方式可拥有自己的域名和页面风格，自由度更大。

③ 附属博客。附属博客将自己的 Blog 作为某个网站的一部分，如一个栏目、一个频道或者一个地址。

5.5　网络信息检索

信息检索的全称是信息存储与检索（information storage and retrieval）。存储是检索的基础，对信息进行筛选并建立数据库。检索则是从数据库中查找所需信息。通常，人们所说的信息检索主要指后者（information retrieval），即从数据库中查找所需信息。为了方便、快捷、准确地查找所需信息，需要选择适当的软件工具和采用信息搜索的方法与策略。

5.5.1　网络信息资源

网络信息资源是电子出版的高级形式，是依托计算机网络环境，以电子形式在 Internet 上自由传递与存取的各种信息和技术。

信息资源数量巨大，每天发布的信息在数百 MB 以上，并呈几何级数增长；内容丰富，不仅有文本信息，还包括图形图像、声音等信息；品种繁多，包括电子出版物、联机馆藏书目数据库、国际联机数据库、各种动态信息资源（如会议消息、产品目录）等。

信息资源呈全球性分布，它们存储在不同国家、不同地区的服务器上。这些服务器上的信息不断更新，以保证信息的实效性和使用价值。

信息资源通过 Internet 传播，实现资源共享。使人们方便、快捷、及时地获取信息。

但是，由于网络信息发布具有很大的自由度和随意性，缺乏必要的言论过滤与规范，所以信息质量良莠不齐。这就需要读者能够合理地使用网络信息资源。

5.5.2　搜索引擎

搜索引擎（search engine ）是一种帮助用户在 Web 上检索信息的工具。搜索引擎其实也是一个 Web 服务器，其主要功能是搜集 Web 上的各种资源并按一定规律进行分类，提供给用户进行检索。当用户要查找某类信息而又不知道具体网址时，就可求助于搜索引擎。例如，很多人都访问过新浪、搜狐、雅虎等网站，它们都是搜索引擎。

1. 搜索引擎的特点

搜索引擎由三部分组成：一个负责收集信息的程序，一个索引数据库和一个面向用户的检索界面。收集信息的程序被称为 Robot（机器人）、Wanderer（流浪者）、Crawler（爬行者）、Spider（蜘蛛）等，它们的任务是自动访问 Internet 上的 Web、FTP、Gopher 等站点中的资源，进行信息索引并建立数据库。面向用户的检索界面通常就是搜索引擎的主页，它接受用户的检索请求，从索引数据库中检索，并将结果返回给用户。

2．常用的查询方式

　　搜索引擎提供多种查询方式，且不同的搜索引擎提供不同的查询方式，大部分包括简单搜索、词组搜索、语句搜索、高级搜索和目录搜索等，部分搜索引擎还提供地图、音乐、图片搜索。下面以搜索引擎百度（http://www.baidu.com/）为例，说明不同的查询方式有着不同的搜索效果。

　　（1）简单搜索（Simple Search）

　　简单搜索是最基本的搜索方式，即直接输入一个关键词，提交搜索引擎进行查询。例如，在百度的搜索文本框中输入关键词"计算机病毒"，按 Enter 键或单击【百度一下】按钮，即开始检索，检索结果如图 5-52 所示，共检索到 2000 万条包含关键词"计算机病毒"的信息。

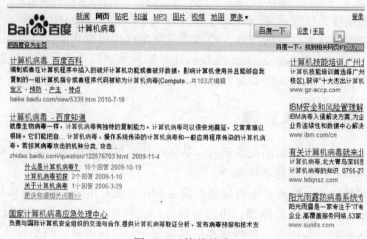

图 5-52　简单搜索

　　（2）词组搜索（Phrase Search）

　　词组搜索是输入两个或多个单词，它们构成一个独立单元提交搜索引擎进行查询。例如，在百度的搜索文本框中输入关键词"计算机病毒 worm"，检索结果如图 5-53 所示，共检索到 61 万多条与 worm 病毒相关的信息。这里，"计算机病毒"与"worm"是逻辑与的关系，之间用空格分隔。

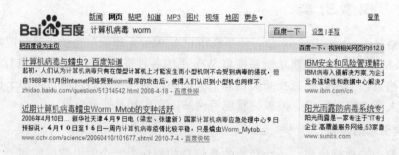

图 5-53　词组搜索

　　（3）语句搜索（Sentence Search）

　　语句搜索是指输入自然语句提交搜索引擎进行查询。例如，在百度的搜索文本框中输入关键词"预防与清除 worm 病毒"，检索结果如图 5-54 所示，共检索到 14 万多条关于如何预防与清除 worm 病毒的信息。

图 5-54　语句搜索

（4）高级搜索（Advance Search）

高级搜索通过对搜索条件的设置，缩小搜索范围，以提高检索的精度和准确度。图 5-55 是百度的高级搜索界面，在"包含以下全部的关键词"文本框中可输入多个字词，之间用空格分隔，它们是"逻辑与"的关系，即搜索结果中必须同时包含这些字词。而在"包含以下任何一个字词"文本框中输入的多个字词，它们为"逻辑或"的关系，即信息资源只要包含了这些字词中的任何一个，都会出现在搜索结果中。"不包括以下关键词"必须与上面三项配合使用，例如在"包含以下的完整关键词"文本框中输入"如何预防和清除计算机病毒"，并在"不包括以下关键词"文本框中输入"CIH"，那么，搜索结果中将不出现 CIH 病毒的信息。

图 5-55　高级搜索

除此之外，还可以在搜索条件中限定使用语言、文件格式、日期范围（如最近 1 个月），搜索字词在网页中的位置（如网页标题），甚至搜索网域（如指定某网站）。

（5）目录搜索（Catalog Search）

目录搜索不需要输入任何单词或语句，而是通过搜索引擎提供的分类目录逐级搜索。例如，在 IE 的地址栏中输入百度提供的网址搜索的 URL "http://site.baidu.com.cn"，按 Enter

键，则会打开"百度网址大全"，如图 5-56 所示，从中选择"电脑网络"类中的"杀毒安全"并单击鼠标，会打开"杀毒"的目录页，就这样逐步缩小搜索范围，以达到检索结果。

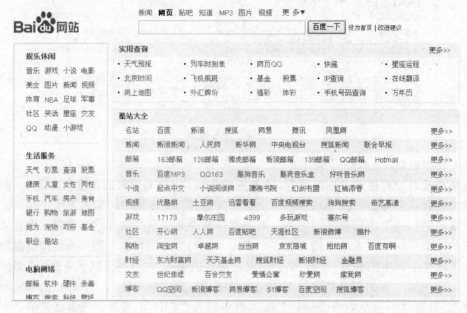

图 5-56　百度网址大全

（6）地图搜索

在 IE 浏览器的地址栏中输入百度地图搜索的 URL 地址"http://map.baidu.com"，打开百度地图搜索，既可以查看地图，也可以搜索路线。在搜索输入栏中输入"从深圳大学华强北"，单击【百度一下】按钮，百度搜索引擎可能会找到多个地点，可以进一步在右边的"请准确选择"起点和终点区域中分别选择准确的起点和终点，如图 5-57 所示。单击【公交换乘】按钮，显示所有从"深圳大学"到"华强北"的公交路线和地图。若单击【驾车路线】，会显示详细的驾车路线、地图以及总里程。

图 5-57　选择准确起点和终点

3．常用的搜索引擎

常用的中文搜索引擎有：

① 百度（http://www.baidu.com）。

② 北大天网（http://e.pku.edu.cn）。

③ 新浪（http://search..xina.com.cn）。

④ 搜狐（http://www.sohu.com）。

⑤ Google（http://www.google.com/intl/zk-CN）。

⑥ Yahoo 中国（http://cu.yahoo.com）等。

著名的英文搜索引擎有：

① Alta Vista（http://www.altavista.com）。

② Infoseek（http://www.go.com）。

③ Lycos（http://www.lycos.com）。

④ yahoo（http://www.yahoo.com）。

⑤ Google（http://www.google.com）等。

特殊搜索引擎有：

① FTP 搜索引擎 （http://.www.ftpsearch.net）。

② 网址搜索引擎 （http://www.website.net）。

③ 邮件列表网址搜索引擎 （http://www.tile.net）。

④ 个人信息搜索引擎 （http://www.look4u.net）等。

5.5.3 网络数据库检索

查阅网络版的电子期刊或其他文献（如专利、会议文献、学位论文等）时，可根据信息资源的数据结构，分为全文检索和文摘检索。

1．全文数据库检索

下面以中国期刊全文数据库（CNKI）检索为例，简介全文网络数据库检索的一般方法。

中国期刊网是中国知识基础设施工程（China National Knowledge Infrastructure）的重要组成部分，是国内最大的学术期刊数据库。它收录了 1994 年以来的 6000 余种国内学术期刊，以及博硕士论文、报纸、图书、会议论文等公共知识信息资源，内容涵盖我国自然科学、工程技术、人文与社会科学等领域，用户遍及全国和欧美、东南亚、澳洲等国家和地区，实现了我国知识信息资源在互联网条件下的社会化共享与国际化传播。

中国期刊网以光盘和网络两种形式发行,其中网络形式称作为中国期刊网,简称 CNKI。CNKI 全文数据库的文件以".caj"格式输出，这是中国期刊网专用的数据交换格式，因此需要特定的阅读软件 CAJViewer。用户第一次从中国期刊网下载文件之前，先要下载并安装阅读软件 CAJViewer，否则无法阅读.caj 文件。

CNKI 不是免费站点，用户必须先付费获取账号和密码。对于没有账号和密码的用户只能浏览免费信息，如文献摘要、专利信息等，不能阅读全文和下载文件。

在浏览器地址栏中输入 CNKI 的网址（http://www.cnki.net），显示 CNKI 的主页，在页面左上角有一个用户登录区，如图 5-58 所示，在登录区输入用户名和密码，单击【登录】按钮，如果登录成功，即可看到图 5-59 所示的窗口。

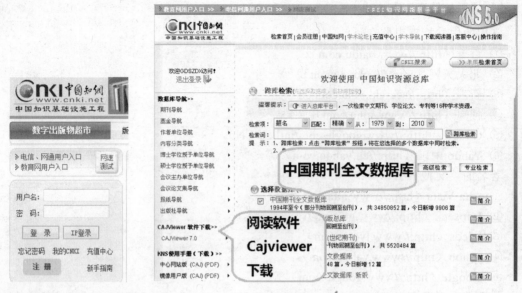

图 5-58　CNKI 主页登录区　　　　　　　　图 5-59　CNKI 成功登录页面

　　第一次使用 CNKI 的用户，先要从图 5-53 所示窗口中下载阅读软件 CAJViewer，然后选择其中的"中国期刊全文数据库"链接，即可打开中国期刊全文数据库的检索页面，如图 5-60 所示。

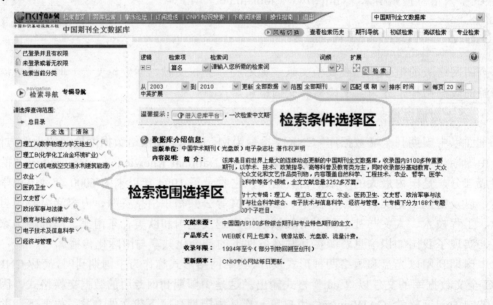

图 5-60　CNKI 中国期刊全文数据库检索页面

　　在检索范围区中选择需要检索期刊的类别，在检索条件区中输入所需检索论文的条件，单击"检索"按钮，检索结果就会显示在窗口中。

　　检索范围包括理工 A、理工 B、……电子技术及信息科学、经济与管理等 10 个专辑，每个专辑包含个若干专题，每个专题又细分为若干子题目，详细内容见表 5-2。

　　检索条件包括逻辑、检索项、检索词、词频、时间、范围、匹配、记录数和排序等选择项。其中，检索词是用户必须输入的检索关键词，其余各项可以使用默认值。检索项中包含主题、篇名、关键词、摘要、作者、……统一刊号等 16 个子项，以针对文章的不同部分进行检索。匹配分为"精确匹配"和"模糊匹配"两种。时间的选择范围是从 1980 年至今。范围包含全部、EI 源、SCI 源、核心期刊 4 个子项，以选择文章的不同来源。排序包含无、日期、相关度 3 个子项，以确定检索结果的排列顺序。

表 5-2　中国期刊全文数据库分类

专　　辑	专　　题
理工 A	自然科学理论与方法，数学，非线性科学与系统科学，力学，物理学，生物学，天文学，自然地理学与测绘学，气象学，海洋学，地质学，地球物理学，资源科学
理工 B	化学，无机化工，有机化工，燃料化工，一般化学工业，石油天然气工业，材料科学，矿业工程，金属学及金属工艺，冶金工业，轻工业手工业，一般服务业，安全科学与灾害防治，环境科学与资源利用
理工 C	工业通用技术及设备，机械工业，仪器仪表工业，航空航天科学与工程，武器工业与军事技术，铁路运输，公路与水路运输，汽车工业，船舶工业，水利水电工程，建筑科学与工程，动力工程，核科学技术，新能源，电力工业
农业	农业基础科学，农业工程，农艺学，植物保护，农作物，园艺、林业，畜牧动物医学，蚕蜂与野生动物保护，水产和渔业
医药卫生	医药卫生方针政策与法律法规研究，预防科学与卫生学，中医学，中药学，基础医学，临床医学等 28 个专题
文史哲	文艺理论，世界文学，中国文学，中国语言文字，音乐舞蹈，地理，文化等 24 个专题
政治军事与法律	马克思主义，中国共产党，政治学，中国政治与国际政治，军事，公安，法理、法史、宪法等 17 个专题
教育与社会科学综合	社会科学理论与方法，社会学及统计学，民族学，人口与计划生育，人才学与劳动科学，教育理论与教育管理，学前教育，初等教育，中等教育，高等教育，职业教育，成人教育与特殊教育，体育
电子技术及信息科学	无线电电子学，通信技术，计算机硬件技术，计算机软件及计算机应用，互联网技术，自动化技术，新闻与传媒，出版，图书情报与数字图书馆，档案及博物馆
经济与管理	宏观经济管理与可持续发展、经济理论及经济思想史、经济体制改革、经济统计、农业经济、工业经济等 23 个专题

例如，用户要检索关于"虚拟实验室"的论文，设置检索的范围为"电子技术及信息科学"，检索条件与查询范围如图 5-61 所示。检索条件设置：输入检索词"虚拟实验室"，选择检索项为"篇名"、模式为"模糊匹配"、时间 2003—2010 年、范围为"核心期刊"、每页显示 20 条记录并按时间进行排列。

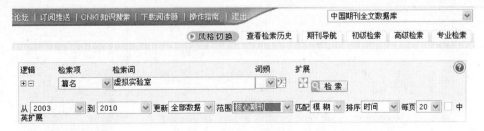

图 5-61　设置检索条件与查询范围

设置检索条件与查询范围之后，单击【检索】按钮，得到检索结果如图 5-62 所示，共检索出 100 篇论文，分 5 页显示。若单击某一篇论文的链接，则可以打开该论文的有关信息页面，如论文题目、关键词、文章摘要，作者姓名、单位等，并提供 PDF 和 CAJ 格式的论文下载链接。

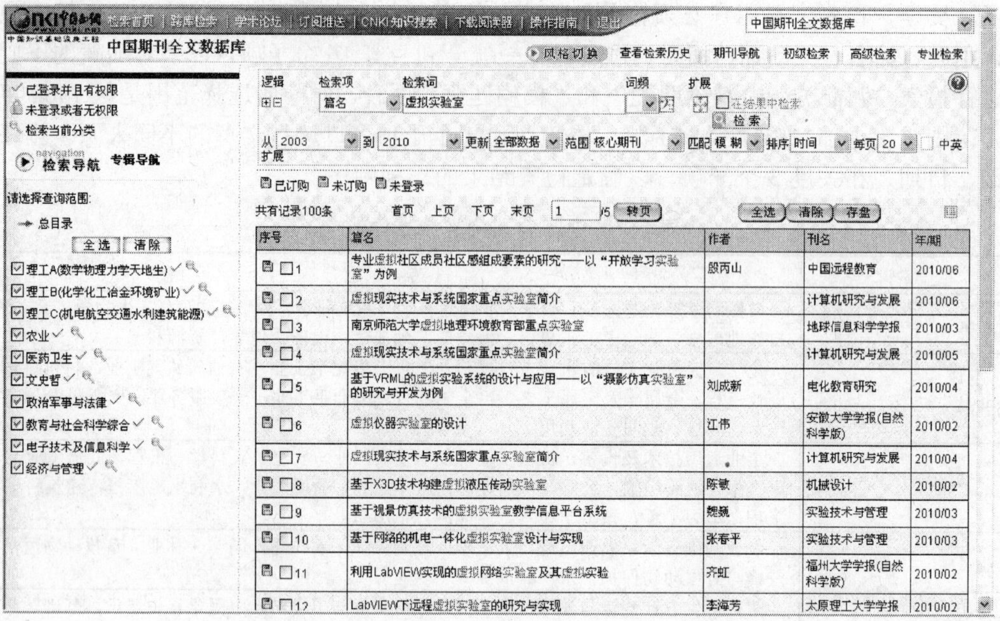

图 5-62　检索结果

　　如果需要阅读全文或下载文件，可以选择"原文下载"，即单击该论文篇名左端的软盘图标"🖫"，或单击论文信息页面中的超链接"下载阅读 CAJ 格式全文"或"下载阅读 PDF 格式全文"，打开"下载文件"对话框，单击【打开】按钮，可显示论文的全部内容；单击"保存"按钮，则将格式为.caj 的文件下载到本地磁盘。

　　如果用户已经安装了阅读软件 CAJViewer，则可以直接打开或先下载在需要时打开 CAJ 文件，阅读该论文的全文，如图 5-63 所示。

图 5-63　在 CAJViewer 窗口中浏览全文

除中国期刊网之外，常用的网络数据库还有维普期刊网（http://www.cqvip.com/）、万方数据（http://www.wanfangdata.com.cn/）等。

2．文摘型网络数据库检索

下面以美国工程索引（The Engineering Index，EI）为例，简单介绍文摘型网络数据库的检索方法。

EI 是工程技术领域的综合性检索工具，所收录的文献，学科覆盖面很广，涉及工程技术的各个分支学科，如：土木工程、能源、环境、地理和生物工程；电气、电子和控制工程；化学、矿业、金属和燃料工程；机械、自动化、核能和航空工程；计算机、人工智能和工业机器人等。数据库资料取自 2600 种期刊、技术报告、会议论文和会议录，收录的每篇文献都包括书目信息和一个简短的文摘。

EI 由美国工程信息中心（The Engineering information Inc）编辑出版，有三种服务方式：EI 印刷版；EI Compendex 光盘；EI 网络版（EI Compendex Web，又称为 Engineering Village 2）。20 世纪 90 年代以后，EI Compendex Web 在原来 2600 种的基础上又新增了 2500 种文献来源，且数据每周更新，以确保用户可以跟踪其所在领域的最新进展。

很多高校都购买了 EI Compendex Web，可以从本校图书馆站点直接访问 Engineering Village 2（http://www.engineeringvillage2.org.cn/），如图 5-64 所示。

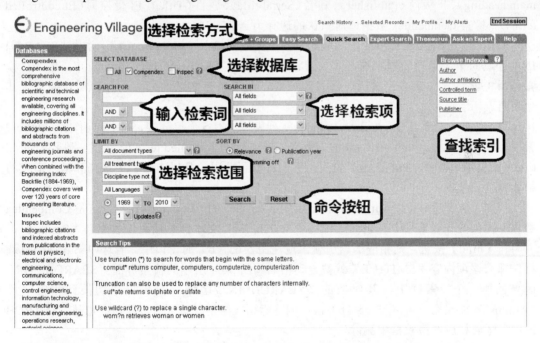

图 5-64　EI 的快速检索界面

图 5-64 是 EI 的快速检索界面，该窗口由以下 7 部分组成：

第 1 部分为选择检索方式。EI 提供了简单检索（Easy Search）、快速检索（Quick Search）和高级检索（Expert Search）三种方式。

第 2 部分为选择数据库。Compendex 是 EI 提供的数据库，Inspec 是 IEE（Institution of Electrical Engineers）提供的数据库。默认选择是二者皆选。

第 3 部分为输入检索词。在"SEARCH FOR"区域有三个文本框，可输入 1～3 个检索词或短语，当检索词为 2 个或 3 个时，它们之间用布尔运算符 AND、OR 和 NOT 连接起来，进行联合检索。例如：

rapid transit AND light rail AND subways，检索结果必须包含所有这些词；

seatbelts OR seat belts，检索结果只要包含这些词中的任何一个；

windows NOT Microsoft，检索结果包含 windows（窗口），但不包含 Microsoft windows（视窗操作系统）。

另外，快速检索界面会自动取所输入词的词根（作者栏的检索词除外）。例如，输入检索词 management，检索结果中将包含为 managing、managed、manager、manage、managers 等。如果不需要此功能，可单击"Autostemming off"左边的复选框，禁用此功能。

当需要输入更多的检索词时，应使用高级检索。

第 4 部分为选择检索项。在"SEARCH IN"区域有三个下拉列表框，分别与其左面的检索词文本框相对应，用来为"检索词"选择"检索项"。

检索项包括以下内容：所有字段（All Fields）、关键词/题目/摘要（Subject/Title/Abstract）、摘要（Abstract）、作者（Author）、作者单位（Author affiliation）、EI 分类号（EI classification code）、图书馆所藏文献和书刊的分类编号（CODEN）、会议信息（Conference information）、会议代码（Conference code）、国际标准期刊编号（ISSN）、EI 主标题词（EI main heading）、出版商（Publisher）、刊名（Serial title）、题目（Title）、EI 受控词（EI controlled terms）。检索 Compendex 数据库时默认的选择为 All Fields。

例如，在"SEARCH FOR"区域的第 1 个文本框输入"rapid transit"，并从"SEARCH IN"区域的第 1 个列表框中选择"关键词/题目/摘要（Subject/Title/Abstract）"，那么在检索结果中就包含文献的关键词、题目和摘要，而不包含文献的分类编号、期刊编号等其他信息。

第 5 部分为查找索引。在 Browse indexes 列表框中有 5 个超链接，分别指向作者（Author）索引、作者单位（Author affiliation）索引、受控词（Controlled term）索引、刊名（Serial title）索引和出版商（Publisher）索引，它们可以帮助用户从以上索引中选择和输入适宜的检索词。

例如，选择超链接"Author"，就出现图 5-65（a）的"Lookup"窗口，这是 Compendex 数据库提供的作者索引。在窗口上部的"Search for"文本框中输入作者姓名"Smith J"，并单击【Find】按钮，则相应的索引就出现在图 5-65（b）的窗口中。若选中第 3 项的复选框，那么该项内容"SMITH J."就被自动粘贴到图 5-64 所示的检索界面"SEARCH FOR"区域的第一个检索框中，其对应的"SEARCH IN"区域的列表框也切换到相应字段"Author"。如果用户在图 5-65（b）窗口删除索引（撤销复选）时，此词语也从"SEARCH FOR"区域相应的检索框中删除。

用户可以用布尔运算符 AND 或 OR 连接从索引中粘贴到检索框的第二和第三个词语。如果超过三个词语，第四个词语将覆盖第三个检索框中的词语。

第 6 部分为选择检索范围。检索范围包括文件类型（Document type）限定、处理类型（Treatment type）限定、语言（Language）限定和日期（Date）限定等。使用检索范围，可以帮助用户得到更精确的检索结果。

例如，用户希望对某个主题做一般性的概览，那么，可以选择处理类型（Treatment type）为"General Review"。又如，用户查找的资料仅限于期刊，那么就可选择文件类型（Document type）为"期刊论文（Journal article）"。

（a）

（b）

图 5-65　通过"Browse indexed"选择并输入检索词

　　文件类型限定包括：全部论文类型（All document types）、期刊论文（Journal article）、会议论文（Conference article）、会议论文集（Conference proceeding）、专题论文（Monograph chapter）、专题综述（Monograph review）、专题报告（Report chapter）、综述报告（Report review） 和学位论文（Dissertation）。默认选择为"All document types"。需要说明的是，如果把检索范围限定在某种特定的文件类型，有可能检索不到 1985 年前的文献。

　　处理类型限定包括：全部处理类型（All treatment types）、应用（Applications）、经济（Economic）、实验（Experimental）、一般性综述（General Review）和理论（Theoretical）。默认选择为"All treatment types"。

　　语言限定包括：全部（Alllanguages）、英语（English）、汉语（Chinese）、法语（French）、德语（German）、意大利语（Italian）、日语（Japanese）、俄语（Russian）和西班牙语（Spanish）。默认的选择为 Alllanguages（仅指上述 8 种语言）。

　　如果用户要检索更多的语言，需使用高级检索（Expert Search）。在高级检索的查找索引（Browse indexes）中包含超链接 Language，可查看 Compendex 数据库支持的全部语言。

　　不论原文使用的是何种语言，Compendex 数据库中所有的摘要和索引均用英文编写。用户可根据自己的需要将检索范围限定在某种特定的语言。

　　日期限定的默认选择为 1969 年至当前年。

　　更新限定（Updates）将用户的检索范围限定在最近 4 次所更新的内容中。例如，用户在 Updates 下拉列表中选择"1"，则将检索范围限定到最近一次更新的内容，如果检索不到所需内容，可通过选择新的时间段，逐渐扩大检索范围。

　　第 7 部分为两个功能按钮：检索按钮（Search）和复位按钮（Reset）。复位按钮的作用是清除前面的检索结果，将所有的选项复位到默认值，以便开始一次新的检索。在快速检索界面的右上角有一个"End Search"按钮，当检索完成后，应单击该按钮，关闭使用。

　　检索结果的排列顺序可按相关性（Relevance）或出版时间（Publication Year）排列。默认选择为 Relevance。

　　下面仍以检索关于"虚拟实验室"的论文为例，打开图 5-64 所示的快速检索界面中，在"SEARCH FOR"区域的第一个文本框输入检索词"virtual lab"，从"SEARCH IN"区域的第一个下拉列表框中选择"Subject/Title/Abstract"，文件类型限定为"All document types"，处理类型限定为"General Review"，语言限定为"English"，时间限定为2003～2010年，如图5-66所示。然后单击【Search】按钮，得到如图5-67所示的检索结果。

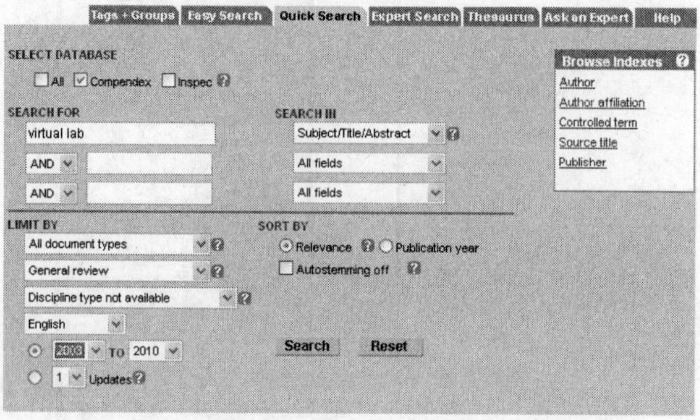

图 5-66 输入检索词选择检索范围

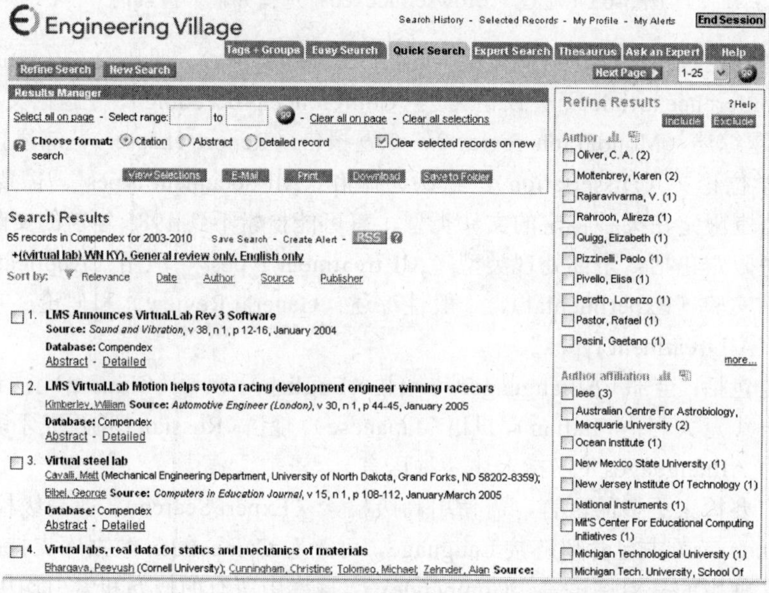

图 5-67 检索结果

在图5-67窗口的"Results Manager"区域，可以选择检索结果的显示范围（Select range）、显示格式（Choose format）和保存方式。显示格式可以是题录（Citation）、文摘（Abstract）或详细记录（Detailed record），一旦选择了某种显示格式，则所有选择检索均按此格式显示。保存方式可以是浏览（View Selections）、将所选内容粘贴到电子邮件中并发送（E-mail）、将所选内容粘贴到文本编辑软件中并打印（Print）、下载（Download）或保存到文件夹（Save to Folder）。

如果需要进一步阅读原文，可以与作者、作者单位、或出版商联系，也可以根据馆藏文献和书刊编号、或国际标准期刊编号，通过图书馆借阅或复制该文献，还可以使用其他检索工具。

3. 中文社会科学引文索引 CSSCI

《中文社会科学引文索引》（CSSCI）由南京大学与香港科技大学合作研制，被列为教育部人文社会科学研究"九五"规划重大项目。CSSCI 遵循文献计量学规律，采取定量与定性评价相结合的方法，从全国 2700 余种中文人文社会科学学术性期刊中精选出学术性强、编辑规范的期刊作为来源期刊。现已开发 CSSCI（1998 年—2009 年）12 年度数据，来源文献近 100 余万篇，引文文献 600 余万篇。该项目成果填补了我国社会科学引文索引的空白，达到了国内领先水平。

作为我国人文社会科学主要文献信息查询与评价的重要工具，CSSCI 提供多种信息检索途径。来源文献检索途径有：篇名、作者、作者所在地区机构、刊名、关键词、文献分类号、学科类别、学位类别、基金类别及项目、期刊、年代、卷期等。被引文献的检索途径有：被引文献、作者、篇名、刊名、出版年代、被引文献细节等。优化检索：精确检索、模糊检索、逻辑检索、二次检索等。检索结果按不同检索途径进行发文信息或被引信息分析统计，并支持文本信息下载。

<1> 进入检索页面。若所属学校已经购买 CSSCI 数据库，在 IE 浏览器的地址栏中输入 CSSCI 的 URL "http://www.cssci.com.cn/"，打开 CSSCI 登录页面，如图 5-68 所示。在登录页面中输入用户账号和密码，单击【登录】按钮，即可进入 CSSCI 的数据库选择页，从中可以选择数据库的年代（1998 年到 2009 年），数据库的类别（来源文献检索和被引文献检索）。

图 5-68　CSSCI 登录页面

<2> 来源文献检索。在数据库选择页中，单击"来源文献"，即进入 CSSCI 数据库的来源文献检索界面，如图 5-69 所示。可以在检索界面中输入篇名、关键词、作者，选择学科类别、文献类型等信息。

<3> 被引文献检索。在检索页面中，单击"被引文献"，即进入 CSSCI 数据库的被引文献检索界面。可以在检索界面中输入被引文献的作者、期刊、篇名、年代等信息，进行检索。

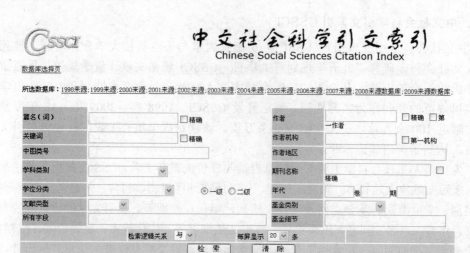

图 5-69 来源文献检索界面

本章小结

当前，计算机网络基本上无所不在，网络已经融入我们的日常工作和生活中。要构建计算机网络系统，数据通信是基础。数据通信的目的是传递信息，而信息的传递是通过通信系统实现的。当利用通信系统进行通信时，需要把传输的数据变换为可以在传输线路上进行传输的信号来发送。信号可分为数字信号和模拟信号，通过一定的步骤两者可以实现数/模转换和模/数转换。通信系统一般由信源（发送者）、发送设备、信道（传输介质）、接受设备、信宿（接受者）五个基本组件构成。其中，信道是指能传送电信号的通路，可分为物理通道和逻辑通道。传输介质是指发送设备和接受设备之间的物理路径，可分为有线介质和无线介质。常用的传输介质包括双绞线、同轴电缆、光纤和无线介质等。

计算机网络是指将地理位置不同，具有独立功能的多个计算机系统用通信设备和线路连接起来，并以功能完善的网络软件（网络协议、网络操作系统等）实现信息交换和网络资源共享的系统。计算机网络的功能主要表现为资源共享和信息通信。由于网络系统非常复杂，现代计算机网络都采用层次化的体系结构。统治至今的数据通信与网络的分层协议是四层 TCP/IP 模型。由于存在不同类型的网络，当需要将不同网段、网络或子网互连起来进行数据传输、通信、交互和资源共享时，必须用到网络互连设备。在网络模型中，不同功能层次的网络互连时，所选择的网络互连设备是不同的。常用的网络互连设备有网卡、中继器、集线器、网桥、路由器、网关等。其中，网卡、中继器、集线器等网内互连的设备，以及网桥、路由器、网关等网间互连设备。

互联网已不是简单的层次结构，是由连接设备和交换工作站结合起来的众多的广域网和局域网所组成。互联网上常用的应用包括万维网、电子邮件、文件传输、远程登录、电子公告系统、即时通信以及博客等。随着网络的广泛应用，互联网上的信息资源越来越多。为了方便、快捷、准确地在网络上查找所需的信息，需要选择适当的软件工具和信息搜索的方法与策略。当前，在网络上搜索信息的方式主要有搜索引擎、网络数据库等。

习　题　5

一、选择题（注意：4 个答案的为单选题，6 个答案的为多选题）：

1．在计算机网络中，可以没有的是_____。

    A. 客户机　　　　　　B. 服务器　　　　　　C. 操作系统　　　　　　D. 数据库管理系统

2．在计算机网络中，所有成员必须遵守的规则称为_____。

    A. 协议　　　　　　B. 配置　　　　　　C. 异步传输　　　　　　D. 调制解调

3．目前，在计算机网络中，每台服务器或工作站都必须安装的硬件是_____。

    A. 网络操作系统　　　　　　　　　　B. 网卡或调制解调器

    C. 网络管理软件　　　　　　　　　　D. 网络查询工具

4．目前使用的网络传输介质中，传输速率最快的是_____。

    A. 同轴电缆　　　　　　B. 双绞线　　　　　　C. 光纤　　　　　　D. 电话线

5．_____是指不同档次、不同型号的微机，是网络中实际为用户操作的工作平台，它通过网络适配器和连接电缆与网络服务器相连。

    A. 路由器　　　　　　B. 网关　　　　　　C. 网络工作站　　　　　　D. 网络服务器

6．Internet 实现网络互连采用的通信协议是_____。

    A. IPX/SPX　　　　　　B. TCP/IP　　　　　　C. IEEE802.x　　　　　　D. X.25

7．访问 Web 服务器需要的软件工具是_____。

    A. 搜索引擎　　　　　　B. 浏览器　　　　　　C. 新闻组　　　　　　D. 过滤器

8．下面合法的 E-mail 地址是_____。

    A. liru.szu.edu.cn　　　　　　　　　　B. szu.edu.cn@liru

    C. liru@szu.edu.cn　　　　　　　　　　D. cn.edu.szu.liru

9．网络体系结构可以定义为_____。

    A. 网络层次结构模型与各层协议的集合

    B. 由国际标准化组织制定的一个协议标准

    C. 执行计算机数据处理的软件模块

    D. 一种计算机我拿过来的具体实现方法

10．TCP/IP 的 4 层协议包括_____。

    A. 网络层　　　　　　B. 网络接口层　　　　　　C. 物理层

    D. 应用层　　　　　　E. 传输层　　　　　　F. 会话层

11．在中继系统中，中继器处于_____。

    A. 物理层　　　　　　B. 数据链路层　　　　　　C. 网络层　　　　　　D. 高层

12．如果 IP 地址为 202.130.191.33，子网掩码为 255.255.255.0，那么网络地址是_____。

    A. 202.130.0.0　　　　B. 202.0.0.0　　　　C. 202.130.191.33　　D. 202.130.191.0

13．下列说法中不正确的是_____。

    A. TCP 协议可以提供可靠的数据流传输服务

    B. TCP 协议可以提供面向连接的数据流传输服务

    C. TCP 协议可以提供全双工的数据流传输服务

    D. TCP 协议可以提供面向非连接的数据流传输服务

14．IP 地址 211.70.240.5 属于 IP 地址中的_____。

    A. A 类   B. C 类   C. B 类   D. 私有保留地址

15．数据链路层中的数据块常被称为_____。

    A. 信息   B. 分组   C. 帧   D. 比特流

16．完成路径选择功能是在 TCP/IP 协议栈的_____。

    A. 物理层   B. 数据链路层   C. 网络层   D. 传输层

17．在 Internet 上浏览时，浏览器和 WWW 服务器之间传输网页所使用的协议是_____。

    A. UDP   B. HTTP   C. FTP   D. SMTP

18．以下属于 Internet 基本服务功能的是_____。

    A. DNS   B. E-mail   C. ARP

    D. WWW   E. FTP   F. BBS

19．DNS 完成_____的映射变换。

    A. 域名地址与 IP 地址之间   B. 物理地址与 IP 地址

    C. IP 地址到物理地址   D. 主机地址到网卡地址

20．网桥是_____的设备。

    A. 物理层   B. 数据链路层   C. 网络层   D. 运输层

二、问答题：

1．什么是计算机网络？它与主机-终端联机系统有何不同？

2．常用的网络介质有哪些？光纤用于网络有哪些优点？

3．常用的网络互联设备有哪些？网卡的主要功能是什么？

4．TCP/TP 协议栈分为哪几层？OSI 的网络互连协议分为哪七层？

5．已知某主机 IP 地址为 18.181.0.31，它属于哪类地址？其网络号和主机号各是什么？

6．什么叫 URL？它由几部分组成？每部分的作用是什么？

7．FTP 的主要特点是什么？访问 FTP 服务器的方法有哪些？

8．一般搜索引擎都提供关键词检索和分类检索两种方式，它们各自的特点是什么？

9．查看 Internet 上的某台计算机的网络配置，记录该计算机 IP 地址、默认网关的 IP 地址、子网掩码地址和 DNS 地址，并解释其含义。（提示：使用"控制面板/网络/"命令）

10．在 Internet 上查找下列主题，并记录信息站点的 URL、信息摘要、及有特色的图片。

    ① 计算机网络发展简史   ② 讨论常用的 Internet 服务

    ③ 介绍你所学的专业   ④ 描述你所在城市的天气情况

    ⑤ 你所喜欢的体育明星   ⑥ 如何欣赏古典音乐

第6章　信息安全基础

　　信息安全是指信息网络的硬件、软件及其系统中的数据受到保护，不受偶然的或者恶意的原因而遭到破坏、更改、泄露，保证计算机系统能可靠正常地运行，信息服务不中断。现实应用中，由于计算机系统已由传统意义上的存放和处理信息的独立系统演变为互相连接、资源共享的系统集合，因此，计算机系统的安全问题尤其复杂和重要。那么，什么是计算机系统安全？计算机系统和信息面临的各种攻击手段是什么？如何进行预防？是本章要讨论的主要问题。

　　本章将介绍信息安全的基本概念及网络安全技术，并介绍计算机可能遭受的一些常见威胁，如何保护自己和计算机系统。

6.1　信息安全概述

6.1.1　计算机系统安全

　　计算机系统安全是一门涉及计算机科学、网络技术、通信技术、密码技术、信息安全技术、应用数学、数论、信息论等多种学科的综合学科；凡是涉及信息的保密性、完整性、可用性等的相关技术和理论都是信息安全的研究领域。

　　事实上，计算机系统可以看作是由三个独立的部分组成：硬件（hardware）、软件（software）和数据（data）。因此，可将计算机系统面临的诸多威胁，如来自自然灾害构成的威胁、人为和偶然事故构成的威胁、计算机犯罪的威胁、计算机病毒的威胁、信息战的威胁等，大致分为两类：对实体的威胁、对信息的威胁。其中，有些威胁包含了对计算机实体和信息两方面的威胁和攻击，如计算机犯罪和计算机病毒。计算机系统与面临的威胁如图 6-1 所示。

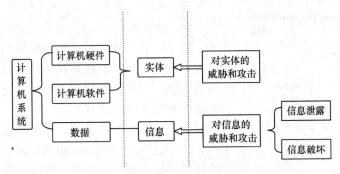

图 6-1　计算机系统与面临的威胁

（1）对实体的威胁和攻击

所谓实体，是指实施信息收集、传输、存储、加工、分发和利用的计算机及其外部设备和网络。对实体的威胁和攻击是对计算机本身和外部设备以及网络和通信线路而言的。

对于硬件设备，由于可见，一种最简单的攻击就是增加设备、改变设备、删除设备、截取通信或用大量信息阻塞他们使其丧失处理能力。同样，水淹、火烧、冷冻甚至拍打、撞击等也会对计算机造成伤害，不容忽视。

计算机的威胁还表现为对计算机软件的攻击，如：软件被恶意地替换、改变或破坏或被意外地篡改、删除或错放等。这些将导致计算机无法正常工作，或者执行不希望的工作。

计算机实体涉及的设备分布非常广泛，任何个人或组织都不可能时刻对这些设备进行监控。因此，做好对计算机实体的保护是计算机安全工作的第一步，也是防止各种威胁和攻击的基本屏障。

（2）对信息的威胁和攻击

由于计算机信息有共享和易于扩散等特性，因此在处理、存储、传输和使用上存在着严重的脆弱性，很容易被干扰、滥用、遗漏和丢失，甚至被泄露、窃取、篡改、冒充和破坏，还有可能受到计算机病毒的感染。对信息的威胁和攻击可以分为两类：信息泄露和信息破坏。

信息泄露是指故意或偶然地侦收、截获、窃取、分析和收到系统中的信息，特别是系统中的机密和敏感信息，造成泄密事件。

信息破坏是指由于偶然事故或人为因素破坏信息的机密性、完整性、可用性及真实性。偶然事故包括：计算机软件和硬件事故、工作人员的失误、自然灾害的破坏、环境的剧烈变化等引起的各种信息破坏。人为因素的破坏是指，利用系统本身的脆弱性，滥用特权身份或不合法地使用身份，企图修改或非法复制系统中的数据，从而达到不可告人的目的。黑客的活动就是最典型的人为破坏的例子。

针对计算机系统所面临的威胁和攻击，国际化标准组织（ISO）给出了"计算机安全"定义："为数据处理系统建立和采取的技术和管理的安全保护，保护计算机硬件、软件数据不因偶然和恶意的原因遭到破坏、更改和泄露。"该定义着重于静态信息保护。也有人将"计算机安全"定义为："计算机的硬件、软件和数据受到保护，不因偶然和恶意的原因而遭到破坏、更改和泄露，系统连续正常运行"。该定义则着重于动态意义描述。综合以上两种定义，计算机系统安全涉及物理安全（实体安全）、运行安全和信息安全三方面，如图6-2所示。

① 物理安全（Physical Security）。保护计算机设备、设施（含网络）以及其他媒体免遭地震、水灾、火灾、有害气体和其他环境事故（如电磁污染等）破坏的措施、过程。特别是避免由于电磁泄漏产生信息泄露，从而干扰他人或受他人干扰。物理安全包括环境安全、设备安全和媒体安全三方面。

② 运行安全（Operation Security）。为了保证系统功能，提供一套安全措施（如风险分析、审计跟踪、备份与恢复、应急等）来保护信息处理过程的安全。

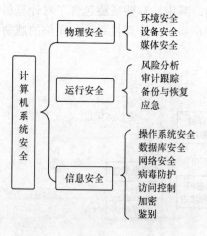

图6-2 计算机系统安全的内容

运行安全侧重于保证系统正常运行，避免因为系统的崩溃和损坏而对系统存储、处理和传输的信息造成破坏和损失。运行安全包括风险分析、审计跟踪、备份与恢复、应急四方面。

③ 信息安全（Information Security），指防止信息财产被故意地或偶然地非授权泄露、

更改、破坏或使信息被非法的系统辨识、控制。即确保信息的完整性、保密性，可用性和可控性。避免攻击者利用系统的安全漏洞进行窃听、冒充、诈骗等有损于合法用户的行为，本质上是保护用户的利益和隐私。信息安全包括操作系统安全、数据库安全、网络安全、病毒防护、访问控制、加密与鉴别七方面。

6.1.2　信息安全的概念

人们对信息安全的认识是一个由浅入深、由表及里的深化过程。最初，人们认为信息安全就是通信保密，随后认识逐渐加深，意识到信息还有完整性、可用性的要求。我国在1997 年 7 月 1 日实施了《计算机信息系统安全专用产品分类原则》，其中明确对信息系统安全做了定义：信息安全是指防止信息财产被故意或偶然的非授权泄露、更改、破坏或信息被非法的系统辨识、控制，即确保信息的完整性、保密性、可用性和可控性。

在实际操作中，人们常常会说信息安全包括计算机安全和网络安全两部分。计算机安全又指主机安全，主要考虑保护合法用户对授权资源的使用，防止非法入侵者对系统资源的侵占和破坏。网络安全则主要考虑网络上主机之间的访问控制，防止来自外部网络的入侵，保护数据在网上传输时不被泄露和修改，最常用的方法是防火墙、加密以及入侵检测等。

由于信息安全产品和系统的安全评价事关国家的安全利益，因此许多国家都在充分借鉴国际标准的前提下，积极制订本国的计算机安全评价认证标准。第一个有关信息技术安全评价的标准诞生于 20 世纪 80 年代的美国，就是著名的"可信计算机系统评价准则"（ Trusted Computer Standards Evaluation Criteria，TCSEC，又称为桔皮书）。TCSEC最初只是军用标准，后来沿用至民用领域。该准则认为，为了使系统免受攻击，硬件、软件和存储的信息应当实施不同的安全保护，对应不同的安全级别。TCSEC 将计算机系统的安全划分为 4 个等级、7 个级别，如图 6-3 所示。

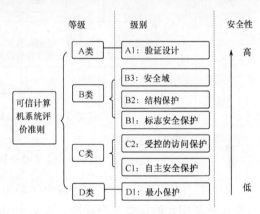

图 6-3　TCSEC 安全体系

① D 类安全等级：只包括 D1 一个级别。D1 的安全等级最低，说明整个系统是不可信的。D1 系统只为文件和用户提供安全保护，对硬件没有任何保护、操作系统容易受到损害、没有身份认证。D1 系统最普通的形式是本地操作系统（如 MS-DOS，Windows95/98），或者是一个完全没有保护的网络。

② C 类安全等级：提供审慎的保护，并为用户的行动和责任提供审计能力。C 类安全等级可划分为 C1 和 C2 两类。

C1 系统称为自主安全保护，通过将用户与数据分开来达到安全的目的，用户必须通过用户名和口令才能登录系统，且有一定的权限限制，但管理员是无所不能的。

C2 系统称为受控的访问保护，比 C1 系统加强了审计跟踪的要求。在连接到网络时，C2系统的用户分别对各自的行为负责。C2 系统通过登陆过程、安全事件和资源隔离来增强这种控制。能够达到 C2 级的常见操作系统有 UNIX、Linux、Windows NT、Windows 2000 和Windows XP。

③ B 类安全等级：可分为 B1、B2 和 B3 三类。B 类系统具有强制性保护功能。强制性保护意味着如果用户没有与安全等级相连，系统就不会让用户存取对象。

B1 称为标志安全保护，可设置处于强制访问控制之下的对象，即使是文件的拥有者也不允许改变其权限。B2 称为结构保护，必须满足 B1 系统的所有要求，还给设备分配单个或多个安全级别。B3 称为安全域保护，必须符合 B2 系统的所有安全需求，使用安装硬件的方式来加强安全性，要求用户通过一条可信任途径连接到系统上。

④ A 类安全等级：安全级别最高，包括了一个严格的设计、控制和验证过程。目前，A 类安全等级只包含 A1 一个安全类别。A1 包含了较低级别的所有特性，要求系统的设计必须是从数学角度上经过验证的，而且必须进行秘密通道和可信任分布的分析。A1 被称为验证设计。

从 20 世纪 90 年代开始，一些国家和国际组织相继提出了新的安全评价准则。1991 年，欧共体发布了"信息技术安全评价准则"（ITSEC）。1993 年，加拿大发布了"加拿大可信计算机产品评价准则"（CTCPEC）。1993 年 6 月，上述国家共同起草了一份通用准则（CC），并将 CC 推广为国际标准。国际安全评测标准的发展与联系如图 6-4 所示。

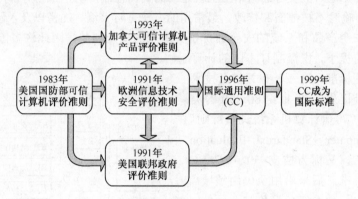

图 6-4 国际安全评测标准的发展与联系

此外，国际标准化组织和国际电工委也已经制订了上百项安全标准，其中包括专门针对银行业务制订的信息安全标准。国际电信联盟和欧洲计算机制造商协会也推出了许多安全标准。

6.1.3 信息安全的目标

信息安全的目标可从以下 5 方面来定义。

（1）可用性（Availability）

可用性即保证随时为授权者提供服务，而不会出现非授权者滥用却对授权者拒绝服务的情况，是指无论何时，只要用户需要，信息系统必须是可用的，即信息系统不能拒绝服务。网络环境中的拒绝服务、破坏网络和有关系统的正常运行等都属于对可用性的攻击。可以使用访问控制机制，阻止非授权用户进入网络，从而保证网络系统的可用性。增强可用性还包括如何有效地避免因各种灾害（战争、地震等）造成的系统失效。

（2）可靠性（Controllability）

可靠性即保证系统不停地提供正常服务，是指系统在规定条件下和规定时间内完成规定功能的概率。可靠性是网络安全最基本的要求之一，是所有信息网络的建设和运行目标，网络不可靠，事故不断，就谈不上网络的安全。目前，对于网络可靠性的研究基本上偏重于硬件可靠性方面。研制高可靠性元器件设备，采取合理的冗余备份措施仍是最基本的可靠性对策。然而，许多故障和事故则与软件可靠性、人员可靠性和环境可靠性有关。

（3）完整性（Integrity）

完整性是指信息未经授权不能进行改变的特性，即信息在存储或传输过程中保持不被偶然或蓄意删除、修改、伪造、乱序、重放、插入等破坏和丢失的特性。只有得到允许的人才能够修改，并且能够判别出信息是否已被改变。完整性要求信息保持原样，正确地生成、存储和传输。

（4）保密性（Confidentiality）

保密性是指确保信息不泄露给未授权用户、实体或进程，不被非法利用，即信息的内容不能为未授权的第三方所知。这里所指的信息包括国家秘密、企业组织的工作秘密、商业秘密和个人秘密（如浏览习惯、爱好、购物习惯等）。防止信息失窃和泄露的保障技术称为保密技术。

（5）不可抵赖性（Non-Repudiation）

不可抵赖性又称为不可否认性或真实性，是指信息的行为人要对自己的信息行为负责，不能抵赖自己曾经有过的行为，也不能否认曾经接到对方的信息。通常将数字签名和公证机制一同使用来保证不可否认性。

以上五个信息安全的基本目标共同保证系统达到能用、好用、信息没有错、未泄露且真实的安全效果，如图 6-5 所示，除此之外信息安全还有其他安全目标，其中包括：

① 可控性：对信息及信息系统实施安全监控。管理机构对危害国家信息的来往、使用加密手段从事非法的通信活动等进行监视审计，对信息的传播及内容具有控制能力。

② 可审查性：使用审计、监控、防抵赖等安全机制，使得使用者（包括合法用户、攻击者、破坏者、抵赖者）的行为有证可查，并能够对网络出现的安全问题提供调查依据和手段。审计是通过对网络上发生的各种访问情况记录日志，并对日志进行统计分析，是对资源使用情况进行事后分析的有效手段，也是发现和追踪事件的常用措施。

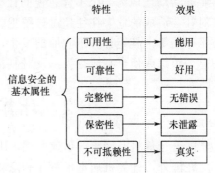

图 6-5　信息安全的基本属性与安全效果

6.1.4　信息安全技术

计算机信息安全技术是针对信息在应用环境下的安全保护而提出的，可以说，用于保障计算机信息安全的技术都是计算机信息安全技术。

（1）硬件安全技术

保证计算机系统的所有设备、设施等的安全是整个计算机系统安全运行的前提和基本要求。目前，常见的硬件安全技术有备份技术、安全加固技术和安全设计技术等。

（2）软件安全技术

软件安全技术是保证所有计算机程序和文件资料免遭破坏、非法复制、非法使用的技术和方法，包括软件自身安全、存储安全、通信安全、使用安全和运行安全等方面的技术。

（3）数据安全技术

数据是信息的直接表现形式。数据安全技术是保证数据在存储和应用过程中不被非授权用户有意破坏，或被授权用户无意破坏的技术，包括安全数据库系统、数据存取控制、数据加密、数据压缩和数据备份等技术。

（4）网络安全技术

随着 Internet 的发展，传统意义上的独立的计算机系统演变为互相连接的系统集合，计算机网络的安全已成为计算机信息安全的主要焦点。网络安全技术就是为了保证网络及其节点的安全而采取的技术和方法，主要包括：网络安全策略和安全机制、网络访问控制和路由选择、网络数据加密、防火墙技术、漏洞扫描技术、入侵检测技术、虚拟专用网技术等。

（5）病毒防治技术

计算机病毒已经成为家喻户晓的计算机系统安全和信息安全的安全隐患之一。病毒防治技术总是滞后于病毒的出现，其发展也将伴随着病毒的发展而发展。病毒防治技术主要包括：病毒检测技术、病毒清除技术、病毒免疫技术和病毒预防技术等。

（6）防计算机犯罪

伴随着计算机技术的发展和计算机应用的普及和 Internet 的广泛应用，利用计算机从事犯罪活动已成为一个不容忽视的社会问题，计算机犯罪具有隐蔽性、高破坏性等特点，其对社会造成的危害往往超过传统犯罪。防计算机犯罪就是指通过一定的社会规范、法律、技术方法等，杜绝计算机犯罪的发生，并在计算机犯罪发生后，能够获取犯罪的有关活动信息，跟踪或侦查犯罪行为，及时制裁和打击犯罪分子。

6.2　计算机病毒与恶意软件

随着计算机及网络的迅速发展，计算机病毒也日益猖獗，成为危害计算机安全的幽灵。在国外，计算机病毒也看作恶意软件；在国内，恶意软件还没有明确的法律定义。

6.2.1　计算机病毒的定义

什么是计算机病毒？是否会像其他生物病毒，如感冒、SARS 等病毒一样对人体造成伤害并且传染呢？计算机病毒会造成伤害，但伤害的对象不是人或动物，而是用户的计算机系统。1994 年 2 月 28 日，我国正式颁布实施了《中华人民共和国计算机信息系统安全保护条例》，第二十八条中明确指出："计算机病毒是指编制或者在计算机程序中插入的破坏计算机功能或数据，影响计算机使用并能够自我复制的一组计算机指令或者程序代码。"这个定义是国内对计算机病毒的权威定义，具有法律性，该定义明确表明了计算机病毒的破坏性和传染性是病毒最重要的两大特征。

计算机病毒一词借用了生物学中的病毒，因为计算机病毒与生物病毒在很多方面有着相似之处，如：不需要人们的介入就能由程序或系统传播出去；当病毒执行时，会需找其他符合其传染条件的程序或存储介质，将自己复制到其中，达到自我繁殖的目的。这就是计算机病毒的传染能力，即自我复制能力，如图 6-6 所示。

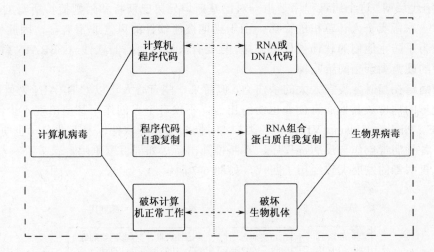

图 6-6　计算机病毒与生物病毒

6.2.2　计算机病毒的历史

计算机科学的奠基人之一 Von .Neomanm（冯·诺依曼）早在 1949 年就曾提出计算机程序自我复制的概念，指出计算机病毒出现的可能性。不过在当时，绝大部分的计算机专家都无法想象会有这种能自我繁殖的程序，只有少数几个科学家在默默地研究冯·诺依曼所提出的概念。

1975 年，美国科普作家约翰·布鲁勒尔（John Brunner）写了一本名为《震荡波骑士》（Shock Wave Rider）的书，该书第一次描写了在信息社会中，计算机作为正义和邪恶双方斗争的工具的故事，成为当年最佳畅销书之一。1977 年夏天，托马斯·捷·瑞安（Thomas.J.Ryan）的科幻小说《P-1 的春天》（The Adolescence of P-1）成为美国的畅销书。作者在这本书中描写了一种可以在计算机中互相传染的病毒，病毒最后控制了 7000 台计算机，造成了一场灾难。虚拟科幻小说世界中的东西，在几年后终于逐渐开始成为计算机使用者的噩梦。

1960 年，美国的约翰·康维编写了一个称为"生命游戏"程序。该程序运行时，在屏幕上会生成许多"生命元素"图案，这些图案会不断发生变化。这个游戏首次实现了程序自我复制技术，它们能够自我复制并进行传播。

差不多在同一时间，美国著名的 AT&T 贝尔实验室中，三个年轻人道格拉斯·麦耀来、维特·埃索斯基和罗伯·莫里斯在工作之余，很无聊地玩起一种游戏：彼此撰写出能够吃掉别人程序的程序来互相作战。这个叫做"磁芯大战"（core war）的游戏，就是最早的计算机病毒的雏形，具备了自我复制、自我传播的性质和破坏性。不过该游戏的参与者对它守口如瓶，该游戏也仅仅限制在实验室的范围内。

"计算机病毒"这一名词正式提出是在 1983 年。佛雷德·科恩博士研制出一种运行过程中可以复制自身的破坏性程序，伦·艾德勒曼将它命名为计算机病毒，并在每周一次的安全讨论会上正式提出。专家们在 VAX11/750 计算机系统上运行，实验成功，一周后又获准进行了 5 个实验的演示，从而在实验室验证了计算机病毒的存在。

第一个在世界上流行的计算机病毒"巴基斯坦智囊"（C_BRAIN）病毒诞生于 20

世纪 80 年代后期。这个病毒程序是由一对巴基斯坦兄弟巴斯特和阿姆捷特所写的，他们在当地经营一家贩卖个人计算机的商店，由于当地盗拷软件的风气非常盛行，因此他们的目的主要是为了防止他们的软件被任意盗拷。只要有人盗拷他们的软件，C-BRAIN 就会发作，将盗拷者的硬盘剩余空间给吃掉。

这个病毒在当时并没有太大的杀伤力，但后来一些有心人士以 C-BRAIN 为蓝图，制作出一些变形的病毒。其他病毒创作也纷纷出笼，不仅有个人创作，甚至出现不少创作集团（如 NuKE、Phalcon/Skism、VDV）。各类扫毒、防毒与杀毒软件以及专业公司也纷纷出现。一时间，各种病毒创作与反病毒程序，不断推陈出新，如同百家争鸣。

计算机病毒的发展大致经历了四代，如图 6-7 所示。

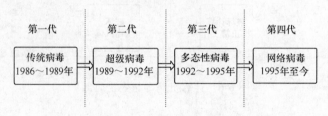

图 6-7 计算机病毒的发展历史

第一代病毒：传统的病毒。1986～1989 年，这期间出现的病毒可以称为传统的病毒，是计算机病毒的萌芽和滋生时期。由于当时计算机的应用软件很少，而且大多是单机运行环境，病毒没有大量流行，种类有限，攻击的目标单一，或者感染磁盘引导扇区，或者感染可执行文件。感染目标后特征明显，如磁盘上出现坏扇区、可执行文件的长度增加、文件的建立时间发生变化等，而且病毒程序不具有自我保护措施，因此当时的病毒清除工作相对来说较容易。

第二代病毒：超级病毒。1989～1992 年，人们称之为混合型病毒或超级病毒，是计算机病毒由简单到复杂、由单纯走向成熟的阶段。这段时间，计算机局域网开始应用与普及，单机应用软件开始转向网络环境，由于网络系统尚未有安全防护意识，缺乏网络环境下病毒防御的思想准备和方法对策，给计算机病毒带来第一次流行高峰。此阶段的计算机病毒的攻击目标趋于混合，既可以感染磁盘引导扇区，又可以感染可执行文件。感染目标后特征不明显，且采取了自我保护措施，有的甚至出现了传染性更隐蔽、破坏性更大的变种。这都增加了人们分析和解剖病毒的难度。

第三代病毒：多态病毒，计算机病毒的成熟发展阶段。1992～1995 年，此类病毒称为"多态性"病毒或"自我变形"病毒。此类病毒在每次感染目标时，放入宿主程序中的病毒代码大部分是可变的，跟计算机病毒自身运行的时间、空间和宿主程序有关，传统的基于特征码的病毒检测方法无法检测出此类病毒，这无疑将导致计算机病毒检测和消除更加困难。

第四代病毒：网络病毒。1995 年至今，随着远程网、远程访问服务的开通，计算机病毒的流行突破了地域的限制，透过广域网传播到局域网，然后在局域网中扩散。在该阶段，具有编写简单、破坏性强、清除繁杂等特点的宏病毒成为当前计算机病毒的主流，这一时期的病毒利用 Internet 作为主要传播途径，因此病毒传播快、隐蔽性强、破坏性大。

6.2.3 计算机病毒的特征

计算机病毒与医学上的病毒不同，它不是天然存在的，是人类使用编程语言编制的，针对计算机软件、硬件固有的缺陷，对计算机系统进行破坏的程序。正确、全面地认识计算机病毒的特征，有助于反病毒技术的研究。对计算机病毒的定义及其来源、表现形式和破坏行为进行分析，可以抽象出病毒所具有的一般特征。

（1）程序性（可执行性）

由计算机病毒的含义可知，计算机本身不会生成计算机病毒，而程序是由人编写的，是人为的结果。计算机病毒虽然不是一个完整的程序，但它是一段程序，寄生在其他可执行程序上，因此享有一切程序所能得到的权力。病毒运行时，与合法程序争夺系统的控制权。计算机病毒只有当它在计算机内得以运行时，才具有传染性和破坏性等活性。也就是说，计算机 CPU 的控制权是关键问题。若计算机在正常程序控制下运行，而不运行带病毒的程序，则这台计算机总是可靠的。在这台计算机上可以查看病毒文件的名字，查看计算机病毒的代码，打印病毒的代码，甚至复制病毒程序，都不会感染上病毒。

（2）传染性

传染性是计算机病毒最重要的特征。传染性又称为自我复制、自我繁殖、感染或再生等，是判断一个计算机程序是否为计算机病毒的首要依据，这也决定了计算机病毒的可判断性。

在生物界，通过传染，病毒从一个生物体扩散到另一个生物体。同样，计算机病毒也会通过各种渠道，从已被感染的计算机扩散到未被感染的计算机。病毒程序一旦进入计算机并被执行，就会对系统进行监视，寻找符合其传染条件的其他程序体或存储介质，确定目标后，再通过附加或插入等方式将自身代码链接其中，达到自我繁殖的目的。只要一台计算机感染了病毒，如不及时处理，它就会成为新的传染源。当它被执行以后，又可以去感染新的目标。计算机病毒的这种将自身复制到其他程序之中的"再生机制"，使得计算机病毒能够在系统中迅速扩散。如果在一台计算机上发现了病毒，往往曾在这台计算机上用过的软盘也已感染上了病毒，而与这台计算机联网的其他计算机也可能被感染。

病毒程序通过修改磁盘扇区信息或文件内容并把自身嵌入到其中的方法达到病毒的传染和扩散。被嵌入的程序叫做宿主程序。

（3）潜伏性

计算机病毒进入计算机之后，一般情况下并不会立即发作，就像其他没有执行的程序一样，静静地潜伏在系统中，不影响系统的正常运行，只是悄悄地进行传播、繁殖，使更多的正常程序成为"病毒携带者"，不进行破坏活动。可是，一旦其特定的触发条件满足时，它就会启动其表现（破坏）模块，对系统产生破坏作用，从而表现出中毒症状。著名的"黑色星期五"在逢 13 日的星期五发作；国内的"上海一号"会在每年的三、六、九月的 13 日发作；还有每逢 4 月 26 日就发作的 CIH 病毒。

计算机病毒在平时会隐藏得很好，满足触发条件时被触发，才会露出本来面目。病毒的潜伏期越长，用户就越是意识不到病毒的存在而进行病毒清除，这样计算机病毒向外传染的机会就越多，病毒传染的范围也越广泛。

（4）破坏性

任何感染了计算机病毒的计算机系统都会受到不同程度的危害，危害的程度取决于计算机病毒编写者的编写目的。计算机病毒的编写者编写病毒往往有两个原因：一是炫耀自己的卓尔不凡的编程能力，二就是为了破毁计算机系统的正常运行。这就决定了计算机病毒必然有表现模块存在，前者造就的是良性病毒，发作时一般不会造成重大危害，只是对计算机的工作效率进行影响，如占用资源，弹出对话框等。而后者诞生的则是恶性病毒，发作时会对系统造成重大危害，轻则修改数据、删除文件，重则可能格式化磁盘、更改系统文件、攻击硬件甚至阻塞网络等。

（5）可触发性

任何计算机病毒都要靠一定的触发条件才能发作，当触发条件不满足时，计算机病毒除了传染外不做什么破坏，而条件满足时，要么对其他程序体进行传染，要么运行自身来表现自己的存在或进行破坏活动。

触发条件一般至少有一个，也可能有多个，一般是病毒编制者设定的，可以是时间、日期、文件类型、某些特定数据或病毒体自带的计数器或计算机内的某些特例操作等。计算机病毒何时被触发，由计算机病毒的触发机制来控制，病毒运行时，触发机制会对预定条件进行检查，以衡量触发条件是否满足，一旦满足，病毒发作，否则继续潜伏。

（6）针对性

计算机病毒得以执行，必须有适合该病毒发作的特定的计算机软件、硬件环境，即计算机病毒是针对特定的计算机和特定的操作系统的，某一病毒只能在某一特定的操作系统和硬件平台上运行，而不能在所有的操作系统和硬件平台上都能实施攻击功能。这是由计算机病毒的"程序性"决定的。例如，有针对 IBM/PC 及其兼容机的，有针对 Apple 公司的 Macintosh 的，有专门攻击 UNIX 操作系统的，也有专门针对 Windows 操作系统的。目前，针对 Windows 操作系统的病毒非常多，因为 Windows 操作系统是当前最流行的操作系统，从而引得众多计算机病毒编制者群起而攻之。

（7）非授权性

计算机病毒未经授权而执行。一般正常的程序是由用户调用，再由系统分配资源，完成用户交给的任务。其目的对用户是可见的、透明的。而计算机病毒具有正常程序的一切特性，它隐藏在正常程序中，当用户调用正常程序时窃取到系统的控制权，先于正常程序执行，病毒的动作、目的对用户是未知的，是未经用户允许的。

（8）隐蔽性

计算机病毒一般是具有很高编程技巧、短小精悍的程序，通常附在正常程序中或磁盘较隐蔽的地方，也有个别的以隐含文件形式出现。其目的是不让用户发现它的存在。如果不经过代码分析，病毒程序与正常程序是不容易区别开来的。计算机病毒的隐蔽性表现在两方面：一是传染的隐蔽性，大多数病毒在进行传染时速度是极快的，一般不具有外部表现，不易被人发现；二是病毒程序存在的隐蔽性，一般的病毒程序都藏在正常程序之中，很难被发现。而一旦病毒发作，往往已经给计算机系统造成了不同程度的破坏。

（9）衍生性

就像生物病毒会进行变异，生成传染性、毒性、适应能力更强的新病毒一样，计算机病毒本身具有的这种"衍生性"，将导致产生新的计算机病毒。计算机病毒的破坏部分往往反映了编制者的设计思想和设计目的，这就可以被其他病毒编制者所利用，根据其主观愿望，对某个已知的病毒进行修改，从而衍生出另外一种或多种来源于同一病毒，而又不同于原病毒程序的新的计算机病毒，通常称之为原病毒的"变种"。变种病毒可以是人为的结果，也可能是"计算机病毒自动生成"这种人工智能的结果。往往，变种病毒造成的后果会比原版病毒造成的后果更严重。

（10）寄生性

计算机病毒程序一般不独立存在，而是嵌入到正常的程序当中，依靠程序而存在。当依附有病毒的程序被执行时，病毒程序才会被激活，然后才开始进行复制和传播。

（11）不可预见性

计算机病毒种类繁多，病毒代码千差万别，计算机科学技术的日益进步以及新的病毒技术的不断涌现，人们虽然提高了对已知病毒的检测、查杀能力，也增大了新病毒的预测难度，使得反病毒软件预防措施和技术手段总是滞后病毒的产生速度，决定了计算机病毒的不可预见性。

总而言之，计算机病毒虽然会像生物病毒对生物造成危害一样，对人类的计算机系统带来极大的危害，但是也正是因为它们有着极为相似的特征，这就为人类认识计算机病毒，找出应对策略提供了途径。

6.2.4　计算机病毒的种类

自从第一例计算机病毒于 20 世纪 80 年代问世以来，随着计算机技术、信息技术的迅速发展，计算机病毒技术亦得到了突飞猛进的发展，病毒数目不断增加且风格、特征迥异。尽管计算机病毒的种类非常多，表现形式也多种多样，但是可以根据适当的标准对其进行分类，以利于对计算机病毒进行研究及防治。

（1）系统病毒

系统病毒（前缀为 Win32、PE、Win95、W32、W95 等）的特性是感染 Windows 操作系统的*.exe 和*.dll 文件，并通过这些文件进行传播，如 CIH 病毒。

（2）蠕虫病毒

蠕虫病毒（前缀为 Worm）的特性是通过网络或者系统漏洞进行传播，大部分蠕虫病毒都有向外发送带毒邮件、阻塞网络的特性，如冲击波（阻塞网络）、小邮差（发带毒邮件）等。

（3）特洛伊木马病毒

木马病毒（前缀为 Trojan）的特性是通过网络或者系统漏洞进入用户的系统并隐藏，然后向外界泄露用户的信息；黑客病毒（前缀一般为 Hack）则有一个可视的界面，能对用户的计算机进行远程控制。木马、黑客病毒往往是成对出现的，即木马病毒负责侵入用户的计算机，黑客病毒则会通过该木马病毒进行控制。现在，这两种病毒越来越趋于整合。

（4）脚本病毒

脚本病毒（前缀为 Script）的特性是使用脚本语言编写，通过网页进行传播，如红色代码（Script. Redlof）。

（5）宏病毒

宏病毒（前缀为 Macro）的特性是感染特定类型的文档文件，如 Word 或 Excel 文件，这些文件可能包含宏。宏病毒通过 Office 通用模板进行传播，如著名的美丽莎（Macro. Melissa）病毒。

（6）后门病毒

后门病毒（前缀为 Backdoor）的特性是通过网络传播，给系统开后门，给用户计算机带来安全隐患，如 IRC 后门 Backdoor.IRCBot。

（7）病毒种植程序病毒

其共有特性是：运行时，从体内释放出一个或几个新的病毒到系统目录下，由释放出来的新病毒产生破坏，如冰河播种者（Dropper. BingHe2，2C）、MSN 射手（Dropper. Worm. Smibag）等。

（8）破坏性程序病毒

破坏性程序病毒的前缀是 Harm。共有特性是本身具有好看的图标来诱惑用户点击，当用户点击这类病毒时，病毒便会直接对用户计算机产生破坏，如格式化 C 盘（Harm. formatC.f）、杀手命令（Harm. Command. Killer）等。

（9）恶作剧程序

恶作剧程序（前缀为 Joke）不是病毒，恶作剧程序的特性是本身具有好看的图标来诱惑用户点击，当用户点击这类程序时，会做出各种破坏操作的假象来吓唬用户，让用户以为感染了病毒，而实际上并没有对用户计算机进行任何破坏，如女鬼（Joke. Girlghost）病毒。

（10）捆绑机病毒

捆绑机病毒（前缀为 Binder）的特性是使用特定的捆绑程序将病毒与一些应用程序如QQ、IE 捆绑起来，表面上看是一个正常的文件，当用户运行这些应用程序时，实际上会隐藏运行捆绑在一起的病毒，从而给用户造成危害，如捆绑 QQ（Binder.QQBin）、系统杀手（Binder.Killsys）等。

6.2.5　计算机病毒的传播

计算机病毒具有破坏性和传染性两大特征。计算机病毒之所以可怕，不仅在于其破坏性多么巨大，更多的是因为其具有传染性，可以在短时间内迅速传播，对众多计算机系统造成侵害，威胁人们的正常工作和生活。因此，研究计算机病毒的传播及其传播途径极为重要。

在了解计算机病毒的传播及传播途径之前，还必须对计算机病毒的工作原理有所了解此能真正做到知己知彼。

首先看看计算机病毒代码的组成。计算机病毒是一段程序代码，虽然短小但是一般包含三部分：引导部分、传染部分和表现部分。引导部分的作用是将病毒主体加载到内存，为传染部分做准备；传染部分的作用是将病毒代码复制到传染目标上去，不同病毒在传染方式和传染条件上各有不同；表现部分是病毒差异最大的部分，根据编制者的不同目的而千差万别，在一定条件下才会被触发，前面两部分都是为这部分服务的。

再来，看看计算机病毒的工作环节。计算机病毒的完整工作过程应包括传染源、传染媒介、病毒激活、病毒触发、病毒表现和传染等 6 个环节。在系统运行时，计算机病毒传染源（如软盘、硬盘等）通过传染媒（介如计算机网络、可移动存储介质等）进入系统的内存储器，常驻内存，并设置触发条件（称为激活）。一旦触发条件成熟，病毒被触发就利用自己的表现部分进行病毒表现，如在屏幕上显示或破坏系统数据。病毒还会在系统内存中监视系统的运行，当它发现有攻击的目标存在并满足条件时，便将自身链接入被攻击的目标，从而将病毒进行传播。

从计算机病毒的工作环节可知，只要是能够进行数据交换的介质都可能成为计算机病毒。事实上，计算机病毒之所以能够蔓延，是因为人类对软件、数据、信息进行共享，这种数据交换使得计算机病毒有了蔓延的机会。当前，Internet 为人们交换信息带来了快捷和方便，也使得计算机病毒搭上传播的快速干线，现在通过 Internet 传播计算机病毒与过去手工传播的方式相比速度要快得多。

根据 ICSA 对于 2002 年计算机病毒传播媒介的统计报告显示，网络和电子邮件已经成为最重要的病毒传播途径。此外，传统的软盘、光盘等传播方式也占据了一定的比例。

计算机病毒的传播途径通常有以下几种方式。

（1）不可移动的计算机硬件设备

利用专用集成电路芯片、ROM 芯片和硬盘进行传播。专用芯片中的病毒在没有激活之前隐藏在芯片中极不易被发现，一旦被激活，便进行扩散和破坏。

（2）移动存储设备

可移动的存储设备包括软盘、优盘、磁带、CD-ROM、移动硬盘等。软盘曾经作为使用广泛、移动频繁的存储介质，成为计算机病毒的主要寄生地。目前，优盘、可移动硬盘日益普及，已逐渐取代软盘成为主要的计算机病毒传播介质。另外，盗版光碟情况严重，很多盗版光碟中都带有病毒，由于普通光碟只读不可写，因此其中的病毒不能被清除，可使病毒保持持久的感染能力。

（3）计算机网络

网络是由相互连接的一组计算机组成的，为了数据共享或协同工作，数据可以从一台计算机上发送的另一台计算机上，如果发送的数据感染了计算机病毒，接收的计算机就可能会被感染，这样有可能在很短的时间内感染网络中的所有计算机。

目前，越来越多的人利用 Internet 来获取信息、发送或接收文件以及下载文件和程序。计算机病毒也乘着 Internet 的高速发展之便利，找到了快速传播的途径，走上了快速传播之路。通过网络传播计算机病毒有以下几种方式。

① 电子邮件。计算机病毒主要是以附件的形式进行传播，有的是普通用户在不知情的情况下发送了带有病毒的附件，有的是蠕虫病毒本身自动地向外界发送病毒邮件，或者是第三方（黑客）不怀好意故意发送的。大部分计算机病毒防护软件的功能还不太完善，不能迅速检查出隐藏在邮件中的病毒，因此电子邮件成为当今世界上计算机病毒最主要的传播媒介之一。

② BBS。BBS 是网络上提供的专门供用户讨论问题、交换文件的一个平台，一般没有严格的管理，有些站点还专门讨论和传播计算机技术，这使之不可避免地成为计算机病毒传播的摇篮。

③ 浏览页面。动态网页能够给人带来美好的视觉享受，但其实现技术 Java Applet 和 ActiveX Control 却不可避免地被计算机病毒编制者加以利用，以编写病毒。因此，即使只是单纯地浏览网页也有可能感染计算机病毒。

④ 下载。通过计算机网络，用户可以将任何文件传送到世界的任何地方，也可以从世界的任何地方下载文件到本地的计算机中。这些文件有可能已被计算机病毒感染，因此在下载文件时要注意防毒。

⑤ 即时通信软件。即时通信软件是我国上网用户使用率最高的软件之一，包括 ICQ、QQ、MSN 等。由于使用者众多，且软件本身存在漏洞，导致其成为计算机病毒编制者的攻击目标。臭名昭著的求职者（Worm.Klez）病毒就是第一个通过 ICQ 进行传播的病毒，它可以遍历 ICQ 的联络人清单来传播自身。通过 QQ 来进行传播的病毒也已有上百种，"爱情森林"系列病毒和"QQ 尾巴"等就是典型的 QQ 病毒。

除了传统的以文件下载、电子邮件附件等形式传播的病毒外，还出现一些新兴的电子邮件病毒，如"美丽杀"、"我爱你"等完全依靠网络自主传播，甚至一些计算机病毒利用网络分布计算技术将自身分为若干部分，隐藏在不同的主机上进行病毒传播。

（4）通过点对点通信系统和无线通信系统传播

通过无线通信和利用计算机通信口可以实现计算机间互传文件。目前，这种传播途径还不是十分广泛，但是可以预见，随着 WAP 等技术的发展和无线上网的普及，该途径将会逐渐与网络传播一起成为主要的计算机网络传播途径。

6.2.6　计算机病毒的检测与防治

计算机病毒种类繁多、破坏力惊人、传播途径广泛且传播迅速，因此，对计算机病毒应该采取"防患于未然"的态度。计算机病毒的防治技术总是在与病毒的较量中进行发展的。总的来讲，计算机病毒的防治要从预防、检测和清除三方面来进行。

（1）病毒预防

计算机病毒的预防即预防病毒侵入，是指通过一定的技术手段防止计算机病毒对系统进行传染和破坏。如在系统中安装病毒过滤或病毒监控等软件，这样能够在病毒入侵系统时发出警报，记录携带病毒的文件，即时清除其中的病毒。事实上，利用专门的防毒软件进行病毒预防固然重要，也不能一劳永逸，还必须养成良好的习惯，加强日常防范措施。常用的预防计算机病毒的措施主要有以下几点：

① 保证硬盘无病毒的情况下，尽量用硬盘引导系统。

② 不要使用来历不明的磁盘或光盘。如必须使用，要先用杀毒软件检查，确认无毒后才使用。

③ 以 RTF 格式作为交换文档文件。当前寄生在 Word 等文档文件中的宏病毒非常猖獗，防不胜防。RTF 格式的文档文件无法存储宏代码，杜绝了宏病毒的传播。

④ 如果打开的文件中含有宏，在无法确定来源可靠的情况下，不要轻易打开。

⑤ 不要打开来历不明的电子邮件，不要轻易打开电子邮件中的附件，尤其是可执行文件、Office 文档文件。

⑥ 浏览网页（特别是个人网页）时要谨慎。当浏览器出现"是否要下载 ActiveX 控件或 Java 脚本"警告通知框时，为安全起见，不要轻易下载。

⑦ 从 Internet 下载软件时，要从正规的网站上下载，并确保无毒后才安装运行。

⑧ 了解和掌握计算机病毒发作的时间或条件，并事先采取措施。如防范 CIH 病毒，可在每月的 26 日之前更改系统日期（提前或推后日期），跳过病毒发作日。

⑨ 随时关注计算机报刊或其他媒体发布的最新病毒信息及其防治方法。

⑩ 一旦发现网络病毒，立即断开网络，采取措施，避免扩散。

⑪ 安装杀毒软件，开启实时监控功能，随时监控病毒的侵入。

⑫ 定期使用杀毒软件进行杀毒，并定时升级病毒库。

⑬ 及时为计算机安装最新的安全补丁。

⑭ 尽量减少授权使用自己计算机的人数。

（2）病毒检测

计算机病毒检测即发现和追踪病毒，是指通过一定的技术手段判定出计算机病毒。计算机病毒的检测已从早期的人工观察发展到自动检测某一类病毒，今天又发展到能对多个驱动器、上千种病毒进行自动扫描检测。其实，计算机系统一旦感染了病毒，必定会或多或少地表现出某些症状，这是由计算机病毒的破坏性决定的，因此根据某些症状就可判断计算机系统是否感染了病毒，一旦判断出系统已受到感染，就可利用专门的查杀毒软件"有的放矢"地进行病毒查杀。

一般来说，计算机系统感染病毒后可能会出现如下症状：

① 计算机启动变慢，反应迟钝，出现蓝屏或死机。

② 开机后出现陌生的声音、画面或提示信息。

③ 程序的载入时间变长。

④ 可执行文件的大小改变。

⑤ 磁盘访问时间变长（读取或保存相同长度的文件的速度变慢）。

⑥ 没有存取文件，磁盘指示灯却一直亮着。

⑦ 系统的内存或硬盘的容量突然大幅减少。

⑧ 文件神秘消失。

⑨ 文件名称、扩展名、日期、属性等被更改。

⑩ 打印出现问题。

（3）病毒清除

计算机病毒的清除是指从感染对象中清除病毒，是计算机病毒检测发展的必然结果和延伸。病毒清除实际上是在检测发现特定的计算机病毒基础上，根据具体病毒的清除方法从感染的程序中除去计算机病毒代码并恢复文件的原有结构信息。

目前计算机病毒的清除办法有两种：一是人工方法，二是自动方法。

人工方法由计算机专业人员进行，借助于 Debug 调试程序及 PCTools 工具等进行手工检测和消除处理。这种方法要求操作者对系统十分熟悉，且操作复杂，容易出错，有一定的危险性，一旦操作不慎就会导致意想不到的后果。这种方法常用于清除自动方法无法清除的新病毒。

自动方法是使用杀毒软件（如瑞星、KV3000、金山毒霸、Norton Antivirus 等）进行检测和消除。该方法操作简单、使用方便，适用于一般计算机用户。

在杀毒前，首先要利用未感染病毒的系统软件启动计算机系统，并将一些重要数据文件先备份，以避免数据丢失，再运行杀毒软件。如果发现病毒，杀毒软件将会清除病毒。

同时，由于病毒可以变种，有时杀毒软件并不能完全将变种的病毒都清除干净。因此，如果发现恶性病毒，最好是将硬盘格式化，重新安装操作系统，安装操作系统补丁程序，并安装病毒监控程序，然后再连接 Internet。这样才可以将病毒排斥在计算机系统之外。

6.2.7　恶意软件

恶意软件也称流氓软件，是对破坏系统正常运行的软件的统称。恶意软件介于病毒软件和正规软件之间，同时具备正常功能（下载、媒体播放等）和恶意行为（弹出广告、开后门），给用户带来实质危害。

（1）恶意软件概述

2006 年，中国互联网协会反恶意软件协调工作组对于恶意软件的定义：恶意软件俗称"流氓软件"，是指在未明确提示用户或未经用户许可的情况下，在用户计算机或其他终端上安装运行，侵害用户合法权益的软件。

恶意软件的特征如下。

① 强制安装：未明确提示用户或未经用户许可，在用户计算机上安装软件的行为。

② 难以卸载：未提供通用的卸载方式，或在不受其他软件影响、人为破坏的情况下，卸载后仍然有活动程序的行为。

③ 浏览器劫持：未经用户许可，修改用户浏览器或其他相关设置，迫使用户访问特定网站或导致用户无法正常上网的行为。

④ 广告弹出：未明确提示用户或未经用户许可，利用安装在用户计算机或其他终端上的软件弹出广告的行为。

⑤ 恶意收集用户信息：未明确提示用户或未经用户许可，恶意收集用户信息的行为。

⑥ 恶意卸载：未明确提示用户、未经用户许可，或误导、欺骗用户卸载其他软件的行为。

⑦ 恶意捆绑：在软件中捆绑已被认定为恶意软件的行为。

⑧ 其他侵害用户软件安装、使用和卸载知情权、选择权的恶意行为。

（2）恶意软件的类型

① 广告软件。广告软件（Adware）是指未经用户允许，下载并安装或与其他软件捆绑，并通过弹出式广告或以其他形式进行商业广告宣传的程序。

② 间谍软件。间谍软件（Spyware）是在使用者不知情的情况下，在用户计算机上安装后门程序的软件。用户的隐私数据和重要信息会被那些后门程序捕获，甚至这些"后门程序"还能使黑客远程操纵用户的计算机。

③ 浏览器劫持。浏览器劫持是一种恶意程序，通过 DLL 插件、BHO、Winsock LSP 等形式对用户的浏览器进行篡改。

④ 行为记录软件。行为记录软件（Track Ware）是指未经用户许可窃取、分析用户隐私数据，记录用户使用计算机、访问网络习惯的软件。

⑤ 恶意共享软件。恶意共享软件（Malicious Shareware）是指采用不正当的捆绑或不透明的方式，强制安装在用户的计算机上，并且利用一些病毒常用的技术手段造成软件很难被卸载，或采用一些非法手段强制用户购买的免费、共享软件。

⑥ 搜索引擎劫持。搜索引擎劫持是指未经用户授权，自动修改第三方搜索引擎结果的软件。

⑦ 自动拨号软件。自动拨号软件是指未经用户允许，自动拨叫软件中设定的电话号码的程序。

⑧ ActiveX 控件。ActiveX 是指在网络环境中能够实现互操作性的一组技术。ActiveX 建立在 Microsoft 的组件对象模型（COM）基础上。尽管 ActiveX 能用于桌面应用程序和其他程序，但目前主要用于开发 WWW 上的可交互内容。

（3）恶意软件的清除

① 养成良好的上网习惯，不访问不良网站，不随便点击小广告。

② 下载安装软件尽量到该软件的官方网站，或者到信任度高的大下载站点进行下载。

③ 安装软件时，仔细查看每个安装步骤，防止捆绑软件入侵。

④ 安装 360 安全卫士等安全类软件，定时对系统做诊断，查杀恶意软件。

6.3 网络安全技术

21 世纪，全世界的计算机都将通过 Internet 连到一起，网络和电子邮件已经成为最重要的病毒传播途径，在网络攻击成倍增长的今天，采用安全技术来防止对网络数据的访问和破坏已成为网络应用的当务之急。本节主要对一些常用的访问控制技术、加密技术进行介绍。

6.3.1 防火墙技术

在建筑上，防火墙用于阻止火势从建筑物的一端蔓延到另一端，网络防火墙（一般简称为防火墙）的功能与此类似，用于阻止外部网络的损坏波及内部网络。防火墙是指用于保护计算机网络中敏感数据信息不被窃取和篡改的计算机软硬件系统的总和，就像是设置在被保护网络和外部网络之间的一道屏障，实现网络的安全保护，以防止发生不可预测的、潜在破坏性的侵入。

我国公共安全行业标准中对防火墙的定义为："设置在两个或多个网络之间的安全阻隔，用于保证本地网络资源的安全，通常包含软件部分和硬件部分的一个系统或多个系统的组合"。

防火墙实际上是一种访问控制技术，是一类防范措施的总称，不是一个单独的计算机程序或设备。

防火墙常常被安装在受保护的内部网络通往Internet 的唯一出口上，如图 6-8 所示，它能根据一定的安全策略有效地控制内部网络与外部网络之间的访问及数据传输，从而达到保护内部网络的信息不受外部非授权用户的访问和对不良信息的过滤。

防火墙必须满足两个基本需求：一是保证内部网的安全性；二是保证内部网同外部网间的连通性。两者之间缺一不可，既不能因为安全性而牺牲连通性，也不能因为连通性而牺牲安全性。

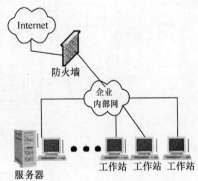

图 6-8　防火墙示意图

防火墙的工作原理是按照事先规定好的配置和规则，检测并过滤所有通向外部网和从外部网传来的信息，只允许授权的数据通过，防火墙还能够记录有关的连接来源、服务器提供的通信量以及试图闯入者的任何企图，以方便管理员检测和跟踪，并且防火墙本身也必须能够避免被渗透。

因此，防火墙一般应具备以下几个功能：实施网间访问控制，强化安全策略；有效地记录 Internet 上的活动，以便进行审计、报警和流量管理；隔离网段以限制安全问题扩张；抗攻击等。

根据防火墙所采用的技术不同，可以将防火墙分为四种类型:包过滤防火墙、代理服务器和状态监视器和复合型。

（1）包过滤

包过滤型防火墙是防火墙中的初级产品，一般工作在网络层，有的会工作在传输层，包过滤防火墙的典型实施方法是路由器，其技术依据是网络中的分组传输技术，通过读取数据包包头中的源地址、目标地址、TCP/UDP 源端口和目标端口等地址信息来判断这些"包"是否来自可信任的安全站点，一旦发现来自危险站点的数据包，防火墙便会将这些数据拒之门外。包过滤防火墙的工作原理如图 6-9 所示。

包过滤技术简单实用，对用户来说是透明的，实现成本较低，在应用环境比较简单的情况下，能够以较小的代价在一定程度上保证系统的安全；但是无法识别基于应用层的恶意侵入，如恶意的 Java 小程序以及电子邮件中附带的病毒，且容易被有经验的黑客伪造的"安全" IP 地址所欺骗。

（2）代理服务器

代理服务器常常被称做应用层网关，是指代理内部网络用户与外部网络服务器进行信息交换的程序，工作于应用层，能实现比包过滤型更严格的安全策略。代理服务器通常运行在两个网络之间，它对于客户机来说像是一台真正的服务器，而对外界的服务器来说，它又是一台真正的客户机。由于外部系统与内部服务器之间没有直接的数据通道，外部的恶意侵害也就很难伤害到企业内部网络系统。最常用的应用层网关是 HTTP 代理服务器，端口通常为 80 或 8080。

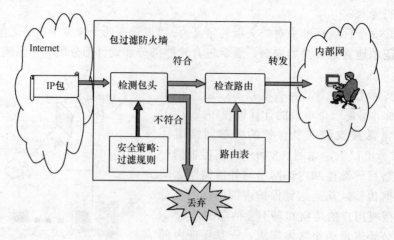

图 6-9　包过滤防火墙的工作原理

代理服务器的安全性较高，可以针对应用层进行侦测和扫描，对付基于应用层的侵入和病毒都十分有效；但对系统的整体性能有较大的影响，而且代理服务器对用户不透明，必须针对客户机可能产生的所有应用类型逐一进行设置，大大增加了系统管理的复杂性。

（3）状态监视器

状态监视器作为防火墙技术其安全特性最佳，它采用了一个在网关上执行网络安全策略的软件引擎，称之为检测模块。检测模块在不影响网络正常工作的前提下，采用抽取相关数据的方法对网络通信的各层实施监测，抽取部分数据，即状态信息，并动态地保存起来作为以后制定安全决策的参考。检测模块支持多种协议和应用程序，并可以很容易地实现应用和服务的扩充。一旦某个访问违反安全规定，安全报警器就会拒绝该访问，进行记录并向系统管理器报告网络状态。

状态监视器可以使安全性得到进一步的提高，同时可以检测无连接状态的远程过程调用和用户数据报之类的端口信息。但是状态监视器的配置非常复杂，而且会降低网络的速度。

（4）复合型防火墙

复合型防火墙是指综合了状态检测与透明代理的新一代的防火墙，进一步基于 ASIC（专用集成电路）架构，把防病毒、内容过滤整合到防火墙里，其中还包括 VPN（虚拟专用网）、IDS（入侵检测系统）功能，多单元融为一体，是一种新突破。它在网络边界实施第七层的内容扫描，实现了实时在网络边缘部署病毒防护、内容过滤等应用层服务措施。

越来越多的家庭用户、小公司使用调制解调器或宽带连接 Internet，这些计算机系统不像大学局域网中学生和教师的计算机那样会处于防火墙的保护之下，但是，为了安全，他们需要防火墙，且希望价格便宜，此时，人们往往会提到个人防火墙。个人防火墙实际上是一种应用程序，它运行于工作站上，用来隔离不希望的、来自网络的通信，是对常规防火墙功能的补充。已有商业个人防火墙如 Symantec 公司的 Norton 个人防火墙、McAfee 个人防火墙等。

需要指出的是，防火墙不是万能的，不能认为有了防火墙就可以高枕无忧。防火墙不能防范不经过防火墙的攻击，不能防止感染了病毒的软件或文件的传输，不能防止数据驱动式攻击也不能防范来自内部和用户的威胁。因此，杀毒软件和防火墙对于系统安全来说都是同等重要的，缺一不可，事实上 windows 系统有自带的防火墙，而有些杀毒软件同时也包含防火墙组件。

6.3.2　访问控制技术

在网络中要确认一个用户，通常的做法是通过身份验证，但是身份验证并不能告诉用户能做些什么。访问控制技术恰恰是来解决这个问题的，访问控制规定了主体对客体访问的限制，并在身份识别的基础上，根据身份对提出资源访问的请求加以控制。访问控制技术是对网络信息系统资源进行保护的重要措施，也是计算机系统中最重要和最基础的安全机制。

1. 访问控制的概念

访问控制是策略（policy）和机制（mechanism）的集合，它允许对限定资源的授权访问。它也可保护资源，防止那些无权访问资源的用户的恶意访问或偶然访问。然而，它无法阻止被授权组织的故意破坏。图 6-10 是一个客户—服务器访问控制模型。

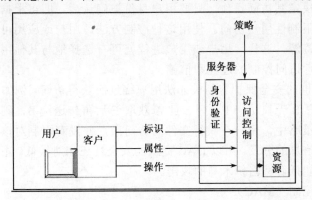

图 6-10　客户—服务器模式中的访问控制模型

在该模型中，用户被看成一个实体（实际上是一个人或者代表那个人的应用操作），这个实体希望访问某种资源。访问主要包括读取数据、更改数据、运行程序、发起连接等。资源可以是能够以某种方式（如读操作、写操作或者修改操作）对其进行操作的任何对象，也可以是那些被迫执行某种操作（如运行一个程序或者发送一个消息）的对象。客户可能就是用户实体，服务器可能就是资源。总之，访问控制是为了限制访问主体（或称为发起者，是一个主动的实体，如用户、进程、服务等）对访问客体（需要保护的资源）的访问权限，从而使计算机系统在合法范围内使用。访问控制机制决定用户及代表一定用户利益的程序能做什么，以及做到什么程度。

2. 访问控制三要素

访问控制包括 3 个要素，即主体、客体和控制策略。

（1）主体（Subject）。主体是可以对其他实体施加动作的主动实体，有时也称为用户（User）或访问者（被授权使用计算机的人员）。主体的含义是广泛的，可以是用户所在的组织、用户本身，也可以是用户使用的计算机终端、卡机、手持终端（无线）等，甚至可以是应用服务程序或进程。

（2）客体（Object）。是接受其他实体访问的被动实体。客体的概念也很广泛，凡是可以被操作的信息、资源、对象都可以认为是客体。在信息社会中，客体可以是信息、文件、记录等的集合体，也可以是网络上的硬件设施、无线通信中的终端，甚至一个客体可以包含另外一个客体。

（3）控制策略。控制策略是主体对客体的操作行为集合约束条件集。简单讲，控制策略是主体对客体的访问规则集，这个规则集直接定义了主体对客体的作用行为和客体对主体的条件约束。访问策略体现了一种授权行为，也就是客体对主体的权限允许，这种允许不超越规则集。

3．控制策略

访问控制技术三要素种，控制策略是核心，通常有三种控制策略。各种访问控制策略之间并不相互排斥，现存计算机系统中通常都是多种访问控制策略并存，系统管理员能够对安全策略进行配置使其达到安全性的要求。

（1）自主访问控制（DAC）

自主访问控制（Discretionary Access Control），又称为随意访问控制，根据用户的身份及允许访问权限决定其访问操作，只要用户身份被确认后，即可根据访问控制表上赋予该用户的权限进行限制性用户访问。使用这种控制方法；用户或应用可任意在系统中规定谁可以访问它们的资源，这样，用户或用户进程就可有选择地与其他用户共享资源。它是一种对单独用户执行访问控制的过程和措施。

然而，DAC 提供的安全保护容易被非法用户绕过而获得访问。例如，若某用户 A 有权访问文件 F，而用户 B 无权访问 F，则一旦 A 获取 F 后再传送给 B，则 B 也可访问 F，其原因是在自由访问策略中，用户在获得文件的访问后，并没有限制对该文件信息的操作，即并没有控制数据信息的分发。所以 DAC 提供的安全性还相对较低，不能够对系统资源提供充分的保护，不能抵御特洛伊木马的攻击。

（2）强制访问控制（MAC）

强制访问控制（Mandatory Access Control）与 DAC 相比，提供的访问控制机制无法绕过。在强制访问控制中，每个用户及文件都被赋予一定的安全级别，用户不能改变自身或任何客体的安全级别，即不允许单个用户确定访问权限，只有系统管理员可以确定用户和组的访问权限。系统通过比较用户和访问的文件的安全级别来决定用户是否可以访问该文件。此外，强制访问控制不允许一个进程生成共享文件，从而防止进程通过共享文件将信息从一个进程传到另一进程。

MAC 通过使用敏感标签对所有用户和资源强制执行安全策略，即实行强制访问控制。安全级别一般有四级：绝密级（Top Secret），秘密级（Secret），机密级（Confidential）反无级别级（Unclassified），其中 T＞S＞C＞U。用户与访问的信息的读写关系将有四种，即：

① 下读（read down）：用户级别大于文件级别的读操作。

② 上写（write up）：用户级别低于文件级别的写操作。

③ 下写（write down）：用户级别大于文件级别的写操作。

④ 上读（read up）：用户级别低于文件级别的读操作。

上述读写方式都保证了信息流的单向性，显然上读—下写方式保证了数据的完整性（integrity），上写—下读方式则保证了信息的秘密性。

（3）角色访问控制（RBAC）

基于角色的访问控制（Role-Based Access Control）是根据用户在系统里表现的活动性质而定的，活动性质表明用户充当一定的角色，用户访问系统时，系统必须先检查用户的角色。一个用户可以充当多个角色、一个角色也可以由多个用户担任。角色访问策略具有以下优点：

① 便于授权管理，如系统管理员需要修改系统设置等内容时，必须有几个不同角色的用户到场方能操作，从而保证了安全性；

② 便于根据工作需要分级，如企业财务部门与非财力部门的员工对企业财务的访问权就可由财务人员这个角色来区分；

③ 便于赋予最小特权，如即使用户被赋予高级身份时也未必一定要使用，以便减少损失。只有必要时方能拥有特权；

④ 便于任务分担，不同的角色完成不同的任务；

⑤ 便于文件分级管理，文件本身也可分为个同的角色，如信件、账单等，由不同角色的用户拥有。

角色访问策略是一种有效而灵活的安全措施。通过定义模型各个部分，可以实现 DAC 和 MAC 所要求的控制策略，目前这方面的研究及应用还处在实验探索阶段。

4．访问控制机制

访问控制机制是为检测和防止系统中的未经授权访问，对资源予以保护所采取的软硬件措施和一系列管理措施等，是访问控制策略的软硬件实现。访问控制一般是在操作系统的控制下，按照事先确定的规则决定是否允许主体访问客体，它贯穿于系统工作的全过程，是在文件系统中广泛应用的安全防护方法。

访问控制矩阵（Access Control Matrix）是最初实现访问控制机制的概念模型，它利用二维矩阵规定了任意主体和任意客体间的访问权限，如图 6-11 所示。图中矩阵中的行代表主体的访问权限属性，矩阵中的列代表客体的访问权限属性，矩阵中的每一格表示所在行的主体对所在列的客体的访问授权。访问控制的任务就是确保系统的操作是按照访问控制矩阵授权的访问来执行的，它是通过引用监控器协调客体对主体的每次访问而实现，这种方法可清晰地实现认证与访问控制的相互分离。

	File1	File2	File3
John	Own		Own R W
Alice	R	Own R W	
Bob		W	R

图 6-11 访问控制矩阵

在较大的系统中，访问控制矩阵将变得非常巨大，而且矩阵中的许多格可能都为空，造成很大的存储空间浪费，因此在实际应用小，访问控制很少利用矩阵方式实现。下面，我们将讨论在实际应用中访问控制的两种常用方法。

（1）访问控制表（Access Control List，ACL）

访问控制表 ACLs 是以文件为中心建立访问权限表，如图 6-12 所示。表中登记了该文件的访问用户名及访问权隶属关系。利用访问控制表，能够很容易地判断出对于特定客体的授权访问，哪些主体可以访问并有哪些访问权限。同样很容易撤销特定客体的授权访问，只要把该客体的访问控制表置为空。

File1	John,Own	Alice, R W
File2	Alice,Own R W	Bob,W
File3	John, Own R W	Bob,R

图 6-12　访问控制表示意图

由于访问控制表简单、实用，虽然在查询特定主体能够访问的客体时，需要遍历查询所有客体的访问控制表，它仍然是一种成熟且有效的访问控制实现方法，许多通用的操作系统使用访问控制表来提供访问控制服务。例如 Unix 和 VMS 系统利用访问控制表的简略方式，允许以少量工作组的形式实现访问控制表，而不允许单个的个体出现，这样可以使访问控制表很小而能够用几位就可以和文件存储在一起。另一种复杂的访问控制表应用是利用一些访问控制包，通过它制定复杂的访问规则限制何时和如何进行访问，而且这些规则根据用户名和其他用户属性的定义进行单个用户的匹配应用。

（2）能力关系表（Capabilities List）

能力关系表与 ACL 相反，是以用户为中心建立访问权限表，表中规定了该用户可访问的文件名及访问权限，如图 6-13 所示。利用能力关系表可以很方便查询一个主体的所有授权访问。相反，检索具有授权访问特定客体的所有主体，则需要遍历所有主体的能力关系表。从 20 世纪 70 年代起，开始开发基于能力关系表实现访问控制的计算机系统，但是没有获得商业上的应用。

John	File1,Own	File3, Own R W
Alice	File1,R	File2,Own R W
Bob	File2,W	File3,R

图 6-13　能力关系表示意图

6.3.3　虚拟专用网

防火墙用来将局域网与 Internet 分隔开来，阻止来自外部网络的损坏。但是，随着企业网应用的不断扩大，企业网的范围也不断扩大，从一个本地网络发展到一个跨地区跨城市甚至跨国家的网络，为保证区域间流通的企业信息的安全，通过租用昂贵的跨地区数字专线方式建立物理上的专用网非常困难，因此，企业往往选择基于电信服务商提供的公共网建立虚拟的专用网（virtual private network，VPN），如图 6-14 所示。

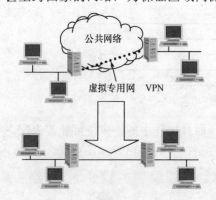

图 6-14　虚拟专用网示意图

虚拟专用网 VPN 的目标是在不安全的公共网络上建立一个安全的专用通信网络。VPN 是指利用公共网络，如公共分组交换网、帧中继网、ISDN 或 Internet 网络等的一部分来发送专用信息，形成逻辑上的专用网络。目前，因特网已成为全球范围内最大的网络基础设施，几乎延伸到世界的各个角落，因此，人们越来越关注基于 Internet 的 VPN 技术。

VPN 实际上是一种服务，它采用加密和认证技术，利用公共通信网络设施的一部分发送专用信息，为相互通信的节点建立起一个相对封闭的、逻辑的专用网络；通常用于大型组织跨地域的各个机构之间的联网信息交流，或是流动工作人员与总部之间的通信；只允许特定利益集团内建立对等连接，保证在网络中传输的数据的保密性和安全性。

根据定义，虚拟专用网至少应能提供如下功能：

① 加密数据，以保证通过公网传输的信息即使被他人截获也不会泄露。

② 信息认证和身份认证，保证信息的完整性、合法性，并能鉴别用户的身份。

③ 提供访问控制，不同的用户有不同的访问权限。

目前，VPN 主要采用隧道技术、加解密技术、密钥管理技术、使用者与设备身份鉴别技术四大技术来提供以上功能。其中，隧道技术是 VPN 的核心，它基于网络协议在两点或两端建立通信。

根据服务类型，可以将 VPN 分为三类：拨号 VPN（Access VPN）、内部网 VPN（Intranet VPN）和外联网 VPN（Extranet VPN），如图 6-15 所示。

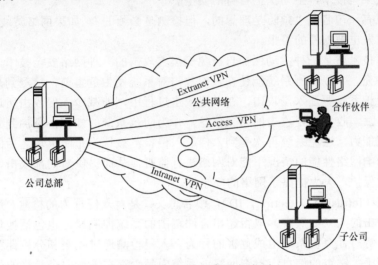

图 6-15　VPN 的三种服务类型

① 拨号 VPN。拨号 VPN 用于在远程用户或移动雇员和公司内部网之间进行互联。用户向 NSP（网络服务提供商）的网络访问服务器 NAS（Network Access Server）进行拨号，发出连接请求，NAS 收到呼叫后，与用户建立链路，并对用户进行身份验证，如果确定是合法用户，就启动拨号 VPN 功能，与公司总部内部连接，允许其访问内部资源。

② 内部网 VPN。内部网 VPN 用于在公司远程分支机构的 LAN 之间或公司远程分支机构的 LAN 与公司总部 LAN 之间进行互联。通过 Internet 这一公共网络将公司在各地分支机构的 LAN 连到公司总部的 LAN，以便公司内部的资源共享、文件传递等，可节省 DDN 等专线所带来的高额费用。

③ 外联网 VPN。外联网 VPN 用于在供应商、商业合作伙伴的 LAN 和公司的 LAN 之间进行互联。外联网 VPN 通过一个共享基础设施，将客户、供应商、合作伙伴等连接到企业内部网，既可以向外提供有效的信息服务，又可以保证自身的内部网络的安全。

VPN 具有成本低、网络架构弹性大、良好的安全性以及管理方便等优点；但是，VPN 的安全保证主要是通过防火墙技术、路由器配以隧道技术、加密协议和安全密钥来实现的，那些对公司网直接或始终在线的连接将会成为攻击的主要目标，也会为黑客、竞争对手以及商业间谍提供了无数进入公司网络核心的机会，从而威胁企业网的安全。

6.3.4　入侵检测

对于企业网络来说，入侵的来源可能是企业内部心怀不满的员工、网络黑客，甚至是竞争对手。攻击者可以窃听网络上的信息，窃取用户的口令、数据库的信息；还可以篡改数据库内容，伪造用户身份，否认自己的签名。更有甚者，攻击者可以删除数据库的内容，摧毁网络节点，释放计算机病毒，直到整个企业网络陷入瘫痪。

虽然防火墙强大的身份验证能够保护系统不受未经授权访问的侵扰，但其对专业黑客或恶意的经授权用户却无能为力。依赖防火墙建立的网络组织往往是"外紧内松"，从外面看似非常安全，但内部缺乏必要的安全措施，对于企业内部人员所做的攻击，防火墙形同虚设。据统计，全球80%以上的入侵来自于内部。那么网络在被动保护自己不受侵犯的同时，能否采取某些技术，主动保护自身的安全呢？

安全领域有一句名言"预防是理想的，但检测是必须的"，如果网络防线最终被攻破，那就需要及时发出被入侵的警报。

入侵检测技术就是一种主动保护自己免受黑客攻击的一种网络安全技术，是对防火墙极其有益的补充。入侵检测系统能使在入侵攻击对系统发生危害前，检测到入侵攻击，并利用报警与防护系统驱逐入侵攻击。在入侵攻击过程中，能减少入侵攻击所造成的损失。在被入侵攻击后，收集入侵攻击的相关信息，作为防范系统的知识，添加到知识库内，增强系统的防范能力，避免系统再次受到入侵。入侵检测被认为是防火墙之后的第二道安全闸门，在不影响网络性能的情况下能对网络进行监听，从而提供对内部攻击、外部攻击和误操作的实时保护，大大提高了网络的安全性。

入侵检测（Intrusion Detection，ID），顾名思义，是对入侵行为的检测。所谓入侵，不仅包括发起攻击的人（如黑客）取得超出合法范围的系统控制权，也包括搜集漏洞信息，造成拒绝服务等对计算机系统造成危害的行为。入侵检测通过收集和分析计算机网络或计算机系统中若干关键点的信息，检查网络或系统中是否存在违反安全策略的行为和被攻击的迹象，并根据既定的策略采取一定的措施。进行入侵检测的软件与硬件的组合便是入侵检测系统（Intrusion Detection System,IDS），该系统对系统资源的非授权使用能够做出及时的判断、记录和报警。

入侵检测的研究最早可以追溯到詹姆斯·安德森在1980年的题为《计算机安全威胁监控与监视》的技术报告。该报告第一次详细阐述了入侵检测的概念，将威胁分为外部渗透、内部渗透和不法行为三种，还提出了利用审计跟踪数据监视入侵活动的思想。他的理论成为入侵检测系统设计及开发的基础，他的工作成为基于主机的入侵检测系统和其他入侵检测系统的出发点。

最早的通用入侵检查模型由D.Denning于1987年提出，如图6-16所示。

入侵检测系统依照信息来源收集方式的不同，可以分为基于主机入侵检测系统（Host-Based IDS）和基于网络的入侵检测系统（Network-Based IDS）。

（1）基于主机。基于主机的入侵检测系统是早期的入侵检测系统结构，其检测的目标主要是主机系统和系统本地用户。基于主机的入侵检测系统一般用于保护关键应用的服务器，实时监视可疑的连接、系统日志检查、非法访问的闯入等，并且提供对典型应用的监视，如Web服务器应用。检测原理是根据主机的审计数据和系统日志发现可疑事件。检测系统可以运行在被检测的主机或单独的主机上。

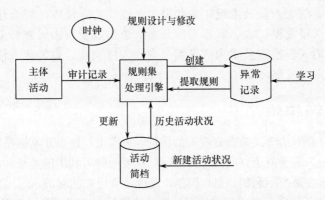

图 6-16　通用入侵检查模型

（2）基于网络。基于网络的入侵检测系统主要用于实时监控网络关键路径的信息。该技术不需要任何特殊的审计和登录机制，而主要分析网络行为和过程，通过行为特征或异常来发现攻击，检测入侵事件。它一般工作于数据链路层，通常利用一个工作在"混杂模式"（Promiscuous Mode）下的网卡来实时监视并分析通过网络的数据流，不会影响其他数据源，对用户来说是透明的。

目前典型的入侵检测系统会综合应用以上两种入侵检测系统如图 6-17 所示。在每个网段和重要服务器上都安装了入侵检测系统，以保护整个系统的安全。

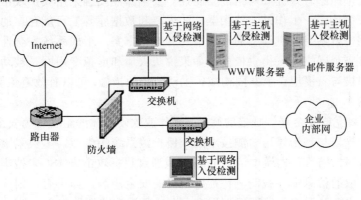

图 6-17　通用入侵检测系统

另外按其分析方法可分为异常检测（Anomaly Detection，AD）和误用检测（Misuse Detection，MD）。

（1）异常检测。异常检测首先假设入侵者活动都是异常于正常主体的活动。根据这一理念建立主体正常活动的轮廓模型，包括操作系统轮廓、应用程序轮廓、用户行为轮廓等，将当前主体的活动轮廓与正常活动轮廓相比较，当违反其统计规律时，认为该活动可能是"入侵"行为。异常检测具有抽象系统正常行为从而检测系统异常行为的能力。这种能力不受系统以前是否知道这种入侵的限制，所以能够检测新的入侵行为。

（2）误用检测。误用检测又称特征检测（Signature-based detection），该检测假设入侵者活动可以用一种模式来表示，系统的目标是检测主体活动是否符合这些模式。它可以将已有的入侵方法检查出来，但对新的入侵方法无能为力。其难点在于如何设计模式既能够表达"入侵"现象又不会将正常的活动包含进去。

无论从规模与方法上入侵技术近年来都发生了变化：入侵攻击综合化与复杂化、入侵主体对象间接化、入侵规模扩大、常常采用分布式攻击以及攻击对象转变为网络的防护系统等，因此，今后的入侵检测技术大致可朝分布式入侵检测、智能化入侵检测以及全面的安全防御方案三个方向发展。

6.3.5　漏洞扫描

在军事术语中，漏洞的含义为有受攻击的嫌疑。事实上，每个计算机系统都有漏洞，无论你在系统安全性上投入多少财力，攻击者仍然可以发现一些可利用的特征和配置缺陷。这对于安全管理员来说，实在是个不利的消息。但是，发现一个已知的漏洞，远比发现一个未知漏洞要容易得多，所以，多数攻击者所利用的都是常见的漏洞，这些漏洞均有书面资料记载。

因此，如能采用适当的工具，在黑客利用这些常见漏洞之前，查出网络的薄弱之处，进行防范，就可以较好地抵御攻击。

漏洞，大体上分为两大类：软件编写错误造成的漏洞；软件配置不当造成的漏洞。

如何快速简便地发现这些漏洞，就显得非常重要，这需要采用安全漏洞扫描技术，使用安全漏洞扫描工具。安全漏洞扫描工具已经出现了很多年，安全管理员在使用这些工具的同时，黑客们也在利用这些工具来发现各种类型的系统和网络的漏洞。

安全漏洞扫描技术是一类重要的网络安全技术，安全漏洞扫描技术与防火墙、入侵检测系统互相配合，能够有效提高网络的安全性。安全漏洞扫描采用模拟攻击的形式对网络系统组成元素（服务器、工作站、路由器、防火墙和数据库等）可能存在的安全漏洞进行逐项检查，根据检查结果提供详细的漏洞描述和修补方案，形成系统安全性分析报告，从而为网络管理员完善网络系统提供依据。如果说防火墙和虚拟专用网是被动的防御手段，那么安全漏洞扫描与入侵检查就共同构成了主动防范的措施，可以有效避免黑客攻击行为，做到防患于未然。

通常，我们将完成安全漏洞扫描的软件、硬件或软硬一体的组合称为安全漏洞扫描器。

安全漏洞扫描器与基于误用检测技术的入侵检测系统相类似，多数采用基于特征的匹配技术。安全漏洞扫描器首先通过请求/应答，或通过执行攻击脚本，来搜集目标主机上的信息，然后在获取的信息中寻找漏洞特征库定义的安全漏洞，如果有，则认为安全漏洞存在。可以看到，安全漏洞能否发现很大程度上取决于漏洞特征的定义。

根据工作模式，漏洞扫描器分为基于网络漏洞的扫描器和基于主机的漏洞扫描器。

1．基于网络漏洞的扫描器

基于网络的漏洞扫描器，就是通过网络来扫描远程计算机中的漏洞。一般来说，基于网络的漏洞扫描工具可以看作是一种漏洞信息收集工具，它可以根据不同漏洞的特性，构造网络数据包，发给网络中的一个或多个目标服务器，以判断某个特定的漏洞是否存在。比如，利用低版本的 DNS Bind 漏洞，攻击者能够获取 root 权限，侵入系统或者攻击者能够在远程计算机中执行恶意代码。使用基于网络的漏洞扫描工具，能够监测到这些低版本的 DNS Bind 是否在运行。

基于网络的漏洞扫描器，一般由以下几方面组成，其结构示意图如图 6-18 所示。

① 漏洞数据库模块。漏洞数据库包含了各种操作系统的各种漏洞信息，以及如何检测漏洞的指令。由于新的漏洞会不断出现，该数据库需要经常更新，以便能够检测到新发现的漏洞。

②　用户配置控制台模块。用户配置控制台与安全管理员进行交互，用来设置要扫描的目标系统，以及扫描哪些漏洞。

③　扫描引擎模块。扫描引擎是扫描器的主要部件。根据用户配置控制台部分的相关设置，扫描引擎组装好相应的数据包，发送到目标系统，将接收到的目标系统的应答数据包，与漏洞数据库中的漏洞特征进行比较，来判断所选择的漏洞是否存在。

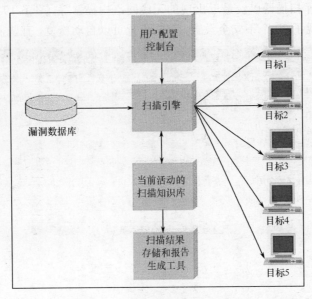

图 6-18　基于网络的漏洞扫描器

④　当前活动的扫描知识库模块。通过查看内存中的配置信息，该模块监控当前活动的扫描，将要扫描的漏洞的相关信息提供给扫描引擎，同时还接收扫描引擎返回的扫描结果。

⑤　结果存储器和报告生成工具。报告生成工具，利用当前活动扫描知识库中存储的扫描结果，生成扫描报告。扫描报告将告诉用户配置控制台设置了哪些选项，根据这些设置，扫描结束后，在哪些目标系统上发现了哪些漏洞。

2．基于主机的漏洞扫描器

基于主机的漏洞扫描器，与基于网络的漏洞扫描器的原理类似，但是，两者的体系结构不一样。基于主机的漏洞扫描器通常在目标系统上安装了一个代理（Agent）或者是服务（Services），以便能够访问所有的文件与进程，这也使得基于主机的漏洞扫描器能够扫描更多的漏洞。

基于主机的漏洞扫描器通常是一个基于主机的 Client/Server 三层体系结构的漏洞扫描工具。这三层分别为：漏洞扫描器控制台、漏洞扫描器管理器和漏洞扫描器代理。

漏洞扫描器控制台安装在一台计算机中；漏洞扫描器管理器安装在企业网络中；所有的目标系统都需要安装漏洞扫描器代理。漏洞扫描器代理安装完后，需要向漏洞扫描器管理器注册。

当漏洞扫描器代理收到漏洞扫描器管理器发来的扫描指令时，漏洞扫描器代理单独完成本目标系统的漏洞扫描任务；扫描结束后，漏洞扫描器代理将结果传给漏洞扫描器管理器；最终用户可以通过漏洞扫描器控制台浏览扫描报告。

总的来说，基于网络的漏洞扫描器价格便宜，在扫描过程中不需要在目标系统中安装软件，维护方便；但是不能穿过防火墙，不能直接访问目标系统的文件系统，检测到的漏洞数目较少且扫描服务器与目标机之间的通信未加密存在隐患等。而基于主机的漏洞扫描器可以扫描到较多的漏洞数量，便于集中管理，网络流量小且较为安全，但存在价格昂贵，扩展性差，且需要在目标主机上安装软件等缺点。

另外，针对检测对象的不同，漏洞扫描器又可分为网络扫描器、操作系统扫描器、WWW服务扫描器、数据库扫描器以及最近出现的无线网络扫描器等。图 6-19 是瑞星漏洞扫描的扫描报告界面，发现了 39 个不安全设置，有些设置可以自动修复，有些需要用户手动修改。

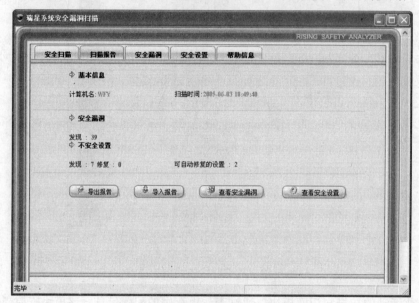

图 6-19　瑞星漏洞扫描的扫描报告界面

安全漏洞扫描技术是新兴的技术，与防火墙、入侵检测等技术相比，它们从另一个角度来解决网络安全上的问题。同时，安全漏洞扫描的对象——漏洞包罗万象，数目持续增加，新的难题也将不断涌现，因此网络安全扫描技术仍有待更进一步的研究和完善。安全漏洞扫描技术的产品——漏洞扫描器是维护网络安全所必备的系统级网络安全产品之一，其存在的重要性和必要性正逐渐被广大用户所接受和认可。

6.3.6　数据加密

前面介绍的都是用来防止系统被攻破，防止信息被窃取或破坏的技术，但是安全是相对的，即使采用了多种防护措施，系统还是有可能被攻破，数据还是有可能被窃取，那么就需要一种措施来保护数据，防止被一些怀有不良用心的人所看到或者破坏，这种措施就是数据加解密技术，数字签名和数字证书则是数据加密技术最典型的两项应用，可以确保信息的真实性。

1. 数据加密

事实上数据加密技术离我们并不遥远，在编写 Word 文档、Excel 电子表格或者 Powerpoint 演示文稿时我们会为其设置打开或修改密码；或者在使用 Winzip 或 Winrar 压缩文件时我们会为生成的压缩文件设置打开密码；又或者我们会利用 PGP 或其他的软件对电子邮件进行加密。这些工作到底是怎样进行的呢？

首先介绍数据加密的几个相关术语。

- 密码：密码是实现秘密通信的主要手段，是隐蔽语言、文字、图像的特种符号。
- 明文：未加密的消息称为明文。
- 密文：被加密的消息称为密文。
- 加密：用某种方法伪装信息以隐藏它的内容的过程，即把明文变为密文的过程称为加密。
- 解密：把密文转变为明文的过程称为解密。

传说公元前 54 年，古罗马长官恺撒常用一种密表给朋友写信，这里所说的密表，在密码学上称为"恺撒密表"。用现代的眼光看，恺撒密表是一种相当简单的加密变换，就是把明文中的每一个字母用它在字母表上位置后面的第三个字母代替。古罗马文字就是现在所称的拉丁文，其字母就是我们从英语中熟知的那 26 个拉丁字母。因此，恺撒密表就是用 D 代 a，用 E 代 b，……，用 z 代 w，用 A 代 x，用 B 代 y，用 C 代 z。这些代替规则也可用一张表格来表示（所以叫"密表"）。例如，有这样一个拉丁文例子"Omnia Gallia est divisa in Partes tres"（高卢全境分为三部分）用恺撒密表加密后，就成为密文"RPQLD JDOOLD HVW GLYLVD LQ SDUWHV WUHV"，如图 6-20 所示，如果不掌握个中奥妙，不如道恺撒密表，简直不知所云。这个例子可以看出将明文变为密文其实是用了一定的字母替换规则，这个规则就是加密算法，必须对这个加密算法保密，才能保证恺撒密文不被破解。

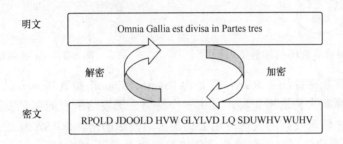

图 6-20　加解密过程示意图

如果算法的保密性是基于保持算法的秘密，这种算法就成为受限制的算法，无法进行质量控制或标准化。现代密码学用密钥（key）解决了这个问题，算法公开，但是保护好密钥，加密算法通过它对数据进行加密。当加密数据时，使用密钥与明文混合，运行加密算法，得出相应的密文，就像用钥匙锁上数据一样；解密数据时，使用密钥与密文混合，运行解密算法，还原得到相应的明文，就像用钥匙重新将锁打开一样。在整个过程中，密钥是保密的，不应该让不相关的人知道密钥，否则他们也可以把锁打开拿走明文。

密码根据密钥方式可以分为两类：

（1）对称式密码

对称式密码是指收发双发使用相同密钥的密码，传统的密码都属于此类，加解密过程如图 6-21 所示。使用对称密码要求发送者和接受者在安全通信之前商定一个密钥，密码的安全性依赖于密钥，泄漏密钥就意味着任何人都能对消息进行加/解密。对称密钥的加密和解密速度较快，但是如果需要通信的人很多，则需要管理太多的密钥。

常用的对称加密算法是 DES（数据加密标准）算法，该算法是美国经过长时间征集和筛选后于 1977 年由美国国家安全标准局颁布的一种加密算法，主要用于民用敏感信息的加密，后来被国际标准化组织接受作为国际标准。

DES 算法使用最大为 64 位的标准算术和逻辑运算，运算速度快，密钥产生容易，既可以用软件实现又可以用硬件实现，但是产生的密钥太短，只有 56 位，且因为算法公开，安全性完全依赖于对密钥的保护，不适合在网络环境中单独使用。

（2）非对称式密码

非对称式密码是指收发双方使用不同密钥的密码，现代密码中的公共密钥密码就属于此类。非对称密码相当于两把钥匙对付一把锁，关锁的不能开锁，开锁的不能关锁，接收方提供钥匙，把关锁钥匙（公钥）交给发送法，开锁钥匙（私钥）留给自己。非对称密码的加解密过程如图 6-22 所示。

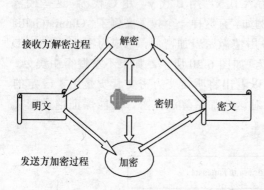

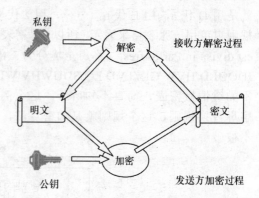

图 6-21　对称式密码的加解密过程　　　　图 6-22　非对称密码的加解密过程

常用的非对称加密算法是 RSA，它是由 Rivest、Shamir 和 Adleman 共同发明的。RSA 算法使用很大的质数来构造密钥对，其中一个称为公钥发给所有的信息发送方，私钥则由接受方保管，用来解密收到的发送方用公钥加密后发送的密文。RSA 算法的优点是密钥空间大，RSA 实验室建议：对于普通公司使用的密钥大小为 1024 位；对于极其重要资料，使用 2048 位；对于日常使用，768 位就已经足够。但是 RSA 算法的缺点是速度慢，不过，如果 RSA 和 DES 结合使用则正好可以弥补这一缺点，即：DES 用于明文加密，RSA 用于 DES 密钥的加密。

2．数字签名

当使用 RSA 算法时，用公钥加密的数据只能用私钥解密，但是如果用私钥加密数据，会出现什么情况呢？任何人都可以解密该数据，因为公钥是公开的。显然这样无法达到保密的目的，但是却可以得到这样一个事实：如果公钥可以顺利地解密一个数据，则该数据一定是用相应的私钥加密的，这就好像私钥的拥有者在数据上签了名一样，这一技术称为数字签名技术，数字签名（Digital Signature）技术是非对称加密算法的典型应用。

数字签名是证明当事人身份与数据真实性的一种安全技术。数字签名能够实现以下安全功能。

- 接收方能够证实发送方的真实身份。
- 发送方不能否认所发送过的报文。
- 接收方或非法者不能伪造、篡改报文。

数字签名技术的原理如图 6-23 所示。

3. 数字证书

Internet 电子商务系统技术使网上购物顾客能够极其方便轻松地获得商家和企业的信息，但同时也增加了对某些敏感或有价值的数据被滥用的风险。为了保证互联网上电子交易及支付的安全性，保密性等，防范交易及支付过程中的欺诈行为，必须在网上建立一种信任机制。这就要求参加电子商务的买方和卖方都必须拥有合法的身份，并且在网上能够有效无误的被进行验证。

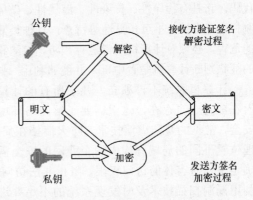

图 6-23 数字签名技术原理

数字证书是一种权威性的电子文档。它提供了一种在 Internet 上验证身份的方式，其作用类似于司机的驾驶执照或日常生活中的身份证。它是由一个由权威机构——CA 证书授权（Certificate Authority）中心发行的，人们可以在互联网交往中用它来识别对方的身份。当然在数字证书认证的过程中，证书认证中心（CA）作为权威的、公正的、可信赖的第三方，其作用是至关重要的。

通常，数字证书同数字签名一样采用公钥体制。数字证书颁发过程一般为：用户首先产生自己的密钥对，并将公共密钥及部分个人身份信息传送给认证中心。认证中心在核实身份后，将执行一些必要的步骤，以确信请求确实由用户发送而来，然后，认证中心将发给用户一个数字证书，该证书内包含用户的个人信息和他的公钥信息，同时还附有认证中心的签名信息。用户就可以使用自己的数字证书进行相关的各种活动。

数字证书由独立的证书发行机构发布。数字证书各不相同，每种证书可提供不同级别的可信度。用户可以从证书发行机构获得您自己的数字证书。

工行的 U 盾、建行的网银盾、光大银行的阳光网盾以及支付宝中的支付盾等均可看做数字证书的具体应用。

本章小结

计算机和通信网络已经广泛应用于社会的各个领域，以此为基础建立的各种信息系统给人们的生活和工作带来了极大的便利，但随之也产生了信息安全的问题。本章从技术的角度概括地介绍了信息安全的基本概念及相关技术、目前计算机安全面临的主要威胁、计算机病毒和计算机网络安全的相关技术。

计算机系统受到来自对实体和信息两个方面的威胁，计算机系统安全涉及物理安全、运行安全和信息安全三个方面。信息安全是指防止信息财产被故意或偶然的非授权泄露、更改、破坏或信息被非法的系统辨识、控制。它有五个特性：可用性、可靠性、完整性、保密性和不可抵赖性。对于信息安全产品的评价，国际上一般制定分级保护的标准，如 TCSEC。同时保障计算机信息的安全技术就是信息安全技术，涉及计算机软硬件、数据、网络、反病毒以及防计算机犯罪等技术。

计算机病毒是计算机安全所面临的巨大威胁之一。计算机病毒是指编制或者在计算机程序中插入的破坏计算机功能或数据，影响计算机使用并能够自我复制的一组计算机指令或者程序代码。它具有程序性、传染性、潜伏性、破坏性、可触发性、针对性、衍生性、夺取系统的控制权、寄生性、不可预见性等特点，且种类繁多，传播途径广泛。为了避免或减少计算机病毒的危害，必须对计算机病毒进行预防、检测和清除，需要养成良好的习惯，也要学会根据一定的症状判断计算机是否中毒，并能够利用一些病毒查杀工具对系统进行病毒查杀。

计算机系统不再独立，几乎所有的计算机系统都会以某种方式访问网络，来自网络的潜在威胁一直存在，这就需要了解网络环境下的安全技术，并采取一定的措施来维护系统安全，常见的是防火墙技术，防火墙挡在局域网和 Internet 之间，保障局域网的安全；由地理位置不同的局域网构成的企业网的安全需要虚拟专用网技术来维护；访问控制技术可以确定主体对客体的访问权限，阻止非法访问；入侵检测技术可以及时发现来自内部的攻击；利用漏洞扫描技术及时发现系统的不足并进行弥补是主动地防护措施；对数据加密时安全的最后一道防线，可以在系统被攻破后对数据进行保护。

习 题 6

一、选择题（注意：4个答案为单选题，6个答案为多选题）：

1．"可信计算机系统评价准则"TCSEC 将计算机系统的安全划分为＿＿＿＿＿＿＿个级别。

    A. 4   B. 6   C. 7   D. 8

2．＿＿＿＿＿＿＿是指信息未经授权不能进行改变的特性，即信息在存储或传输过程中保持不被偶然或蓄意删除、修改、伪造、乱序、重放、插入等破坏和丢失的特性。

    A. 完整性   B. 不可抵赖性

    C. 可用性   D. 可靠性

3．＿＿＿＿＿＿＿是指信息的行为人要对自己的信息行为负责，不能抵赖自己曾经有过的行为，也不能否认曾经接到对方的信息。

    A. 完整性   B. 不可抵赖性   C. 可用性   D. 可靠性

    E. 真实性   F. 不可否认性

4．我国正式颁布实施的《中华人们共和国计算机信息系统安全保护条例》，给出了国内对计算机病毒的权威定义，该定义明确表明了＿＿＿＿＿＿＿＿是病毒最重要的两大特征。

    A. 程序性   B. 衍生性   C. 传染性   D. 潜伏性

    E. 破坏性   F. 可触发性

5．操作系统型病毒是根据＿＿＿＿＿＿＿划分的一类计算机病毒。

    A. 攻击对象的机型   B. 链接方式

    C. 攻击计算机的操作系统   D. 传染方式

6．＿＿＿＿＿＿＿是目前最主要的病毒传播途径。

    A. 集成电路芯片   B. 计算机网络

    C. 软盘   D. CD-ROM

7．以下技术中，＿＿＿＿＿＿＿用来达到保护内部网络的信息不受外部非授权用户的访问和对不良信息的过滤。

    A. 防火墙技术   B. VPN   C. 入侵检测   D. 漏洞扫描

8．攻击者在实施攻击时，一般可能会采取不同的方法，但是攻击步骤往往比较雷同，其中攻击的第一步是＿＿＿＿＿＿。

A. 登录主机　　　　　　　　　　B. 寻找目标主机并分析目标主机

C. 清除记录，设置后门　　　　　D. 得到超级用户权限，控制主机

9. 计算机程序代码最适宜于申请_____保护。

A.著作权　　　　　　　　　　　B.专利权

C.商业秘密　　　　　　　　　　D. 商标功

10. 我国第一个关于信息系统安全方面的全国性行政法规是_____。

A.《计算机病毒防治管理办法》

B.《中华人民共和国计算机信息网络国际联网管理暂行规定实施办法》

C.《中华人民共和国计算机信息系统安全保护条例》

D.《中国公用计算机互联网国际联网管理办法》

11. 木马入侵主机的主要目的是为了_____。

A. 维护系统　　　　　　　　　　B. 破坏系统

C. 窃取机密　　　　　　　　　　D. 自我繁殖

12. 国际上对病毒的命名有一套惯例是_____。

A.病毒名+前缀+后缀　　　　　　B. 前缀+后缀+病毒名

C.前缀+病毒名+后缀　　　　　　D. 病毒名+中缀+后缀

13. 以下说法正确的是_____。

A. 蠕虫是计算机病毒，木马不是　B. 蠕虫和木马都是计算机病毒

C. 木马是计算机病毒，蠕虫不是　D. 蠕虫和木马都不是计算机病毒

14. 下列技术中，_____运用了加密技术。

A. 防火墙技术　　　　　　　　　B.VPN

C. 入侵检测　　　　　　　　　　D. 漏洞扫描

15. 以下情况中，_____适宜运用非对称加密。

A. word 打开密码　　　　　　　B. word 修改密码

C. 与多人发送邮件　　　　　　　D. winzip 解压密码

二、问答题：

1. 什么是信息安全？信息安全有哪些属性？

2. 计算机信息安全技术主要涉及哪些技术？请简要介绍。

3. 什么是计算机病毒？其有哪些特征。

4. 我们常说的宏病毒可以归类为哪一类病毒？为什么？

5. 什么是病毒的可触发性？

6. 请简要地谈谈您对计算机病毒的防治的理解。

7. 什么是防火墙？它有哪几种类型？

8. 什么是虚拟专用网？其应该提供什么功能？

9. 黑客攻击系统的主要目的有哪些？

第7章 计算机学科相关论题

在当今信息化社会中，计算机已经成为必不可少的工具。本章首先介绍计算学科与计算机学科及其主要研究内容，并概要介绍了计算机学科的知识体系和课程体系；然后讨论计算机专业的人才培养需求、课程设置等内容，以帮助学生明确今后的学习目标；同时，帮助学生和计算机从业人员了解计算机职业道德方面的相关知识，让他们充分认识到计算机和网络在社会中所产生的影响，要树立正确的道德观念，自觉抵制一切不良行为。

7.1 计算学科与计算机学科

7.1.1 计算学科的概念

计算学科是对描述和变换信息的算法过程进行系统研究，包括理论、分析、设计、效率、实现和应用等，来源于对算法理论、数理逻辑、计算模型、自动计算机器的研究，并与存储式电子计算机的发明一起形成于 20 世纪 40 年代初期。

计算学科的研究包括从算法与可计算性的研究，到根据可计算硬件和软件的实际实现问题的研究。这样，计算学科不但包括从总体上对算法和信息处理过程进行研究的内容，也包括满足给定规格要求的有效而可靠的软件、硬件设计——包括所有科目的理论研究、实验方法和工程设计。

计算学科的根本问题讨论的是"能行性"的有关内容。而凡是与"能行性"有关的讨论都是处理离散对象。因为连续对象很难进行能行处理。因此，"能行性"这个计算学科的根本问题决定了计算机本身的结构和它处理的对象都是离散型的，甚至许多连续型的问题也必须在转化为离散型问题以后才能被计算机处理。例如，计算定积分就是将它变成离散量，再用分段求和的方法来处理。

尽管计算学科已成为一个极为宽广的学科，但其根本问题仍然是什么能被（有效地）自动进行。甚至可以更直率地说，计算学科所有分支领域的根本任务就是进行计算，其实质就是字符串的变换。

计算学科现已成为一个庞大的学科，因此 IEEE-CS 和 ACM 任务组做了大量工作，提交了计算机科学（Computer Science，CS）、计算机工程（Computer Engineering，CE）、软件工程（Software Engineering，SE）、信息技术（Information Technology，IT）和信息系统（Information Systems，IS）5 个分支学科以及相应的计算学科总报告，如图 7-1 所示。

7.1.2 计算机学科的定义

计算机是一种现代化的信息处理工具，它对信息进行处理并提供所需结果，其结果（输出）取决于所接收的信息（输入）及相应的处理算法。

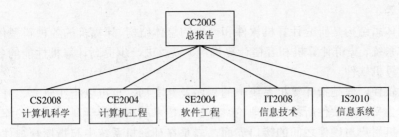

图 7-1　CC2005 总报告结构

计算机学科是研究计算机的设计与制造和利用计算机进行信息获取、表示、储存、处理、控制等的理论、原则、方法和技术的学科。计算机学科包括科学和技术两方面。科学侧重研究现象与揭示规律；技术则侧重研制计算机及使用计算机进行信息处理的方法与技术手段。计算机学科除具有较强的科学性外，还具有较强的工程性，因此它是一门科学性与工程性并重的学科。

从学科研究的内容来看，计算机学科包括了计算学科的大部分内容，既可以看成是计算学科的一种全面体现，又可以看成是计算学科的最基本学科。首先，计算学科包含的计算机科学、计算机工程、软件工程、信息技术、信息系统等分支学科领域的基本内容，也是计算机学科研究的内容；其次，计算学科的理论、技术与方法需要通过计算机学科的研究来进行验证和实现。

从研究方法上来看，计算学科通过建立离散模型来对物理过程进行模拟，这是通过计算机实现的。因此，计算机是计算学科进行科学实验与科学研究的主要工具与手段。

7.1.3　计算机学科的研究内容

计算机学科的研究内容可概括为计算机理论、计算机硬件、计算机软件、计算机网络、计算机应用以及人工智能等领域。在这些研究领域中，有些方面前人已经研究得比较透彻，取得了许多成果，有些方面则还不够成熟和完备，需要进一步去研究、完善和发展。

（1）计算机理论

计算机理论包括数值计算、离散数学、计算理论和程序理论四部分。

数值计算讨论用于模拟物理过程或社会过程的各种算法的设计、分析和使用。离散数学是泛指数学中讨论离散对象的分支。与连续数学不同，离散数学通常涉及整数系，由于数字计算机是离散机，离散数学的重要性不言而喻。通常认为，离散数学包括集合论、图论、组合学、数理逻辑、抽象代数、线性代数、差分方程、离散概率论等学科。

计算理论主要包括算法、算法学、计算复杂性理论、可计算性理论、自动机理论、形式语言理论等。程序理论研究程序的语义性质、语用性质和程序的开发，主要包括程序语义理论、程序语用理论、数据类型理论、程序逻辑理论、程序验证理论、并发程序设计理论和混合程序设计理论等。程序理论和计算理论是计算机科学理论的两大支柱。

（2）计算机硬件

计算机硬件是构成计算机系统的所有物质元器件、部件、设备以及相应的工作原理与设计、制造、检测等技术的总称。集成电路是微电子学和制造工艺技术高度发展的产物，是将大量晶体管、二极管、电阻、电容等各种元件集成在一块半导体芯片上，以实现特定完整功能的器件。此外，计算机硬件还包括计算机制造、计算机检测、计算机维护、计算机体系结构等。

计算机体系结构是研究计算机软件和硬件的总体结构、计算机的各种新型体系结构（如并行处理机系统、集群计算机和容错计算机等）以及进一步提高计算机性能的各种新技术。

（3）计算机软件

计算机软件一般是指计算机系统中的程序及其文档，也可以指在研究、开发、维护以及使用上述含义下的软件所涉及的理论、方法、技术所构成的学科。软件的作用有三：一是用作计算机用户与硬件之间的接口界面，二是在计算机系统中起指挥管理作用，三是作为计算机体系结构设计的重要依据。

软件的基本内容包括软件语言、软件方法学、软件工程、数据结构与算法、操作系统、数据库系统和可视化技术等。

（4）计算机网络

计算机网络是地理上分散的多台自主计算机互连的集合。自主性排除了网络系统中的主从关系，互连需遵循约定的通信协议。计算机网络可实现信息交互、资源共享、协同工作以及在线处理等功能。

随着计算机网络及其应用的不断发展，网络的开放性、信息的共享性、应用的广泛性等导致世界范围内网络攻击手段层出不穷，网络犯罪日趋严重。网络安全是在分布网络环境中，对信息载体和信息的处理、传输、储存、访问提供安全保护，以防止数据、信息内容、能力被非授权使用、篡改或拒绝服务。

（5）计算机应用

计算机应用技术着重研究计算机用于各领域涉及的原理、方法和技术。其范围相当广泛，其中内容丰富并已发展为系统领域的有中文信息处理、计算机图形学、数字图像处理、计算机辅助技术、多媒体技术、计算机控制、计算机信息系统和计算机仿真等。

（6）人工智能

人工智能着重研究、解释和模拟人类智能、智能行为及其规律。其主要任务是建立智能信息处理理论，进而设计并实现可以展现某些近似于人类智能行为的计算系统。对于智能与智能行为虽然迄今尚无一致的理解，但一般认为，智能主要指人的学习能力。在研究路线上，初期有微观结构路线与智能行为路线之分。至20世纪50年代末，后一路线成为研究的主流。

人工智能的研究内容一般可分为基础问题、系统问题和应用问题。基础问题包括认知基础与技术基础。前者涉及常识知识、学习、联想及问题求解等，后者涉及表示、推理及搜索等。系统问题涉及知识库、推理机及分布式系统结构等。应用问题涉及自然语言处理、软件自动化、智能机器人和各类专家系统等。总之，人工智能已显示出它的旺盛生命力，它在计算机科学技术及社会发展中所起的作用将日益显著。

7.2 计算机学科知识结构

7.2.1 计算机学科知识体系

计算机学科知识体系划分为知识领域、知识单元和知识点三个层次，共有14个知识领域，131个知识单元。

知识领域代表一个特定的学科子领域。每个知识领域由两位英文字母的缩写表示，如 OS（Operating System）表示操作系统，PL（Programming Language）表示程序设计语言等。知识领域又被分割成知识单元，代表各知识领域中的不同方向。每个知识单元用知识领域名后加一个数字表示，如 OS3 是操作系统中有关并发性的知识单元。

1．离散结构

DS1　函数、关系与集合

DS2　基本逻辑

DS3　证明技巧

DS4　计数基础

DS5　图与树

DS6　离散概率

离散结构是计算机学科的基础内容，可以为计算机系统提供其处理对象的状态及其变换的有效描述。所以，计算机科学与技术有关的许多领域都要用到离散结构中的概念。离散结构包括集合论、逻辑学、图论和组合学等重要内容。

2．程序设计基础

PF1　程序设计基本结构

PF2　算法与问题求解

PF3　基本数据结构

PF4　递归

PF5　事件驱动程序设计

程序设计基础领域的知识由程序设计基本概念和程序设计技巧组成，这些概念和技巧对于独立于基本范例的程序设计实践十分重要。这一领域包括的知识单元有程序设计基本概念、基本数据结构和算法等，它们很好地覆盖了计算机专业本科生必须了解和掌握的整个程序设计的知识范围。

3．算法与复杂度

AL1　算法分析基础

AL2　算法策略

AL3　基本算法

AL4　分布式算法

AL5　可计算性理论基础

AL6　P 类和 NP 类

AL7　自动机理论

AL8　高级算法分析

AL9　加密算法

AL10　几何算法

AL11　并行算法

算法是计算机科学和软件工程的基础，现实世界中各软件系统的性能依赖于算法的设计及实现的效率和适应性。好的算法对于软件系统的性能是至关重要的，因而学习算法会对问题的本质有更深入的了解。并不是所有问题都是算法可解的，如何给问题选择适当的算法是关键所在。要做到这一点，先要理解问题，知道相关算法的优点和缺点以及它们在特定环境下解的复杂性。

4．计算机体系结构与组织

AR1 数字逻辑与数字系统

AR2 数据的机器级表示

AR3 汇编级机器组织

AR4 存储系统组织和结构

AR5 接口和通信

AR6 功能组织

AR7 多处理和其他系统结构

AR8 性能提高技术

AR9 网络与分布式系统结构

作为本专业的本科生，应当对计算机的内部结构、功能部件、功能特征、性能以及交互方式有所了解，而不应当把它看做一个执行程序的黑盒子。学生还应当了解计算机的系统结构，以便在编写程序时能根据计算机的特征编写出更加高效的程序。在选择计算机产品方面，应当能够理解各种部件选择之间的权衡，如 CPU、时钟频率和存储器容量等。

5．操作系统

OS1 操作系统概述

OS2 操作系统原理

OS3 并发性

OS4 调度与分派

OS5 内存管理

OS6 设备管理

OS7 安全与保护

OS8 文件系统

OS9 实时和嵌入式系统

OS10 容错

OS11 系统性能评价

OS12 脚本

操作系统是硬件性能的抽象，进行计算机用户间的资源分配工作，人们通过它来控制硬件。操作系统中的许多思想也可用于计算机的其他领域，如并发程序设计、算法设计和实现、虚拟环境的创建、安全系统的创建及网络管理等。

6．以网络为中心的计算

NC1 网络及其计算介绍

NC2 通信与网络

NC3 网络安全

NC4 客户—服务器计算举例

NC5 构建 Web 应用

NC6 网络管理

NC7 压缩与解压缩

NC8 多媒体数据技术

NC9 无线和移动计算

计算机和通信网络尤其是基于 **TCP/IP** 网络的发展，使得联网技术变得十分重要，网络及其计算领域主要包括计算机通信网络概念和协议、多媒体系统、万维网标准和技术、网络安全、移动计算及分布式系统等。

7. 程序设计语言

PL1 程序设计语言概论

PL2 虚拟机

PL3 语言翻译简介

PL4 声明和类型

PL5 抽象机制

PL6 面向对象程序设计

PL7 函数程序设计

PL8 语言翻译系统

PL9 类型系统

PL10 程序设计语言的语义

PL11 程序设计语言的设计

程序设计语言是程序员与计算机之间"对话"的媒介。一个程序员不仅要掌握一种程序设计语言，更要了解各种程序设计语言的不同风格。要理解编程语言实用的一面，也需要有语言翻译和诸如存储分配等方面的基础知识。

8. 人机交互

HC1 人机交互基础

HC2 简单图形用户界面的创建

HC3 以人为中心的软件评价

HC4 以人为中心的软件开发

HC5 图形用户界面的设计

HC6 图形用户界面的程序设计

HC7 多媒体系统的人机交互

HC8 协作和通信的人机交互

人机交互的重点在于理解人对交互式对象的交互行为，知道如何使用以人为中心的方法开发和评价交互软件系统，以及人机交互设计问题的一般知识。该知识领域的主要内容包括以人为中心的软件开发和评价、图形用户接口设计、多媒体系统的人机接口等。

9. 图形学与可视化计算

GV1 图形学的基本技术

GV2 图形系统

GV3 图形通信

GV4 几何建模

GV5 基本图形绘制方法

GV6　高级图形绘制方法

GV7　先进技术

GV8　计算机动画

GV9　可视化

GV10　虚拟现实

GV11　计算机视觉

计算机图形学和可视化计算可以划分成以下 4 个相互关联的领域。计算机图形学是一门以计算机产生并在其上展示的图像作为通信信息的艺术和科学。可视化技术主要目标是确定并展示存在于科学的和比较抽象的数据集中的基本的相互关联结构和关系。虚拟现实是要让用户经历由计算机图形学以及可能的其他感知通道所产生的三维环境，提供一种能增进用户与计算机创建的"世界"交互作用的环境。计算机视觉的目标是推导出一幅或多幅二维图像所表示的三维图像世界的结构及性质。

10．智能系统

IS1　智能系统基本问题

IS2　搜索和约束满足

IS3　知识表示与知识推理

IS4　高级搜索

IS5　高级知识表示与知识推理

IS6　代理

IS7　自然语言处理技术

IS8　机器学习与神经网络

IS9　人工智能规划系统

IS10　机器人学

智能系统介绍一些技术工具以解决用其他方法难以解决的问题，包括启发式搜索和规划算法、知识表示的形式方法和推理、机器学习技术以及语言理解、计算机视觉、机器人等问题领域中所包含的感知和动作问题的方法。

11．信息管理

IM1　信息模型与信息系统

IM2　数据库系统

IM3　数据建模

IM4　关系数据库

IM5　数据库查询语言

IM6　关系数据库设计

IM7　事务处理

IM8　分布式数据库

IM9　物理数据库设计

IM10　数据挖掘

IM11　信息存储与信息检索

IM12　超文本和超媒体

IM13　多媒体信息与多媒体系统

IM14　数字图书馆

信息管理技术在计算机的各个领域都是至关重要的，包括了信息获取、信息数字化、信息的表示、信息的组织、信息变换和信息的表现；有效存取算法和存储信息的更新、数据建模和数据抽象以及物理文件存储技术。信息管理也包含信息安全性、隐私性、完整性以及共享环境下的信息保护。

12．社会与职业问题

SP1　信息技术史

SP2　信息技术的社会环境

SP3　分析方法和分析工具

SP4　职业责任和道德责任

SP5　基于计算机系统的风险与责任

SP6　知识产权

SP7　隐私与公民自由

SP8　计算机犯罪

SP9　与信息技术相关的经济问题

本科生也需要对与信息技术领域相关的基本文化、社会、法律和道德等问题有所理解。他们应该知道这个领域的过去、现在和未来，应该了解自己的角色，应该去欣赏哲学问题、技术问题。审美价值也是此领域发展中的重要组成部分之一。

13．软件工程

SE1　软件设计

SE2　使用 APIs

SE3　软件工具与环境

SE4　软件过程

SE5　软件需求与规格说明

SE6　软件确认

SE7　软件进化

SE8　软件项目管理

SE9　基于构件的计算

SE10　形式化方法

SE11　软件可靠性

SE12　特定系统开发

软件工程学科涉及为高效地构建满足客户需求的软件系统所需的理论、知识和实践的应用。软件工程适用于各类软件系统的开发，包含需求分析和规约、设计、构建、测试、运行和维护等软件系统生存周期的所有阶段。质量、进度、成本等软件工程的要素对软件系统的生产都是十分重要的。

14．计算科学与数值方法

CN1　数值分析

CN2　运筹学

CN3　建模与仿真

CN4　高性能计算

科学计算和数值方法是早期计算机学科的一个重要部分，随着计算机解决问题能力的增强，这个领域变得更加重要，科学计算已形成一个单独的信息与计算科学学科，与计算机学科分离却又紧密相关。

7.2.2　计算机专业课程体系

计算机专业课程体系是由核心课程和选修课程组成，核心课程应该覆盖知识体系中的全部核心单元及部分选修知识单元。同时，可选择一些选修知识单元、反映学科前沿和反映学校特色的知识单元组织到选修课程中。

根据知识单元的分布和学制的学时，选取其中部分知识单元，组成 15 门核心课程，如表 7-1 所示。

表 7-1　计算机专业的核心课程

序　号	课程名称	涵盖知识单元	非核心知识单元
1	计算机导论	SP1, PL1, SE3, PL3, HC1, SE7, NC2	SP2, SP4, SP5, SP6, SP7
2	程序设计基础	PL1, PF1, PF2, PF5, AL2, AL3, PL6	
3	离散结构	DS1, DS2, DS3, DS4, DS5	
4	算法与数据结构	AL1, AL2, AL3, AL4, AL5, PF2, PF3, PF4	
5	计算机组成基础	AR2, AR3, AR4, AR5	AR6
6	计算机体系结构	AR6, AR7	AR8, AR9
7	操作系统	AL4, OS1, OS2, OS3, OS4, OS5	OS6, OS7, OS8, OS11
8	数据库系统原理	IM1, IM2, IM3, IM4, IM5, IM6	IM7, IM8, IM9, IM10, IM11, IM13, IM14
9	编译原理	PL1, PL2, PL3, PL4, PL5, PL6	PL7, PL8
10	软件工程	SE1, SE2, SE3, SE4, SE5, SE6, SE7, SE8	SE9, SE10
11	计算机图形学	HC1, HC2, GV1, GV2	HC5, GV3, GV4, GV5, GV6, GV7, GV8, GV9
12	计算机网络	NC1, NC2, NC3, NC4	NC5, NC6, NC8, NC9, AR9
13	人工智能	IS1, IS2, IS3	IS4, IS5, IS6, IS7, IS8
14	数字逻辑	AR1, AR2, AR3	
15	社会与职业道德	SP1, SP2, SP3, SP4, SP5, SP6, SP7	SP8, SP9, SP10

7.2.3　计算机专业培养方案

一般来说，计算机专业毕业生的主要流向是信息技术类公司，产品技术含量较高的工业企业，各行各业计算中心，以及科研院所、各级政府部门、银行和证券等数据处理量较大的部门。

1. 培养目标

培养德、智、体、美全面发展，掌握自然科学基础知识，系统地掌握计算机科学理论、计算机软硬件系统及应用知识，基本具备本领域分析问题和解决问题的能力，具备实践技能，并具备良好外语运用能力的计算机专业高级专门人才。

2．培养要求

计算机专业的学制一般为四年，授予工学学士学位。

（1）素质结构要求

思想道德素质：热爱祖国，拥护中国共产党的领导，树立科学的世界观、人生观和价值观；具有责任心和社会责任感；具有法律意识，自觉遵纪守法；热爱本专业，注重职业道德修养；具有诚信意识和团队精神。

文化素质：具有一定的文学艺术修养、人际沟通修养和现代意识。

专业素质：掌握科学思维方法和工程设计方法，具备良好的工程素养；具有创新、创业精神；具有严谨的科学态度和务实的工作作风。

身心素质：具有较好的身体素质和心理素质。

（2）能力结构要求

获取知识能力：自学能力，信息获取与表达能力，适应学科发展的能力。

应用知识能力：系统级的认知能力和理论与实践能力，掌握自底向上和自顶向下的问题分析方法，既能把握系统各层次的细节，又能认识系统总体；既掌握本学科的基础理论知识，又能利用理论指导实践。

创新能力：创造性思维能力、创新实验能力、科技开发能力、科学研究能力以及对新知识、新技术的敏锐性。

（3）知识结构要求

工具性知识：外语、文献检索和科技写作等。

人文社会科学知识：文学、哲学、政治学、社会学、法学、心理学、思想道德、职业道德、艺术等。

自然科学知识：数学、物理学等。

专业技术基础知识：计算机导论、程序设计基础、数据结构、离散数学、电路与电子学、数字逻辑与数字系统等。

专业知识：算法设计与分析、计算机组成原理、微型计算机技术、计算机体系结构、操作系统、编译原理、计算机图形学、人工智能、数据库系统原理、软件工程、多媒体技术、人机交互、计算机网络、信息安全、搜索引擎技术以及计算机前沿技术讲座等。

经济管理知识：经济学、管理学等。

3．高级课程

除上述 15 门计算机专业核心课程外，高级选修课程超出核心知识单元的范围，包括一些特色或先进的专业知识。根据不同的专业方向，列举的高级课程如表 7-2 所示。

表 7-2　不同专业方向的高级课程

专业方向	高级课程	专业方向	高级课程
软件工程	软件工程的形式化方法 人机交互的软件工程方法 面向对象系统分析与设计 软件设计与体系结构 软件中间件技术 软件代码开发技术 软件测试与质量 软件需求工程 软件项目管理 软件过程与管理	数字媒体技术	数字影视技术 计算机图形学 计算机动画技术 数字图像处理 多媒体技术 虚拟现实技术 三维建模技术 人机交互技术 计算机游戏开发技术 计算机视觉

续表

专 业 方 向	高 级 课 程	专 业 方 向	高 级 课 程
网络工程	通信原理 网络协议编程 网络操作系统 网络规划与系统集成 网络存储技术 密码学与网络安全 网络分析与测试 无线通信与网络 现代交换技术 综合布线系统	嵌入式系统	ARM 嵌入式系统与接口设计 嵌入式实时操作系统 基于嵌入式的通信系统开发 EDA 技术与应用 Windows CE 程序设计 微机原理与接口技术 Linux 原理及应用 嵌入式程序开发 嵌入式软件测试 嵌入式系统设计与应用
信息安全	密码学及其应用 信息安全导论 信息安全管理 信息隐藏技术 计算机病毒与防护技术 网络安全协议 网络安全技术 网络攻防技术 计算机犯罪与取证 容错与可信恢复技术	高性能计算	高性能计算导论 高级计算机系统结构 并行计算机 MPI 并行程序设计 并行算法 高性能集群计算技术 网格计算技术 Linux 操作系统 分布式系统 云计算技术

7.3　计算机与职业道德

前面介绍了计算机软件和硬件、计算机学科知识结构等方面的内容，随着计算机的广泛应用，出现了职业道德、计算机伦理、网络伦理等问题，本节将介绍计算机职业道德、计算机专业职位、计算机伦理等知识。

7.3.1　道德和职业道德

1．道德的内涵和功能

道德，是一种社会意识形态，是人们共同生活及其行为的准则和规范。道德不是一种制度化的规范，而是依靠社会舆论、宣传教育、人的信念等力量去调节人与人、人与社会之间关系的一种特殊的行为规范。

道德具有 5 方面的主要功能：

① 认识功能。道德可以引导人们追求至善。道德运用善恶、良心、义务、荣辱等为人们进行道德选择提供指南。

② 调节功能。道德可以调节社会矛盾。道德通过社会舆论、风俗习惯、内心信念等方式指导和纠正人们的行为和实际活动，协调人际关系，维护社会秩序。

③ 教育功能。道德可以催人奋进。道德通过评价、指导、示范、命令等方式和途径，培养人们良好的道德观念、道德品质和道德意识。

④ 评价功能。道德通过把周围的社会现象判断为"善"与"恶"来实现评价把握现实。

⑤ 激励功能。道德能够激发人们向善的积极性和主动性，促进人们的自我完善。因为道德包含了人们"实有"和"应有"的行为规范，所以能够促使社会的进步。

2．职业道德的定义和本质

在社会生活中，人们从事着不同的职业，比如警察、教师、软件工程师、司机、运动员等等。所谓职业道德，就是同人们的职业活动紧密联系的符合职业特点所要求的道德准则、道德情操与道德品质的总和。职业道德包含对本职人员在职业活动中行为的要求，也包含职业对社会所负的道德责任与义务。

职业道德的涵义包括以下 8 方面：

① 职业道德是一种职业规范，受社会普遍的认可。

② 职业道德是长期以来自然形成的。

③ 职业道德没有确定形式，通常体现为观念、习惯、信念等。

④ 职业道德依靠文化、内心信念和习惯，通过员工的自律实现。

⑤ 职业道德大多没有实质的约束力和强制力。

⑥ 职业道德的主要内容是对员工义务的要求。

⑦ 职业道德标准多元化，代表了不同企业可能具有不同的价值观。

⑧ 职业道德承载着企业文化和凝聚力，影响深远。

7.3.2　计算机职业道德

不同行业有自己的职业道德标准。在计算机的使用中，存在着种种道德问题，所以各个计算机组织都制定了自己的道德规范。

1．计算机组织制定的道德规范

（1）美国计算机学会

美国计算机学会（ACM）对其成员制定了《ACM 道德和职业行为规范》，要求其成员无论是在本学会中还是在学会外都必须遵守，其中几条基本规范也是所有专业人员必须遵守的：

① 为人类和社会做贡献。

② 不伤害他人。

③ 诚实并值得信赖。

④ 公正，不歧视他人。

⑤ 尊重产权（包括版权和专利）。

⑥ 正确评价知识财产。

⑦ 尊重他人隐私。

⑧ 保守机密。

（2）电气电子工程师学会

电气电子工程师学会（IEEE）是一个工程师的组织，并不局限于计算机方面，因此它的道德规范设计的范围比计算机安全要求广泛，但基本原理还是适用的。其道德规范如下：

① 始终如一地以公众的安全、健康和财产作为工程决议的出发点，并及时公布那些可能危及公众和环境的要素。

② 在任何情况下都要避免真实存在的或可察觉的利益冲突，并且在它们出现时要及时告知受害方。

③ 在发表声明或者对现有数据进行评估的时候，要诚实、不浮夸。

④ 拒绝各种形式的贿赂。

⑤ 提高对技术、应用及各种潜在后果的了解。

⑥ 保持并调高自己的技术竞争力，只有在经过培训和实践取得资格，或者在有关限制安全公开的条件下，才替他人承担技术性任务。

⑦ 探索、接受和提出技术工作的真实评价，承认并改正错误，正确评价他人的贡献。

⑧ 不因他人的种族、宗教、性别、残疾和国籍而出现不公平待遇。

⑨ 不以恶意的行为来影响他人的身体、财产、声誉和职业。

⑩ 在工作中，协助同时并监督它们遵守该规范。

（3）计算机道德学会

计算机道德学会成立于 20 世纪 80 年代，由 IBM 公司、Brookings 学院及华盛顿神学联盟等共同建立，是一个非盈利组织，旨在鼓励人们从事计算机工作时多多考虑道德方面的问题。该组织颁布的道德法规如下：

① 不使用计算机伤害他人。

② 不干预他人的计算机工作。

③ 不偷窃他人的计算机文件。

④ 不使用计算机进行盗窃。

⑤ 不使用计算机提供伪证。

⑥ 不使用自己未购买的私人软件。

⑦ 在没有被授权或没有给予适当补偿的情况下，不使用他人的计算机资源。

⑧ 不窃取他人的知识成果。

⑨ 考虑你编写的程序或设计的系统对社会造成的影响。

⑩ 在使用计算机时，替他人设想并尊重他人。

（4）软件工程师道德规范

要做一个真正的软件工程师除了技术过硬，还需要有相当的职业素养，遵守一定的职业道德规范。1998 年，IEEE-CS（IEEE 计算机协会）和 ACM 联合特别工作组在对多个计算学科和工程学科规范进行广泛研究的基础上提出了《软件工程资格和专业规范》。该规范要求软件工程师坚持以下 8 项道德规范：

原则 1：公众。从职业角色来说，软件工程师应当始终关注公众的利益，按照与公众的安全、健康和幸福相一致的方式发挥作用。

原则 2：客户和雇主。软件工程师应该总是以职业的方式担当他们的客户或雇主的忠实代理人和委托人。

原则 3：产品。软件工程师应尽可能确保他们所开发的软件对于公众、雇主、客户以及用户是有用的，在质量上是可接受的，在时间上要按期完成并且费用合理，同时没有错误。

原则 4：判断。软件工程师应该完全坚持自己独立自主的专业判断并维护其判断的声誉。

原则 5：管理。软件工程的管理者和领导应当通过规范的方法赞成和促进软件管理的发展和维护，并鼓励他们所领导的人员履行个人和集体的义务。

原则 6：职业。软件工程师应该提高他们职业的正直性和声誉，并与公众的兴趣保持一致。

原则 7：同事。软件工程师应该公平合理地对待他们的同事，并应该采取积极的步骤支持社团的活动。

原则 8：自身。软件工程师应当在他们的整个职业生涯中积极参与有关职业规范的学习，努力提高从事自己的职业所应该具有的能力，以推进职业规范的发展。

（5）网络用户道德规范

如今，Internet 成为了一项社会公共设施，与其他公共设施相比，它没有统一的管理机构，没有能力强化某些规则和标准，同时使用它的人们相对匿名，且可能伪装，这就需要制订一些相关的道德规范来规范人们在 Internet 上的行为。这些规范大致如下：

① 不能利用邮件服务作连锁邮件、垃圾邮件或分发给任何未经允许接收信件的人。

② 不能传输任何非法的、骚扰性的、中伤他人的、辱骂性的、恐吓性的、伤害性的、庸俗性的、淫秽的信息资料。

③ 不能传输任何教唆他人构成犯罪行为的资料。

④ 不能传输道德规范不允许或涉及国家安全的资料。

⑤ 不能传输任何不符合地方、国家和国际法律、道德规范的资料。

⑥ 不得为未经许可而非法进入其他电脑系统。

2. 计算机道德的维护

① 加强计算机安全技术。由于受到技术发展程度的限制，计算机的安全水平还不够成熟，解决技术上的难题是计算机面临的首要问题。在许多的计算机道德问题中，由于计算机的安全机制存在问题，给许多心怀不轨的人以可乘之机。加强计算机技术上的安全性对于计算机道德建设是至关重要的一步。

② 完善计算机道德规范。由于计算机的广泛使用时间并不是很长，计算机道德的确立和维护还有待时间的验证，新型的计算机道德规范的建立也就有一定的难度。目前还存在着道德批评的不系统和不完整、道德理想环境的模糊和不存在道德权威而缺乏建设性的力量等问题，使得计算机道德规范的建立需要一段时间。建立和完善计算机道德规范将促进计算机道德的良性发展。

③ 加强计算机道德监督。许多国家的政府部门和组织都制定了相关的制度和政策，鼓励和提倡公众对社会不合理、不合法、不道德的行为进行举报。计算机领域也应引进这一政策，加强对计算机道德的维护。

④ 计算机法律的制定和完善。计算机道德受到冲击，其中一个原因就是因为计算机法律不够完善。当道德意识水平不高，又缺少相应的法律制约时，只要有少许的环境因素的诱导，很可能会导致人的行为失常。计算机法律的制定将为计算机道德的维护提供有效的保障。

⑤ 培养自主道德意识。理想的道德是一种自律行为，是人们内心对自己行为的自觉要求，是一种"道德感"的培养。由于计算机用户的素质参差不齐，自主道德意识的培养主要是用户道德责任感的培养。当一个人具有了强烈的道德修养愿望，并具备自我修养的能力时，道德认知冲突能够增强计算机用户的道德判断能力和道德行为能力。

⑥ 改变传统的道德教育方式。计算机应利用自身的教育优势，开展计算机道德教育。无论是在内容还是在形式上，计算机道德教育都有独特的优势。计算机可以利用其自身的图文和语音功能，使道德教育变得生动形象，容易理解，改变传统说教式的道德教育。

7.3.3　计算机专业职位

在当今社会，大部分人在工作中都会用到计算机。对于计算机专业的学生来说，经过大学四年的学习，一部分毕业生将面临就业，计算机专业人士通常可以从事哪些种类的工作？用人单位对求职者的要求是什么？本节将介绍计算机专业的有关工作领域与职位，并简单介绍用人单位对求职者的素质要求。

1. 与计算机专业有关的职位

与计算机专业有关的职位有很多，表 7-3 列出了部分主要职位，并进行了分类。计算机专业职位可以分为计算机硬件、软件编程、计算机网络等八大类，每类职位下又分为多个职位。

表 7-3　计算机专业职位

计算机硬件	计算机软件/编程	计算机网络	计算机应用技术
硬件工程师 电脑维护和管理员 计算机维修人员	系统分析师 系统架构师 软件设计师 软件评测师 程序经理 计算机程序员 技术文档书写员	网络策划师 网络工程师 网络分析师 网站管理员 网络管理师	计算机辅助设计师 嵌入式系统设计师 网站设计师 单片机应用设计师 电子商务设计师
信息系统	销售/技术支持	数字媒体/娱乐	人才培养
数据库系统工程师 信息系统管理工程师 信息系统运行管理员 信息系统监理师 信息系统设计师	电话中心支持代表 顾客服务代表 服务台技术员 计算机销售人员 产品支持工程师 技术部客户经理 技术支持工程师	多媒体应用设计师 多媒体应用制作人员 动画制作人 计算机平面设计师 游戏程序设计师 流媒体专家 虚拟现实专家	学校计算机专业教师 计算机认证培训师

下面就其中部分职位给予简单介绍。

（1）系统分析师

系统分析师通过概括系统的功能和界定系统来领导和协调需求获取及用例建模，从而可以规划和实施新的或改进的计算机服务。这个职位需要具有发现问题和研究技术解决方案的能力，需要与管理者、其他雇员、用户很好地交流，具备良好的沟通能力。

（2）计算机程序员（简称程序员）

程序员负责设计、编写计算机程序，也负责修改现有的程序以使其适应新的需求或排除错误。作为一名程序员，应该学会使用几种程序设计语言，如 C++、Java 等，计算机编程需要专心并且能够很好地记住编程项目中的细节。许多系统分析师是从程序员做起的。

（3）软件评测师

软件评测师需要根据软件设计详细说明，针对自动、集成、性能和压力测试设计相应的测试计划、测试用例和测试装置；针对产品各方面的质量保证过程进行分析并统计；向相应的部门提供产品的质量和状况方面的报告文档。软件评测师需要熟悉软件开发生命周期；熟悉黑盒、白盒、集成、性能和压力测试的步骤规则；精通网络分析工具和软件自动化测试工具的编程和使用等。高效的评测师需要具有对细节良好的洞察力以及追求完美的精神。

（4）网络工程师

网络工程师是从事网络技术方面的专业人才，能根据要求对网络系统进行规划设计，进行网络设备的软硬件安装及调试，对网络系统的运行进行维护和管理，保护网络的安全等。网络工程师在网络方面的能力要非常全面，而且具有良好的沟通能力。

（5）嵌入式系统设计师

嵌入式系统设计师需要根据系统总体设计规格说明书进行软件和硬件设计，编写系统开发的规格说明书等相应的文档；组织和指导嵌入式系统开发实施人员编写和调试程序，并对嵌入式系统硬件设备和程序进行优化和集成测试，开发出符合系统总体设计要求的高质量嵌入式系统产品。嵌入式系统设计师需要对计算机软件和硬件设计具有较深的了解。

（6）网站设计师

网站设计师负责创建、测试、发布以及更新网页。该职位需要良好的设计感觉和艺术天分，需要了解人们使用图形用户界面的习惯，在开发设计中需要熟悉 Web 工具（如 HTML、XML、JavaScript 和 ActiveX 等），同时需要熟悉计算机编程和数据库管理。

（7）游戏程序设计师

游戏程序设计师是指在游戏研发团队中，从事游戏研发和程序设计制作的人员，负责游戏引擎的开发及编写相关工具；编写游戏程序，能很好地把握玩家的心理；准确分析整体需求，收集相关资料，提出内容编辑方案；准确地向开发人员表明设计意图，在开发过程中及时进行沟通并解决问题。该职位要求兴趣广泛，关注流行动态，对游戏需求有深入的了解，熟悉各类游戏，有很强的创新能力和丰富的想象力，还需要有良好的编程技术和团队合作能力。

（8）数据库系统工程师

数据库系统工程师需要对空间数据库进行分析、设计并合理开发，实现有效管理。设计并优化数据库（数据库培训数据库认证）物理建设方案；制定数据库备份和恢复策略及工作流程与规范；在项目实施中，承担数据库的实施工作；针对数据库应用系统运行中出现的问题，提出解决方案；对空间数据库进行分析、设计并合理开发，实现有效管理；监督数据库的备份和恢复策略的执行；为应用开发、系统知识等提供技术咨询服务。数据库系统工程师需要熟悉常用的数据库管理和开发工具，具备用指定的工具管理和开发简单数据库应用系统的能力。

（9）技术文档书写员

技术文档书写员负责为大型编程项目创建文档以及编写在线或印刷的用户手册，部分技术文档书写员也是程序员，其工作和系统分析师及用户紧密相连。良好的写作和沟通技巧是该职位需要具备的。

（10）技术支持专家

技术支持专家负责解决用户的硬件和软件问题，对用户提出的各种技术问题做出及时的响应。该职位除了需要具备扎实的技术功底，还需要良好的与人交流技巧以及足够的耐心。

（11）计算机销售人员

计算机销售人员将从事计算机及其相关的产品的市场拓展和技术推广。作为 IT 行业的销售人员，需要具有良好的交流技巧、熟记各种技术规格的能力以及对企业问题提出解决方案的能力，扎实的计算机专业背景知识将促进销售人员与客户的沟通。

（12）计算机认证培训师

在信息领域，有些企业要求任职人员拥有一些与工作相关的资格或技术证书，微软、IBM、Cisco、Oracle 等公司也都颁发认证证书，而我国信息产业部也在推行信息化工程师认证证书的工作。计算机认证培训师正成为一个引人注目的职位，培训师需要对大公司的产品有深入的了解和丰富的使用经验，同时也具有教学经验。

2．用人单位对求职者的要求

大学生经过四年的学习，大部分学生将进入社会工作，因而有必要了解用人单位对求职者的要求，以便在大学期间努力培养社会所需要的素质和能力。据最新的调查，用人单位对求职者的素质要求可归纳为以下 10 项：

① 扎实的专业基础。

② 人际交往能力。

③ 团队协作能力。

④ 职业道德。

⑤ 踏实和诚实正直。

⑥ 心理承受能力、抗压能力。

⑦ 分析能力。

⑧ 自主学习能力。

⑨ 灵活性和适应能力。

⑩ 创新能力。

7.3.4　计算机伦理

随着计算机的广泛应用，为社会带来一些新问题，令人类社会触发了一次道德的危机，计算机在使用上产生的伦理道德问题已经引起有关人士的关注。计算机伦理学（Computer Ethics）是对计算机行业从业人员职业道德进行系统规范的新兴学科，近年日益引起人们的关注和探讨。

1．计算机伦理的提出

随着计算机的普及和广泛应用，计算机在日常生活中的角色和作用越来越重要，甚至成为这个时代文化的核心部分。计算机不再是单纯的工具，它已经融入到了我们的生活当中。人们通过计算机建立起了新的联系，新的交往工具却使得人类的交往关系处在极不准确的状态，冲击着千百年建立起来的伦理道德观念。比如：闯入别人家是非法的，但通过网络却可以出入别人的计算机；随便查看别人的隐私是不道德的，但在计算机与网络世界里却提供了各种方便的条件。在现实现代社会，人们遵循公共生活中的伦理准则。而对于计算机及网络世界，如何遵守公共伦理道德？计算机伦理探讨的就是如何合乎伦理道德地使用计算机这种技术。

计算机伦理学是应用伦理学分支学科。伦理学是哲学的一个分支，被定义为规范人们生活的一整套规则和原理，包括风俗、习惯、道德规范等。法律是具有国家或地区强制力的行为规范，道德是控制我们行为的规则、标准、文化。而伦理学是道德的哲学，是对道德规范的讨论、建立以及评价。伦理学的理论是研究道德背后的规则和原理，可以为我们提供道德判断的理性基础，使我们能对不同的道德立场作分类和比较，能在有现成理由的情况下坚持某种立场。

计算机伦理学研究计算机的开发和应用以及信息的生产、存储、交换和传播中的伦理道德问题。20 世纪 80 年代起，随着计算机信息与网络技术的发展与应用而形成。1985 年10 月，美国哲学杂志《形而上学》同时发表了泰雷尔·贝奈姆的《计算机与伦理学》和杰姆斯·摩尔的《什么是计算机伦理学》两篇论文，为西方计算机伦理学兴起的重要理论标志。此后，随着计算机信息技术的进一步发展，特别是 90 年代 Internet 的出现，计算机技术在应用中引起的社会伦理问题日渐成为西方哲学界、科技界和全社会关注的一个热点。

2．计算机伦理的内容

虽然计算机应用非常广泛，但是"计算机伦理"这个概念对于许多人来说还是非常陌生的。计算机改变了传统的交往方式,构筑了一个全球性、开放性、全方位性的相互关系群体,在计算机网络的虚拟空间中出现了新的世界。计算机所带来的社会生活变革,给传统的伦理道德提出了一系列的挑战。围绕计算机伦理的讨论的主要基于以下几部分。

（1）隐私保护

隐私保护是计算机伦理学最早的课题。传统的个人隐私包括姓名、出生日期、身份证号码、婚姻、家庭、教育、病历、职业、财务情况等数据,现代个人数据还包括电子邮件地址、个人域名、IP 地址、手机号码以及在各网站登录所需的用户名和密码等信息。随着计算机信息管理系统的普及,越来越多的计算机从业者能够接触到各种各样的保密数据。这些数据不仅局限为个人信息,更多的是企业或单位用户的业务数据,它们同样是需要保护的对象。人们普遍担心的是个人的隐私还能否得到尊重。隐私问题主要涉及谁有权利,在什么条件下,用什么方式,可以收集和获取哪些个人信息等方面的问题。

（2）知识产权和盗版

知识产权是指创造性智力成果的完成人或商业标志的所有人依法所享有的权利的统称。所谓剽窃,就是以自己的名义展示别人的工作成果。随着个人计算机和互联网的普及,剽窃变得轻而易举。然而不论在任何时代任何社会环境,剽窃都是不道德的。计算机行业是一个以团队合作为基础的行业,从业者之间可以合作,他人的成果可以参考、公开利用,但是不能剽窃。知识产权是一个复杂的问题,软件盗版问题也是一个全球化问题,几乎所有的计算机用户都在已知或不知的情况下使用着盗版软件。我国已于 1991 年宣布加入保护版权的伯尔尼国际公约,并于 1992 年修改了版权法,将软件盗版界定为非法行为。然而在互联网资源极大丰富的今天,软件反盗版更多依靠的是计算机从业者和使用者的自律。

（3）计算机犯罪

信息技术的发展带来了前所未有的犯罪形式,如电子资金转账诈骗、自动取款机诈骗、非法访问、设备通信线路盗用等。我国《刑法》对计算机犯罪的规定:违反国家规定,侵入国家事务、国防建设、尖端科学技术领域的计算机信息系统的;违反国家规定,对计算机信息系统功能进行删除、修改、增加、干扰,造成计算机信息系统不能正常运行的;违反国家规定,对计算机信息系统中存储、处理或者传输的数据和应用程序进行删除、修改、增加的操作,后果严重的;故意制作、传播计算机病毒等破坏性程序,影响计算机系统正常运行的。

（4）病毒信息和黑客

病毒、蠕虫、木马,这些字眼已经成为了计算机类新闻中的常客。如"熊猫烧香"病毒是一种蠕虫病毒的变种,而且经过多次变种,能够终止大量的反病毒软件和防火墙软件进程。由于"熊猫烧香"可以盗取用户名和密码,因此带有明显的牟利目的,其制作者已被定为破坏计算机信息系统罪并被判处有期徒刑。计算机病毒和信息扩散对社会的潜在危害远远不止网络瘫痪、系统崩溃这么简单,如果一些关键性的系统如医院、消防、飞机导航等受到影响发生故障,其后果是直接威胁人们生命安全的。黑客和某些病毒制造者的想法是类似的,他们或自娱自乐、或显示威力、或炫耀技术,以突破别人认为不可逾越的障碍为乐。黑客们通常认为只要没有破坏意图,不进行导致危害的操作就不算违法。但是对于复杂系统而言,甚至系统设计者自己都不能够轻易把握什么样的修改行为不会对系统功能产生影响,而对于没有参与过系统设计和开发工作的其他人员,无意的损坏同样会导致无法挽回的损失。

（5）职业伦理和行业行为规范

随着整个社会对计算机技术的依赖性不断增加，由计算机系统故障和软件质量问题所带来的损失和浪费是惊人的。计算机职业人员以计算机或以提供信息为生，他们受过专业的训练，向不具备计算机相关知识的人员提供专业服务。因而计算机职业人员和社会其他成员的利益交换建立在知识不平等的基础之上，如果没有合乎伦理的职业态度，将造成这种关系的不稳定性。在计算机行业中，如何提高和保证计算机系统及计算机软件的可靠性一直是科研工作者的研究课题，需要建立一种客观的手段或保障措施。而如何减少计算机从业者主观（如疏忽大意）所导致的问题，则需要由从业者自我监督和约束。

3. 计算机伦理规则和规范

计算机和网络还在发展中，其相关伦理问题的领域还会不断扩大。人们需要加强计算机伦理的研究和建设，技术只有和伦理携手，才能创造出更加符合人类道德的信息世界。美国计算机协会和美国计算机伦理协会就计算机伦理制定了规则和行为规范。

（1）美国计算机协会（ACM）制订的伦理规则和职业行为规范

其中的一般道德规则包括：为社会和人类做贡献；避免伤害他人；诚实可靠；公正且不采取歧视行为；尊重财产权（包括版权和专利权），尊重知识产权；尊重他人的隐私，保守机密。

针对计算机专业人员，具体的行为规范还包括以下部分：

① 不论专业工作的过程还是其产品，都努力实现最高品质、效能和规格。

② 主动获得并保持专业能力。

③ 熟悉并遵守与业务有关的现有法规。

④ 接受并提供适当的专业化评判。

⑤ 对计算机系统及其效果做出全面彻底的评估，包括可能存在的风险。

⑥ 重视合同、协议以及被分配的任务。

⑦ 促进公众对计算机技术及其影响的了解。

⑧ 只在经过授权后使用计算机及通信资源。

（2）美国计算机伦理协会制定的"计算机伦理十戒"

① 你不应该用计算机去伤害他人。

② 你不应该去影响他人的计算机工作。

③ 你不应该到他人的计算机文件里去窥探。

④ 你不应该到他人的计算机去偷盗。

⑤ 你不应该用计算机去做假证。

⑥ 你不应该拷贝或使用你没有购买的软件。

⑦ 你不应该使用他人的计算机资源，除非你得到了准许或给予了补偿。

⑧ 你不应该剽窃他人的精神产品。

⑨ 你应该注意你正在写入的程序和你正在设计的系统的社会效应。

⑩ 你应该始终注意，你使用计算机时是在进一步加强你对你的人类同胞的理解和尊敬。

7.3.5 网络伦理

网络伦理（Internet Ethic）是指人们在网络空间中应该遵守的行为道德准则和规范。因特网正日益改变我们的生活，由于网络空间是一个全新空间，网络伦理道德建设尚处于初始阶段，缺乏统一的价值标准，不同的价值观念、伦理思想在网上交汇、碰撞、冲突，使人们产生了诸多伦理问题。

2010 年，腾讯 QQ 和奇虎 360 因为各自的商业利益引发了"3Q 网络大战"，并由此侵害到数亿网民的利益。如何规范和重建互联网秩序迫在眉睫，互联网企业的自我规范、法律法规的完善以及公民权利、网络伦理意识的增强是构建互联网秩序的可循之路。当今互联网已进入了社交网络时代，我们正在被各种社交网络包围，微博、开心网、人人网、天涯以及各种社区网站成为了公众不可缺少的联系纽带，心理上的亲近正在迅速取代地理上的接近而成为营造社区的关键驱动力。社交网络掀起的新一轮互联网革命是人类心灵对地理的超越。互联网在发展的过程中问题也是不可避免的，"3Q 之争"并不是个别现象。在重建互联网秩序的过程中，需要多方面的共同努力，在完善网络法律体制建设的基础上，需要倡导网络伦理和社会责任。

1．网络伦理的提出

网络伦理是计算机发展到网络时代以后，计算机联网产生的相关伦理问题。网络伦理问题是由计算机、网络技术和信息技术飞速发展而提出的，但是如果单纯靠技术并不能解决真正的网络伦理问题。网络是一个由成千上万的个人组成的社会，每个人的网络行为和其他社会行为一样，需要符合一定的原则和规范，由此构成了网络伦理道德。杰姆斯·摩尔在其论文《什么是计算机伦理学》中，将计算机的发展规划为两个阶段：第一阶段是第二次世界大战以后的 40 年，是计算机的发展与成熟阶段；第二阶段是 20 世纪 80 年代以后，是计算机技术向其他领域的渗透阶段，是计算机改变人类社会生活的阶段，因而第二阶段又可以理解为网络发展阶段。网络伦理问题就产生与这一阶段。

网络社会是现实社会延伸，在网络环境下，人们言行更自由放松，一定程度上，网络空间里表现出来的自我更接近真实自我，是自我内心的释放与展现。网络技术发展，一方面推动社会发展和商务运作，另一方面使整个社会分裂成两种不同的空间——电子空间和物理空间，从而出现了虚拟社会与现实社会。虚拟的网络社会是离散的、开放的、无国界的，这使人们对网络上他人行为的管理和监控较为困难，容易滋生非伦理和不道德行为，道德虚无主义、自由无政府主义膨胀，在网络社会的虚拟交往行为必将对古老的伦理学产生新的影响。只有正视这些问题，才能真正理解网络行为的伦理道德，推动该学科的成长。

网络道德是在计算机信息网络领域调节人与人、人与社会特殊利益关系的道德价值观念和行为规范。从网络伦理的特点来看，一方面，它作为与信息网络技术密切联系的职业伦理和场所境遇伦理，反映了这一高新技术对人们道德品质和素养的特定要求，体现出人类道德进步的一种价值标准和行为尺度。遵守一般的、普遍的计算机网络道德，是当今世界各国从事信息网络工作和活动的基本"游戏规则"，是信息网络社会的社会公德。另一方面，它作为一种新型的道德意识和行为规范，受一定的经济政治制度和文化传统的制约，具有一定的民族性和特殊性。

2．网络伦理的问题

计算机信息网络技术引起的道德问题，涉及计算机软件的设计和编程、硬件的设计和制造、产品的销售和服务、网络的设置和运作、个人的应用和创作等广泛领域。从国内外的实践看，主要的网络伦理问题包括如下。

（1）知识产权问题

计算机进入信息网络时代后，知识产权问题成为一个更严重的问题。由于网络技术的发展，借用、移植、复制软件程序变得轻而易举。不道德的软件开发者可以肆无忌惮地复制别人的源码，并作为自己创作的软件卖给别人，或者抄袭别人程序的逻辑结构、顺序和设计思想，嵌入自己的源码作为专利出售。但是，对著作权和专利的知识产权保护是激励专业人员与企业技术创新的重要条件，保护机制的不健全不仅直接影响发达国家输出产品的贸易信心，而且会严重影响本国科技人员的创新热情。网络的普及越来越强烈要求政府和社会处理好网络知识资源共享和知识产权的保护，合理利用两者的矛盾。

（2）个人隐私权问题

在信息网络时代，个人隐私权容易受到侵犯。在一些发达国家，信息隐私问题、个人信息披露及存取的控制权已成为全社会普遍关心的重大道德问题。尊重人的隐私，是尊重人的自由、平等和尊严的必要条件。尊重他人的隐私，是一个自明的道德义务。由于网络的开放性，使得个人的隐私保护出现危机，个人的有关信息以电子信息存储，容易泄露给第三者，或者被误用和滥用，背离了原来的目的而用于其他用途。在信息网络时代，个人隐私受到信息技术系统采集、检索、处理、重组、传播等信息处理，使某些人更容易获得他人机密及信息，个人隐私面临空前威胁。保护个人隐私是一项社会基本的伦理要求，是人类文明进步的一个重要标志。如何界定个人隐私的范畴，如何切实保护个人隐私等问题，将成为网络时代需要面对的问题。

（3）网络信息安全问题

在信息网络时代，信息是一种需要重点保护的资产。目前，在国际互联网或地区网上滥用计算机和网络技术盗取或破坏信息的行为十分突出，如未经授权闯入私人计算机的黑客，从简单的恶作剧到有意的犯罪，包括用蠕虫或木马病毒对计算机系统和重要信息进行破坏，盗取网上银行、网上支付系统等金融系统的账户和密码，刺探经济、政治、军事情报等。信息网络技术的安全问题再次提醒人们，只有用道德和法律的手段来规范行为主体的思想和行为，才能保障这一新技术给人类带来的福祉。

（4）信息污染问题

信息网络技术的滥用威胁着人们的伦理道德，歪理邪教网站、明星私生活发布、色情网站、充满暴力与色情的计算机游戏等充斥在网络之中，网络正成为一个无所不包的信息仓库。网络环境的不可控性从信息质量上污染了道德教育的环境，大量信息垃圾对人们的思想造成了严重的侵蚀，腐蚀着辨别能力较差的青少年的思想，也冲击着当今社会的伦理道德。除了法律的武器之外，我们还需要加快网络伦理建设，充分发挥道德的约束力作用，使得这些网络不道德行为受到道德的谴责和法律的制约。

（5）网络犯罪问题

网络的隐蔽性增加了网络行为的自由度和灵活性，但同时也容易导致人们放弃道德责任。网络正被各种非法组织和个人当作新的犯罪工具开展犯罪活动，恶意传播病毒、黑客攻击，以及大肆网络造谣等都给我们社会带来了极大的不稳定，而网络经济诈骗与犯罪，更是给人们的生活带来了巨大损失。网络犯罪问题，涉及了网络技术领域、法律领域、社会学等问题，但同时也是一个网络伦理的难题。

3. 网络伦理的构建

计算机的普及和网络技术的高速发展，当今社会已经进入了一个网络社会，互联网深入到了人们的生活、学习和工作中。人们充分享受到网络带来的好处，计算机网络缩小地球的地理距离，增强了人们获取信息、资源共享的途径。随着信息与网络技术的发展，人们日益认识到网络给人们的生产方式、生活方式、社会伦理、传统道德带来的深刻影响。探讨网络伦理的构建，这是时代的要求，社会的需要。为净化网络空间，规范网络行为，需要从技术方面、法律方面和伦理教育方面着手，构建网络伦理。网络伦理的构建需要网民、网络服务提供商与政府的共同努力。

（1）有效的技术监控

国家或网络管理部门通过统一技术标准建立一套网络安全体系，严格审查、控制网上信息内容和流通渠道。有效的监管是人们拥有健康网络的保障。例如，通过防火墙和加密技术防止网络上的非法进入者；利用一些过滤软件过滤掉有害的、不健康的信息，限制调阅网格中不健康的内容；加强对不健康网站的治理力度等；同时，通过技术跟踪手段，使有关机构可以对网络责任主体的网上行为进行调查和控制，确定网络主体应承担的责任。政府加强对网络的管理有利于提高网民上网的文明意识，而在技术上采取的防范措施，则从根本上查封和堵截不文明和反动的信息。

（2）加强法律法规建设

伦理与法律不是对立的，二者是相互支持，相互补充的。网络伦理问题一方面可以通过法律手段调节和约束，另一方面可以寻找其他途径加以解决，如通过道德向量规范网民的行为。只有当一个人行为危害他人利益，并造成重大损失，且这种损失超过某一临界点时才诉诸法律，而在达到某一临界点之前，通过道德向量调节来规范人们行为是可行的。通过政府或民间团体出台相应的网络伦理规则，规范交易主体的行为，可以借鉴美国计算机伦理协会的"计算机伦理十戒"和美国计算机协会的《伦理与职业行为准则》，确立适合我国特点的网络伦理行为准则，提高我国计算机专业和广大应用人员的伦理道德水准。

（3）加强伦理教育

网络的飞速发展，冲击着我国的千年伦理底蕴，在如此快的发展速度下人们容易迷失自我。因此需要在这个过程中应积极发挥引导作用。在肯定网络文化快速发展带来的好处的同时，也需要采取具体的措施来防止网络的负面影响。首先制定相应的伦理道德规范，规范网民的行为，确立那些网络行为是正确的，那些网络是不道德的；其次就是通过教育机制，从中小学开始就开设有关网络伦理和计算机伦理方面课程，通过持久、深入教育，使网络伦理思想深入人心，增强个人的道德责任心，提高国民的整体网络伦理道德水准；网上加强上网伦理道德和法规的建设，强化社会上网道德评价和舆论压力，如谴责各种不文明的网络炒作行为，严惩网络犯罪，对广大网民起到预防和引导作用，从而形成良好的上网心理。伦理、道德规范作为一种软的约束机制，是人们自律基础，通过规范网上道德行为，加强伦理教育。

7.4　计算机的社会问题

随着计算机的广泛应用，计算机在当今社会已经成为了人们的得力助手。计算机的发展和广泛使用推动着社会的发展，给社会带来了巨大的经济效益，也对社会的各个方面带来了巨大和深远的影响。不少计算机科学家和社会学家正在密切关注着计算机所带来的社会问题，计算机在学习、生活、工作、娱乐等方面的应用给人们带来了极大的便利，同时计算机的广泛应用也产生了一些消极的影响。

7.4.1　计算机社会背景

计算机已经深入到了我们的工作、生活、学习中，在不同的应用领域起到了巨大的推动作用，也深深改变了我们的生活方式。而计算机在给我们带来积极影响的同时，其不良影响也逐渐突现出来。

1．计算机的推动作用

随着计算机技术的不断发展，计算机的应用领域越来越广泛，从学校、政府机关、企业，到家庭、娱乐场所、商场等，无处不见计算机的应用。现代人的生活越来越依赖计算机，计算机也给人们带来极大的方便，给社会带来巨大的经济效益，推动了社会的发展，同时丰富了人们的生活。

① 对社会发展的影响。随着计算机技术的广泛应用，它已经引起了社会各个方面，各个领域的深刻变革，加快了社会生产力的发展和人们生活质量的提高。信息资源将继物质、能源之后成为信息化社会的主要支柱产业之一。计算机技术的发展使得世界变成一个地球村，如今人们能够及时分享社会进步带来的成果，减少地域差别和经济发展造成的差异，这样不仅促进了不同国家、不同民族之间的文化交流与学习，还使文化更加开放化和大众化。

② 对科技进步的影响。计算机技术促进了新技术的变革，极大地推动了科学技术的进步。计算机技术的应用，帮助人们攻克了一个又一个科学难题，使得原本用人工需要花几十年甚至上百年才能解决的复杂的计算，用计算机可能几分钟就能完成；应用计算机仿真技术可以模拟现实中可能出现的各种情况，便于验证各种科学的假设。此外，随着计算机技术在基础学科中的应用及其他学科的融合，促进了新兴学科（如计算物理，计算化学等）和交叉学科（如人工智能，电子商务等）的产生和发展。

③ 对人们生活与学习的影响。计算机技术的广泛应用促进了人们的工作效率提高以及生活方式的改变。多媒体技术在教学上的应用，使得人们的学习内容更丰富，学习方式更灵活。

2．计算机对生活方式的改变

计算机的广泛应用促进了人们生活质量的提高，人们的生活方式也正发生转变。足不出户可知天下事，人不离家照样能办事。一部分人可以由原来的按时定点上班，变为可以在家上班。网上看病、网上授课、网上学习、网上会议、网上购物、网上洽谈生意、网上娱乐等成为人们一种新型的生活方式。

① 通过计算机和网络，我们在今后可以拥有一个新的公共和私人的生领域，使人们的生活方式出现了崭新的形式。网络使人与人之间的沟通更加方便，使人与人之间的关系更为密切，使世界的距离变得越来越小。

② 网络还将会为我们提供任何我们需要的服务，如收发信息、亲友联系、网上购物、了解及时新闻、收看电视节目以及完成工作和学习任务等。

计算机的发展对人类社会产生了积极的影响，引起社会生产和生活的革命性变化，将会推动人类文明向更高的阶段发展。

3．计算机的消极影响

计算机的应用深入人们的学习、工作和生活中，对社会和人类产生了积极的影响，改变了人们传统的生活方式，带来了极大的便利。但是，随着计算机的发展和广泛应用，其消极影响也不断地突现出来，并逐渐引起了社会学专家学者、计算机专家学者以及普通群众的关注。计算机的消极影响涉及多个方面，影响到了普通家庭、普通人群中，下面主要列举几个常见的方面，以此引起人们的思考和关注。

① 计算机犯罪。随着计算机应用的普及，人们对计算机的依赖性越来越强，计算机引起的问题日趋突出。一些不法分子利用计算机技术手段及计算机系统本身的安全漏洞进行犯罪活动，如信息窃取、信息欺诈、信息攻击和破坏等，造成了社会危害。

② 对隐私的威胁。计算机使得个人信息搜索变得非常容易，许多个人信息都可能会在网络上不经意的情况下泄露，甚至给一些公司或个人所搜集。而网络上出现的"人肉搜索"等情况也给个人隐私带来了威胁。

③ 信息污染。一些错误信息、虚假信息、污秽信息等混杂在各种信息资源中，人们如果不加分析，便容易上当受骗，受其毒害。

④ 给身心健康带来的不良影响。面对计算机游戏、计算机网络和各种不良的网络信息，如果没有较好的自制能力和一定的信息识别能力，将导致人们新的伦理问题，容易使人产生双重人格。有少数青少年长期沉溺于上网和计算机游戏，以致诱发实际生活中的社交恐惧症等。长期使用计算机，如果不注意自我调节，容易引起视力下降，颈椎疼痛等疾病。

⑤ 环境污染。计算机及其附属产品在生产过程中和报废后，带来了大量的电子垃圾，如果随便丢弃，将给社会带来电子污染问题，严重影响人们的生活。

7.4.2　计算机知识产权

1. 知识产权的相关知识

知识产权，又称为智慧财产权，是指人们可以就其智力创造的成果依法享有的专有权利。传统的知识产权可分为"工业产权"和"著作权"（版权）两类。世界贸易组织（WTO）的与贸易有关的知识产权协议（TRIPS）还把邻接权、商号权、"未披露过的信息专有权"（商业秘密）、"集成电路布图设计权"列为知识产权的范围。按照 1967 年 7 月 14 日在斯德哥尔摩签订的关于成立世界知识产权组织公约第二条的规定，知识产权应当包括以下权利：

① 关于文学、艺术和科学作品的权利。

② 关于表演艺术家的表演以及唱片和广播节目的权利。

③ 关于人类在一切活动领域的发明的权利。

④ 关于科学发现的权利。

⑤ 关于工业品式样的权利。

⑥ 关于商标、服务标记以及商业名称和标志的权利。

⑦ 关于制止不正当竞争的权利。

⑧ 在工业、科学、文学或艺术领域内一切其他来自知识活动的权利。

知识产权是产权人花了大量人力、物力、财力和时间创造的财富，保护知识产权不仅是对产权人劳动的肯定和尊重，同时还为了鼓励进一步的发明创造和技术创新。

知识产权有以下几方面的特征。

① 无形财产权。

② 确认或授予必须经过国家专门立法直接规定。

③ 双重性：既有某种人身权（如签名权）的性质，又包含财产权的内容。但商标权例外，它只保护财产权，不保护人身权。

④ 专有性：知识产权为权利主体所专有。权利人以外的任何人，未经权利人的同意或者法律的特别规定，都不能享有或使用这种权利。

⑤ 地域性：某一国法律所确认和保护的知识产权，只在该国领域内发生法律效力。

⑥ 时间性：法律对知识产权的保护规定一定的保护期限，知识产权在法定期限内有效。

计算机知识产权是指公民或法人对自己在计算机软件开发过程中创造出来的智力成果所享有的专有权利，包括著作权、专利权、商标权和制止不正当竞争的权利。

2. 知识产权法

知识产权法是指因调整知识产权的归属、行使、管理和保护等活动中产生的社会关系的法律规范的总称。知识产权法的综合性和技术性特征十分明显，在知识产权法中，既有私法规范，也有公法规范；既有实体法规范，也有程序法规范。但从法律部门的归属上讲，知识产权法仍属于民法，是民法的特别法。民法的基本原则、制度和法律规范大多适用于知识产权，并且知识产权法中的公法规范和程序法规范都是为确认和保护知识产权这一私权服务的，不占主导地位。

我国知识产权立法起步较晚，但发展迅速，现已建立起符合国际先进标准的法律体系。知识产权法的渊源是指知识产权法律规范的表现形式，可分为国内立法渊源和国际公约两部分：

（1）国内立法渊源

① 知识产权法律，如著作权法、专利法、商标法。

② 知识产权行政法规，主要有著作权法实施条例、计算机软件保护条例、专利法实施细则、商标法实施条例、知识产权海关保护条例、植物新品种保护条例、集成电路布图设计保护条例等。

③ 知识产权地方性法规、自治条例和单行条例，如深圳经济特区企业技术秘密保护条例。

④ 知识产权行政规章，如国家工商行政管理局关于禁止侵犯商业秘密行为的规定。

⑤ 知识产权司法解释，如《最高人民法院关于审理专利纠纷案件适用法律问题的若干规定》、《最高人民法院关于诉前停止侵犯注册商标专用权行为和保全证据适用法律问题的解释》。

（2）我国参加的知识产权国际公约

我国在制订国内知识产权法律法规的同时，加强了与世界各国在知识产权领域的交往与合作，先后加入了与贸易有关的知识产权协定（TRIPS协定）、保护工业产权巴黎公约、保护文学和艺术作品伯尔尼公约、世界版权公约、商标国际注册马德里协定、专利合作条约等十多项知识产权保护的国际公约。其中，世界贸易组织中的TRIPS协定被认为是当今世界范围内知识产权保护领域中涉及面广、保护水平高、保护力度大、制约力强的国际公约，对我国有关知识产权法律的修改起了重要作用。

3. 计算机软件著作权

著作权是指作品作者根据国家著作权法对自己创作的作品依法享有的专有权利，换句话说是公民、法人或非法人单位按照法律对自己文学、艺术、自然科学、工程技术等作品所享有的人身权利和财产权利的总称。

国务院于1991年6月4日发布的《计算机软件保护条例》指出：计算机软件是指计算机程序及有关文档。受保护的软件必须由开发者独立开发，即必须具备原创性，同时，必须是已固定在某种有形物体上而非存在于开发者的头脑中。

按照《中华人民共和国著作权法》和《计算机软件保护条件》的规定，软件作品享有两种权利：软件著作权的人身权、软件著作权的财产权利。其中软件著作权的人身权包括：

① 发表权：即决定软件是否公之于众的权利。

② 署名权：即表明开发者身份的权利以及在其软件上署名的权利。

③ 修改权：即对软件进行增删改的权利。

软件著作权的财产权包括：

① 使用权：在不损害社会公共利益的前提下，以复制、展示、发行、修改、翻译、注释等方式使用其软件的权利。

② 使用许可和获酬权，即许可他人全部或部分使用其软件的权利和由此而获得报酬的权利。

③ 转让权：即向他人转让使用权和使用许可权的权利。

根据新《计算机软件保护条例》的规定，自然人的软件著作权保护期为自然人终生及其死亡后 50 年，截止于自然人死亡后第 50 年的 12 月 31 日。如果软件是合作开发的，截止于最后死亡的自然人死亡后第 50 年的 12 月 31 日。法人或者其他组织的软件著作权，保护期为 50 年，截止于软件首次发表后第 50 年的 12 月 31 日，但软件自开发完成之日起 50 年内未发表的，不再受到保护。

软件的著作权是软件权利人的最主要的权利，目前最主要的侵权表现为擅自复制程序代码和擅自销售程序代码的复制品。

除法律、行政法规另有规定外，有以下侵犯软件著作权行为的，应当根据情况，承担停止侵害、消除影响、赔礼道歉、赔偿损失等民事责任：

① 未经软件著作权人许可，发表或登记其软件。

② 将他人软件作为自己的软件发表或登记。

③ 未经合作者许可，将与他人合作开发的软件作为自己单独完成的软件发表或者登记。

④ 在他人软件上署名或更改他人软件上的署名。

⑤ 未经软件著作权人许可，修改、翻译其软件。

⑥ 其他侵犯软件著作权的行为。

除法律、行政法规另有规定外，未经软件著作权人许可，有以下侵权行为的，除了承担停止侵害、消除影响、赔礼道歉、赔偿损失等民事责任外，对于损害社会公共利益的，由著作权行政管理部门责令停止侵权行为，没收违法所得，没收、销毁侵权复制品，可以并处罚款；情节严重的，著作权行政管理部门并可以没收主要用于制作侵权复制品的材料、工具、设备等；触犯刑律的，依照刑法关于侵犯著作权罪、销售侵权复制品罪的规定，依法追究刑事责任：

① 复制或部分复制著作权人的软件。

② 向公众发行、出租或通过信息网络传播著作权人的软件。

③ 故意避开或破坏著作权人为保护其软件著作权而采取的技术措施。

④ 故意删除或改变软件权利管理电子信息的。

⑤ 转让或许可他人行使著作权人的软件著作权。

4．计算机知识产权的问题

（1）计算机软件盗版

盗版是指在未经版权所有人同意或授权的情况下，对其拥有著作权的作品、出版物等进行复制、再分发的行为。在绝大多数国家和地区，盗版被定义为侵犯知识产权的违法行为，甚至构成犯罪，会受到所在国家的处罚。

"软件盗版"是指非法复制有版权保护的软件程序，假冒并发售软件产品的行为。软件盗版是一个全球性问题。商业软件联盟（BSA）2005年5月发布的年度全球PC软件盗版研究报告表明全球个人计算机中安装的套装软件约有三成为盗版，造成的损失超过300亿美元。软件盗版有一套通用的判断标准，具体到特定的软件，需参考其最终用户许可协定（EULA）。最为常见的软件盗版形式包括：最终用户复制和非法软件拷贝的大规模复制与发售行为。由企业和个人在未经许可授权的情况下进行的单纯软件复制活动是一种最为常见的软件盗版行为。

（2）计算机软件的版权法保护

计算机软件的创造性和可复制性，符合版权法的保护客体的特征，所以目前大多数国家都用版权法保护计算机软件，禁止对计算机软件的复制、演绎和对非法复制品的销售传播等侵权行为。

版权法对计算机软件的保护有其先进性，如版权法对计算机软件实行自动保护原则，软件一旦开发完成，相关权利人立即受到版权保护。同时，版权法也有它的局限性，版权法保护的是作品的表现形式，而不保护其思想，而思想却是计算机软件的精华所在。

7.4.3 网络隐私与自由

隐私权伴随着人类的尊严、权利与价值的产生而出现，是人的基本权利之一。随着社会经济的发展，人们要求保护隐私的意识逐渐加强。而因特网的广泛使用，引发了许多隐私方面的问题，如何保护个人隐私显得尤为重要。

1．隐私和隐私权的概念

隐私（Privacy），"是一种与公共利益、群体利益无关的，当事人不愿他人知道或他人不便知道的个人信息，当事人不愿他人干涉或他人不便干涉的个人私事和当时人不愿意他人侵入或他人不便侵入的个人领域。"隐私可以定义为公民不愿为他人公开或让他人知悉的有关个人生活中的一切秘密，如年龄、通信地址、个人财产状况等情况。

隐私权作为一种基本人格权，是指自然人享有的私人生活安宁与私人生活信息依法受到保护，不受他人侵扰、知悉、使用、披露和公开的权利。1890年，美国法学家布兰代斯（Louis D. Brandis）和沃伦（Samuel D. Warren）在哈佛大学《法学评论》发表的一篇著名的论文《隐私权》（The Right to Privacy）中首次提出了隐私权概念，提出"保护个人的著作和其他智慧感情的产物之原则，是为隐私权。"自此以后，世界各国逐渐开展了越来越广泛和深入的隐私、隐私权的理论探讨。隐私权包括如下几层含义：

① 隐私权的主体是自然人。隐私权是基于自然人的精神活动而产生，它产生及存在的依据，是基于个人与社会的相互关系的处理。而如法人作为组织体并没有精神活动，故无隐私可言。法人对其经营活动的信息享有的权利可依商业秘密不受侵犯而得到保护。

② 隐私的内容包括私人生活安宁和私人生活信息。只要未经公开，自然人不愿意公开、披露的信息都构成隐私的内容，自然人就此享有隐私权。

③ 隐私权是支配和使用权。权利主体有权依法自己使用或者许可他人使用隐私，并有权决定使用隐私的方式，任何人或者组织不得非法干涉。

④ 隐私权的保护要受公共利益的限制。隐私权本质上是要保护纯属个人的与公共利益

无关的事情，因而任何人对自己隐私权的利用和支配，均以不违反法律的规定为前提，并不得违背社会的公序良俗，不得损害他人的利益。

2．隐私保护的法律基础

自隐私权被提出以后，世界逐渐认识了隐私权及其重要性，各国陆续认其为人格权，并加以严格的法律保护。经过一百年的历史发展，在各国的司法实践中，对隐私权的保护形成了一系列法律法规。目前世界上可供利用和借鉴的政策法规有《世界知识产权组织版权条约》、《美国知识产权与国家信息基础设施白皮书》、《美国个人隐私和国家信息基础设施白皮书》、《欧盟隐私保护指令》及加拿大的《隐私权法》等。

我国在 20 世纪 70 年代末 80 年代初，才将隐私权和与之相关逐步开始规定在我国的宪法和其他的法律里。《中华人民共和国宪法》第三十八条、第三十九条和第四十条分别规定："人格尊严不受侵犯"，"住宅不受侵犯"，"通信自由和通信秘密受法律保护"。

在 1986 年中国制订《中华人民共和国民法通则》的时候，由于立法者对隐私权还没有充分的认识，因而没有将隐私权规定为公民的人格权。其后，最高人民法院在《关于贯彻执行〈中华人民共和国民法通则〉若干问题的意见（试行）》中，采取变通的方法，规定对侵害他人隐私权、造成名誉权损害的，认定为侵害名誉权，追究民事责任。其第一百四十条规定："以书面、口头等形式宣扬他人的隐私，或者捏造事实公然丑化他人人格，以及用侮辱、诽谤等方式损害他人名誉，造成一定影响的，应当认定为侵害公民名誉权的行为。"按照这样的司法解释，最高司法机关承认公民享有隐私权，只是适用名誉权的保护方法进行保护。

1993 年，最高人民法院在《关于审理名誉权案件若干问题的解答》中重申这一原则。在司法实践中，对隐私权有了一定的法律保护。在《民法通则》以后颁布的一些新的法律中，几乎凡是涉及民事权利的，都有对隐私权的规定，如《未成年人保护法》、《妇女权益保障法》、《残疾人保护法》和《消费者权益保障法》等。在这些法律中，对未成年人的隐私权、妇女的隐私权、残疾人的隐私权以及消费者的隐私权，都作了明确的规定。按照这些法律的规定，只要是在这样的场合，侵害公民的隐私权，就依法受到保护。

同时，在 1979 年的《刑事诉讼法》、1982 年的《民事诉讼法》等程序法中，对隐私的保护，都有具体的规定。2001 年 2 月 26 日，我国最高人民法院发布了《关于确定民事侵权精神损害赔偿责任若干问题的解释》，其中规定："违反社会公共利益、社会公德、侵害他人隐私或者其他人格利益，受害人以侵权为由向人民法院起诉请求赔偿精神损害的，人民法院应当依法予以受理。"这是我国第一次以法律文件形式对隐私和隐私权予以正面保护。

3．网络隐私权

计算机网络空间的个人隐私权主要是指"公民在网络中享有的私人生活安宁与私人信息依法受到保护，不被他人非法侵犯、知悉、收集、复制、公开和利用的一种人格权；也指禁止在网上泄露某些与个人相关的敏感信息，包括事实、图像及毁损的意见等。"具体到计算机网络，隐私权可从权利形态分为不被窥视的权利、不被侵入的权利、不被干扰的权利、不被非法收集利用的权利。网络隐私权是隐私权在网络空间中的体现，它是伴随着因特网的普及而产生的新的难题，网络技术的发展使得对个人隐私的保护比传统隐私权保护更为困难。

网络隐私包含的主要内容为个人数据、私人信息、个人领域，如姓名、身份、肖像、声音，其他个人资料，个人行为及通信内容等。网络隐私权大致有如下内容。

① 知情权。用户有权知道网络服务提供商收集了关于自己的哪些信息，这些信息将用于什么目的，以及该信息会与何人分享。

② 选择权。用户对个人资料的使用用途拥有选择权。

③ 合理的访问权限。用户能够通过合理的途径访问个人资料并修改错误的信息或删改数据，以保证个人信息资料的准备与完整。

④ 足够的安全性。网络服务提供商应该保证用户信息的安全性，阻止未被授权的非法访问。用户有权请求网络服务提供商采取必要而合理的措施，保护用户的个人信息资料的安全。

⑤ 信息控制权。有权决定是否允许他人收集或使用自己的信息的权利。

⑥ 请求司法救济权。用户针对任何机构或个人侵犯自己信息隐私权的行为，有权提出民事诉讼。

在生活中，网络隐私权的保护日益受到重视，网络隐私权的纠纷呈上升趋势。目前，对网络个人隐私保护主要通过立法保护、行业自律、软件保护、技术保护等多种模式进行。网络服务提供商对网络隐私权保护负有相应责任。针对信息网络的发展对个人隐私带来的巨大威胁，各国在加强网络隐私的法律保护方面已取得共识。

欧盟议会 1995 年 10 月 24 日通过的《欧盟个人资料保护指令》（EU Data Protection Directive）几乎包括了所有关于个人资料处理方面的规定。1996 年 9 月 12 日，欧盟理事会通过的《电子通讯数据保护指令》是对《欧盟个人资料保护指令》的补充与特别条款。1998 年 10 月，有关电子商务的《私有数据保密法》亦开始生效。1999 年，欧盟委员会先后制定了《因特网上个人隐私权保护的一般原则》、《关于因特网上软件、硬件进行的不可见的和自动化的个人数据处理的建议》、《信息公路上个人数据收集、处理过程中个人权利保护指南》等相关法规，为用户和网络服务商提供了清晰可循的隐私权保护原则，从而在成员国内有效建立起有关网络隐私权保护的统一的法律法规体系。

美国在网络隐私权保护的意识与采取的措施方面都走在了世界的前列。1986 年，美国国会通过了处理网络隐私权的重要法案——《联邦电子通讯隐私法案》。1997 年 10 月，美国总统克林顿公布了《全球电子商务政策框架》的报告，提出只有当个人隐私和信息流动带来的利益取得平衡时，GII（全球信息基础设施）上的商务活动才能兴旺起来。1999 年 5 月，美国通过《个人隐私权与国家信息基础设施》白皮书，阐述了对信息活动中公民个人隐私权进行保护的政策取向。联邦法律《儿童网上隐私保护法》2000 年 4 月 21 日正式生效，该法规定网站在搜集 13 岁以下儿童的个人信息前必须得到其父母的同意，并允许家长保留将来阻止其使用的权利。此外，纽约州亦就备受争议的网上收集个人资料等问题提出新的立法建议，严禁企业收集并共享能够鉴别个人身份的资料。1997 年，康涅迪格州通过消费者隐私权法案，对采用电子邮件形式散发广告进行了限制。

目前在我国的法律中没有关于保护网络个人隐私进行规范保护，还没有关于网络隐私权的比较成型的法律。为了规范我国计算机信息网络的发展，有关部门曾相继出台了一些规定，其中涉及网络空间个人隐私权的法律保护问题。

《计算机信息网络国际联网安全保护管理办法》第 7 条："用户的通信自由和通信秘密受法律保护，任何单位和个人不得违反法律规定，利用国际联网侵犯用户的通信自由和通信秘密。"

《中华人民共和国计算机信息网络联网管理暂行规定实施办法》第十八条规定："用户应当服从接入单位的管理，遵守用户守则；不得进入未经许可的计算机系统，篡改他人信息；不得在网络上散发恶意信息，冒用他人名义发出信息，侵犯他人隐私。"

2000 年 1 月，《全国人大常委关于维护互联网安全的决定》规定：利用互联网侮辱他人或捏造事实诽谤他人及非法截获、篡改、删除他人的电子邮件或者其他数据资料，侵犯公民通信自由和通信秘密的，可以构成犯罪，依刑法追究刑事责任。

上述规定都是原则性的，其保护手段无疑是相当脆弱的，不便于实际操作，无法为网络隐私权提供足够的保护，不完善的网络隐私权保护的法律体系将导致网络隐私权遭受侵害时寻求司法救济成为难题。

4．网络自由和相关国际问题

言论自由是公民的一项基本权利，根据该项人权，人人都有权通过任何媒介自由地发表意见。在网络社会，由于其固有的特性，网络给言论自由赋予了更多新的特征。网络社会是随着信息技术的兴起而出现的一种虚拟的生存环境，在此环境中，人们可以进行信息、知识和情感等各方面的交流。网络自由是一个全球关注的问题，世界上许多国家在对网络言论自由的立法上都进行许多有效的探索，如德国的《多媒体法》针对青少年的网络言论自由进行了法律规定。

随着信息技术发展，网络以及相关产业在我国的发展，引发了关于网络自由的许多争端，如"人肉搜索"的运用涉及言论自由的行使、滥用及合理限制的问题；搜索引擎无限制搜索与传统立法冲突的问题。政府、立法界以及社会其他各界越来越重视网络自由这个问题，也在不断探索如何规范网络言论自由。但是由于网络的特殊性，制定法律的过程中就不能以传统的法律观念来规范网络自由了。网络言论主要以下几个特点：

① 隐蔽性、匿名性。从浏览器推出以来，匿名已成为互联网文化的重要组成部分。网络用户可以匿名上网，匿名发表自己的言论，用户的身份可以与他在现实世界中的身份毫不相干。

② 迅捷性和无限性。网络上言论的发表、信息的传播不受时间空间的限制。只要登录网络，发表的内容在几秒内就可能给世界各地成千上万的人知道。这是传统的媒体无法比拟的。

③ 多样性。网络的多样性既体现在信息载体的多样性，同时也体现在内容的多样性。人们可以通过文字、图像和视频多种的形式或内容传播信息。

④ 交互性。网络的交互性主要是用户可以直接控制信息的发送和接受，相对于传统媒体，具有更多的主动性。

网络隐私和自由言论是一个国际性的问题，因而看待网络自由时，应该在全球的角度，从以下几方面来看待这个问题：

① 由于不同国家文化、政治、历史、经济等方面的差异，造成了网络隐私和自由在全球的不一致性，而这一特性正是潜在冲突的根源。因而在国际交往中，需要相互尊重政治文化等方面的差异，相互理解。

② 随着信息技术的发展，网络隐私保护和言论自由已经成为了一个国际问题，只有通过国际协作才能够处理好。

7.4.4　计算机犯罪

随着计算机和网络技术的发展，计算机应用日益普及，计算机和基于计算机的信息技术广泛应用于各领域。随着社会活动的信息化，计算机犯罪日益猖獗，对社会造成的危害也越来越严重。

1．计算机犯罪的概念

在学术研究上关于计算机犯罪迄今为止尚无统一的定义。随着计算机技术的飞速发展，计算机在社会中的应用领域急剧扩大，计算机犯罪的类型和领域也不断增加和扩展，从而使"计算机犯罪"这一术语随着时间的推移而不断获得新的涵义。

计算机犯罪的概念是 20 世纪 50～60 年代由美国等信息科学技术比较发达的国家首先提出的。国内外对计算机犯罪的定义都不尽相同，美国司法部从法律和计算机技术的角度对计算机犯罪进行定义：因计算机技术和知识起基本作用而产生的非法行为。欧洲经济合作与发展组织则将计算机犯罪定义为：在自动数据处理过程中，任何非法的、违反职业道德的、未经批准的行为都为计算机犯罪行为。

计算机犯罪一般可以分为广义和狭义两种。广义的计算机犯罪包括故意直接对计算机实施侵入或破坏，或者利用计算机实施有关金融、盗窃、贪污、挪用公款、窃取国家机密或从事反动、色情等非法活动等。狭义的计算机犯罪仅指违法国家规定，利用技术手段故意侵入国家事务、国防建设和尖端科学技术等计算机信息系统，未经授权非法使用计算机、破坏计算机信息系统、制作和传播计算机病毒，影响计算机系统正常运行且造成严重后果的行为。

2．计算机犯罪的历史

计算机犯罪是随着计算机的运用而产生的新型犯罪。世界上第一例涉及计算机的犯罪案例产生于 1958 年的美国硅谷，但直到 1966 年 10 月才被发现。1966 年 10 月，唐·B·帕克在美国斯坦福研究所调查与电子计算机有关的事故和犯罪时，发现一位计算机工程师通过篡改程序的方法在银行存款余额上做了手脚。这个案件是世界上第一例受到法律追诉的涉计算机案件。

20 世纪 70 年代中期以后，全世界的计算机犯罪开始大幅度增加，呈直线上升趋势。就全世界范围来讲，每年以 10%～15% 的速度增长。而在一些计算机发展较快的国家，计算机犯罪发案率远远高于这一速度，如法国为 200%、美国为 400%。进入 21 世纪后，由于互联网的快速应用，计算机犯罪案例更多，计算机犯罪已经成为一个严重的社会问题。

3．计算机犯罪特征和手段

计算机犯罪种类繁多，手法多样，与传统的犯罪相比，有以下几个特点：

① 作案手段智能化。计算机犯罪的犯罪手段具有很强的技术性和专业性，导致计算机犯罪具有极强的智能性。大多数的计算机犯罪，都是经过狡诈而周密的安排，运用计算机专业知识，进行的智力犯罪行为。计算机犯罪的犯罪主体许多是掌握了计算机技术和网络技术的专业人士。

② 作案隐蔽性强。有些计算机犯罪，经过一段时间之后，犯罪行为才能发生作用而达犯罪目的，使计算机犯罪手段趋向于隐蔽。而网络具有开放性、不确定性、虚拟性和超越时空性等特点，从而使计算机犯罪具有极高的隐蔽性。

③ 计算机犯罪复杂化。随着计算机网络的广泛使用，利用网络进行犯罪的现象不容忽视。有的未经许可非法侵入他人计算机，有的通过网络散布计算机病毒，窃取商业秘密、非法转移电子资金、窃取银行存款等，还有的传播各种有害信息，如暴力、色情信息。这种通过网络进行犯罪涉及面广、破坏性大，有的直接危害国家的政治、经济安全。

④ 发现概率低。由于计算机犯罪具有智能性、隐蔽性等特点，使得计算机的侦察非常困难。据统计，已经发现的计算机犯罪的仅占实施的计算机犯罪总数的 5%～10%。

⑤ 犯罪危害性大。社会对计算机信息系统的依赖性越来越强，计算机已经成为了社会经济生活的基本工具。计算机高精度功能和使用的重要场合，决定了一旦被非法利用则可能导致巨大经济损失，也会给社会安定和社会管理等带来巨大的威胁。

在科技发展迅猛的今天，世界各国对计算机、网络的利用和依赖越来越多，因而计算机的安全变得越来越重要。计算机犯罪能使得一个企业倒闭，个人信息泄露，甚至一个国家经济瘫痪。因此，增强对计算机的认识以及对其有效的防范，并建立健全的相关法律显得尤为重要。

4. 计算机犯罪的防范策略

① 加强计算机道德和法制教育。目前，对于计算机的管理操作人员、从业人员的教育，主要集中在业务教育，忽视了职业道德教育和法制观念教育，致使有的人员业务素质高，但道德水准低，法制观念淡薄。这些人在目前市场经济及"拜金思想"的冲击下很容易将犯罪之手伸向计算机，以身试法，逐步滑向犯罪的深渊。因此，加强职业道德教育和法制观念教育，不断增强法制观念，提高自身的防御能力，自觉不做有损职业道德和违法违纪的事情，才能有效预防计算机犯罪。良好的道德环境和法制环境是预防计算机犯罪的第一步。

② 加强计算机的技术防范。有效预防和打击计算机犯罪的有效途径是利用先进的技术提高计算机的安全性。如在硬件设施上进行物理和技术安全防范，如加设电磁屏蔽、加强机房管理等；在软件方面，则可不断研究加密方法等安全技术；在通信、网络方面，注重数字证书、IP 跟踪技术、入侵检测系统等方面的研究与应用。加强对计算机安全、网络安全的研究，注重研究成果的及时转化和应用，将对防范计算机犯罪、计算机犯罪侦察以及有效法律证据提供有效的帮助。

③ 加强计算机安全管理。加强计算机安全管理也是防治计算机犯罪的有效手段。要防治计算机犯罪，离不开有效管理。有关部门要严格按照国家法规规定完善管理，在岗位上互相制约，建立轮岗、操作、机房、突击审查等制度，并配套建立起实施上述规章制度的保证措施，从制度上尽量减少或杜绝可供犯罪分子利用的漏洞。

④ 健全和完善计算机安全立法。加强计算机安全，除了必要的技术防范措施外，还需要有法可依，因而需要健全和完善计算机安全立法。近年来，关于计算机犯罪的法律法规不断完善，我国修订后的《刑法》中增加了计算机犯罪的条款；1997 年，国务院又颁布了《中华人民共和国计算机信息网络国际联网管理暂行规定》；针对当前计算机病毒泛滥，公安部制定了《计算机病毒防治管理办法》，这些法律法规的实施，对遏制计算机犯罪起到了较好的作用。但是，计算机立法还远远满足不了防治计算机犯罪的需要，需要增设的内容很多。为了进一步加强计算机信息安全法制建设，尽快完善立法刻不容缓。

⑤ 建立健全惩治计算机犯罪的国际合作体系。伴随着计算机犯罪的日趋猖獗，现已呈现出远距离、跨区域甚至全球性的特点。建立和健全惩治计算机犯罪的国际合作体系，已经越来越显得迫切和必要。各主要国家及其他国际法主体，应当通过联合国或者其他多边形式，订立一个或多个专门防范或禁止实施危及国际秩序的网络犯罪的多边国际公约。科学合理的国际协作机制是打击计算机犯罪的重要方法。同时在切实保障国家秘密和安全的前提下，积极加强与其他国家在情报交流、技术合作等方面的合作，有助于提高本国打击计算机犯罪的技术水平。

5. 计算机犯罪的立法

随着计算机犯罪的日益加剧，世界各国纷纷加快计算机犯罪方面的立法，自 1973 年瑞典率先在世界上制定第一部含有计算机犯罪处罚内容的《瑞典国家数据保护法》，迄今已有数十个国家相继制定、修改或补充了惩治计算机犯罪的法律，其中既包括已经迈入信息社会的美欧日等发达国家，也包括正在迈向信息社会的巴西、韩国、马来西亚等发展中国家。总体而言，很多国家即使有制订相关法律，也在尺度方面非常薄弱，不足以遏制计算机犯罪。下面主要介绍国外几个有代表性国家的计算机犯罪立法以及我国计算机犯罪立法情况。

（1）国外计算机犯罪的立法

1973 年，瑞典通过了世界上第一部计算机保护法律《瑞典国家数据保护法》，对数据的未经许可访问、收集、处理、复制、存储、传输、使用、修改、销毁的定罪等做了法律规定。1965 年，美国总统办公室发布计算机安全保护的法规。1970 年，美国颁布了《金融秘密权利法》，对一般个人、银行、保险、其他金融机构的计算机中所存储的数据规定了必要的限制，禁止在一定时间内把有关用户的"消极信息"向第三者转让。1978 年，美国佛罗里达州制订了《佛罗里达计算机犯罪法》，该法明确了对计算机犯罪的惩处：侵犯知识产权、侵犯计算机装置和设备、侵犯计算机用户等犯罪。1984 年 8 月，美国通过了《伪造存取手段及计算机诈骗与滥用法》，将非法使用计算机和损坏资料的行为规定为犯罪。到目前为止，美国近 50 个州制定了计算机犯罪的法律法规。其他国家也参照美国法律，制定了相应的法律或法规。

德国惩治计算机犯罪的刑事立法，在刑法中规定了资料间谍、计算机欺诈等多种计算机犯罪及处罚。日本惩治计算机犯罪的刑事立法，在刑法中修正和规定了使用计算机欺诈、电磁记录毁坏等计算机犯罪及处罚。1984 年，英国制定的《数据保护法》强调个人计算机数据受法律保护，同年制定的《治安与犯罪证据法》对于计算机证据的合法性作了具体规定。1985 年，英国修订了《著作权法》，认为计算机程序属于著作权保护范畴，非法复制即属于违法。1990 年，英国制定的《计算机滥用法》对未经授权接触计算机数据，未经授权非法占用计算机数据并意图犯罪，故意损坏、破坏、修改计算机数据或程序等三种类型认定为违法。

在国外的计算机犯罪立法中，美国和英国实际惩治计算机犯罪的主要法律，都是单行刑法，例如美国的《计算机相关欺诈及其他行为法》、《伪造存取手段及计算机诈骗与滥用法》、《联邦计算机安全处罚条例》、《计算机诈骗与滥用法》等，英国的《1990 年计算机滥用法》。其他国家甚至发展中国家正在起草中的反计算机犯罪法，基本也是采取单行刑法的形式。

（2）国内计算机犯罪的立法

与发达国家相比，我国当前惩治计算机犯罪的刑事立法以及处罚计算机违法行为的行政法规略显滞后。1994 年，我国颁布了第一部有关信息网络安全的行政法规《中华人民共和国计算机信息系统安全保护条例》。

随着信息技术的发展，我国逐步形成了法律法规、行政法、部门规章和地方法规构成的计算机犯罪法律政策体系。法律法规主要包括《中华人民共和国宪法》、《中华人民共和国刑法》、《中华人民共和国治安管理处罚条例》等。该类立法为计算机法律体系奠定了良好的基础。行政法有国务院于 1991 年 6 月 4 日发布的《计算机软件保护条例》和 1994 年 2 月 18 日发布的《中华人民共和国计算机信息系统安全保护条例》等法规。部门规章有由原国家邮电部于 1996 年 4 月 9 日发布的《计算机信息网络国际联网出入口信道管理办法》和《中国公用计算机互联网国际联网管理办法》，公安部、中国人民银行于 1998 年 8 月 31 日联合发布的《金融机构计算机信息系统安全保护工作暂行规定》等法规。地方法规主要是全国各地结合本地实际，制定的一系列针对计算机犯罪的地方法规，如《山东省计算机信息系统安全管理办法》、《重庆市计算机信息系统安全保护条例》等。

我国针对计算机犯罪的法律法规陆续出台，对于防治计算机犯罪、促进计算机信息技术的健康发展起到了重要的保障作用。但由于信息技术的不断发展，计算机犯罪的种类繁多，手法多样，我国这方面的立法还远不能适应形势发展的需要，仍需要进一步完善和健全计算机犯罪的立法。

本章小结

计算机学科是一门研究范畴十分广泛、发展非常迅速的新兴学科。通过本章的学习，应该理解计算学科和计算机学科的关系，计算机学科的主要研究内容，信息化社会对计算机人才的需求，初步了解计算机学科知识体系和课程体系等，了解作为一名计算机专业的学生应具有的基本知识和能力，明确今后学习的目标和内容，树立作为一个未来计算机工作者的自豪感和责任感。

计算机与网络的广泛使用给人们的生活带来了极大的便利，同时带来一系列问题，计算机的普通使用者和专业开发人员需要遵守相应的道德规范才能建立良好的秩序。作为计算机专业的学生更应了解自己的专业方向，并在今后的学习中有针对性地学习与准备。而伴随计算机出现的计算机伦理与网络伦理问题，是我们在计算机使用过程中需要注意的。

计算机的发展推动着社会的进步，给人们生活带来了方便，但其带来的社会问题同样需要我们的关注。计算机与网络的广泛使用和计算机软件易复制性的特点带来了人们隐私保护和公民自由之间的冲突，以及知识产权保护、计算机犯罪等相关问题，需要国家和部门组织建立相应的法律法规进行协调和规范。

习 题 7

一、选择题（注意：4 个答案的为单选题，6 个答案的为多选题）：

1．计算机学科的研究范畴包括＿＿＿＿＿＿。
　　A．计算机理论　　B．计算机硬件　　C．计算机软件
　　D．计算机网络　　E．计算机应用　　F．人工智能

2．世界上第一部计算机保护法律是＿＿＿＿＿＿制定的。
　　A．瑞典　　　　　B．美国　　　　　C．英国　　　　　D．德国

3．计算机程序代码最适宜于申请＿＿＿＿＿＿保护。
　　A．专利权　　　　B．著作权　　　　C．商业秘密　　　D．商标权

4．道德，是一种社会意识形态，是人们共同生活及其行为的准则和规范，主要的功能有＿＿＿＿＿＿。
　　A．认识功能　　　B．学习功能　　　C．调节功能　　　D．教育功能
　　E．评价功能　　　F．激励功能

5. ＿＿＿＿＿＿＿＿＿是我国第一次以法律文件形式对隐私和隐私权予以正面保护。

    A.《关于确定民事侵权精神损害赔偿责任若干问题的解释》

    B.《未成年人保护法》

    C.《妇女权益保障法》

    D.《消费者权益保障法》

6. 网络隐私权的主要内容有＿＿＿＿＿＿。

    A. 请求司法救济权   B. 合理的访问权

    C. 选择权   D. 足够的安全性

    E. 知情权   F. 信息控制权

7. 隐私权的主体是＿＿＿＿。

    A. 法人   B. 公民

    C. 未被剥夺政治权利的人   D. 自然人

8. 我国第一个关于信息系统安全方面的全国性行政法规是＿＿＿＿＿。

    A.《计算机信息网络国际联网出入口信道管理办法》

    B.《中华人民共和国计算机信息系统安全保护条例》

    C.《计算机病毒防治管理办法》

    D.《中华人民共和国计算机信息网络国际联网管理暂行规定》

二、问答题：

1. 说明计算机学科的知识体系、知识领域和知识单元的含义。

2. 计算机专业学生应具备什么样的知识结构？

3. 计算机专业学生应具备什么样的能力和素质？

4. 什么是计算机职业道德？如何维护计算机道德？

5. 什么是计算机伦理？它具有哪些内容？

6. 什么是网络计算机伦理？它主要面对哪些问题？

7. 什么是计算机犯罪？它有哪些特征？

8. 计算机提供了无限的机会和挑战，利用它可以更快、更好地完成许多事情，可以方便地与全世界的人们联系和通信。但是，是否想过事情的反面呢？所有的变化都是积极的吗？计算机的广泛使用会产生什么负面的影响吗？讨论这些问题和其他所能想到的问题。

参 考 文 献

[1] 姚爱国. 计算机导论（第 2 版）. 武汉：武汉大学出版社，2010.

[2] 王玉龙，等. 计算机导论（第 3 版）. 北京：电子工业出版社，2009.

[3] 董荣胜. 计算机科学导论. 北京：高等教育出版社，2007.

[4] 黄国兴. 计算机导论. 北京：清华大学出版社，2004.

[5] 王平立. 计算机导论. 北京：国防工业出版社，2003.

[6] 冯博，琴. 大学计算机基础. 北京：清华大学出版社，2004.

[7] 周肆清，等. 软件技术基础教程. 北京：清华大学出版社，2005.

[8] 王珊、萨师煊. 数据库系统概论. 北京：高等教育出版社，2006.

[9] 冯建华. 数据库系统设计与原理. 北京：清华大学出版社，2004.

[10] 王志强. 多媒体技术及应用. 北京：清华大学出版社，2004.

[11] 吴丹，等. 计算机通信网基础. 北京：冶金工业出版社，2004.

[12] 来宾，等. 计算机网络原理与应用. 北京：冶金工业出版社，2003.

[13] 阙喜戎，等. 信息安全原理及应用. 北京：清华大学出版社，2003.

[14] 程胜利，等. 计算机病毒及其防治技术. 北京：清华大学出版社，2004.

[15] 曹天杰，等. 计算机系统安全. 北京：高等教育出版社，2003.

[16] 陈志雨，等. 计算机信息安全技术应用. 北京：电子工业出版社，2005.

[17] 黄志洪，等. 现代计算机信息安全技术. 北京：冶金工业出版社，2004.

[18] 姜媛媛，等. 计算机社会与职业问题. 北京：冶金工业出版社，2006.

[19] 张效祥，等. 计算机科学技术百科全书（第 2 版）. 北京：清华大学出版社，2005.

[20] 教育部高等学校计算机科学与技术教学指导委员会. 高等学校计算机科学与技术专业
发展战略研究报告暨专业规范. 北京：高等教育出版社，2006.

反侵权盗版声明

电子工业出版社依法对本作品享有专有出版权。任何未经权利人书面许可，复制、销售或通过信息网络传播本作品的行为；歪曲、篡改、剽窃本作品的行为，均违反《中华人民共和国著作权法》，其行为人应承担相应的民事责任和行政责任，构成犯罪的，将被依法追究刑事责任。

为了维护市场秩序，保护权利人的合法权益，我社将依法查处和打击侵权盗版的单位和个人。欢迎社会各界人士积极举报侵权盗版行为，本社将奖励举报有功人员，并保证举报人的信息不被泄露。

举报电话：（010）88254396；（010）88258888

传　　真：（010）88254397

E-mail：　dbqq@phei.com.cn

通信地址：北京市万寿路 173 信箱
　　　　　电子工业出版社总编办公室

邮　　编：100036

			1	1	1	1	1	1	1	1	1	1	1	1	1	1	1	1	1	1	1	1	1	1	1	1	1	1	1	1
Pos			1	1	1	1	1	1	1	1	1	1	1	1	1	1	1	1	1	1	1	1	1	1	1	1	1	1	1	1
			0	0	0	0	0	0	0	0	0	0	0	0	0	1	1	1	1	1	1	1	1	1	1	1	1	1	1	1
Section			0	0	0	0	0	1	1	1	1	1	1	1	1	0	0	0	0	0	0	0	0	1	1	1	1	1	1	1
			0	1	1	1	1	0	0	0	0	1	1	1	1	0	0	0	0	1	1	1	1	0	0	0	0	1	1	1
			1	0	0	1	1	0	0	1	1	0	0	1	1	0	0	1	1	0	0	1	1	0	0	1	1	0	0	1
FIRST-BYTE			1	0	1	0	1	0	1	0	1	0	1	0	1	0	1	0	1	0	1	0	1	0	1	0	1	0	1	0
第一			67	68	69	70	71	72	73	74	75	76	77	78	79	80	81	82	83	84	85	86	87	88	89	90	91	92	93	94
b7	b6	b5																												
0	1	0	°	′	″	℃	$	¤	¢	£	‰	§	№	☆	★	○	●	◎	◇	◆	□	■	△	▲	※	→	←	↑	↓	〓
0	1	0			㈠	㈡	㈢	㈣	㈤	㈥	㈦	㈧	㈨	㈩			Ⅰ	Ⅱ	Ⅲ	Ⅳ	Ⅴ	Ⅵ	Ⅶ	Ⅷ	Ⅸ	Ⅹ	Ⅺ	Ⅻ		
0	1	0	c	d	e	f	g	h	i	j	k	l	m	n	o	p	q	r	s	t	u	v	w	x	y	z	{	|	}	￣
0	1	0	ゃ	や	ゅ	ゆ	ょ	よ	ら	り	る	れ	ろ	ゎ	わ	ゐ	ゑ	を	ん											
0	1	0	ャ	ヤ	ュ	ユ	ョ	ヨ	ラ	リ	ル	レ	ロ	ヮ	ワ	ヰ	ヱ	ヲ	ン	ヴ	ヵ	ヶ								
0	1	0																												
0	1	0	с	т	у	ф	х	ц	ч	ш	щ	ъ	ы	ь	э	ю	я													
0	1	0	ㄣ	ㄤ	ㄥ	ㄦ	ㄧ	ㄨ	ㄩ																					
0	1	0	┼	┼	┼	┼	┼	┼	┼	┼	┼	┼	┼	┼	┼															
0	1	0																												
0	1	0																												
0	1	0																												
0	1	0																												
0	1	0																												
0	1	0																												
0	1	1	般	颁	板	版	扮	拌	伴	瓣	半	办	绊	邦	帮	梆	榜	膀	绑	棒	磅	蚌	镑	傍	谤	苞	胞	包	褒	剥
0	1	1	便	变	卞	辨	辩	辫	遍	标	彪	膘	表	鳖	憋	别	瘪	彬	斌	濒	滨	宾	摈	兵	冰	柄	丙	秉	饼	炳
0	1	1	层	蹭	插	叉	茬	茶	查	碴	搽	察	岔	差	诧	拆	柴	豺	搀	掺	蝉	馋	谗	缠	铲	产	阐	颤	昌	猖
0	1	1	炽	充	冲	虫	崇	宠	抽	酬	畴	踌	稠	愁	筹	仇	绸	瞅	丑	臭	初	出	橱	厨	躇	锄	雏	滁	除	楚
0	1	1	淬	翠	村	存	寸	磋	撮	搓	措	挫	错	搭	达	答	瘩	打	大	呆	歹	傣	戴	带	殆	代	贷	袋	待	逮
0	1	1	点	典	靛	垫	电	佃	甸	店	惦	奠	淀	殿	碉	叼	雕	凋	刁	掉	吊	钓	调	跌	爹	碟	蝶	迭	谍	叠
0	1	1	躲	朵	跺	舵	剁	惰	堕	蛾	峨	鹅	俄	额	讹	娥	恶	厄	扼	遏	鄂	饿	恩	而	儿	耳	尔	饵	洱	二
0	1	1	枫	蜂	峰	锋	风	疯	烽	逢	冯	缝	讽	奉	凤	佛	否	夫	敷	肤	孵	扶	拂	辐	幅	氟	符	伏	俘	服
0	1	1	搞	镐	稿	告	哥	歌	搁	戈	鸽	胳	疙	割	革	葛	格	蛤	阁	隔	铬	个	各	给	根	跟	耕	更	庚	羹
0	1	1	广	逛	瑰	规	圭	硅	归	龟	闺	轨	鬼	诡	癸	桂	柜	跪	贵	刽	辊	滚	棍	锅	郭	国	果	裹	过	哈
0	1	1	恒	轰	哄	烘	虹	鸿	洪	宏	弘	红	喉	侯	猴	吼	厚	候	后	呼	乎	忽	瑚	壶	葫	胡	蝴	狐	糊	湖
0	1	1	汇	讳	诲	绘	荤	昏	婚	魂	浑	混	豁	活	伙	火	获	或	惑	霍	货	祸	击	圾	基	机	畸	稽	积	箕
0	1	1	笺	间	煎	兼	肩	艰	奸	缄	茧	检	柬	碱	硷	拣	捡	简	俭	剪	减	荐	槛	鉴	践	贱	见	键	箭	件
0	1	1	姐	戒	藉	芥	界	借	介	疥	诫	届	巾	筋	斤	金	今	津	襟	紧	锦	仅	谨	进	靳	晋	禁	近	烬	浸
0	1	1	俱	句	惧	炬	剧	捐	鹃	娟	倦	眷	卷	绢	撅	攫	抉	掘	倔	爵	觉	决	诀	绝	均	菌	钧	军	君	峻
0	1	1	裤	夸	垮	挎	跨	胯	块	筷	侩	快	宽	款	匡	筐	狂	框	矿	眶	旷	况	亏	盔	岿	窥	葵	奎	魁	傀
1	0	0	楞	冷	厘	梨	犁	黎	篱	狸	离	漓	理	李	里	鲤	礼	莉	荔	吏	栗	丽	厉	励	砾	历	利	傈	例	俐
1	0	0	零	龄	铃	伶	羚	凌	灵	陵	岭	领	另	令	溜	琉	榴	硫	馏	留	刘	瘤	流	柳	六	龙	聋	咙	笼	窿
1	0	0	裸	落	洛	骆	络	妈	麻	玛	码	蚂	马	骂	嘛	吗	埋	买	麦	卖	迈	脉	瞒	馒	蛮	满	蔓	曼	慢	漫
1	0	0	勉	娩	缅	面	苗	描	瞄	藐	秒	渺	庙	妙	蔑	灭	民	抿	皿	敏	悯	闽	明	螟	鸣	铭	名	命	谬	摸
1	0	0	你	匿	腻	逆	溺	蔫	拈	年	碾	撵	捻	念	娘	酿	鸟	尿	捏	聂	孽	啮	镊	镍	涅	您	柠	狞	凝	宁
1	0	0	培	配	佩	沛	喷	盆	砰	抨	烹	澎	彭	蓬	棚	硼	篷	膨	朋	鹏	捧	碰	坯	砒	霹	批	披	劈	琵	毗
1	0	0	沏	其	棋	奇	歧	畦	崎	脐	齐	旗	祈	祁	骑	起	岂	乞	企	启	契	砌	器	气	迄	弃	汽	泣	讫	掐
1	0	0	倾	卿	清	擎	晴	氰	情	顷	请	庆	琼	穷	秋	丘	邱	球	求	囚	酋	泅	趋	区	蛆	曲	躯	屈	驱	渠
1	0	0	茹	蠕	儒	孺	如	辱	乳	汝	入	褥	软	阮	蕊	瑞	锐	闰	润	若	弱	撒	洒	萨	腮	鳃	塞	赛	三	叁
1	0	0	摄	射	慑	涉	社	设	砷	申	呻	伸	身	深	娠	绅	神	沈	审	婶	甚	肾	慎	渗	声	生	甥	牲	升	绳
1	0	0	抒	输	叔	舒	淑	疏	书	赎	孰	熟	薯	暑	曙	署	蜀	黍	鼠	属	术	述	树	束	戍	竖	墅	庶	数	漱
1	0	0	算	虽	隋	随	绥	髓	碎	岁	穗	遂	隧	祟	孙	损	笋	蓑	梭	唆	缩	琐	索	锁	所	塌	他	它	她	塔
1	0	0	蹄	啼	体	替	嚏	惕	涕	剃	屉	天	添	填	田	甜	恬	舔	腆	挑	条	迢	眺	跳	贴	铁	帖	厅	听	烃
1	0	0	豌	弯	湾	玩	顽	丸	烷	完	碗	挽	晚	皖	惋	宛	婉	万	腕	汪	王	亡	枉	网	往	旺	望	忘	妄	威
1	0	0	毋	武	五	捂	午	舞	伍	侮	坞	戊	雾	晤	物	勿	务	悟	误	昔	熙	析	西	硒	矽	晰	嘻	吸	锡	牺
1	0	0	香	箱	襄	湘	乡	翔	祥	详	想	响	享	项	巷	橡	像	向	象	萧	硝	霄	削	哮	嚣	销	消	宵	淆	晓

1	1	1
0	0	0
1	1	1
0	0	0
1	1	1
0	0	1
0	1	0
52	53	54
性	姓	兄
言	颜	阎
以	艺	抑
釉	诱	又
栽	哉	灾
赵	照	罩
衷	终	种
自	渍	字
卦	卣	刂
僭	僬	僦
谠	谡	谥
墼	壅	鼙
茉	苷	苤
菰	菡	葜
拊	拚	拗
唳	哒	咧
嘣	嗾	嘀
嵩	嵴	嶂
庠	庹	庵
阍	阏	阒
溘	湔	渲
逶	逭	逯
嬖	嬲	嬷
缭	缯	缰
柙	栲	柚
樵	檎	橹
暝	暾	曛
朐	胝	胫
煸	煺	熘
碓	碚	碇
钤	钫	钪
镌	镎	镏
鸲	鸶	鹆
裨	裾	裰
蛟	蛘	蛑
笤	笳	笪
粼	粽	糁
踉	踣	踔
鲈	稣	鲋
髟	髡	髦